高校土木工程专业规划教材

建设工程监理（第三版）

李惠强　唐菁菁　主编

中国建筑工业出版社

图书在版编目（CIP）数据

建设工程监理/李惠强，唐菁菁主编. —3 版. —北京：中国建筑工业出版社，2017.7（2024.9重印）

高校土木工程专业规划教材

ISBN 978-7-112-20727-5

Ⅰ.①建⋯ Ⅱ.①李⋯②唐⋯ Ⅲ.①建筑工程-监理工作-高等学校-教材 Ⅳ.①TU712

中国版本图书馆 CIP 数据核字（2017）第 095680 号

本书是在 2010 年第二版基础上按照当前最新法规、标准、规范及监理发展要求修改再版的，本书讲述工程建设监理主要理论与相关实务，共 14 章。内容的安排参照了 2013 版《建设工程监理规范》及监理工程师所应具备的基本知识结构要求，并充分考虑土建类本科生相关课程内容尽量不重复的原则，并增加了基于 BIM 技术进行工程监理的内容。本书注重监理理论与工程实践相结合，相关章节列举了一些实际工程案例，有助于学生更好地了解工程监理实务。

本书可作为土建类专业本科学生用书，也可作为工程监理人员参考用书。

为了更好地支持相应课程的教学，我们向采用本书作为教材的教师提供课件，有需要者可与出版社联系。建工书院：http://edu.cabplink.com，邮箱：jckj@cabp.com.cn，电话：(010)58337285。

* * *

责任编辑：吉万旺　王　跃

责任校对：王宇枢　李欣慰

高校土木工程专业规划教材

建设工程监理（第三版）

李惠强　唐菁菁　主编

*

中国建筑工业出版社出版、发行（北京海淀三里河路 9 号）
各地新华书店、建筑书店经销
北京红光制版公司制版
北京圣夫亚美印刷有限公司印刷

*

开本：787×1092 毫米　1/16　印张：21½　字数：520 千字
2017 年 8 月第三版　　2024 年 9 月第三十四次印刷
定价：**54.00** 元（赠教师课件）
ISBN 978-7-112-20727-5
(38249)

版权所有　翻印必究
如有印装质量问题，可寄本社退换
（邮政编码　100037）

第三版前言

1984年11月，改革开放后第一个利用世界银行贷款并进行国际竞争性招标的鲁布革水电站引水隧洞工程开工，按照FIDIC合同要求设立了"工程师单位"，其作用相当于后来国内设立的工程监理单位，鲁布革水电站工程是国内率先试行国际通行的建设工程监理模式的工程。

1988年7月，建设部颁发了"关于开展建设监理工作的通知"，标志着我国从建设体制改革层面上确立了建设监理制度。光阴荏苒，近30年过去了，中国城乡建设面貌日新月异，发生了翻天覆地的变化，这是建设领域所有从业者，包括工程建设监理人员为国家所做出的贡献，无比荣光。建设监理行业伴随城乡建设发展的需求同样也得到了巨大发展。根据住房城乡建设部2015年建设工程监理统计公报，到2015年底，监理在册企业总数达74337家，从业人员94.5829万人；注册执业人员为22.3346万人，其中注册监理工程师为14.9327万人。从业人员中专业技术人员81.9906万人，占监理从业人员总数的86.69%。专业技术人员中，高级职称人员12.2825万人，中级职称人员35.9231万人，共占专业技术人员总数的58.8%，这充分表明监理行业是一支高素质人员组成的为工程建设服务的专业化队伍，今后必将在工程建设中发挥越来越重要的作用。

2014年3月开始实施新修订的2013版《建设工程监理规范》GB/T 50319，表明工程监理行业朝着规范化、专业化的方向又有了进一步的发展。

本书是在2010年第二版基础上按照当前最新法规、标准、规范及监理发展要求修改再版的，内容包括：建设工程监理概述；监理组织；监理合同；监理规划性文件；监理目标控制及风险分析；工程进度控制；工程质量控制；工程造价控制；安全监理；监理对施工合同的监督管理；监理文件资料及监理信息管理；设备采购与设备监造；监理的相关服务；施工期环境监理，共14章。内容的安排参照了2013版《建设工程监理规范》及监理工程师所应具备的基本知识结构要求，并充分考虑土建类本科生相关课程内容尽量不重复的原则。本书注重监理理论与工程实践相结合，相关章节列举了一些实际工程案例，有助于学生更好地了解工程监理实务。有的案例涉及工程结构和施工技术方面内容，故本课程的教学宜安排在工程结构和工程施工课程之后进行为好。教学参考学时建议为32~40学时，2学分。

本书第一、二、三、四、九、十一章由唐菁菁编写，第五、六、七、八、十、十二、十三、十四章由李惠强编写，全书由李惠强教授统一定稿。自1995年至今，我校一直承担湖北省国家注册监理工程师考前培训和注册后继续教育培训工作，本教材的编写是与当前工程监理理论与实践紧密结合的。本书可作为土建类专业本科学生用书，也可作为工程监理人员参考用书。

编者于华中科技大学
2017年1月

第二版前言

工程监理制度是我国建设领域实施的项目法人负责制、工程招标制、建设监理制和合同管理制的四项基本制度之一，在建设项目的质量、安全、投资、进度控制方面有十分重要的作用。我国自1988年开始工程监理试点，20多年来从监理的理论探讨、法律地位的确定、监理规范的制定、监理队伍的建设等进行了一系列工作：1988年7月，建设部颁发了"关于开展建设监理工作的通知"，标志着我国建设工程监理制开始试点；1997年首次开始了全国注册监理工程师执业资格考试，为建立高素质的建设监理队伍建立了良好的开端；1998年3月颁布施行的《中华人民共和国建筑法》明确规定"国家推行建筑工程监理制度"，建设工程监理制度从而在我国全面推行；1999年12月发布的《建设工程施工合同 GF1999—0201》示范文本中，明确了（监理）工程师在合同履行中的地位和作用，与国际 FIDIC 施工合同一样，离开监理的工作，施工合同将无法运行，标志着我国的工程监理模式已与国际惯例接轨；2000年1月，国务院发布的《建设工程质量管理条例》明确了建设工程监理范围和工程监理单位的质量责任和义务；2000年12月颁布了《建设工程监理规范》，使建设工程监理走上了专业化、规范化的道路；2003年，建设部发布了《关于培育发展工程总承包和工程项目管理企业的指导意见》，鼓励工程监理与设计、施工等企业通过申请取得其他相应资质，开展相应的工程项目管理业务，为建设监理事业的发展拓宽了领域；2007年5月实施了新的《建设工程监理与相关服务收费标准》，较之1992年的监理取费标准有了提高，更加合理，体现了监理的工程服务价值。20多年来我国建设工程监理成长发展的历程表明工程监理在建设领域中发挥着越来越重要的作用。

本书是在2003年第一版基础上按照当前最新法规、标准、规范及监理发展要求修改再版的，内容包括：监理理论概述；监理组织；监理目标管理与风险分析；工程建设进度、投资及质量控制；施工安全监理；建设监理合同管理；施工合同履行的监理；建设监理规划；监理信息管理；建设工程环境监理。内容的安排是参照注册监理工程师的知识结构基本要求，并充分考虑建设类本科生已修课程内容不重复的原则编写的。本书注重监理理论与工程实践相结合，相关章节列举了一些实际工程案例，有助于学生更好了解工程监理实务。本课程的教学宜安排在工程经济、工程结构和土木工程施工课程之后进行，教学参考学时为32学时，2学分。

全书十二章，第一、二、十、十一章及第七章第1、2节由唐菁菁编写，第三、四、五、六、八、九、十二章及第七章第3节由李惠强编写，全书由李惠强教授统一定稿。编者均为华中科技大学土木工程学院教师，国家注册监理工程师，具有多年从事教学、科研及监理工程师培训经验。

随着我国工程建设的发展，经济体制的完善，监理理论和实务也在不断完善发展，书中难免有不妥之处，敬请读者和同行专家批评指正。

编者于华中科技大学
2010年3月

第 一 版 前 言

自 1998 年开始，我国在工程建设领域实行了工程建设监理制度，十多年来已发挥了重要作用，这是我国工程建设领域管理体制的重大改革。

建设工程监理的主要内容包括：协调建设单位进行工程项目可行性研究与投资决策，优选设计方案、设计单位和施工单位，审查设计文件，控制工程质量、造价和工期，监督管理建设工程合同的履行，以及协调建设单位与工程建设各方的工作关系等。由于监理在我国推行时间不长，再加之管理体制上各职能部门之间的条块分割，项目建设完整的全过程被人为地分割管理。当前工程建设监理资质的从业范围主要限于项目的实施阶段（设计、施工、保修阶段）。从事建设项目的可行性研究和投资决策分析业务必须取得工程咨询资质。有条件的监理公司、工程咨询公司、项目管理公司等在取得咨询和监理两项资质后，即可全过程对工程项目建设进行监督管理。

近些年来，在土木工程专业、工程管理专业等一些专业，许多学校都开设了建设工程监理课程，以完善学生专业知识结构。本书是在我校多年开设工程建设监理讲义的基础上结合最新颁布的有关法规、标准、规范等修编而成。本书是按照注册监理工程师培训的知识结构基本要求，并充分考虑与建设类本科生已修课程内容不重复的原则编写的。本书注重监理理论与工程实践相结合，相关章节列举了一些实际工程案例，有助于学生更好了解工程监理实务。本书教学参考学时为 32 学时。

全书共十章，第一、二、九章由唐菁菁编写，第三、四、五、六、十章由李惠强编写，第七、八章由薛莉敏编写，全书由李惠强教授统一定稿。编者均为华中科技大学注册监理工程师培训中心（建设部在湖北省指定的唯一监理培训点）的教师。

随着我国经济体制改革的发展完善，监理理论和实务也在不断完善发展，以适应我国工程建设需要。书中难免有不妥之处，敬请读者和同行专家批评指正。

编　者
2003 年 6 月

目 录

第一章 建设项目工程监理概述 ... 1
- 第一节 建设项目工程监理的基本概念 ... 1
- 第二节 工程监理单位 ... 8
- 第三节 监理工程师 ... 21
- 第四节 工程监理费 ... 25
- 思考题 ... 30

第二章 建设项目工程监理的组织 ... 31
- 第一节 建设工程监理模式与实施程序 ... 31
- 第二节 建设工程监理的组织形式 ... 35
- 第三节 项目监理机构人员配备及职责分工 ... 41
- 思考题 ... 48

第三章 建设工程监理招标投标与合同管理 ... 49
- 第一节 建设工程监理招标与投标 ... 49
- 第二节 建设工程监理合同 ... 56
- 第三节 建设工程监理合同管理 ... 59
- 思考题 ... 62

第四章 建设工程监理规划性文件 ... 63
- 第一节 建设工程监理大纲 ... 63
- 第二节 建设工程监理规划 ... 64
- 第三节 建设工程监理实施细则 ... 72
- 思考题 ... 74

第五章 建设项目工程风险分析及控制 ... 75
- 第一节 建设工程目标系统及动态控制概念 ... 75
- 第二节 建设项目工程风险分析 ... 78
- 第三节 监理对项目工程风险控制的主要实务 ... 83
- 思考题 ... 86

第六章 建设项目施工进度控制 ... 87
- 第一节 项目施工进度控制概述 ... 87
- 第二节 监理对施工进度控制的实务工作 ... 89
- 第三节 建筑安装工程工期定额 ... 95
- 思考题 ... 102

第七章 建设项目工程质量控制 ... 103
- 第一节 建设项目工程质量控制概述 ... 103

第二节　建设工程项目施工阶段的质量控制 …………………… 106
　　第三节　工程质量事故分析与处理 ……………………………… 119
　　第四节　建筑工程施工质量验收 ………………………………… 128
　　思考题 ………………………………………………………………… 152
第八章　建设项目工程造价控制 ………………………………………… 154
　　第一节　建设项目投资与工程造价控制 ………………………… 154
　　第二节　建设项目施工阶段的造价控制 ………………………… 156
　　思考题 ………………………………………………………………… 167
第九章　建设工程安全生产管理的监理工作 …………………………… 168
　　第一节　安全生产管理的监理工作方针与责任 ………………… 168
　　第二节　安全生产管理的监理工作程序与内容 ………………… 170
　　第三节　危险性较大的分部分项工程安全专项施工方案审查 … 181
　　第四节　建设工程安全事故处理 ………………………………… 191
　　思考题 ………………………………………………………………… 198
第十章　监理对施工合同的监督管理 …………………………………… 199
　　第一节　施工合同管理概述 ……………………………………… 199
　　第二节　工程暂停及复工处理 …………………………………… 200
　　第三节　工程变更处理 …………………………………………… 203
　　第四节　工程费用及工期索赔处理 ……………………………… 206
　　第五节　施工合同争议与施工合同解除处理 …………………… 218
　　思考题 ………………………………………………………………… 220
第十一章　建设工程监理信息管理 ……………………………………… 222
　　第一节　建设工程监理信息管理工作流程与环节 ……………… 222
　　第二节　建设工程文件档案资料与管理 ………………………… 225
　　第三节　建设工程监理文件档案资料与管理 …………………… 231
　　第四节　基于BIM的监理信息管理 ……………………………… 235
　　思考题 ………………………………………………………………… 241
第十二章　建设项目设备采购与设备监造 ……………………………… 242
　　第一节　建设项目设备采购 ……………………………………… 242
　　第二节　设备监造 ………………………………………………… 243
　　思考题 ………………………………………………………………… 246
第十三章　建设工程监理的相关服务 …………………………………… 247
　　第一节　工程勘察设计阶段服务 ………………………………… 247
　　第二节　设计阶段监理对投资的控制 …………………………… 250
　　第三节　工程保修阶段服务 ……………………………………… 253
　　思考题 ………………………………………………………………… 256
第十四章　建设项目施工期工程环境监理 ……………………………… 257
　　第一节　建设项目环境保护概述 ………………………………… 257
　　第二节　建设项目工程环境监理 ………………………………… 270

第三节　建设项目工程环境监理案例……………………………………………… 276
　　思考题…………………………………………………………………………………… 282
附录1：建设工程监理合同（示范文本）（GF－2012－0202）………………………… 284
附录2：建设工程监理规范用表…………………………………………………………… 297
附录3　安全生产管理的监理工作用表（参考用表）…………………………………… 322
参考文献……………………………………………………………………………………… 333

第一章 建设项目工程监理概述

从新中国成立至20世纪80年代，我国固定资产投资基本上是由国家统一安排计划、统一财政拨款。与之相应的建设工程管理基本上采用两种模式：对于一般建设工程，由建设单位筹建机构自行管理；对于重大建设工程，则从与该工程相关的单位抽调人员组成工程建设指挥部进行管理。进入改革开放的新时期，为响应国务院在基本建设和建筑业领域采取的一系列重大改革举措，建设部于1988年7月发布了《关于开展建设监理工作的通知》，明确提出建立建设工程监理制度，并在上海、海南等地进行试点。1992年2月，建设部发布的《关于进一步开展建设监理工作的通知》中指出："三年的试点充分证明，实行这项改革，对于完善我国工程建设管理体制是完全必要的；对于促进我国工程建设管理水平和投资效益的提高具有十分重要的意义"。1998年3月施行的《中华人民共和国建筑法》（以下简称《建筑法》）第三十条："国家推行建筑工程监理制度"，从而使建设工程监理制度在全国全面推行，使得建设单位的工程项目管理走上了专业化、社会化的道路。

第一节 建设项目工程监理的基本概念

一、建设工程监理的含义

所谓建设工程监理（construction project management），是指具有相应资质的工程监理单位受建设单位委托，根据法律法规、工程建设标准、勘察设计文件及合同，在施工阶段对建设工程质量、进度、造价进行控制，对合同、信息进行管理，对工程建设相关方的关系进行协调，并履行建设工程安全生产管理法定职责的服务活动。建设工程监理三方关系示意如图1-1所示。

实行建设工程监理，使得建筑市场由建设单位和施工单位的传统二元主体结构转变为建设单位、工程监理单位和施工单位的新型三元主体结构：建设单位（业主、项目法人）是委托监理业务的一方，拥有工程建设

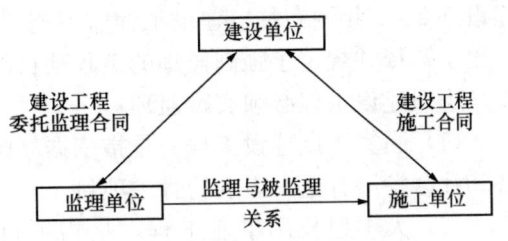

图1-1 建设工程监理三方关系示意图

中重大问题的决定权；工程监理单位是接受委托、从事监理业务的一方，应具有相应监理企业资质等级，拥有重大问题的建议权和非重大问题的决策权；施工单位是从事工程施工安装、被监理的一方。工程监理单位是建筑市场的主体之一，为建设单位提供高智能的有偿技术服务和管理服务，属于工程咨询服务的范畴。

1. 建设工程监理的行为主体

《建筑法》第三十一条："实行监理的建筑工程，由建设单位委托具有相应资质条件的工程监理单位监理。"

建设工程监理是由社会第三方的、具有相应监理资质条件的工程监理单位实施，不同于建设行政主管部门的监督管理，也不同于施工总包单位对分包单位的监督管理。

2. 建设工程监理实施的前提

《建筑法》第三十一条："建设单位与其委托的工程监理单位应当订立书面委托监理合同"。建设工程监理实施的前提是通过签订建设工程委托监理合同（以下简称监理合同），工程监理单位取得建设单位的委托和授权。

根据《中华人民共和国合同法》（以下简称《合同法》）对合同的分类，监理合同属于委托合同之一。

3. 建设工程监理实施的依据

实施建设工程监理的依据包括工程建设文件、有关的法律法规规章和标准规范、监理合同以及有关的建设工程合同。

工程建设文件包括：工程项目经批准的可行性研究报告、建设项目选址意见书、建设用地规划许可证、建设工程规划许可证、经批准的施工图设计文件、施工许可证等。

有关的法律法规规章和标准规范，包括：《建筑法》、《合同法》、《中华人民共和国招标投标法》等法律，《建设工程质量管理条例》、《建设工程安全生产管理条例》等行政法规，《建设工程监理范围和规模标准规定》、《建设工程监理与相关服务收费管理规定》、《工程监理单位资质管理规定》等部门规章，《建设工程监理规范》等标准规范，以及《房屋建筑工程施工旁站监督管理办法（试行）》、《关于印发〈建设工程委托监理合同（示范文本）〉的通知》等规范性文件。

工程监理单位对哪些施工单位的哪些建设行为实施监理，除了依据建设单位和工程监理单位签订的监理合同外，还要依据建设单位和施工单位签订的建设工程施工合同。

4. 建设工程监理的工程范围

《建筑法》第三十条："国务院可以规定实行强制监理的建筑工程的范围"。国务院在《建设工程质量管理条例》第四十条中对实行强制监理的工程范围作出了原则性的规定。建设部2001年颁布的《建设工程监理范围和规模标准规定》（建设部令第86号）进一步作出了解释并规定了强制监理的工程项目的具体范围和规模标准。

下列建设工程必须实行监理：

（1）国家重点建设工程。是指依据《国家重点工程项目管理办法》所确定的对国民经济和社会发展有重大影响的骨干项目。

（2）大中型公用事业工程。是指项目总投资额在3000万元以上的下列工程项目：①供水、供电、供气、供热等市政工程项目；②科技、教育、文化等项目；③体育、旅游、商业等项目；④卫生、社会福利等项目；⑤其他公用事业项目。

（3）成片开发建设的住宅小区工程，建筑面积在5万 m^2 以上的住宅建设工程必须实行监理；5万 m^2 以下的住宅建设工程，可以实行监理，具体范围和规模标准，由省、自治区、直辖市人民政府建设行政主管部门规定。为了保证住宅质量，对高层住宅及地基、结构复杂的多层住宅应当实行监理。

（4）利用外国政府或者国际组织贷款、援助资金的工程范围。包括：①使用世界银行、亚洲开发银行等国际组织贷款资金的项目；②使用国外政府及其机构贷款资金的项目；③使用国际组织或者国外政府援助资金的项目。

(5) 国家规定必须实行监理的其他工程,具体系指学校、影剧院、体育场馆项目以及基础设施项目。基础设施项目是指项目总投资额在3000万元以上关系社会公共利益、公众安全的下列项目:①煤炭、石油、化工、天然气、电力、新能源等项目;②铁路、公路、管道、水运、民航以及其他交通运输业等项目;③邮政、电信枢纽、通信、信息网络等项目;④防洪、灌溉、排涝、发电、引(供)水、滩涂治理、水资源保护、水土保持等水利建设项目;⑤道路、桥梁、地铁和轻轨交通、污水排放及处理、垃圾处理、地下管道、公共停车场等城市基础设施项目;⑥生态环境保护项目;⑦其他基础设施项目。

5. 建设工程监理的阶段范围

根据《建设工程监理规范》(GB/T 50319—2013),工程监理单位为建设单位提供的工程项目管理服务可划分为建设工程监理、设备采购与设备监造、相关服务等三个业务范围。

建设工程监理是在工程建设的施工阶段监督管理施工单位的建设行为。

工程设备由建设单位自行采购时,建设单位可委托工程监理单位开展设备采购与设备监造服务。设备监造(supervision of equipment manufacturing),是指工程监理单位按照监理合同和设备采购合同的约定,对工程设备制造过程进行的监督检查活动。

相关服务(related services),是指工程监理单位受建设单位委托,按照监理合同约定,在建设工程勘察、设计、工程质量缺陷责任期等建设阶段提供的服务活动。

工程监理单位的以上三个业务范围涉及的工程建设时间阶段如图1-2所示。

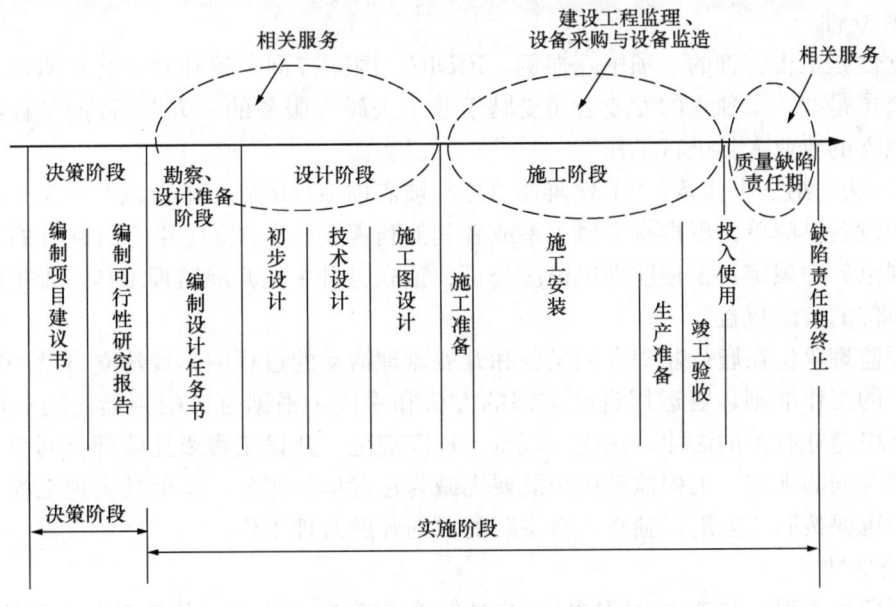

图1-2 建设工程监理及相关服务阶段范围示意图

二、建设工程监理的性质

1. 服务性

建设工程监理是工程监理单位接受建设单位的委托而开展的项目管理活动,是在工程项目建设过程中,利用工程监理单位的监理人员的知识、技能和经验、信息以及必要的试验、检测手段,为建设单位提供专业化管理服务和技术服务,以满足建设单位对工程项目管理的需要。

工程监理单位不具有工程建设重大问题的决策权，不能完全取代建设单位的管理活动，只能在监理合同的授权范围内代表建设单位开展监理服务。同时，工程监理单位不能取代政府有关管理部门的审批许可权和监督管理权。

工程监理单位既不直接参与设计，又不直接参与施工安装；既不向建设单位承包工程造价，也不参与施工单位的盈利分成。工程监理单位所获得的报酬是技术管理服务性报酬。

2. 科学性

建设工程监理是为建设单位提供一种高智能的技术服务，是以协助建设单位实现其投资目的，力求在预定的投资、进度、质量目标内实现工程项目为己任，这就要求工程监理单位从事监理活动应当遵循科学的准则。

为适应当今工程规模日趋庞大、工程技术发展日新月异，以及在日益激烈的市场竞争中生存、发展，工程监理单位只有依据科学的方案，运用科学的手段，采取科学的方法，进行科学的总结开展监理工作，不断地采用更加科学的思想、理论、方法、手段，才能驾驭工程项目建设。

按照科学性的要求，工程监理单位应当有足够数量的、业务素质合格、经验丰富的监理工程师；要有一套科学的管理制度；要配备计算机辅助监理的软件和硬件；要掌握先进的监理理论、方法，积累足够的技术、经济资料和数据；要拥有现代化的监理手段。

3. 独立性

独立性是工程咨询的一项国际惯例。FIDIC（国际咨询工程师联合会）明确认为，工程咨询公司是"一个独立的专业公司受聘于业主去履行服务的一方"，咨询工程师应"作为一名独立的专业人员进行工作"。

《建筑法》第三十四条："工程监理单位与被监理工程的施工单位以及建筑材料、建筑构配件和设备供应单位不得有隶属关系或者其他利害关系"。2001年5月施行的《建设工程监理规范》中规定"工程监理单位应公正、独立、自主地开展监理工作，维护建设单位和施工单位的合法权益"。

工程监理单位在履行监理合同义务和开展监理活动的过程中，要建立自己的组织，要确定自己的工作准则，要运用自己掌握的方法和手段，根据自己的判断，独立地开展工作。要严格遵守有关的法律、法规、规章、标准规范、建设工程委托监理合同以及有关的建设工程合同的规定。工程监理单位既要竭诚为建设单位服务，协助其实现工程项目的预定目标，也要按照"公平、独立、自主"的原则开展监理工作。

4. 公平性

国际咨询工程师联合会（FIDIC）于1957年发布的《土木工程施工合同条件》（红皮书）中要求咨询工程师保持"公正"（impartiality）原则，即不偏不倚地处理施工合同中有关问题。公正原则也成为我国建设工程监理制度建立初期的一个重要性质。《建筑法》第三十四条："工程监理单位应当根据建设单位的委托，客观、公正地执行监理任务"。然而，FIDIC于1999年发布的《土木工程施工合同条件》（红皮书）中对咨询工程师的公正性要求不复存在，而只要求"公平"（Fair），咨询工程师不充当调解人或仲裁人的角色，只是接受业主报酬负责进行施工合同管理的受托人。

与FIDIC《土木工程施工合同条件》中的咨询工程师类似，我国工程监理单位受建设单位委托实施建设工程监理，也无法成为公正或不偏不倚的第三方，但需要公平地对待建设单位和施工单位。特别是当建设单位和施工单位发生利益冲突或矛盾时，工程监理单位应以事实为依据，以法律法规和监理合同、有关建设工程合同为准绳，在维护建设单位的合法权益时，不损害施工单位的合法权益。

公平性要求监理工程师应具有良好的职业道德、坚持实事求是的工作作风、熟悉有关建设工程合同条款、不断提高专业技术能力和综合分析判断能力。对于建设单位和施工单位之间的结算、争议、索赔等问题，工程监理单位和监理工程师能够站在第三方立场上客观、公平地加以解决和处理。

三、建设工程监理的作用

自1988年开始建设工程监理试点至今近30年，全国各省、市、自治区和国务院各部门都已全面开展了监理工作。建设工程监理在工程建设中发挥着越来越重要、明显的作用，受到了社会的广泛关注和普遍认可。

建设工程监理的作用主要表现在以下几方面：

1. 有利于规范参与工程建设各方的建设行为

社会化、专业化的工程监理单位在建设工程实施过程中开展建设工程监理、设备监造、相关服务等活动，对参与工程建设各方的建设行为进行约束，改变了过去政府对工程建设既要抓宏观监督又要抓微观监督的不合理局面，可谓在工程建设领域真正实现了政企分开。

工程监理单位主要依据监理合同和有关建设工程合同对参与工程建设各方的建设行为实施监督管理。尤其是建设工程监理，通过事前、事中和事后控制相结合，可以有效地规范各施工单位以及建设单位的建设行为，最大限度地避免不当建设行为的发生，及时制止不当建设行为或者尽量减少不当建设行为造成的损失。

2. 有利于保证建设工程质量

建设工程作为一种特殊的产品，具有质量影响因素多、质量特性波动大、内在质量隐蔽性强、终检局限性大、对周边环境及社会公众利益影响大等特点，要求对工程质量验收及评价贯穿工程施工的全过程，同时不能仅仅满足于施工单位自身的质量管理和政府的宏观监督，迫切需要代表公众利益的、社会第三方的监督管理。有了监理单位的全过程质量控制，能及时发现建设过程中出现的质量问题，并督促施工单位及时采取相应措施以确保实现质量目标，从而避免留下工程质量隐患。

3. 有利于保证建设工程施工安全生产

2004年2月1日施行的《建设工程安全生产管理条例》第十四条："工程监理单位和监理工程师应当按照法律、法规和工程建设强制性标准实施监理，并对建设工程安全生产承担监理责任。"明确了工程监理单位和监理工程师对安全生产管理的监理责任。

工程监理单位对工程建设中的人、机、物、环境及施工全过程的安全生产进行监督管理，并采取组织措施、技术措施、经济措施和合同措施，监督管理施工单位的建设行为符合国家安全生产、劳动保护相关法律法规以及工程建设强制性标准，将建设工程安全风险有效地控制在允许的范围内，以确保施工安全。

4. 有利于提高建设工程的投资效益和社会效益

就建设单位而言，希望在满足建设工程预定功能和质量标准的前提下，建设投资额最少；从价值工程观念出发，追求在满足建设工程预定功能和质量标准的前提下，建设工程寿命周期费用最少；对国家、社会公众而言，应实现建设工程本身的投资效益与环境、社会效益的综合效益最大化。

实行建设工程监理制之后，工程监理单位不仅能协助建设单位实现建设工程的投资效益，还能大大提高我国全社会的投资效益，促进国民经济的发展。

四、工程监理在建设项目管理中的定位

由于建设工程监理是建设单位委托工程监理单位实施的项目管理，所以监理的基本理论和方法主要是源于工程项目管理学。另一方面，我国对"监理工程师"的职责、权限以及在工程项目管理中的定位，与国际咨询工程师联合会出版的FIDIC合同条件中的"工程师"类同，所以，工程监理的市场定位属于工程咨询服务性质。

1984年11月，改革开放后第一个利用世界银行贷款并进行国际竞争性招标的鲁布革水电站引水隧洞工程开工，按照FIDIC合同要求设立了"工程师单位"，其作用相当于后来国内设立的工程监理单位，鲁布革水电站工程是国内率先试行国际通行的建设工程监理模式的工程。

我国推行建设工程监理制是工程项目管理体制的一项重大改革。这意味着，建设单位对工程项目进行管理，可以自行组织监管机构，也可以委托社会化、独立的第三方——工程监理单位来进行。因此，建设工程监理成为建设单位实施工程项目管理的一种重要形式，属于业主方工程项目管理的范畴。

住房城乡建设部《关于推进建筑业发展和改革的若干意见》（建市[2014]92号）指出："进一步完善工程监理制度。分类指导不同投资类型工程项目监理服务模式发展。强调强制监理工程范围，选择部分地区开展试点，研究制定有能力的建设单位自主决策选择监理或其他管理模式的政策措施。具有监理资质的工程咨询服务机构开展项目管理的工程项目，可不再委托监理。推动一批有能力的监理企业做优做强。"

2017年1月3日，江苏省住房和城乡建设厅发布了《关于推进工程建设全过程项目管理咨询服务的指导意见》文件，要求推进监理行业结构调整，全面整合工程建设过程中所需的前期咨询、招标代理、造价咨询、工程监理及其他相关服务等咨询服务业务，引导建设单位将全过程的项目管理咨询服务委托给一家企业，为项目建设提供涵盖前期策划咨询、施工前准备、施工过程、竣工验收、运营保修等各阶段的全过程工程项目管理咨询服务。江苏省是我国建筑大省，率先为监理行业向建设前期提供工程项目管理咨询服务吹响了进军号角，必将推进我国建设工程监理行业的供给侧结构性改革，促进工程监理与相关咨询行业的业务融合起到引领作用。

五、现阶段建设工程监理的特点

我国的建设工程监理无论在管理理论和方法上，还是在业务内容和工作程序上，与国外的工程项目管理都是相同的。但现阶段，由于建设单位对监理的认知度较低，建设市场体系发育不够成熟，市场运行规则不够健全，因此，我国的建设工程监理呈现出以下特点：

1. 服务对象单一

在国际上，工程项目管理按服务对象不同可分为：为建设单位服务的、为施工单位服

务的、为贷款方服务的工程项目管理，工程项目管理公司（工程咨询公司）还可以参与联合承包工程。而我国的建设工程监理制度规定，工程监理单位只接受建设单位的委托，只为建设单位服务，不能接受施工单位的委托、不能为施工单位服务。可见，现阶段我国的建设工程监理是只为建设单位服务的工程项目管理。

2. 推行的强制性

我国的建设工程监理从一开始就是依靠法律手段和行政手段在全国范围推行的，明确提出国家推行建设工程监理制度，并规定了必须实行建设工程监理的工程范围。在较短时间内较快促进了建设工程监理制度在我国的发展，形成了一批专业化、社会化的工程监理单位和监理工程师队伍，缩小了与发达国家工程项目管理的差距。

3. 具有监督控制功能

我国的工程监理单位与施工单位虽无任何合同关系和经济关系，但根据监理合同中建设单位的授权，有权对其不当建设行为进行预控和监督，通过下达监理指令要求施工单位及时改正，或者向建设主管部门反映质量及安全情况。我国的建设工程监理还特别强调执行国家标准及规范规定的工程强制性条文，强调对施工过程和施工工序的监督、检查和验收，必要时开展旁站监理。我国监理工作在质量控制和安全生产管理方面要求达到的深度和细度不亚于国际上工程项目管理要求的工作深度和细度，这对保证工程质量和使用安全起到了积极的监督控制作用。

4. 双重市场准入

国外的工程项目管理一般只对专业人士的执业资格提出要求，而没有对企业的资质管理作出规定。而我国对建设工程监理的市场准入则采取了企业资度等级和人员执业资格的双重管理，既要求总监理工程师必须是注册监理工程师，又规定工程监理单位只有在其资质等级许可范围内承接工程监理业务。现阶段，这种双重的市场准入管理对于保证我国建设工程监理队伍的基本素质，规范我国建设工程监理市场起到了积极的作用。

六、建设工程监理的发展趋势

我国的建设工程监理已经取得有目共睹的成绩，并且已为社会各界所认同和接受，但是应当承认，与国际上的先进水平相比还存在一定的差距。为了尽快提高我国工程建设监理水平，在今后发展中应对以下几个方面予以高度的重视：

1. 加强法制建设，走法制化的道路

我国颁布的法律法规中有关建设工程监理的条款不少，部门规章和地方性法规的数量更多，这充分反映了建设工程监理的法律地位。但从行业的长远发展来看，法制建设还比较薄弱，突出表现在市场规则和市场机制方面：市场规则，特别是市场竞争规则和市场交易规则还不健全；市场机制，包括信用机制、价格形成机制、风险防范机制、仲裁机制等尚不完善。应当在总结实践经验的基础上，借鉴国际上通行的做法，加强法制建设，走法制化的道路，使我国的工程建设监理走上有法可依、有法必依的轨道。

2. 以市场需求为导向，积极开展相关服务

我国实行建设工程监理近30年，目前仍然以建设工程施工阶段监理为主。造成这种状况既有体制上、认识上的原因，也有建设单位需求和工程监理单位素质及能力等原因。但是应当看到，随着项目法人责任制的不断完善，以及民营企业和私人投资项目的大量增加，建设单位将对工程投资效益愈加重视，对设备采购与设备监造提供监理服务以及为工

程勘察设计阶段和保修阶段提供相关服务的需求将日益增多。

3. 适应市场需求，优化工程监理单位结构

在市场经济条件下，任何企业的发展都必须与市场需求相适应，工程监理单位的发展也不例外。应当通过市场机制和必要的行业政策引导，在工程监理行业逐步建立起综合性工程监理单位与专业性工程监理单位相结合，大、中、小型工程监理单位相结合的合理企业结构。即大型工程监理单位承担大型建设项目工程勘察设计阶段、施工阶段、设备采购与设备监造和保修阶段监理服务；中、小型工程监理单位主要承担施工阶段的监理服务，使各类工程监理单位各得其所，各有其生存和发展空间。

4. 逐步向全方位、全过程的工程咨询及项目管理服务

住房城乡建设部《工程质量治理两年行动方案》（建市〔2014〕130号）指出："鼓励有实力的工程监理单位开展跨地域、跨行业经营，开展全过程工程项目管理服务，形成一批全国范围内有技术实力、有品牌影响的骨干企业"。从发展趋势看，代表建设单位进行监理将是工程监理行业今后应努力发展的方向。

5. 加强培训工作，不断提高从业人员素质

工程监理单位要健全质量管理体系，加强现场项目部人员的配置和管理，选派具备相应资格的总监理工程师和监理工程师进驻施工现场。为适应全方位、全过程监理的要求，监理人员必须及时学习掌握更新的技术标准、规范要求，不断学习新技术、新工艺、新材料及新设备等技术知识，不断提高自身的业务素质和职业道德素质。只有加强培训工作，培养和造就出大批高素质的监理人员，才能形成一批公信力强、有品牌效应的工程监理单位，才能提高我国建设工程监理的总体水平，为建设单位提供优质服务。国家对注册监理工程师设立了继续教育制度，注册监理工程师在每一注册有效期（3年）内应接受96学时的继续教育，其中必修课和选修课各为48学时。

6. 与国际惯例接轨，走出去、走向世界

工程总承包和工程项目管理是国际通行的工程建设项目组织实施方式。分析国外工程项目管理行业发展，一个不容忽视的趋势就是以全方位、全过程工程项目管理（工程咨询）为纽带，带动本国工程设备、材料和劳务的出口。经过20余年的实践，我国的建设工程监理虽然形成了一定的特点，但在一些方面与国际惯例还有差异。在建设工程监理领域多方面与国际接轨、参与国际竞争，是贯彻党的十六大关于"走出去"的发展战略，积极开拓国际承包市场，带动我国技术、机电设备及工程材料的出口，促进劳务输出，提高我国企业国际竞争力的有效途径。

第二节 工程监理单位

一、工程监理单位的组织形式

工程监理单位（construction project management enterprise）是指取得工程监理单位资质证书并从事建设工程监理业务的经济组织，是监理工程师的执业机构。

按照我国现行法律法规的规定，工程监理单位的组织形式主要有：公司、合伙企业、中外合资经营企业和中外合作经营企业。

1. 公司制工程监理单位

公司制工程监理单位即工程监理公司，是依照《中华人民共和国公司法》（2005年修订，2006年1月1日起施行，以下简称《公司法》）规定的条件和程序在中国境内设立的企业法人。工程监理公司享有由股东投资形成的全部法人财产权，依法享有民事权利，承担民事责任。工程监理公司以其全部法人财产，依法自主经营，自负盈亏。

工程监理公司具体有工程监理有限责任公司和工程监理股份有限公司两种。

（1）工程监理有限责任公司

工程监理有限责任公司是股东以其认缴的出资额为限对公司承担责任，公司以其全部资产对公司的债务承担责任的独立企业法人。

设立工程监理有限责任公司，应当具备下列条件：

① 由50个以下股东出资设立。

② 注册资本的最低限额为人民币3万元。法律、行政法规对有限责任公司注册资本的最低限额有较高规定的，从其规定。

③ 股东共同制定公司章程。

④ 有公司名称，并标明有限责任公司（可简称有限公司）字样。

⑤ 建立符合有限责任公司要求的组织机构。

⑥ 有公司住所。

工程监理有限责任公司的主要特征有：

① 公司不对外发行股票。公司成立后，向股东签发出资证明书。

② 股东之间可以相互转让其全部或者部分股权。股东向股东以外的人转让股权，应当经其他股东过半数同意。其他股东半数以上不同意转让的，不同意的股东应当购买该转让的股权；不购买的，视为同意转让。经股东同意转让的股权，在同等条件下，其他股东有优先购买权。

③ 可以设立分公司。

④ 公司的财务会计报告可以不对外公开。

（2）一人工程监理有限责任公司

《公司法》所称一人有限责任公司，是指只有一个自然人股东或者一个法人股东的有限责任公司。

一人工程监理有限责任公司应符合《公司法》对一人有限责任公司的规定：

① 注册资本最低限额为人民币10万元。法律、行政法规对有限责任公司注册资本的最低限额有较高规定的，从其规定。股东应当一次足额缴纳公司章程规定的出资额。

② 一个自然人只能投资设立一个一人有限责任公司。该一人有限责任公司不能投资设立新的一人有限责任公司。

③ 应当在公司登记中注明自然人独资或者法人独资，并在公司营业执照中载明。

④ 公司章程由股东制定。

⑤ 公司不设股东会。股东行使职权做出决定时，应当采用书面形式，并由股东签名后置备于公司。

⑥ 在每一会计年度终了时编制财务会计报告，并经会计师事务所审计。

⑦ 股东不能证明公司财产独立于股东自己的财产的，应当对公司债务承担连带责任。

（3）国有独资工程监理公司

《公司法》所称国有独资公司，是指国家单独出资、由国务院或者地方人民政府授权本级人民政府国有资产监督管理机构履行出资人职责的有限责任公司。

国有独资工程监理公司应符合《公司法》对国有独资公司的规定：

① 公司章程由国有资产监督管理机构制定，或者由董事会制订报国有资产监督管理机构批准。

② 公司不设股东会，由国有资产监督管理机构行使股东会职权。国有资产监督管理机构可以授权公司董事会行使股东会的部分职权。

③ 公司设董事会并行使职权。董事每届任期不得超过三年。董事会成员中应当有公司职工代表。董事会成员由国有资产监督管理机构委派；但是，董事会成员中的职工代表由公司职工代表大会选举产生。

④ 公司设经理并行使职权。经理由董事会聘任或者解聘。经国有资产监督管理机构同意，董事会成员可以兼任经理。

⑤ 公司设监事会。监事会成员不得少于五人，其中职工代表的比例不得低于三分之一。监事会成员由国有资产监督管理机构委派；但是，监事会成员中的职工代表由公司职工代表大会选举产生。

(4) 工程监理股份有限公司

工程监理股份有限公司是全部资本分为等额股份，股东以其认购的股份为限对公司承担责任，公司以其全部资产对公司债务承担责任的独立企业法人。

股份有限公司的设立，可以采取发起设立或者募集设立的方式。发起设立，是指由发起人认购公司应发行的全部股份而设立公司。募集设立，是指由发起人认购公司应发行股份的一部分，其余股份向社会公开募集或者向特定对象募集而设立公司。以募集设立方式设立股份有限公司的，发起人认购的股份不得少于公司股份总数的35%。

设立工程监理股份有限公司，应当具备下列条件：

① 2人以上200人以下为发起人，其中须有半数以上的发起人在中国境内有住所。

② 注册资本的最低限额为人民币500万元。法律、行政法规对股份有限公司注册资本的最低限额有较高规定的，从其规定。

③ 股份发行、筹办事项符合国家有关法律规定。

④ 发起人制定公司章程，采用募集方式设立的经创立大会通过。

⑤ 有公司名称，并标明股份有限公司（可简称股份公司）字样。

⑥ 建立符合股份有限公司要求的组织机构。

⑦ 有公司住所。

工程监理股份有限公司的主要特征有：

① 股份有限公司的资本划分为股份，每一股的金额相等。公司的股份采取股票的形式。股票是公司签发的证明股东所持股份的凭证。

② 股份的发行，实行公平、公正的原则，同种类的每一股份应当具有同等权利。同次发行的同种类股票，每股的发行条件和价格应当相同；任何单位或者个人所认购的股份，每股应当支付相同价额。股票发行价格可以按票面金额，也可以超过票面金额，但不得低于票面金额。

③ 股东转让其股份，应当在依法设立的证券交易场所进行或者按照国务院规定的其

他方式进行。发起人持有的本公司股份，自公司成立之日起一年内不得转让。公司公开发行股份前已发行的股份，自公司股票在证券交易所上市交易之日起一年内不得转让。

④ 公司不得收购本公司的股票，但减少公司注册资本，与持有本公司股份的其他公司合并，将股份奖励给本公司职工，股东因对股东大会做出的公司合并、分立决议持异议要求公司收购其股份的除外。

⑤ 可以设立分公司。

⑥ 上市公司必须依照法律、行政法规的规定，公开其财务状况、经营情况及重大诉讼，在每会计年度内半年公布一次财务会计报告。

2. 合伙工程监理单位

《中华人民共和国合伙企业法》（2006年修订，2007年6月1日起施行，以下简称《合伙企业法》）所称合伙企业，是指自然人、法人和其他组织依照本法在中国境内设立的普通合伙企业和有限合伙企业。合伙企业是契约式组织，不具有法人资格。订立合伙协议，设立合伙企业，应当遵循自愿、平等、公平、诚实信用原则。合伙企业可以设立分支机构。

（1）普通合伙工程监理单位

普通合伙工程监理单位由普通合伙人组成，合伙人对合伙企业债务承担无限连带责任。国有独资公司、国有企业、上市公司以及公益性的事业单位、社会团体不得成为普通合伙人。

设立普通合伙工程监理单位，应当具备下列条件：

① 有2个以上合伙人。合伙人为自然人的，应当具有完全民事行为能力。

② 有书面合伙协议。

③ 有合伙人认缴或者实际缴付的出资。

④ 有企业名称，并标明"普通合伙"字样。

⑤ 有生产经营场所。

合伙工程监理单位的主要特征有：

① 合伙人向合伙人以外的人转让其在合伙企业中的全部或者部分财产份额时，须经其他合伙人一致同意。合伙人之间转让在合伙企业中的全部或者部分财产份额时，应当通知其他合伙人。

② 普通合伙工程监理单位的合伙人对执行合伙事务享有同等的权利。按照合伙协议的约定或者经全体合伙人决定，可以委托一个或者数个合伙人对外代表合伙企业，执行合伙事务。

③ 合伙人对合伙企业有关事项做出决议，按照合伙协议约定的表决办法办理。合伙协议未约定或者约定不明确的，实行合伙人一人一票并经全体合伙人过半数通过的表决办法。

④ 合伙企业的利润分配、亏损分担，按照合伙协议的约定办理；合伙协议未约定或者约定不明确的，由合伙人协商决定；协商不成的，由合伙人按照实缴出资比例分配、分担；无法确定出资比例的，由合伙人平均分配、分担。

⑤ 新合伙人入伙应当经全体合伙人一致同意，与原合伙人享有同等权利，承担同等责任。新合伙人对入伙前企业的债务承担无限连带责任。

(2) 特殊的普通合伙工程监理单位

《合伙企业法》规定：以专业知识和专门技能为客户提供有偿服务的专业服务机构，可以设立为特殊的普通合伙企业。特殊的普通合伙企业名称中应当标明"特殊普通合伙"字样。

所谓"特殊"是指企业的一个合伙人或者数个合伙人在执业活动中因故意或者重大过失造成合伙企业债务的，应当承担无限责任或者无限连带责任，其他合伙人以其在合伙企业中的财产份额为限承担责任。合伙人在执业活动中非因故意或者重大过失造成的合伙企业债务以及合伙企业的其他债务，由全体合伙人承担无限连带责任。

此外，特殊的普通合伙企业应当建立执业风险基金、办理职业保险。执业风险基金单独立户管理，用于偿付合伙人执业活动造成的债务。

(3) 有限合伙工程监理单位

有限合伙工程监理单位由普通合伙人和有限合伙人组成，普通合伙人对合伙企业债务承担无限连带责任，有限合伙人以其认缴的出资额为限对合伙企业债务承担责任。

设立有限合伙工程监理单位，应当具备下列条件：

① 由2个以上50个以下合伙人设立。合伙人中至少应当有1个普通合伙人。
② 有书面合伙协议。
③ 有合伙人认缴或者实际缴付的出资。有限合伙人不得以劳务出资。
④ 有企业名称，并标明"有限合伙"字样。
⑤ 有生产经营场所。

有限合伙工程监理单位的主要特点有：

① 有限合伙人不得以劳务出资。
② 有限合伙工程监理单位由普通合伙人执行合伙事务。执行事务合伙人可以要求在合伙协议中确定执行事务的报酬及报酬提取方式。有限合伙人不执行合伙事务，不得对外代表企业。
③ 有限合伙人可以同本企业进行交易；有限合伙人可以自营或者同他人合作经营与本企业相竞争的业务。
④ 新入伙的有限合伙人对入伙前有限合伙企业的债务，以其认缴的出资额为限承担责任。
⑤ 有限合伙工程监理单位仅剩有限合伙人的，应当解散；有限合伙工程监理单位仅剩普通合伙人的，转为普通合伙工程监理单位。
⑥ 普通合伙人转变为有限合伙人，或者有限合伙人转变为普通合伙人，应当经全体合伙人一致同意。有限合伙人转变为普通合伙人的，对其作为有限合伙人期间有限合伙企业发生的债务承担无限连带责任。普通合伙人转变为有限合伙人的，对其作为普通合伙人期间合伙企业发生的债务承担无限连带责任。

3. 中外合资经营工程监理单位

为了扩大国际经济合作和技术交流，依据《中华人民共和国中外合资经营企业法》，我国允许外国公司、企业和其他经济组织或个人，按照平等互利的原则，经中国政府批准，在中国境内同我国的公司、企业或其他经济组织共同举办中外合资经营工程监理单位。在中外合资经营工程监理单位的注册资本中，外国合营者的投资比例一般不得低于 25%。

中外合资经营工程监理单位的主要特征有：

① 企业的形式为有限责任公司，其一切活动应遵守我国法律、法规的规定。

② 合营各方按注册资本比例分享利润和分担风险及亏损。

③ 合营者的注册资本如果转让必须经合营各方同意。

④ 依照中国有关税收的规定缴纳税款，并可以享受减税、免税的优惠待遇。

⑤ 可以在中国境外设立分支机构。

⑥ 正副总经理由合营各方分别担任。

4. 中外合作经营工程监理单位

依据《中华人民共和国中外合作经营企业法》，我国允许外国公司、企业和其他经济组织或个人，按照平等互利的原则，同我国的公司、企业或其他经济组织在中国境内共同举办中外合作经营工程监理单位。

中外合作经营工程监理单位的主要特征有：

① 是契约式的合营企业，合作的基础是合作企业合同。

② 其组织形式可以是企业法人，也可以是非企业法人。符合中国法律关于法人条件的规定的，依法取得中国法人资格。

③ 依照中国有关税收的规定缴纳税款，并可以享受减税、免税的优惠待遇。

④ 在利润分配方式上有较大的灵活性。在合作期内，外国合作者可以在利润分成中先行收回投资。

⑤ 企业的组织机构灵活多样。

在我国，由于建设工程监理发展历史不长，当前工程监理单位的组织形式主要是有限责任公司。

二、工程监理单位的资质及其管理

为了维护建筑市场秩序，保证建设工程的质量、工期和投资效益的发挥，国家对工程监理单位实施资质管理。工程监理单位资质是企业技术能力、管理水平、业务经验、经营规模、社会信誉等综合性实力指标。工程监理单位按照所拥有的注册资本、专业技术人员数量和工程监理业绩等资质条件申请资质，经审查合格，取得相应等级的资质证书后，才能在其资质等级许可的范围内从事工程监理活动。

工程监理单位的注册资本不仅是企业从事经营活动的基本条件，也是企业清偿债务的保证。工程监理单位所拥有的专业技术人员数量主要体现在注册监理工程师的数量，这反映企业从事监理工作的工程范围和业务能力。工程监理业绩则反映工程监理单位开展监理业务的经历和成效。

1. 工程监理单位的资质等级标准

自 2007 年 8 月 1 日起施行的《工程监理单位资质管理规定》（建设部令第 158 号）中，按照工程性质和技术特点划分为房屋建筑工程、冶炼工程、矿山工程、化工石油工程、水利水电工程、电力工程、林业及生态工程、铁路工程、公路工程、港口与航道工程、航天航空工程、通信工程、市政公用工程、机电安装工程等十四个专业工程类别。每个专业工程类别按照工程规模或技术复杂程度又进一步划分等级，其中，房屋建筑工程、水利水电工程、公路工程和市政公用工程划分为三个等级，其余十个专业工程划分为两个等级。表 1-1 是房屋建筑工程、公路工程、市政工程等专业工程划分为三个等级的具体标准。

房屋建筑工程、公路工程、市政工程等专业工程等级表　　　表 1-1

工程类别		一级	二级	三级
房屋建筑工程	一般公共建筑	28 层以上；36 米跨度以上（轻钢结构除外）；单项工程建筑面积 3 万平方米以上	14～28 层；24～36 米跨度（轻钢结构除外）；单项工程建筑面积 1 万～3 万平方米	14 层以下；24 米跨度以下（轻钢结构除外）；单项工程建筑面积 1 万平方米以下
	高耸构筑工程	高度 120 米以上	高度 70～120 米	高度 70 米以下
	住宅工程	小区建筑面积 12 万平方米以上；单项工程 28 层以上	建筑面积 6 万～12 万平方米；单项工程 14～28 层	建筑面积 6 万平方米以下；单项工程 14 层以下
公路工程	公路工程	高速公路	高速公路路基工程及一级公路	一级公路路基工程及二级以下各级公路
	公路桥梁工程	独立大桥工程；特大桥总长 1000 米以上或单跨跨径 150 米以上	大桥、中桥桥梁总长 30～1000 米或单跨跨径 20～150 米	小桥总长 30 米以下或单跨跨径 20 米以下；涵洞工程
	公路隧道工程	隧道长度 1000 米以上	隧道长度 500～1000 米	隧道长度 500 米以下
	其他工程	通信、监控、收费等机电工程，高速公路交通安全设施、环保工程和沿线附属设施	一级公路交通安全设施、环保工程和沿线附属设施	二级及以下公路交通安全设施、环保工程和沿线附属设施
市政工程	城市道路工程	城市快速路、主干路，城市互通式立交桥及单孔跨径 100 米以上梁桥；长度 1000 米以上的隧道工程	城市次干路工程，城市分离式立交桥及单孔跨径 100 米以下的桥梁；长度 1000 米以下的隧道工程	城市支路工程、过街天桥及地下通道工程
	给水排水工程	10 万吨/日以上的给水厂；5 万吨/日以上污水处理工程；3 立方米/秒以上的给水、污水泵站；15 立方米/秒以上的雨泵站；直径 2.5 米以上的给水排水管道	2 万～10 万吨/日的给水厂；1 万～5 万吨/日污水处理工程；1～3 立方米/秒的给水、污水泵站；5～15 立方米/秒的雨泵站；直径 1～2.5 米的给水管道；直径 1.5～2.5 米的排水管道	2 万吨/日以下的给水厂；1 万吨/日以下污水处理工程；1 立方米/秒以下的给水、污水泵站；5 立方米/秒以下的雨泵站；直径 1 米以下的给水管道；直径 1.5 米以下的排水管道
	燃气热力工程	总储存容积 1000 立方米以上液化气贮罐场（站）；供气规模 15 万立方米/日以上的燃气工程；中压以上的燃气管道、调压站；供热面积 150 万平方米以上的热力工程	总储存容积 1000 立方米以下的液化气贮罐场（站）；供气规模 15 万立方米/日以下的燃气工程；中压以下的燃气管道、调压站；供热面积 50 万～150 万平方米的热力工程	供热面积 50 万平方米以下的热力工程
	垃圾处理工程	1200 吨/日以上的垃圾焚烧和填埋工程	500～1200 吨/日的垃圾焚烧及填埋工程	500 吨/日以下的垃圾焚烧及填埋工程
	地铁轻轨工程	各类地铁轻轨工程		
	风景园林工程	总投资 3000 万元以上	总投资 1000 万～3000 万元	总投资 1000 万元以下

工程监理单位资质分为综合资质、专业资质和事务所资质。其中，专业资质按照工程性质和技术特点划分为若干工程类别。综合资质、事务所资质不分级别。专业资质分为甲级、乙级；其中，房屋建筑、水利水电、公路和市政公用专业资质可设立丙级。

（1）综合资质标准

① 具有独立法人资格且注册资本不少于 600 万元。

② 企业技术负责人应为注册监理工程师，并具有 15 年以上从事工程建设工作的经历或者具有工程类高级职称。

③ 具有 5 个以上工程类别的专业甲级工程监理资质。

④ 注册监理工程师不少于 60 人，注册造价工程师不少于 5 人，一级注册建造师、一级注册建筑师、一级注册结构工程师或者其他勘察设计注册工程师合计不少于 15 人次。

⑤ 企业具有完善的组织结构和质量管理体系，有健全的技术、档案等管理制度。

⑥ 企业具有必要的工程试验检测设备。

⑦ 申请工程监理资质之日前一年内没有违反法律法规的行为。

⑧ 申请工程监理资质之日前一年内没有因本企业监理责任造成重大质量事故。

⑨ 申请工程监理资质之日前一年内没有因本企业监理责任发生三级以上工程建设重大安全事故或者发生两起以上四级工程建设安全事故。

（2）甲级专业资质标准

① 具有独立法人资格且注册资本不少于 300 万元。

② 企业技术负责人应为注册监理工程师，并具有 15 年以上从事工程建设工作的经历或者具有工程类高级职称。

③ 注册监理工程师、注册造价工程师、一级注册建造师、一级注册建筑师、一级注册结构工程师或者其他勘察设计注册工程师合计不少于 25 人次；其中，相应专业注册监理工程师不少于《专业资质注册监理工程师人数配备表》（见表 1-2）中要求配备的人数，注册造价工程师不少于 2 人。

④ 企业近 2 年内独立监理过 3 个以上相应专业的二级工程项目，但是，具有甲级设计资质或一级及以上施工总承包资质的企业申请本专业工程类别甲级资质的除外。

⑤ 企业具有完善的组织结构和质量管理体系，有健全的技术、档案等管理制度。

⑥ 企业具有必要的工程试验检测设备。

⑦ 申请工程监理资质之日前一年内没有违反法律法规的行为。

⑧ 申请工程监理资质之日前一年内没有因本企业监理责任造成重大质量事故。

⑨ 申请工程监理资质之日前一年内没有因本企业监理责任发生三级以上工程建设重大安全事故或者发生两起以上四级工程建设安全事故。

专业资质注册监理工程师人数配备表（单位：人）　　　　表 1-2

序号	工程类别	甲级	乙级	丙级
1	房屋建筑工程	15	10	5
2	冶炼工程	15	10	
3	矿山工程	20	12	
4	化工石油工程	15	10	

续表

序号	工程类别	甲级	乙级	丙级
5	水利水电工程	20	12	5
6	电力工程	15	10	
7	农林工程	15	10	
8	铁路工程	23	14	
9	公路工程	20	12	5
10	港口与航道工程	20	12	
11	航天航空工程	20	12	
12	通信工程	20	12	
13	市政公用工程	15	10	5
14	机电安装工程	15	10	

注：表中各专业资质注册监理工程师人数配备是指企业取得本专业工程类别注册的注册监理工程师人数。

（3）乙级专业资质标准

① 具有独立法人资格且注册资本不少于100万元。

② 企业技术负责人应为注册监理工程师，并具有10年以上从事工程建设工作的经历。

③ 注册监理工程师、注册造价工程师、一级注册建造师、一级注册建筑师、一级注册结构工程师或者其他勘察设计注册工程师合计不少于15人次。其中，相应专业注册监理工程师不少于《专业资质注册监理工程师人数配备表》（见表1-2）中要求配备的人数，注册造价工程师不少于1人。

④ 有较完善的组织结构和质量管理体系，有技术、档案等管理制度。

⑤ 有必要的工程试验检测设备。

⑥ 申请工程监理资质之日前一年内没有违反法律法规的行为。

⑦ 申请工程监理资质之日前一年内没有因本企业监理责任造成重大质量事故。

⑧ 申请工程监理资质之日前一年内没有因本企业监理责任发生三级以上工程建设重大安全事故或者发生两起以上四级工程建设安全事故。

（4）丙级专业资质标准

① 具有独立法人资格且注册资本不少于50万元。

② 企业技术负责人应为注册监理工程师，并具有8年以上从事工程建设工作的经历。

③ 相应专业的注册监理工程师不少于《专业资质注册监理工程师人数配备表》（见表1-2）中要求配备的人数。

④ 有必要的质量管理体系和规章制度。

⑤ 有必要的工程试验检测设备。

（5）事务所资质标准

① 取得合伙企业营业执照，具有书面合作协议书。

② 合伙人中有3名以上注册监理工程师，合伙人均有5年以上从事建设工程监理的工作经历。

③ 有固定的工作场所。
④ 有必要的质量管理体系和规章制度。
⑤ 有必要的工程试验检测设备。

2. 工程监理单位的业务范围

(1) 综合资质

可以承担所有专业工程类别建设工程项目的工程监理业务。

(2) 专业资质

① 专业甲级资质：可承担相应专业工程类别建设工程项目的工程监理业务。

② 专业乙级资质：可承担相应专业工程类别二级以下（含二级）建设工程项目的工程监理业务。

③ 专业丙级资质：可承担相应专业工程类别三级建设工程项目的工程监理业务。

(3) 事务所资质

可承担三级建设工程项目的工程监理业务，但是，国家规定必须实行强制监理的工程除外。

此外，工程监理单位可以开展相应类别建设工程的项目管理、技术咨询等业务。

3. 工程监理单位的资质申请

工程监理单位申请资质，一般要到企业注册所在地的县级以上地方人民政府建设行政主管部门办理有关手续。新设立的工程监理单位申请资质，应当先到工商行政管理部门登记注册并取得企业法人营业执照后，才能到建设行政主管部门办理资质申请手续。

申请工程监理单位资质，应当提交以下材料：

(1) 工程监理单位资质申请表（一式三份）及相应电子文档；

(2) 企业法人、合伙企业营业执照；

(3) 企业章程或合伙人协议；

(4) 企业法定代表人、企业负责人和技术负责人的身份证明、工作简历及任命（聘用）文件；

(5) 工程监理单位资质申请表中所列注册监理工程师及其他注册执业人员的注册执业证书；

(6) 有关企业质量管理体系、技术和档案等管理制度的证明材料；

(7) 有关工程试验检测设备的证明材料。

4. 工程监理单位的资质审批

工程监理单位申请综合资质、专业甲级资质的，应当向企业工商注册所在地的省、自治区、直辖市人民政府建设主管部门提出申请。省、自治区、直辖市人民政府建设主管部门应当自受理申请之日起 20 日内初审完毕，并将初审意见和申请材料报国务院建设主管部门。国务院建设主管部门应当自省、自治区、直辖市人民政府建设主管部门受理申请材料之日起 60 日内完成审查，公示审查意见，公示时间为 10 日。其中，涉及铁路、交通、水利、通信、民航等专业工程监理资质的，由国务院建设主管部门送国务院有关部门审核。国务院有关部门应当在 20 日内审核完毕，并将审核意见报国务院建设主管部门。国务院建设主管部门根据初审意见审批。

专业乙级、丙级资质和事务所资质由企业所在地省、自治区、直辖市人民政府建设主管部门审批。专业乙级、丙级资质和事务所资质许可、延续的实施程序由省、自治区、直辖市人民政府建设主管部门依法确定。省、自治区、直辖市人民政府建设主管部门应当自做出决定之日起10日内，将准予资质许可的决定报国务院建设主管部门备案。

工程监理单位合并的，合并后存续或者新设立的工程监理单位可以承继合并前各方中较高的资质等级，但应当符合相应的资质等级条件。工程监理单位分立的，分立后企业的资质等级，根据实际达到的资质条件，按照本规定的审批程序核定。

工程监理单位资质证书分为正本和副本，每套资质证书包括一本正本，四本副本。正、副本具有同等法律效力。工程监理单位资质证书的有效期为5年。工程监理单位资质证书由国务院建设主管部门统一印制并发放。

5. 工程监理单位的资质管理

资质有效期届满，工程监理单位需要继续从事工程监理活动的，应当在资质证书有效期届满60日前，向原资质许可机关申请办理延续手续。对在资质有效期内遵守有关法律、法规、规章、技术标准，信用档案中无不良记录，且专业技术人员满足资质标准要求的企业，经资质许可机关同意，有效期延续5年。

工程监理单位在资质证书有效期内名称、地址、注册资本、法定代表人等发生变更的，应当在工商行政管理部门办理变更手续后30日内办理资质证书变更手续。涉及综合资质、专业甲级资质证书中企业名称变更的，由国务院建设主管部门负责办理，并自受理申请之日起3日内办理变更手续。其他资质证书变更手续，由省、自治区、直辖市人民政府建设主管部门负责办理。省、自治区、直辖市人民政府建设主管部门应当自受理申请之日起3日内办理变更手续，并在办理资质证书变更手续后15日内将变更结果报国务院建设主管部门备案。

工程监理单位不得有下列行为：

（1）与建设单位串通投标或者与其他工程监理单位串通投标，以行贿手段谋取中标；

（2）与建设单位或者施工单位串通弄虚作假、降低工程质量；

（3）将不合格的建设工程、建筑材料、建筑构配件和设备按照合格签字；

（4）超越本企业资质等级或以其他企业名义承揽监理业务；

（5）允许其他单位或个人以本企业的名义承揽工程；

（6）将承揽的监理业务转包；

（7）在监理过程中实施商业贿赂；

（8）涂改、伪造、出借、转让工程监理单位资质证书；

（9）其他违反法律法规的行为。

三、工程监理单位的经营管理

1. 工程监理单位经营管理的基本准则

工程监理单位应"守法、诚信、公平、科学"地开展建设工程监理与相关服务活动。

（1）守法

守法，即遵守国家的法律法规。对于工程监理单位来说，守法即是要依法经营，主要体现在：

① 工程监理单位只能在核定的业务范围内开展经营活动。核定的业务范围包括两方面：一是监理业务的工程类别；二是承接监理工程的等级。

② 工程监理单位不得伪造、涂改、出租、出借、转让、出卖《资质等级证书》。

③ 建设工程监理合同一经双方签订，即具有法律约束力，工程监理单位应按照合同的约定认真履行，不得无故或故意违背自己的承诺。

④ 工程监理单位离开原住所地承接监理业务，要自觉遵守当地人民政府颁发的监理法规和有关规定，主动向监理工程所在地的省、自治区、直辖市建设行政主管部门备案登记，接受其指导和监督管理。

⑤ 遵守国家关于企业法人的其他法律、法规的规定。

（2）诚信

诚信，即诚实守信用。这是道德规范在市场经济中的体现。它要求一切市场参加者在不损害他人利益和社会公共利益的前提下，追求自己的利益，目的是在当事人之间的利益关系和当事人与社会之间的利益关系中实现平衡，并维护市场道德秩序。诚信原则的主要作用在于指导当事人以善意的心态、诚信的态度行使民事权利，承担民事义务，正确地从事民事活动。

加强企业信用管理，提高企业信用水平，是完善我国工程监理制度的重要保证。企业信用的实质是解决经济活动中经济主体之间的利益关系。它是企业经营理念、经营责任和经营文化的集中体现。信用是企业的一种无形资产，良好的信用能为企业带来巨大效益。工程监理单位应当建立健全企业的信用管理制度。信用管理制度主要有：

① 建立健全合同管理制度。

② 建立健全与业主的合作制度，及时进行信息沟通，增强相互间的信任感。

③ 建立健全监理服务需求调查制度，这也是企业进行有效竞争和防范经营风险的重要手段之一。

④ 建立企业内部信用管理责任制度，及时检查和评估企业信用的实施情况，不断提高企业信用管理水平。

（3）公平

公平，是建设工程监理行业能够长期生存和发展的基本职业道德准则，要求工程监理单位在维护建设单位的权益时，不损害施工单位的合法权益，并尊重事实、依据法律法规和有关合同公平合理地处理业主与承包商之间的争议。

工程监理单位要做到公平，必须做到以下几点：

① 要具有良好的职业道德；

② 要坚持实事求是；

③ 要熟悉有关建设工程合同条款；

④ 要提高专业技术能力；

⑤ 要提高综合分析判断问题的能力。

（4）科学

科学，是指工程监理单位要依据科学的方案，运用科学的手段，采取科学的方法开展监理工作，工程监理工作结束后，还要进行科学的总结。实施科学化管理主要体现在：

① 科学的方案

建设工程监理的计划方案主要是指监理规划。在实施监理前，尽可能准确地预测各种可能问题，有针对性地拟定解决办法，制定出切实可行、行之有效的监理规划，必要时进一步编制监理实施细则，使各项监理活动都纳入计划管理的轨道。

② 科学的手段

实施工程监理必须借助于先进的科学仪器才能做好监理工作，如各种检测、试验、化验仪器、摄录像设备及计算机等。

③ 科学的方法

监理工作的科学方法主要体现在监理人员在掌握大量的、确凿的有关监理对象及其外部环境实际情况的基础上，适时、妥帖、高效地处理有关问题，解决问题要用事实说话、用书面文字说话、用数据说话；要开发、利用计算机软件辅助工程监理。

2. 建立健全工程监理单位内部管理制度

工程监理单位的内部规章制度一般包括以下若干方面：

（1）组织管理制度。合理设置企业内部机构和各机构职能，建立严格的岗位责任制度，加强考核和督促检查，有效配置企业资源，提高企业工作效率，健全企业内部监督体系，完善制约机制。

（2）人事管理制度。健全工资分配、奖励制度，完善激励机制，加强对员工的业务素质培养和职业道德教育。

（3）劳动合同管理制度。推行职工全员竞争上岗，严格劳动纪律，严明奖惩，充分调动和发挥职工的积极性、创造性。

（4）财务管理制度。加强资产管理、财务计划管理、投资管理、资金管理、财务审计管理等。要及时编制资产负债表、损益表和现金流量表，真实反映企业经营状况，改进和加强经济核算。

（5）经营管理制度。制定企业的经营规划、市场开发计划。

（6）项目监理机构管理制度。制定项目监理机构的运行办法、各项监理工作的标准及检查评定办法等。

（7）设备管理制度。制定设备的购置办法、设备的使用、保养规定等。

（8）科技管理制度。制定科技开发规划、科技成果评审办法、科技成果应用推广办法等。

（9）档案文书管理制度。制定档案的整理和保管制度，文件和资料的使用、归档管理办法等。

（10）风险管理制度。有条件的工程监理单位应实行监理责任保险制度，适当转移责任风险。

3. 工程监理单位的市场开发

（1）取得监理业务的基本方式

工程监理单位承揽监理业务的表现形式有 2 种：一是通过投标竞争取得监理业务；二是由业主直接委托取得监理业务。通过投标取得监理业务，是市场经济体制下比较普遍的形式。我国《招标投标法》明确规定，关系公共利益安全、政府投资、外资工程等实行监理必须招标。在不宜公开招标的机密工程或设有投标竞争对手的情况下，或者是工程规模比较小、比较单一的监理业务，或者是对原工程监理单位的续用等情况下，业主也可以直接委托工程监理单位。

（2）工程监理单位投标书的核心

工程监理单位向业主提供的是管理服务，所以，工程监理单位投标书的核心问题主要是反映所提供的管理服务水平高低的监理大纲，尤其是主要的监理对策。业主在监理招标时应以监理大纲的水平作为评定投标书优劣的重要内容，而不应把监理费的高低当作选择工程监理单位的主要评定标准。作为工程监理单位，不应该以降低监理费作为竞争的主要手段去承揽监理业务。

一般情况下，监理大纲中主要的监理对策是指：根据监理招标文件的要求，针对业主委托监理工程的特点，初步拟订的该工程的监理工作指导思想、主要的管理措施、技术措施、拟投入的监理力量以及为搞好该项工程建设而向业主提出的原则性的建议等。

(3) 市场竞争中应注意的事项

① 严格遵守国家的法律、法规及有关规定，遵守监理行业职业道德，不参与恶性压价竞争活动，严格履行委托监理合同。

② 严格按照批准的经营范围承接监理业务，特殊情况下，承接经营范围以外的监理业务时，需向资质管理部门申请批准。

③ 承揽监理业务的总量要视本企业的力量而定，不得在与业主签订监理合同后，把监理业务转包给其他工程监理单位，或允许其他企业、个人以本监理企业的名义挂靠承揽监理业务。

④ 对于监理风险较大的建设工程，可以联合几家工程监理单位组成联合体共同承担监理业务，以分担风险。

第三节 监理工程师

一、监理工程师的概念

监理工程师是注册监理工程师（registered project management engineer）的简称，是指取得《中华人民共和国注册监理工程师注册执业证书》（以下简称注册证书）和执业印章，从事建设工程监理及相关服务等活动的专业技术人员。未取得注册证书和执业印章的人员，不得以注册监理工程师的名义从事工程监理及相关业务活动。

注册监理工程师可以从事工程监理、工程经济与技术咨询、工程招标与采购咨询、工程项目管理服务以及国务院有关部门规定的其他业务。

工程监理单位在履行委托监理合同时，必须在工程建设现场建立项目监理机构。项目监理机构（project management department）是工程监理单位派驻工程项目负责履行监理合同的组织机构。在完成委托监理合同约定的监理工作后，项目监理机构方可撤离现场。在项目监理机构中从事监理工作的专业技术人员按其岗位职责不同分为四类，即总监理工程师、总监理工程师代表、专业监理工程师和监理员。

1. 总监理工程师

总监理工程师（chief project management engineer）是由工程监理单位法定代表人书面授权，全面负责委托监理合同的履行、主持项目监理机构工作的监理工程师。担任总监理工程师应是注册监理工程师。

我国建设工程监理实行总监理工程师负责制。在项目监理机构中，总监理工程师对外代表工程监理单位，对内负责项目监理机构的日常工作。一名总监理工程师只宜担任一项委托监理合同的项目总监理工程师工作。当需要同时担任多项委托监理合同的项目总监理工程师时，须经建设单位书面同意，且最多不得超过三项。开展监理工作时，若需要调整总监理工程师，工程监理单位应征得建设单位同意。

2. 总监理工程师代表

监理工作必要时，项目监理机构可配备总监理工程师代表。总监理工程师代表（representative of chief project management engineer）是经工程监理单位法定代表人同意，由总监理工程师授权，代表总监理工程师行使其部分职责和权利的监理工程师。担任总监理工程师代表应具有工程类注册执业资格，或具有中级及以上专业技术职称、3年及以上工程实践经验并经监理业务培训合格。

3. 专业监理工程师

专业监理工程师（specialty project management engineer）是根据项目监理岗位职责分工和总监理工程师的授权，负责实施某一专业或某一方面的监理工作，具有相应监理文件签发权的监理工程师。担任专业监理工程师应具有工程类注册执业资格，或具有中级及以上专业技术职称、2年及以上工程实践经验并经监理业务培训合格。

监理工程师在注册时，注册证书上即注明了专业工程类别。专业监理工程师是项目监理机构中的一种岗位设置，可按工程项目的专业设置，也可按部门或某一方面的业务设置。工程项目如涉及特殊行业（如爆破工程），从事此类项目监理工作的专业监理工程师还应符合国家有关对专业人员资格的规定。开展监理工作时，若需要调整专业监理工程师，总监理工程师应书面通知建设单位和施工单位。

4. 监理员

监理员（site supervisor）是具有某类工程相关专业知识，在专业监理工程师的指导下从事具体监理工作的监理人员。担任监理员应具有中专及以上学历并经过监理业务培训合格。

二、监理工程师的素质

工程监理单位的职责是受建设工程项目建设单位的委托对建设工程进行监督和管理。具体从事监理工作的监理人员，不仅要对工程项目的建设过程进行监督管理，提出指导性的意见，而且要能够组织、协调与建设工程有关的各方共同实现工程目标。这就要求监理人员，尤其监理工程师是一种复合型人才，既要具备一定的工程技术或工程经济方面的专业知识，还要有一定的组织协调能力。对监理工程师素质的要求，主要体现在以下几个方面。

1. 复合型的知识结构和丰富的工程建设实践经验

作为一名监理工程师，至少应掌握一种专业工程的有关理论知识，没有专业理论知识的人无法担任监理工程师岗位工作。除此之外，监理工程师还应学习、掌握一定的建设工程经济、法律和组织管理等方面的理论知识，从而成为一专多能的复合型人才，肩负起在工程建设领域中的使命。

工程建设实践经验就是理论知识在工程建设中的成功应用。工程建设中的实践经验主要包括以下几个方面：

（1）工程建设地质勘测实践经验；

（2）工程建设规划设计实践经验；

(3) 工程建设设计实践经验；
(4) 工程建设施工实践经验；
(5) 工程建设设计管理实践经验；
(6) 工程建设施工管理实践经验；
(7) 工程建设构件、配件加工、设备制造实践经验；
(8) 工程建设经济管理实践经验；
(9) 工程建设招标投标等中介服务的实践经验；
(10) 工程建设立项评估、建成使用后的评价分析实践经验；
(11) 工程建设监理工作实践经验。

不少研究指出，工程建设中出现的失误，往往与经验不足有关。因此，世界各国都很重视工程建设的实践经验。英国咨询工程师协会规定，入会的会员年龄必须在38岁以上。我国规定，取得中级工程技术或者工程经济专业技术职称后还要有三年的工作实践，方可参加全国监理工程师执业资格考试。当然，一个人的工作时间不等于其工作经验，只有及时地、不断地把工作实践中的做法、体会以及失败的教训加以总结，使之条理化，才能升华成为经验。

2. 良好的品德和职业道德

监理工程师应热爱本职工作，具有科学的工作态度，具有廉洁奉公、为人正直、办事公道的高尚情操，能够听取各方意见、冷静分析问题。监理工程师还应严格遵守自己的职业道德守则，如：

(1) 维护国家的荣誉和利益，按照"守法、诚信、公平、科学"的准则执业；
(2) 执行有关工程建设的法律、法规、标准、规范、规程和制度，履行委托监理合同规定的义务和职责；
(3) 努力学习专业技术和建设监理知识，不断提高业务能力和监理水平；
(4) 不以个人名义承揽监理业务；
(5) 不同时在两个或两个以上工程监理单位注册和从事监理活动，不在政府部门和施工、材料设备的生产供应等单位兼职；
(6) 不为所监理项目指定承包商、建筑构配件、设备、材料生产厂家和施工方法；
(7) 不收受被监理工程单位的任何礼金；
(8) 不泄露所监理工程各方认为需要保密的事项；
(9) 坚持独立自主地开展工作。

3. 健康的体魄和充沛的精力

尽管建设工程监理是一种高智能的技术服务，以脑力劳动为主，但为了胜任繁忙、严谨的监理工作，监理工程师也须具有健康的身体和充沛的精力。所以，我国规定年满65周岁的监理工程师就不再予以注册。

三、监理工程师资格考试

为了适应建立社会主义市场经济体制的要求，加强建设工程项目监理，确保工程建设质量，提高监理人员专业素质和建设工程监理工作水平，建设部、人事部自1997年起，在全国举行监理工程师执业资格考试。这样做，既符合国际惯例，又有助于开拓国际建设工程监理市场。

1. 考试报名条件

凡中华人民共和国公民，遵纪守法，具有工程技术或工程经济专业大专以上（含大专）学历，并符合下列条件之一者，可申请参加监理工程师执业资格考试。

（1）具有按照国家有关规定评聘的工程技术或工程经济专业中级专业技术职务，并任职满三年；

（2）具有按照国家有关规定评聘的工程技术或工程经济专业高级专业技术职务。

申请参加监理工程师执业资格考试，由本人提出申请，所在工作单位推荐，持报名表到当地考试管理机构报名，并交验学历证明、专业技术职务证书。

2. 考试科目

全国监理工程师执业资格考试的范围是现行的六本监理培训教材，即建设工程监理概论、建设工程合同管理、建设工程质量控制、建设工程进度控制、建设工程投资控制和工程建设信息管理等六方面的理论知识和实务技能。

监理工程师执业资格考试实行全国统一大纲、统一命题、统一组织的办法，每年举行一次。

考试科目有四科，即《建设工程监理基本理论和相关法规》、《建设工程合同管理》、《建设工程质量、投资、进度控制》和《建设工程监理案例分析》。符合免试条件的人员可以申请免试《建设工程合同管理》和《建设工程质量、投资、进度控制》两科。

3. 考试管理

根据我国国情，对监理工程师执业资格考试工作，实行政府统一管理的原则。国家成立由建设行政主管部门、人事行政主管部门、计划行政主管部门和有关方面的专家组成的"全国监理工程师资格考试委员会"；省、自治区、直辖市成立"地方监理工程师资格考试委员会"。

参加四个科目考试人员成绩的有效期为两年，实行两年滚动管理办法，考试人员必须在连续两年内通过四科考试，方可取得《监理工程师执业资格证书》。参加两个科目考试的人员必须在一年内通过两科考试，方可取得《监理工程师执业资格证书》。

四、监理工程师注册

注册监理工程师实行注册执业管理制度。根据2006年4月1日施行的《注册监理工程师管理规定》（建设部第147号令）规定，取得资格证书的人员，应当受聘于一个具有建设工程勘察、设计、施工、监理、招标代理、造价咨询等一项或者多项资质的单位，经注册后方可从事相应的执业活动。从事工程监理执业活动的，应当受聘并注册于一个具有工程监理资质的单位。注册监理工程师依据其所学专业、工作经历、工程业绩，按照《工程监理单位资质管理规定》划分的工程类别，按专业注册。每人最多可以申请两个专业注册。

监理工程师的注册分为三种形式，即初始注册、延续注册和变更注册。

1. 初始注册

初始注册者，可自资格证书签发之日起3年内提出申请。逾期未申请者，须符合继续教育的要求后方可申请初始注册。由初始注册申请者本人向聘用单位提出申请，由聘用单位连同申请人的有关材料向所在省、自治区、直辖市人民政府建设行政主管部门提出申请。省、自治区、直辖市人民政府建设行政主管部门初审合格后，报国务院建设行政主管部门，国务院建设行政主管部门对符合条件者予以注册，颁发注册证书和执业印章。

注册证书和执业印章是注册监理工程师的执业凭证,由注册监理工程师本人保管、使用。注册证书和执业印章的有效期为3年。

2. 延续注册

注册监理工程师在注册有效期满需继续执业的,应当在注册有效期满30日前,按照规定程序申请延续注册。延续注册有效期3年。由延续注册申请者本人向聘用单位提出申请,由聘用单位连同申请人的有关材料向所在省、自治区、直辖市人民政府建设行政主管部门提出申请。省、自治区、直辖市人民政府建设行政主管部门准予延续注册后,报国务院建设行政主管部门备案。

延续注册有效期3年。

3. 变更注册

在注册有效期内,注册监理工程师变更执业单位,应当与原聘用单位解除劳动关系,并按规定程序办理变更注册手续,变更注册后仍延续原注册有效期。由变更注册申请者本人向聘用单位提出申请,由聘用单位开出解聘证明连同申请人的有关材料向所在省、自治区、直辖市人民政府建设行政主管部门提出申请。省、自治区、直辖市人民政府建设行政主管部门准予变更注册后,报国务院建设行政主管部门备案。

监理工程师办理变更注册后,1年内不能再次办理变更注册。

五、监理工程师继续教育

注册监理工程师在每一注册有效期内应当达到国务院建设主管部门规定的继续教育要求,以及时更新理论知识、学习政策法规,不断提高执业能力和工作水平。继续教育作为注册监理工程师逾期初始注册、延续注册和重新申请注册的条件之一。

继续教育分为必修课和选修课,在每一注册有效期(3年)内各为48学时。

必修课的内容主要有:国家近期颁布的与工程监理有关的法律法规、标准规范和政策;工程监理与工程项目管理的新理论、新方法;工程监理案例分析;注册监理工程师职业道德。

选修课的内容主要有:地方及行业近期颁布的与工程监理有关的法规、标准规范和政策;工程建设新技术、新材料、新设备及新工艺;专业工程监理案例分析;需要补充的其他与工程监理业务有关的知识。

选修课48学时按注册专业安排学时,只注册一个专业的,每年接受该注册专业选修课16学时的继续教育;注册两个专业的,每年接受相应两个注册专业选修课各8学时的继续教育。

注册监理工程师申请变更注册专业时,在提出申请之前,应接受申请变更注册专业24学时选修课的继续教育。注册监理工程师申请跨省、自治区、直辖市变更执业单位时,在提出申请之前,应接受新聘用单位所在地8学时选修课的继续教育。

注册监理工程师继续教育采取集中面授和网络教学的方式进行。

第四节 工程监理费

一、工程监理费的构成

工程监理费是指建设单位委托工程监理单位实施建设工程监理的费用,应根据委托的监理工作范围和深度在监理合同中约定或按工程项目当地或所属行业部门有关规定计算。工程监理费构成工程概（预）算的一部分，在"工程建设其他费"之"与项目建设有关的其他费用"之"建设管理费"中单独列支，并适当核减"建设管理费"之"建设单位管理费"。

工程监理费由监理直接成本、监理间接成本、税金和利润等四部分构成。

1. 直接成本

直接成本是指监理企业履行委托监理合同时所发生的成本。主要包括：

① 监理人员和监理辅助人员的工资、奖金、津贴、补助、附加工资等；

② 用于监理工作的常规检测工器具、计算机等办公设施的购置费和其他仪器、机械的租赁费；

③ 用于监理人员和辅助人员的其他专项开支，包括办公费、通信费、差旅费、书报费、文印费、会议费、医疗费、劳保费、保险费、休假探亲费等；

④ 其他费用。

2. 间接成本

间接成本是指全部业务经营开支及非工程监理的特定开支，具体内容包括：

① 管理人员、行政人员以及后勤人员的工资、奖金、补助和津贴；

② 经营性业务开支，包括为招揽监理业务而发生的广告费、宣传费、有关合同的公证费等；

③ 办公费，包括办公用品、报刊、会议、文印、上下班交通费等；

④ 公用设施使用费，包括办公使用的水、电、气、环卫、保安等费用；

⑤ 业务培训费、图书、资料购置费；

⑥ 附加费，包括劳动统筹、医疗统筹、福利基金、工会经费、人身保险、住房公积金、特殊补助等；

⑦ 其他费用。

3. 税金

税金是指按照国家规定，工程监理单位应交纳的各种税金总额，如营业税、所得税、印花税等。

4. 利润

利润是指工程监理单位的监理活动收入扣除直接成本、间接成本和各种税金之后的余额。

二、工程监理费的计算

根据 2007 年 5 月 1 日起施行的《建设工程监理与相关服务收费管理规定》（发改价格〔2007〕670 号，以下简称《收费管理规定》），建设工程监理与相关服务收费根据建设项目性质不同情况，分别实行政府指导价或市场调节价。依法必须实行监理的建设工程施工阶段的监理收费实行政府指导价；其他建设工程施工阶段的监理收费和其他阶段的监理与相关服务收费实行市场调节价。

施工监理服务收费的计算具体如下。

1. 施工监理服务收费的计费额

施工监理服务收费以建设项目工程概算投资额分档定额计费方式收费的，其计费额为工程概算中的建筑安装工程费、设备购置费和联合试运转费之和,即工程概算投资额。对设备购置费和联合试运转费占工程概算投资额 40％以上的工程项目,其建筑安装工程费全部计入计费额,设备购置费和联合试运转费按 40％的比例计入计费额。但其计费额不应小于建筑安装工程费与其相同且设备购置费和联合试运转费等于工程概算投资额 40％的工程项目的计费额。

施工监理服务收费以建筑安装工程费分档定额计费方式收费的,其计费额为工程概算中的建筑安装工程费。

2. 施工监理服务收费基价

施工监理服务收费基价按施工监理服务收费基价表(表 1-3)确定,计费额处于两个数值区间的,采用直线内插法确定施工监理服务收费基价。

施工监理服务收费基价表(单位:万元)　　　　表 1-3

序号	计费额	收费基价	序号	计费额	收费基价
1	500	16.5	9	60000	991.4
2	1000	30.1	10	80000	1255.8
3	3000	78.1	11	100000	1507.0
4	5000	120.8	12	200000	2712.5
5	8000	181.0	13	400000	4882.6
6	10000	218.6	14	600000	6835.6
7	20000	393.4	15	800000	8658.4
8	40000	708.2	16	1000000	10390.1

注:计费额大于 1000000 万元的,以计费额乘以 1.039％的收费率计算收费基价。其他未包含的其收费由双方协商议定。

3. 施工监理服务收费基准价

施工监理服务收费基准价是按照《收费管理规定》标准计算出的施工监理服务基准收费额,发包人与监理人根据项目的实际情况,在规定的浮动幅度范围内协商确定施工监理服务收费合同额。

施工监理服务收费基准价的计算公式如下:

$$\text{施工监理服务收费基准价} = \text{施工监理服务收费基价} \times \text{专业调整系数} \times \text{工程复杂程度调整系数} \times \text{高程调整系数} \quad (1-1)$$

(1) 专业调整系数

专业调整系数是对不同专业建设工程的施工监理工作复杂程度和工作量差异进行调整的系数。计算施工监理服务收费时,专业调整系数在《收费管理规定》的施工监理服务收费专业调整系数表(表 1-4)中查找确定。房屋建筑工程的专业调整系数为 1。

(2) 工程复杂程度调整系数

工程复杂程度调整系数是对同一专业建设工程的施工监理复杂程度和工作量差异进行调整的系数。工程复杂程度分为一般、较复杂和复杂三个等级,其调整系数分别为:一般(Ⅰ级)0.85;较复杂(Ⅱ级)1.0;复杂(Ⅲ级)1.15。计算施工监理服务收费时,工程复杂程度在《收费管理规定》的《工程复杂程度表》中查找确定。

施工监理服务收费专业调整系数表　　　　表 1-4

工程类型	专业调整系数	工程类型	专业调整系数
1. 矿山采选工程		5. 交通运输工程	
黑色、有色、黄金、化学、非金属及其他矿采选工程	0.9	机场场道、助航灯光工程	0.9
		铁路、公路、城市道路、轻轨及机场空管工程	1.0
选煤及其他煤炭工程	1.0		
矿井工程、铀矿采选工程	1.1	水运、地铁、桥梁、隧道、索道工程	1.1
2. 加工冶炼工程		6. 建筑市政工程	
冶炼工程	0.9	园林绿化工程	0.8
船舶水工工程	1.0	建筑、人防、市政公用工程	1.0
各类加工	1.0	邮政、电信、广电电视工程	1.0
核加工工程	1.2		
3. 石油化工工程		7. 农业林业工程	
石油工程	0.9	农业工程	0.9
化工、石化、化纤、医药工程	1.0	林业工程	0.9
核化工工程	1.2		
4. 水利电力工程			
风力发电、其他水利工程	0.9		
火电工程、送变电工程	1.0		
核能、水电、水库工程	1.2		

（3）高程调整系数

高程调整系数具体如下：

海拔高程 2001m 以下的为 1；海拔高程 2001～3000m 为 1.1；海拔高程 3001～3500m 为 1.2；海拔高程 3501～4000m 为 1.3；海拔高程 4001m 以上的，高程调整系数由发包人和监理人协商确定。

4. 施工监理服务收费

施工监理服务收费的计算公式如下：

施工监理服务收费 = 施工监理服务收费基准价×(1±浮动幅度值)　　　(1-2)

实行政府指导价的建设工程施工阶段监理收费，上式中浮动幅度值最大为上下 20%，发包人和监理人应当根据建设工程的实际情况在规定的浮动幅度内协商确定收费额。实行市场调节价的建设工程监理与相关服务收费，由发包人和监理人协商确定收费额。

《收费管理规定》中要求：发包人将施工监理服务中的某一部分工作单独发包给监理人，按照其占施工监理服务工作量的比例计算施工监理服务收费，其中质量控制和安全生产监督管理服务收费不宜低于施工监理服务收费总额的 70%。

建设工程项目施工监理服务由两个或者两个以上监理人承担的，各监理人按照其占施工监理服务工作量的比例计算施工监理服务收费。发包人委托其中一个监理人对建设工程项目施工监理服务总负责的，该监理人按照各监理人合计监理服务收费的 4%～6% 向发包人加收总体协调费。

2011年国家发展和改革委员会发布《国家发展改革委关于降低部分建设项目收费标准规范收费行为等有关问题的通知》(发改价格〔2011〕534号),进一步明确了工程监理收费有关规定:"工程监理收费,对依法必须实行监理的计费额在1000万元及以上的建设工程施工阶段的收费实行政府指导价,收费标准按国家发展改革委、建设部《关于印发〈建设工程监理与相关服务收费管理规定〉的通知》(发改价格〔2007〕670号)规定执行;其他工程施工阶段的监理收费和其他阶段的监理与相关服务收费实行市场调节价"。

该通知主要是调整了必须实行监理的工程,但建筑安装工程费用在1000万元以下的建设工程施工阶段的监理收费,可不受政府指导价的约束,根据工程监理市场情况,实行市场调节价。

5. 勘察、设计、保修等阶段的相关服务收费

勘察、设计、保修等阶段的相关服务收费一般按相关服务工作所需工日和"建设工程监理与相关服务人员人工日费用标准"(表1-5)收费。

建设工程监理与相关服务人员人工日费用标准　　　　表1-5

建设工程监理与相关服务人员职级	工日费用标准(元)
一、高级专家	1000～1200
二、高级专业技术职称的监理与相关服务人员	800～1000
三、中级专业技术职称的监理与相关服务人员	600～800
四、初级及以下专业技术职称监理与相关服务人员	300～600

注:本表适用于提供短期服务的人工费用标准。

三、工程监理费算例

某污水排放及处理项目工程概算中的建筑安装工程费为5500万元,设备购置费为3500万元,联合试运转费为1000万元。某工程监理单位与建设单位签订了该项目施工阶段委托监理合同,双方约定监理费浮动幅度为下浮15%。已知该项目专业调整系数为0.9,工程复杂程度调整系数为1.0,高程调整系数为1.2。按照《建设工程监理与相关服务收费标准》计算该工程施工监理服务收费。

【解析】

1. 计算计费额

(1) 工程概算投资额:

$$5500+3500+1000=10000 \text{ 万元}$$

(2) 设备购置费与联合试运转费之和占工程概算投资额的比例:

$$(3500+1000)\div 10000=45\%>40\%$$

(3) 设备购置费与联合试运转费之和应按工程概算投资额的40%计算,则:

$$计费额=5500+10000\times 40\%=9500 \text{ 万元}$$

2. 计算基价

查表1-3确定基价。计费额处于两个数值区间的,采用直线内插法确定,即:

$$基价=181.0+\frac{218.6-181.0}{10000-8000}\times(9500-8000)=209.2 \text{ 万元}$$

或者:

$$基价 = 218.6 - \frac{218.6 - 181.0}{10000 - 8000} \times (10000 - 9500) = 209.2 \text{万元}$$

3. 计算基准价

$$\begin{aligned}基准价 &= 基价 \times 专业调整系数 \times 工程复杂程度调整系数 \times 高程调整系数 \\ &= 209.2 \times 0.9 \times 1.0 \times 1.2 = 225.936 \text{万元}\end{aligned}$$

4. 计算施工阶段监理服务收费

$$\begin{aligned}收费 &= 基准价 \times (1 + 浮动幅度值) \\ &= 225.936 \times (1 - 15\%) \\ &= 192.0456 \text{万元}\end{aligned}$$

思 考 题

1. 什么是建设工程监理？开展建设工程监理业务的依据是什么？
2. 国家规定哪些建设工程必须实行监理？
3. 工程监理单位的组织形式有哪些？
4. 设立工程监理有限责任公司的基本条件有哪些？
5. 项目监理机构中按岗位职责不同包括哪几类监理人员？其任职条件各是什么？
6. 工程监理费如何构成？依法必须实行监理的建设工程施工阶段的监理收费如何计算？

第二章 建设项目工程监理的组织

第一节 建设工程监理模式与实施程序

建设工程监理模式的选择取决于建设工程组织管理模式,即建设单位与承包商之间的承发包模式。建设工程监理模式确定后,将直接影响建设工程的监理组织形式。

一、建设工程监理模式

1. 平行承发包模式下的监理模式

平行承发包是指建设单位将建设工程的设计、施工以及材料设备采购等任务分别发包给若干设计单位、施工单位和材料设备供应单位,如图2-1所示。

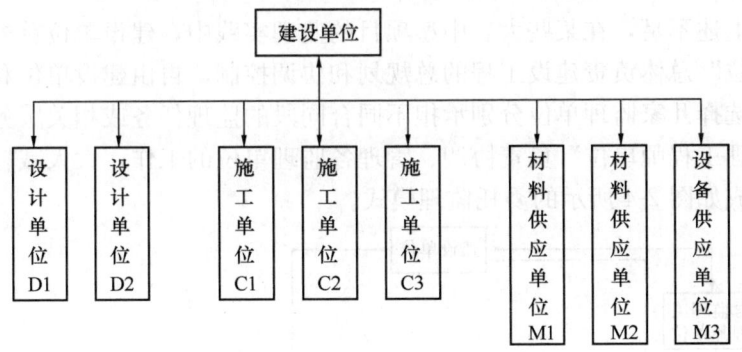

图2-1 平行承发包模式合同关系图

平行承发包模式下,建设单位可以只委托一家工程监理单位为其提供设计阶段的相关服务、施工阶段的监理服务以及设备采购与设备建造服务,如图2-2所示。由于承包合同数量多,故要求工程监理企业应有较强的合同管理和组织协调能力,并做好全面规划工作。

建设单位也可以分别授权几家工程监理单位针对不同的承包单位实施监理或相关服

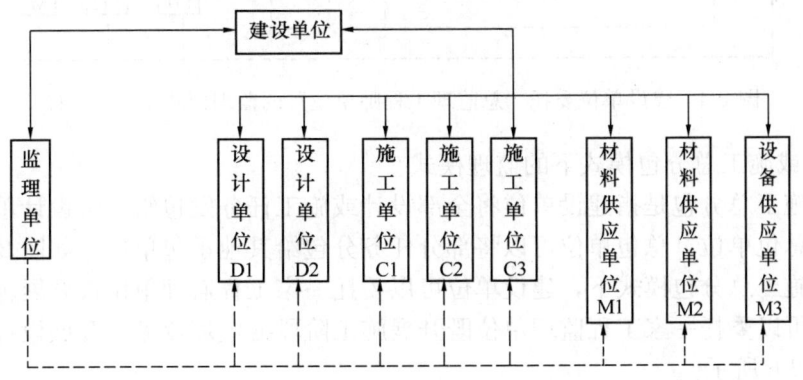

图2-2 建设单位委托一家工程监理单位的监理模式三方关系图

31

务,如图 2-3 所示。这种监理模式下,工程监理单位的监理对象相对单一,便于管理,但各工程监理单位之间的相互协调与配合需要建设单位的协调,不利于建设工程的总体规划与协调控制。

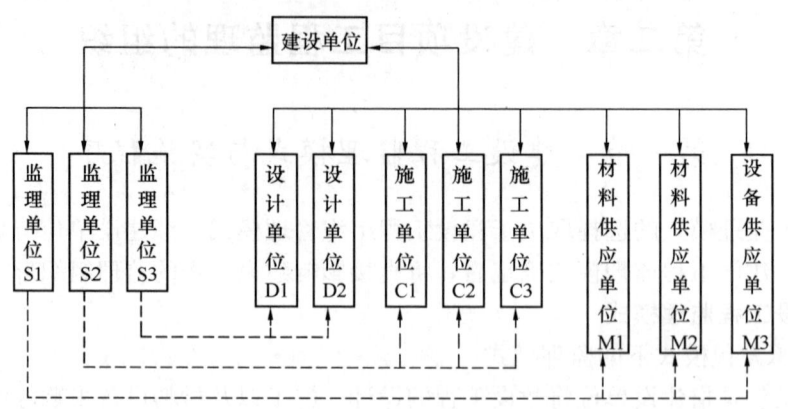

图 2-3　建设单位委托多家工程监理单位的监理模式三方关系图

为了克服上述不足,在某些大、中型项目的监理实践中,建设单位首先委托一个"总监理工程师单位"总体负责建设工程的总规划和协调控制,再由建设单位和"总监理工程师单位"共同选择几家监理单位分别承担不同合同段的监理任务或相关服务。在监理工作中,由"总监理工程师单位"负责协调、管理各监理单位的工作,大大减轻了建设单位的管理压力,形成如图 2-4 所示的委托监理模式。

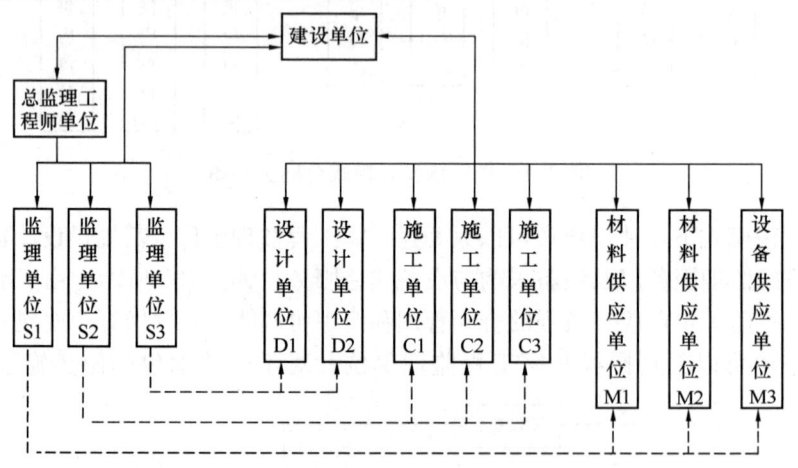

图 2-4　建设单位委托"总监理工程师单位"的监理模式三方关系图

2. 设计或施工总分包模式下的监理模式

设计或施工总分包是指建设单位将全部设计或施工任务发包给一家设计单位或一家施工单位作为总包单位,总包单位可以将部分任务分包给其他承包单位,如图 2-5 所示。

设计或施工总分包模式下,建设单位可以委托一家工程监理单位仅开展施工阶段的监理业务,也可以委托一家工程监理单位既开展施工阶段的监理业务又开展设计阶段的相关服务,如图 2-6 所示。

建设单位也可以按设计阶段和施工阶段分别委托两家工程监理单位,如图 2-7 所示。

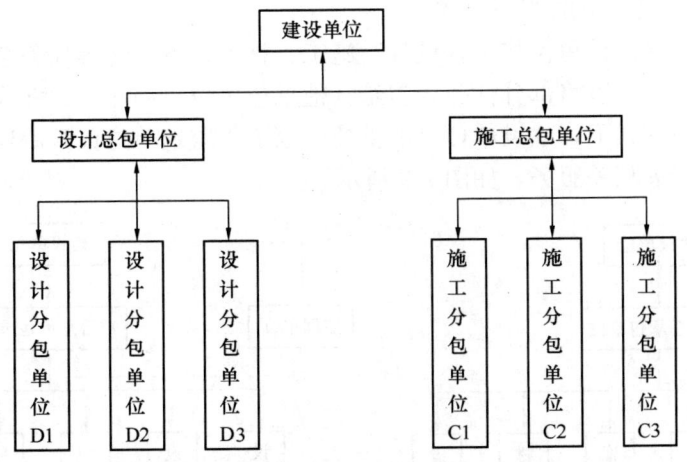

图 2-5 设计或施工总分包模式合同关系图

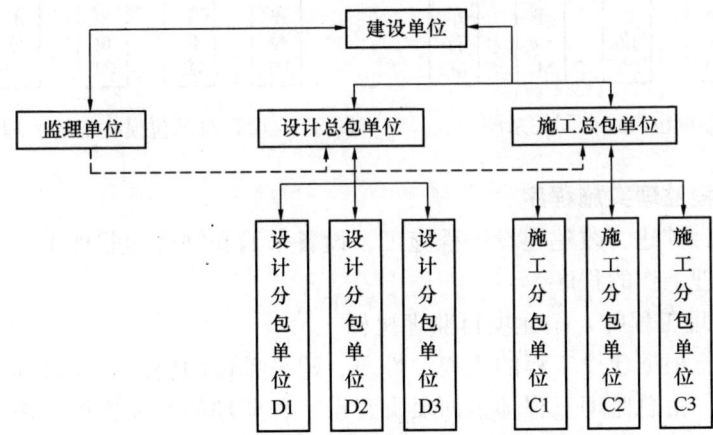

图 2-6 建设单位委托一家工程监理单位的监理模式三方关系图

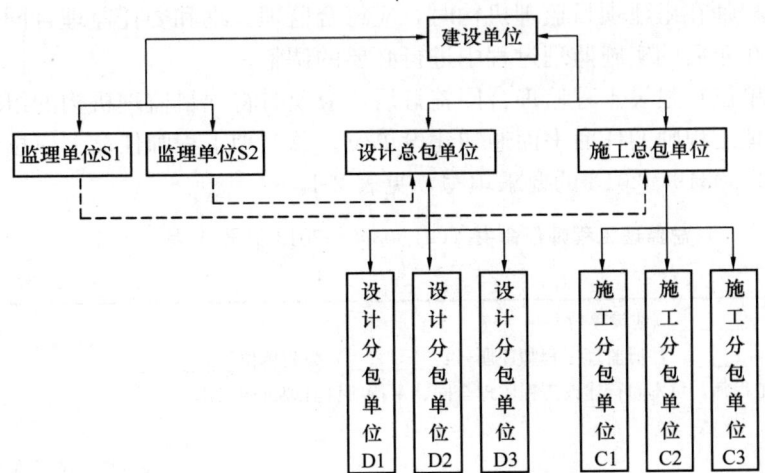

图 2-7 建设单位委托两家工程监理单位的监理模式三方关系图

3. 项目总承包模式下的监理模式

项目总承包是指建设单位将工程设计、施工、材料设备采购等任务全部发包给一家承包单位,总承包单位可以将部分任务分包给其他承包单位,如图2-8所示。

在项目总承包模式下,建设单位一般委托一家工程监理单位仅开展监理业务,或者既开展监理业务又开展相关服务,如图2-9所示。

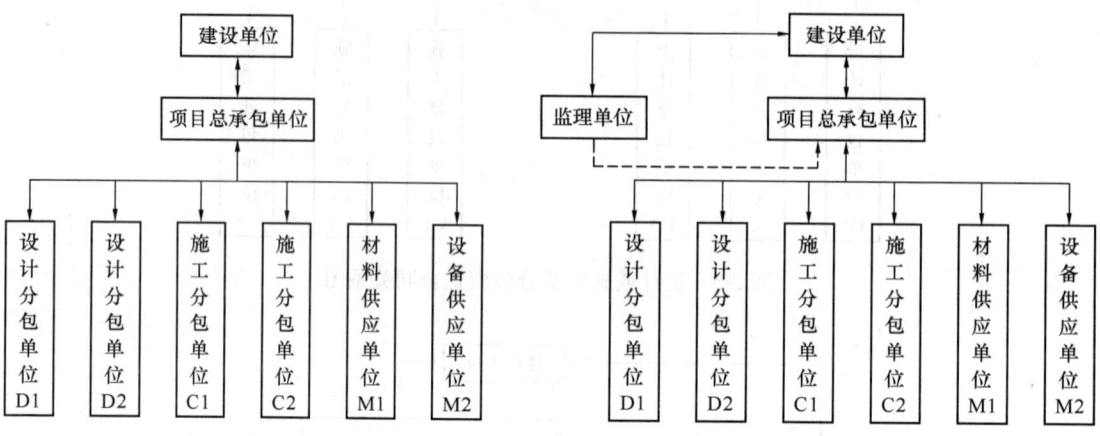

图2-8 项目总承包模式合同关系图 图2-9 项目总承包模式下的监理模式三方关系图

二、建设工程监理实施程序

下面以新建、扩建、改建建设工程施工、设备采购和制造的监理工作为例,说明工程监理单位实施监理工作的程序。

1. 任命总监理工程师,组建项目监理机构

工程监理单位根据建设工程的规模、性质、建设单位的要求,任命称职的人员担任项目总监理工程师。由总监理工程师全面负责建设工程监理的实施工作,是实施监理工作的核心人员。总监理工程师往往由主持监理投标、拟定监理大纲、与建设单位商签委托监理合同等工作的人员担任。

总监理工程师在组建项目监理机构时,应符合监理大纲和委托监理合同中有关人员安排的内容,并在今后的实施监理过程中进行必要的调整。

工程监理单位在建设工程监理合同签订后,应及时将项目监理机构的组织形式、人员构成及对总监理工程师的任命书面通知建设单位。总监理工程师任命书应按《建设工程监理规范》GB/T 50319—2013的要求填写,见表2-1。

总监理工程师任命书(GB 50300—2013 附录A 表A.0.1) 表2-1

工程名称:_____   编号:_____

致:_____(建设单位)

兹任命_____(注册监理工程师注册号:_____)为我单位_____

项目总监理工程师。负责履行建设工程监理合同、主持项目监理机构工作。

工程监理单位(盖章)

法定代表人(签字)

年 月 日

2. 编制建设工程监理规划

总监理工程师应在带领项目监理机构人员进一步收集建设工程监理有关资料的基础上主持编写监理规划。监理规划是指导项目监理机构全面开展监理工作的指导性文件,具体内容详见第四章。

3. 编制各专业监理实施细则

由总监理工程师分派、各专业监理工程师分工编写监理实施细则。监理实施细则是根据监理规划,针对工程项目中某一专业或某一方面监理工作的操作性文件,具体内容详见第四章。

4. 规范化地开展监理工作

规范化是指在实施监理时,各项监理工作都应按一定的逻辑顺序先后开展;每位工作人员都有严密的职责分工,又精诚协作;每一项监理工作都有事先确定的具体目标和工作时限,并能对工作成效进行检查和客观、公正的考核。

5. 参与验收,签署建设工程监理意见

建设工程完成施工后,由总监理工程师组织有关人员进行竣工预验收,发现问题及时要求承包单位整改。整改完毕由总监理工程师签署工程竣工报验单,并出具工程质量评估报告。

项目监理机构应参加由建设单位组织的竣工验收,并提供相关监理资料。对验收中提出的整改问题,项目监理机构应要求承包单位进行整改。工程质量符合要求,由总监理工程师会同参加验收的各方签署竣工验收报告。

6. 向建设单位移交建设工程监理档案资料

项目监理机构应设专人负责监理资料的收集、整理和归档工作。工程监理企业应在工程竣工验收前按委托监理合同或协议规定的时间、套数移交工程档案,办理移交手续。项目监理机构一般应移交设计变更、工程变更资料、监理指令性文件、各种签证资料等档案资料。

7. 监理工作总结

完成监理工作后,项目监理机构一方面要及时向建设单位做监理工作总结,主要总结委托监理合同履行情况,监理目标完成情况等内容;另一方面要向本监理单位移交总结,主要总结监理工作的经验和监理工作中存在的不足及改进的建议。

第二节 建设工程监理的组织形式

工程监理企业与建设单位签订委托监理合同后,企业法定代表人任命总监理工程师。总监理工程师根据监理大纲和委托监理合同的内容,负责组建项目监理机构。项目监理机构是工程监理企业派驻工程项目负责履行委托监理合同的组织机构。因此,监理工程师应懂得有关组织理论知识。

组织是管理的一项重要职能。建立精干、高效的监理组织,并使之得以正常运行,是实现监理目标的前提条件。

一、组织的基本原理

1. 组织

所谓组织,就是为了使系统达到特定的目标,使全体参加者经分工与协作以及设置不同层次的权力和责任制度而构成的群体以及相应的机构。正是由于人们聚集在一起，协同合作，共同从事某项活动，才产生了组织。

组织既指静态的社会实体单位，又指动态的组织活动过程。因此，组织理论分为组织结构学和组织行为学两个相互联系的分支学科。组织结构学侧重于建立精干、合理、高效的组织结构；组织行为学侧重研究组织在实现组织目标活动过程中所表现出的行为，包括其取得成功的行为能力、社会公众形象、良好的人际关系等。本章重点介绍组织结构学部分。

2. 组织设计的原则

组织设计是对组织结构和组织活动的设计过程，有效的组织设计在提高组织活动效能方面起着重大作用。

项目监理机构的组织设计应遵循以下几个基本原则：

（1）分工与协作

就项目监理机构而言，分工就是按照提高监理工作专业化程度和监理工作效率的要求，把监理目标分成各级各部门各工作人员的目标和任务。对每一位工作人员的工作做出严密分工，有利于个人扬长避短、提高监理工作质量和效率。组织设计时尽量按照专业化分工的要求组建项目监理机构，同时兼顾物质条件、人力资源和经济效益。

有分工就有协作。项目监理机构内部门与部门之间、部门内工作人员之间是密切联系、相互依赖的，因此，要求彼此之间做到相互配合、协作一致。组织设计时尽可能考虑到自动协调，并要提出具体可行的协调配合方法，否则，分工难以取得整体的最佳效益。

（2）集权与分权

在项目监理机构设计中，集权就是总监理工程师决定一切监理事项，其他监理人员只是执行命令；分权则是总监理工程师将一部分权力下放给总监理工程师代表和专业监理工程师，总监理工程师主要把握重大决策，起协调作用。

项目监理机构中集权和分权程度如何，要综合考虑工程项目的特点、决策问题的重要性，监理人员的精力、能力、工作经验等因素而定。分权尤其应注意明确个人权力的大小、界限。

（3）管理跨度与管理层次

管理跨度是指一个上级管理者直接管理的下级人数。管理跨度越大，管理者需要协调的工作量越大，管理难度越大，因而必须确定合理的管理跨度。管理跨度与工作性质和内容、管理者素质、被管理者素质、授权程度等因素有关。

管理层次是指从组织的最高管理者到基层工作人员之间的等级层次数量。从最高管理者到基层工作人员权责逐层递减，人数却逐层递增。在项目监理机构中，管理层次分为三个层次，即：①决策层，由总监理工程师及其助手组成，要根据工程项目的监理活动特点与内容进行科学化、程序化决策；②中间控制层（协调层和执行层），由专业监理工程师或子项目监理工程师组成，具体负责监理规划的落实、目标控制及合同实施管理，属承上启下管理层次；③作业层（操作层），由监理员、检查员等组成，具体负责监理工作的操作。

管理跨度与管理层次成反比关系。即管理跨度加大，管理层次就减少；缩小管理跨度，管理层次就增加。项目监理机构设计应通盘考虑确定管理跨度之后，再确定管理层次。

（4）才职相称与权责一致

项目监理机构的管理跨度和管理层次确定之后，应根据每位工作人员的能力安排职位，明确责任，并授予相应的权力。

项目监理机构中每个工作岗位都对其工作者提出了一定的知识和技能要求，只有充分考察个人的学历、知识、经验、才能、性格、潜力等，因岗设人，才能做到才职相称，人尽其才，才得其用，用得其所。

在项目监理机构中应明确划分职责、权力范围，做到责任与权力一致。组织结构中的责任和权力是由工作岗位决定的，不同的岗位职务有着不同的责任和权力。既不能权大于责，也不能责大于权，只有权责一致，才能充分发挥人的积极性、主动性、创造性，增强组织活力。

（5）效率与弹性

项目监理机构设计应将高效率放在重要地位。力求以较少的人员、较少的管理层次、较少的时间实现组织的预期管理成效。高效率要求项目监理机构选用适宜的组织结构形式，实现有效的内部、外部协调。

弹性是指项目监理机构具有一定的适应能力。一个项目监理机构既要有相对的稳定性，不能随心所欲地变动，又要随组织内部、外部条件和环境的变化，做出相应的调整以保证组织管理目标的实现。

二、组建项目监理机构的步骤

工程监理企业在组建项目监理机构时，一般按以下步骤进行，如图2-10所示。

1. 确定监理目标

监理目标是项目监理机构设立的前提，应根据委托监理合同中确定的监理目标，明确划分为若干分解目标。

2. 确定工作内容

根据监理目标和委托监理合同中规定的监理任务，明确列出监理工作内容，并进行分类归并及组合。此组织工作应以便于监理目标控制为目的，并考虑被监理项目的规模、性质、工期、工程复杂程度以及工程监理企业自身技术业务水平、监理人员数量、组织管理水平等。

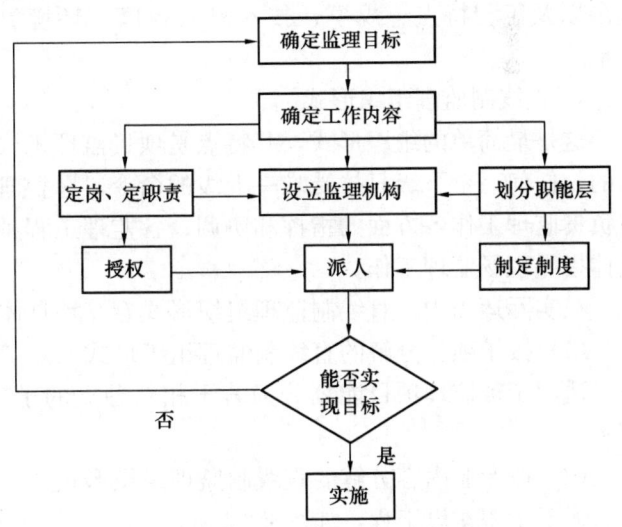

图2-10 组建项目监理机构工作流程图

3. 组织结构设计

工程监理单位实施监理时，应在施工现场派驻项目监理机构。项目监理机构的组织结构设计具体分以下几个步骤：

（1）确定组织结构形式

由于工程项目规模、性质、建设阶段等的不同，可以选择不同的监理组织机构形式以适应监理工作需要。结构形式的选择应考虑有利于项目合同管理，有利于控制目标，有利于决策指挥，有利于信息沟通。

(2) 确定管理层次

遵循由上至下、先确定管理跨度的原则合理确定项目监理机构的管理层次。

(3) 划分职能部门

考虑监理工程项目具体需要、项目监理机构的资源以及工程项目合同结构等情况，可划分安全监理、质量控制、进度控制、投资控制、合同管理、信息管理等职能部门，也可考虑对应子项目成立职能部门。

(4) 制定岗位职责和考核标准

岗位职务及职责的确定，要有明确的目的性，不可因人设事。根据责权一致的原则，应进行适当的授权，以承担相应的职责。应明确对各岗位的考核内容、考核标准和考核时间。

(5) 选派监理人员

根据监理工作的任务，选择相应的各层次人员，除应考虑监理人员个人素质外，还应考虑总体的合理性与协调性。

4. 制定工作流程和信息流程

为使监理工作科学、有序进行，应按监理工作的客观规律性制定工作流程和信息流程，规范化地开展监理工作。

三、项目监理机构的组织形式

项目监理机构的组织形式和规模，应根据建设工程监理合同约定的服务内容、服务期限以及工程特点、规模、技术复杂程度、环境等因素确定。常用的组织形式有以下4种。

1. 直线制监理组织形式

这是最简单的组织形式，其特点是项目监理机构组织中各种职位是按垂直系统直线排列的，任何一个下级只接受唯一上级的命令。总监理工程师负责整体规划、组织和指导，并负责监理工作各方面的指挥和协调；各监理工程师分别负责各分解目标值的控制工作，具体指导现场监理工作。

在实际运用中，直线制监理组织形式有三种具体形式。

(1) 按子项目分解的直线制监理组织形式

适用于被监理项目能划分为若干相对独立的子项目的大、中型工程项目，如图2-11所示。

(2) 按专业内容分解的直线制监理组织形式

适于小型建设工程，如图2-12所示。

(3) 按实施阶段分解的直线制监理组织形式

如果建设单位将相关服务一并委托给工程监理单位，项目监理机构还可按不同的实施阶段分解设立直线制组织形式，如图2-13所示。

直线制监理组织形式主要优点是组织机构简单，权力集中，命令统一，职责分明，决策迅速，隶属关系清晰。缺点是要求总监理工程师是"全能"人物，实际上是总监理工程

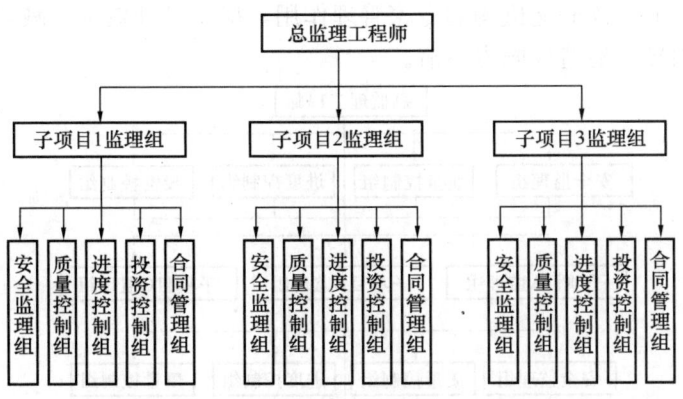

图 2-11　按子项目分解的直线制监理组织结构图

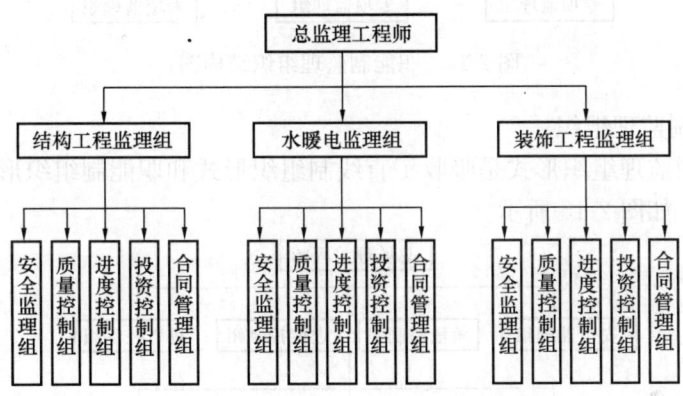

图 2-12　按专业内容分解的直线制监理组织结构图

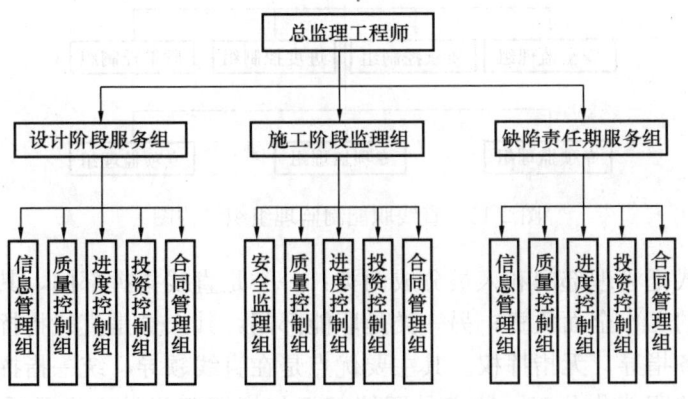

图 2-13　按实施阶段分解的直线制监理组织结构图

师的个人管理。

2. 职能制监理组织形式

职能制的监理组织形式，是在项目监理机构中设立若干职能机构，总监理工程师授权这些职能部门在本职能范围内直接指挥下级，如图 2-14 所示。

此种组织形式一般适用于大、中型建设工程。其主要优点是加强了项目监理目标控制的职能化分工，能够发挥职能机构的专家管理作用，提高管理效率，减轻总监理工程师负担。缺点是多头领导，易造成职责不清。

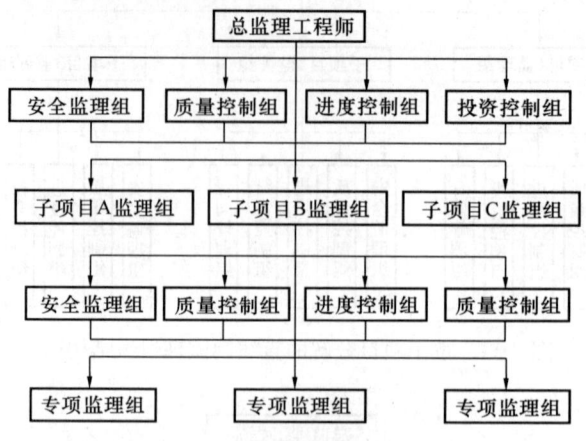

图 2-14　职能制监理组织结构图

3. 直线职能制监理组织

直线职能制的监理组织形式是吸收了直线制组织形式和职能制组织形式的优点而构成的一种组织形式，如图 2-15 所示。

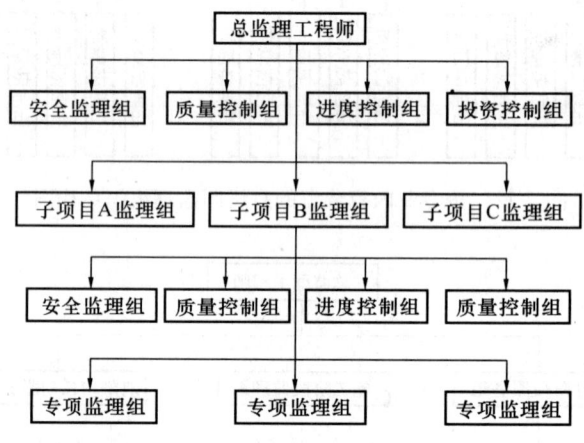

图 2-15　直线职能制监理组织结构图

这种组织形式把管理部门和人员分成两类：一类是直线指挥部门，其人员有权指挥下级，并对该部门的工作全面负责；另一类是职能部门，其人员是直线指挥部门的参谋，只能对下级进行业务指导，无指挥权。其主要优点是在直线领导、统一指挥的基础上，引进了监理目标控制的职能化分工。缺点是职能部门与指挥部门易产生矛盾，信息传递路线长，不利于互通情报。

4. 矩阵制监理组织形式

矩阵制监理组织形式是由纵、横两套管理系统组成的矩阵式组织结构，一套是纵向的职能部门系统，另一套是横向的工作部门系统，如图 2-16 所示。

矩阵制监理组织形式的优点是加强了各职能部门的横向联系，具有较大的弹性，把上下左右集权与分权实行最优的结合，有利于解决复杂难题，有利于监理人员业务能力的培

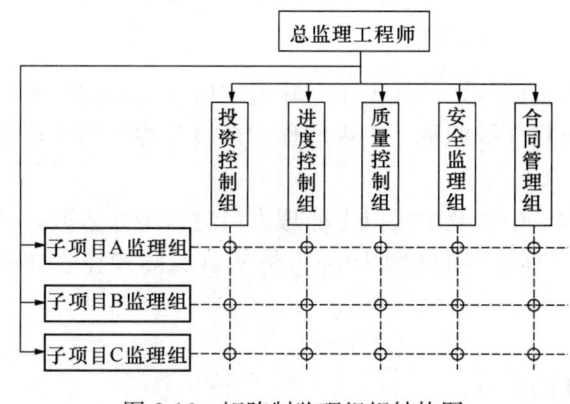

图 2-16 矩阵制监理组织结构图

养。缺点是纵横向协调工作量大,易产生矛盾。

在图 2-16 中,基层指令来自于纵向和横向两个工作部门,当纵向和横向两个工作部门的指令发生矛盾时,就该由组织系统中的更高层管理者进行协调或决策。实践中,为有效避免两个指令源的相互影响,可以采用以纵向职能部门指令为主的矩阵制或以横向工作部门指令为主的矩阵制,分别见图 2-17 和图 2-18,这样可以大大减少组织中的协调工作量。

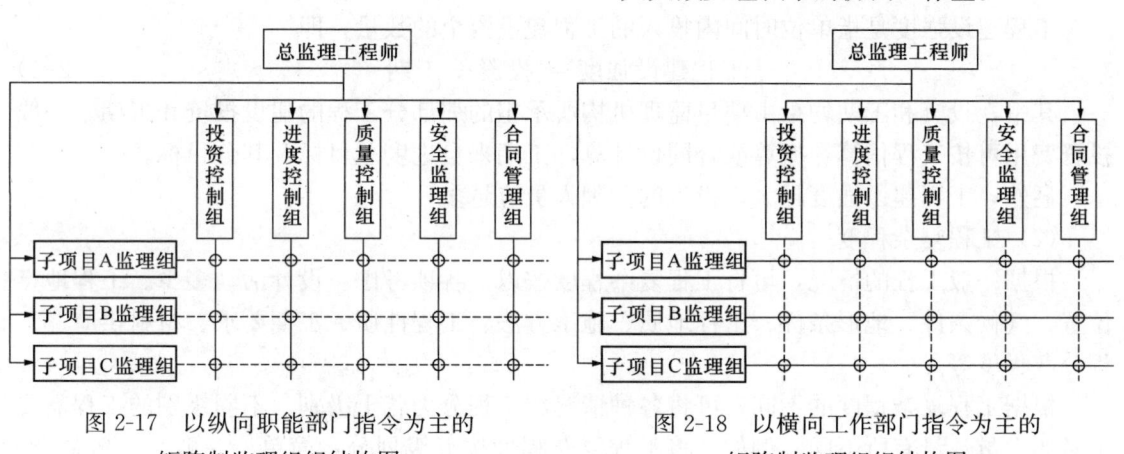

图 2-17 以纵向职能部门指令为主的矩阵制监理组织结构图

图 2-18 以横向工作部门指令为主的矩阵制监理组织结构图

第三节 项目监理机构人员配备及职责分工

一、项目监理机构的人员配备

项目监理机构的监理人员数量和专业配备要从工程特点、工程环境、监理任务、委托监理合同的要求等方面综合考虑,优化组合,形成整体高素质的监理组织。

1. 项目监理机构的人员结构

项目监理机构要有合理的人员结构才能适应监理工作的要求。人员结构合理是指:

(1) 合理的专业结构

项目监理机构应由与监理项目的性质(如某类工业项目还是民用建筑项目)及建设单位对项目监理的要求(如全过程监理还是施工阶段的监理)相称职的各类专业人员组成,也就是各类专业人员要配套。

一般来说,监理组织应具备与所承担的监理任务相适应的专业人员。但是,当监理项目局部具有某些特殊性,或建设单位提出某些特殊的监理要求而需要借助于采用某种特殊的监控手段时,如需采用 X 光及超声探测仪无损探伤等,此时,可以外聘某些特殊作业人员或将这些局部的、专业性很强的监控工作另行委托给有相应资质的咨询单位来承担,也应视为保证了人员合理的专业结构。

（2）合理的技术职务、职称结构

监理工作虽是综合性及专业性很强的技术服务，但并不是一味追求监理人员的技术职务、职称越高越好。合理的技术职称结构应是高级职称、中级职称和初级职称有与监理工作要求相称的比例。

一般来说，决策阶段、设计阶段的监理，中级及中级以上监理人员应占绝大多数，初级职称人员仅占少数；施工阶段的监理，应有较多的初级职称人员从事实际操作，如旁站、现场检查、计量等。

2. 项目监理机构监理人员数量的确定

影响项目监理机构监理人员数量的主要因素有：

（1）工程建设强度

工程建设强度是指单位时间内投入的工程建设资金的数量，即

$$\text{工程建设强度} = \text{投资} \div \text{工期} \tag{2-1}$$

其中，投资和工期均指由项目监理机构所承担的那部分工程的建设投资和工期。一般投资费用可按工程估算、概算或合同价计算，工期来自进度总目标及其分目标。

显然，工程建设强度越大，投入的监理人员应越多。

（2）工程复杂程度

根据一般工程的情况，可将工程复杂程度按以下各项考虑：设计活动多少、工程地点位置、气候条件、地形条件、工程地质、施工方法、工程性质、工期要求、材料供应、工程分散程度等。

根据工程复杂程度的不同，可将各种情况的工程分为若干级别，不同级别的工程需要配备的人员数量有所不同。例如，将工程复杂程度按五级划分：简单、一般、一般复杂、复杂、很复杂。显然，简单级别的工程需要的人员少，而复杂的项目就要多配置人员。

（3）项目承包商队伍的情况

承包商队伍的技术水平、项目管理机构的质量管理体系、技术管理体系、质量保证体系愈完善，相应监理工作量较小一些，监理人员配备可少一些。反之，要增加监控力度，人员要多一些。

（4）工程监理企业的业务水平

每个工程监理企业的业务水平各不相同，人员素质、专业能力、管理水平、工程经验、设备手段等方面的差异都直接影响监理效率的高低。高水平的工程监理企业可以投入较少人力完成一个工程项目的监理工作，而一个经验不多或管理水平不高的工程监理企业则需要投入较多的人力。因此，各工程监理企业应当根据自己的实际情况制定监理人员需要量定额。

（5）项目监理机构的组织结构和职能分工

项目监理机构的组织结构情况关系到监理人员的数量。

二、项目监理机构各类人员的基本职责

项目监理机构的监理人员包括总监理工程师、专业监理工程师和监理员，必要时可配备总监理工程师代表。各类监理人员的基本职责应按照工程实施阶段和建设工程的具体情况确定。开展施工阶段建设工程监理服务时，项目监理机构中的总监理工程师、总监理工

程师代表、专业监理工程师和监理员的基本职责如下。

1. 总监理工程师的岗位职责

（1）确定项目监理机构人员及其岗位职责；

（2）组织编制监理规划，审批监理实施细则；

（3）根据工程进展情况及监理工作情况调配监理人员，检查监理人员工作；

（4）组织召开监理例会；

（5）组织审核分包单位资格；

（6）组织审查施工组织设计、（专项）施工方案；

（7）审查工程开复工报审表，签发工程开工令、暂停令和复工令；

（8）组织检查施工单位现场质量、安全生产管理体系的建立及运行情况；

（9）组织审核施工单位的付款申请，签发工程款支付证书，组织审核竣工结算；

（10）组织审查和处理工程变更；

（11）调解建设单位与施工单位的合同争议，处理工程索赔；

（12）组织验收分部工程，组织审查单位工程质量检验资料；

（13）审查施工单位的竣工申请，组织工程竣工预验收，组织编写工程质量评估报告，参与工程竣工验收；

（14）参与或配合工程质量安全事故的调查和处理；

（15）组织编写监理月报、监理工作总结，组织整理监理文件资料。

2. 总监理工程师代表的岗位职责

（1）负责总监理工程师指定或交办的监理工作；

（2）按总监理工程师的授权，行使总监理工程师的部分职责和权力。

总监理工程师不得将下列工作委托总监理工程师代表：

（1）组织编制监理规划，审批监理实施细则；

（2）根据工程进展情况及监理工作情况调配监理人员；

（3）组织审查施工组织设计、（专项）施工方案；

（4）签发工程开工令、暂停令和复工令；

（5）签发工程款支付证书，组织审核竣工结算；

（6）调解建设单位与施工单位的合同争议，处理工程索赔；

（7）审查施工单位的竣工申请，组织工程竣工预验收，组织编写工程质量评估报告，参与工程竣工验收；

（8）参与或配合工程质量安全事故的调查和处理。

3. 专业监理工程师的岗位职责

（1）参与编制监理规划，负责编制监理实施细则；

（2）审查施工单位提交的涉及本专业的报审文件，并向总监理工程师报告；

（3）参与审核分包单位资格；

（4）指导、检查监理员工作，定期向总监理工程师报告本专业监理工作实施情况；

（5）检查进场的工程材料、设备、构配件的质量；

（6）验收检验批、隐蔽工程、分项工程，参与验收分部工程；

（7）处置发现的质量问题和安全事故隐患；

（8）负责工程计量；

（9）参与工程变更的审查和处理；

（10）组织编写监理日志，参与编写监理月报；

（11）收集、汇总、参与整理监理文件资料；

（12）参与工程竣工预验收和竣工验收。

4．监理员的岗位职责

（1）检查施工单位投入工程的人力、主要设备的使用及运行状况；

（2）进行见证取样；

（3）复核施工单位工程计量有关数据；

（4）检查工序施工结果；

（5）发现施工作业中的问题，及时指出并向专业监理工程师报告。

值得注意的是，以上项目监理机构各类监理人员的岗位职责是依照《建设工程监理规范》GB/T 50319—2013的规定，极少涉及安全生产管理的监理工作岗位职责。项目监理机构各类监理人员安全生产管理的监理工作岗位职责详见第九章。

三、监理工程师实用组织工具

组织工具是组织论的一个用手段，主要是用图或表等形式表示各种组织关系，主要包括：项目结构图、组织结构图、合同结构图、工作流程图等。

1．项目结构图

项目结构图是以树状图的方式对一个建设工程项目进行逐层分解，一反映组成该项目的所有工作任务。项目结构图中，矩形框表示工作任务，矩形框之间的连线为线段。

同一个工程项目可以有不同的项目结构的分解方法。项目结构的分解应与整个过程实施的部署相结合，并与将采用的合同结构（取决于工程承发包模式）相结合，如地铁工程主要有两种不同的合同分解：方案1是将地铁车站（一个或多个）和区间隧道（一段或多段）分别发包，如图2-19所示；方案2是一个（或几个）地铁车站和一段（或多段）区间隧道作为一个标段发包，如图2-20所示。

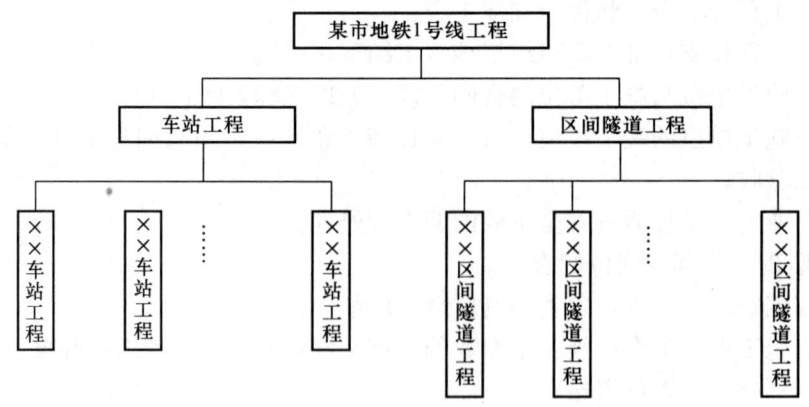

图2-19 地铁车站和区间隧道分别发包的项目结构图

2．合同结构图

合同结构图反映工程项目参建各方之间的合同关系，故也称合同关系图。通过合同结

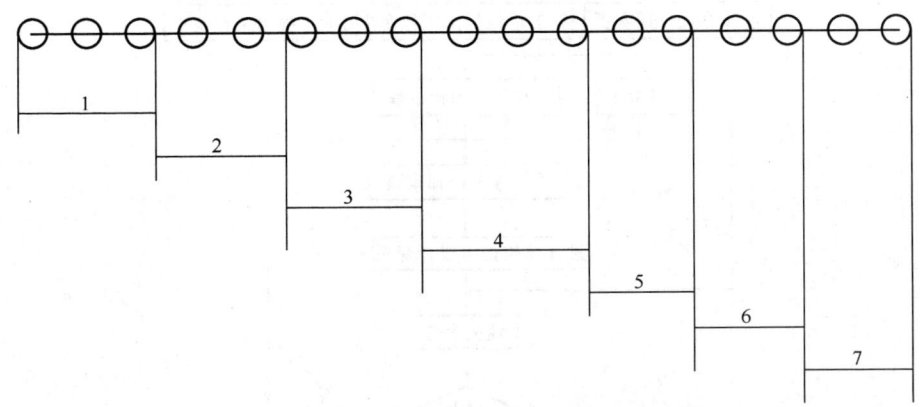

图 2-20 多个地铁车站和多个区间隧道作为一个标段的项目结构图

构图可以非常清晰地了解一个工程项目有哪些合同,以及参建各方之间的合同组织关系。合同结构图中,矩形框表示参建各方,有合同关系的双方之间用双箭线连接,如图 2-1、图 2-5 和图 2-8 所示。

3. 组织结构图

组织结构图反映一个组织系统中各组成部门(或组成元素)之间的组织关系,组织关系即指令关系。在组织结构图中,矩形框表示工作部门,上级工作部门对其直属下级工作部门的指令关系用单箭线表示,图 2-2～图 2-9 所示即为项目监理机构的组织结构图。

项目结构图、合同结构图和组织结构图三者的区别见表 2-2 所示。

项目结构图、合同结构图和组织结构图的区别   表 2-2

组织工具	表达的含义	矩形框的含义	矩形框的连接
项目结构图	对一个项目的结构进行逐层分解,以反映组成该项目的所有工作任务	项目的各个组成部分	线段
合同结构图	一个工程项目参建各方之间的合同关系	工程项目的参建单位	双箭线
组织结构图	一个组织系统中各工作部门(或组成元素)之间的指令关系	组织系统中的各个工作部门(或组成元素)	单箭线

4. 工作流程图

工作流程图用以描述工作流程组织,反映一个组织系统中各项工作之间的逻辑关系,如图 2-21 所示为设计变更工作流程图。在工作流程图中,矩形框表示工作,菱形框表示判别条件,单箭线表示工作之间的逻辑关系。为明确工作分工,也可以用两个矩形框既表示工作又表示工作的执行者,如图 2-22 所示。

四、组织结构设计案例分析

【背景】

某市政工程分为四个施工标段。某监理单位承担了该工程施工阶段的监理任务,一、二标段工程先行开工,项目监理机构组织形式如图 2-23 所示。

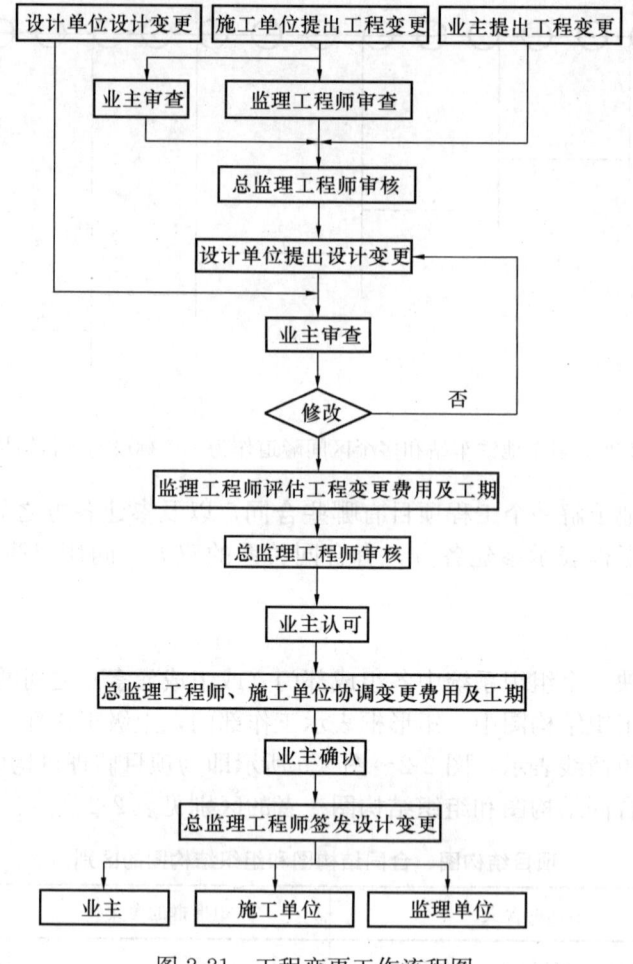

图 2-21 工程变更工作流程图

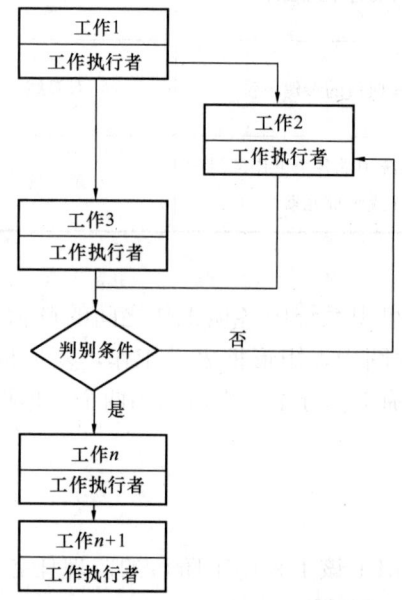

图 2-22 表示工作执行者的工作流程图

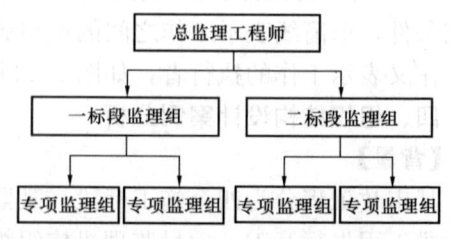

图 2-23 项目监理机构组织结构图

一、二标段工程开工半年后,三、四标段工程相继准备开工,为适应整个项目监理工作的需要,总监理工程师决定修改监理规划,调整项目监理机构组织形式,按四个标段分别设置监理组,增设投资控制部、进度控制部、质量控制部和安全监理部四个职能部门,以加强各职能部门的横向联系,使上下、左右集权与分权实行最优的结合。

总监理工程师调整了项目监理机构组织形式后,安排总监理工程师代表按新的组织形式调配相应的监理人员、主持修改项目监理规划、审批项目监理实施细则;又安排质量控制部签发一标段工程的质量评估报告;并安排专人主持整理项目的监理文件档案资料。

总监理工程师强调该工程监理文件档案资料十分重要,要求归档时应直接移交本监理单位和城建档案管理机构保存。

【问题】
1. 图 2-23 所示项目监理机构属何种组织形式?说明其主要优点。
2. 调整后的项目监理机构属何种组织形式?画出该组织结构图,并说明其主要缺点。
3. 指出总监理工程师调整项目监理机构组织形式后安排工作不妥之处,写出正确做法。

【解析】
1. 直线制组织形式。
优点:机构简单,权力集中(或命令统一),职责分明,决策迅速,隶属关系明确。
2. 矩阵制组织形式。
缺点:纵横协调工作量大,矛盾指令处理不当会产生扯皮现象。
矩阵制组织结构图如图 2-24 所示。

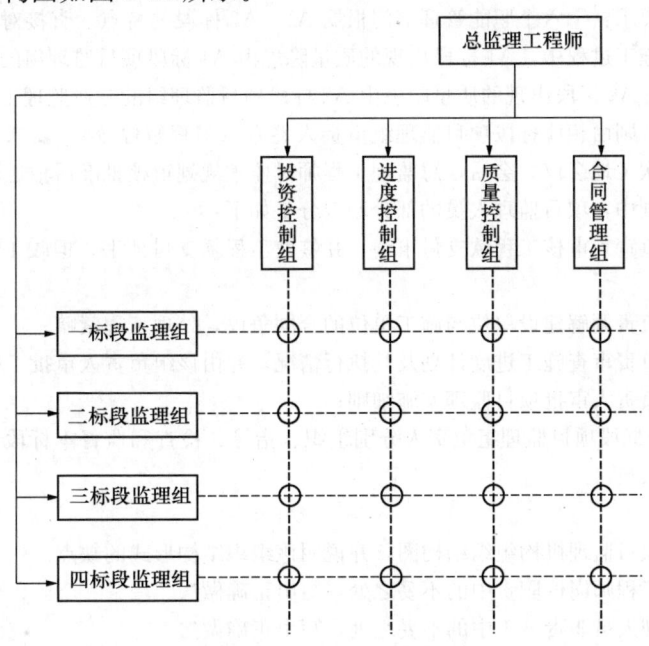

图 2-24 矩阵制组织结构图

3. 总监理工程师调整项目监理机构组织形式后安排工作的不妥之处有:
(1)安排总监理工程师代表调配相应监理人员不妥,应由总监理工程师负责调配。

(2) 安排总监理工程师代表主持修改项目监理规划不妥，应由总监理工程师主持修改。

(3) 安排总监理工程师代表审批项目监理实施细则不妥，应由总监理工程师审批。

(4) 安排质量控制部签发一标段质量评估报告不妥，应由总监理工程师和监理单位技术负责人签发。

(5) 指定专人主持整理监理文件档案资料不妥，应由总监理工程师主持。

思 考 题

1. 建设单位委托监理有哪些主要模式？
2. 简述建设工程监理实施程序。
3. 简述建立项目监理机构的步骤。
4. 简述职能制组织形式和直线职能制组织形式的区别。
5. 总监理工程师不能将哪些工作委托给总监理工程师代表？
6. 案例分析：

【背景】

某工程，建设单位与甲施工单位签订了施工总承包合同，并委托一家监理单位担任施工阶段监理。经建设单位同意，甲施工单位将工程划分为 A1、A2 标段，并将 A2 标段分包给乙施工单位。根据监理工作需要，监理单位设立了投资控制组、进度控制组、质量控制组、安全监理组、合同管理组和信息管理组六个职能管理部门，同时设立了 A1 和 A2 两个标段的项目监理组，并按专业分别设置了若干专业监理小组，组成直线职能制项目监理组织机构。

为有效地开展监理工作，总监理工程师安排项目监理组负责人分别主持编制 A1、A2 标段两个监理规划。总监理工程师要求：①六个职能管理部门根据 A1、A2 标段的特点，直接对 A1、A2 标段的施工单位进行管理；②在施工过程中，A1 标段出现的质量隐患由 A1 标段项目监理组的专业监理工程师直接通知甲施工单位整改，A2 标段出现的质量隐患由 A2 标段项目监理组的专业监理工程师直接通知乙施工单位整改，如未整改，则由相应标段项目监理组负责人签发《工程暂停令》，要求停工整改。总监理工程师主持召开了第一次工地会议。会后，总监理工程师对监理规划审核批准后报送建设单位。

在报送的监理规划中，项目监理人员的部分职责分工如下：

(1) 投资控制组负责人审核工程款支付申请，并签发工程款支付证书，但竣工结算须由总监理工程师签认；

(2) 合同管理组负责调解建设单位与施工单位的合同争议，处理工程索赔；

(3) 进度控制组负责审查施工进度计划及其执行情况，并由该组负责人审批工程延期；

(4) 质量控制组负责人审批项目监理实施细则；

(5) A1、A2 两个标段项目监理组负责人分别组织、指导、检查和监督本标段监理人员的工作，及时调换不称职的监理人员。

【问题】

(1) 绘制该工程项目监理机构组织结构图，并说明该组织结构形式的缺点。

(2) 指出总监理工程师岗位职责中的不妥之处，写出正确做法。

(3) 指出项目监理人员职责分工中的不妥之处，写出正确做法。

第三章　建设工程监理招标投标与合同管理

第一节　建设工程监理招标与投标

一、建设工程监理招标

《中华人民共和国招标投标法》第三条规定："在中华人民共和国境内进行下列工程建设项目包括项目的勘察、设计、施工、监理以及与工程建设有关的重要设备、材料等的采购，必须进行招标：（一）大型基础设施、公用事业等关系社会公共利益、公众安全的项目；（二）全部或者部分使用国有资金投资或者国家融资的项目；（三）使用国际组织或者外国政府贷款、援助资金的项目。"

（一）建设工程监理招标方式

建设工程监理招标可分为公开招标和邀请招标两种方式。建设单位应根据法律法规、工程项目特点、工程监理单位的选择空间及工程实施的急迫程度等因素，合理、合规选择招标方式，并按规定程序向招标投标监督管理部门办理相关招标投标手续，接受相应的监督管理。

1. 公开招标

公开招标是指建设单位以招标公告的方式邀请不特定工程监理单位参加投标，向其发售监理招标文件，按照招标文件规定的评标方法、标准，从符合投标资格要求的投标人中优选中标人，并与中标人签订建设工程监理合同的过程。

国有资金占控股或者主导地位等依法必须进行监理招标的项目，应当采用公开招标方式委托监理任务。公开招标属于非限制性竞争招标，其优点是能够充分体现招标信息公开性、招标程序规范性、投标竞争公平性，有助于打破垄断，实现公平竞争。公开招标的缺点是准备招标、资格预审和评标的工作量大，因此招标时间长，招标费用较高。

2. 邀请招标

邀请招标是指建设单位以投标邀请书方式邀请特定工程监理单位参加投标，向其发售招标文件，按照招标文件规定的评标方法、标准，从符合投标资格要求的投标人中优选中标人，并与中标人签订建设工程监理合同的过程。

邀请招标属于有限竞争性招标，也称为选择性招标。采用邀请招标方式，建设单位不需要发布招标公告，也不进行资格预审，使招标程序得到简化。这样，既可节约招标费用，又可缩短招标时间。

（二）建设工程监理招标程序

建设工程监理招标的一般程序包括：招标准备，发出招标公告或投标邀请书，组织资格审查，编制和发售招标文件，组织现场踏勘，召开投标预备会，接受投标文件和投标保证金，开标、评标和定标，签订建设工程监理合同。

1. 招标准备

建设工程监理招标准备工作包括：确定招标组织，明确招标范围和内容，编制招标方案等内容。

（1）确定招标组织。建设单位自身具有组织招标的能力时，可自行组织监理招标，否则，应委托招标代理机构组织招标。建设单位委托招标代理进行监理招标时，应与招标代理机构签订招标代理书面合同，明确委托招标代理的内容、范围及双方义务和责任。

（2）明确招标范围和内容。综合考虑工程特点、建设规模、复杂程度、建设单位自身管理水平等因素，明确建设工程监理招标范围和内容。

（3）编制招标方案。包括：划分监理标段、选择招标方式、选定合同类型及计价方式、确定投标人资格条件、安排招标工作进度等。

2. 发出招标公告或投标邀请书

公开招标，建设单位应至少在一家制定媒介发布。邀请招标，建设单位应至少向三家以上的特定工程监理单位发出投标邀请书。

招标公告或投标邀请书应当载明：建设单位的名称和地址；招标项目的性质；招标项目的数量；招标项目的实施地点；招标项目的实施时间；获取招标文件的办法等内容。

3. 组织资格审查

为了保证潜在投标人能够公平地获取投标竞争的机会，确保投标人满足招标项目的资格条件，同时避免招标人和投标人不必要的资源浪费，招标人应组织审查监理投标人资格。资格审查分为资格预审和资格后审两种，建设工程监理资格审查大多采用资格预审的方式进行。

4. 编制和发售招标文件

（1）编制建设工程监理招标文件。招标文件既是投标人编制投标文件的依据，也是招标人与中标人签订监理合同的基础。招标文件一般应由以下内容组成：

① 投标邀请函；
② 投标人须知；
③ 评标办法；
④ 拟签订监理合同主要条款及格式，以及履约担保格式等；
⑤ 投标报价；
⑥ 设计资料；
⑦ 技术标准和要求；
⑧ 投标文件格式；
⑨ 要求投标人提交的其他材料。

（2）发售监理招标文件。按照招标公告或投标邀请书规定的时间、地点发售招标文件。投标人对招标文件内容有异议，可在规定时间内要求招标人澄清、说明或纠正。

5. 组织现场踏勘

组织投标人进行现场踏勘的目的在于了解工程场地和周围环境情况，以获取认为有必要的信息。招标人可根据工程特点和招标文件规定，组织潜在投标人对工程实施现场的地形地质条件、周边和内部环境进行实地踏勘，并介绍有关情况。潜在投标人自行负责据此作出的判断和投标决策。

6. 召开投标预备会

招标人按照招标文件规定的时间组织投标预备会，澄清、解答潜在投标人在阅读招标文件和现场踏勘后提出的疑问。所有的澄清、解答都应当以书面形式予以确认，并发给所有购买招标文件的潜在投标人。招标文件的书面澄清、解答属于招标文件的组成部分。招标人同时可以利用投标预备会对招标文件中有关重点、难点内容主动作出说明。

7. 接受投标文件和投标保证金

投标人应按照招标文件要求编制投标文件，对招标文件提出的实质性要求和条件做出实质性响应，按照招标文件规定的时间、地点、方式递交投标文件，并根据要求提交投标保证金。投标人在提交投标截止日期之前，可以撤回、补充或者修改已提交的投标文件，并书面通知招标人。补充、修改的内容为投标文件的组成部分。

8. 开标、评标和定标

（1）开标。招标人应按招标文件规定的时间、地点主持开标，邀请所有投标人派代表参加。开标时间、开标过程应符合招标文件规定的开标要求和程序。

（2）评标。评标由招标人依法组建的评标委员会负责。评标委员会应当熟悉、掌握招标项目的主要特点和需求，认真阅读、研究招标文件及其评标办法，按招标文件规定的评标办法进行评标，编写评标报告，并向招标人推荐中标候选人，或经招标人授权直接确定中标人。

（3）定标。招标人应按有关规定在招标投标监督部门指定的媒体或场所公示推荐的中标候选人，并根据相关法律法规和招标文件规定的定标原则和程序确定中标人，向中标人发出中标通知书。同时，将中标结果通知所有未中标的投标人，并在 15 日内按有关规定将监理招标投标情况书面报告提交招标投标行政监督部门。

9. 签订建设工程监理合同

招标人与中标人应当自发出中标通知书之日起 30 日内，依据中标通知书、招标文件中的合同构成文件签订监理合同。

（三）建设工程监理评标

工程监理单位不承担建筑产品施工生产任务，只是接受建设单位的委托提供技术和管理咨询服务。建设工程监理招标属于服务类招标，其标的是无形的"监理服务"，因此，建设单位在选择工程监理单位时最重要的原则是"基于能力的选择"，而不应将服务报价作为主要考虑因素。有时甚至不考虑建设工程监理服务报价，只考虑工程监理单位的服务能力。

1. 建设工程监理评标内容

建设工程监理评标办法中，通常会将下列要素作为评标内容：

（1）工程监理单位的基本素质。包括：工程监理单位资质、技术及服务能力、社会信誉和企业诚信度以及类似工程监理业绩和经验。

（2）工程监理人员配备。工程监理人员的素质与能力直接影响建设工程监理工作的优劣，进而影响整个工程监理目标的实现。项目监理机构监理人员的数量和素质，特别是总监理工程师的综合能力和业绩是建设工程监理评标需要考虑的重要内容。对工程监理人员配备的评价内容具体包括：项目监理机构的组织形式是否合理；总监理工程师人选是否符合招标文件规定的资格及能力要求；监理人员的数量、专业配置是否符合工程专业特点要求；工程监理整体力量投入是否能满足工程需要；工程监理人员年龄结构是否合理；现场监理人员进退场计划是否与工程进展相协调等。

（3）建设工程监理大纲。建设工程监理大纲是反映投标人技术、管理和服务综合水平的文件，反映了投标人对工程的分析和理解程度。评标时应重点评审建设工程监理大纲的全面性、针对性和科学性。

①建设工程监理大纲内容是否全面，工作目标是否明确，组织机构是否健全，工作计划是否可行，质量、造价、进度控制措施是否全面、得当，安全生产管理、合同管理、信息管理等方法是否科学，以及项目监理机构的制度建设规划是否到位，监督机制是否健全等。

②建设工程监理大纲中应对工程特点、监理重点与难点进行识别。在对招标工程进行透彻分析的基础上，结合自身工程经验，从工程质量、造价、进度控制及安全生产管理等方面确定监理工作的重点和难点，提出针对性措施和对策。

③除常规监理措施外，建设工程监理大纲中应对招标工程的关键工序及分部分项工程制定有针对性的监理措施；制定针对关键点、常见问题的预防措施；合理设置旁站清单和保障措施等。

（4）试验检测仪器设备及其应用能力。重点评审投标人在投标文件中所列的设备、仪器、工具等能否满足建设工程监理要求。对于建设单位在现场另建试验、检测等中心的工程项目，应重点考查投标人评价分析、检验测量数据的能力。

（5）建设工程监理费用报价。建设工程监理费用报价所对应的服务范围、服务内容、服务期限应与招标文件中的要求相一致。要重点评审监理费用报价水平和构成是否合理、完整，分析说明是否明确，监理服务费用的调整条件和办法是否符合招标文件要求等。

2．建设工程监理评标方法

建设工程监理评标通常采用"综合评标法"，即：通过衡量投标文件是否最大限度地满足招标文件中规定的各项评价标准，对技术、企业资信、服务报价等因素进行综合评价从而确定中标人。

根据具体分析方式不同，综合评标法可分为定性综合评估法和定量综合评估法两种。

（1）定性综合评估法

定性综合评估法是对投标人的资质条件、人员配备、监理方案、投标价格等评审指标分项进行定性比较分析、全面评审，综合评议较优者作为中标人，也可采取举手表决或无记名投票方式决定中标人。

定性综合评估法的特点是不量化各项评审指标，简单易行，能在广泛深入地开展讨论分析的基础上集中各方面观点，有利于评标委员会成员之间的直接对话和深入交流，集中体现各方意见，能使综合实力强、方案先进的投标单位处于优势地位。缺点是评估标准弹性较大，衡量尺度不具体，透明度不高，受评标专家人为因素影响较大，可能会出现评标意见相差悬殊，使定标决策左右为难。

（2）定量综合评估法

定量综合评估法又称打分法、百分制计分评价法。通常是在招标文件中明确规定需量化的评价因素及其权重，评标委员会根据投标文件内容和评分标准逐项进行分析记分、加权汇总，计算出各投标单位的综合评分，然后按照综合评分由高到低的顺序确定中标候选人或直接选定得分最高者为中标人。

定量综合评估法是目前我国各地广泛采用的评标方法，其特点是量化所有评标指标，由评标委员会专家分别打分，减少了评标过程中的相互干扰，增强了评标的科学性和公正性。需要注意的是，评标因素指标的设置和评分标准分值或权重的分配，应能充分评价工程监理单位的整体素质和综合实力，体现评标的科学性、合理性。例如：某建设工程监理评标详细评审内容及分值构成见表3-1。

监理评标详细评审内容及分值构成表　　　　　　表3-1

序号	评审内容	分值分配
1	总监理工程师素质	24
2	资源配置	36
3	监理大纲	20
4	类似工程监理业绩	8
5	监理费报价	12
	合计	100

二、建设工程监理投标

建设工程监理投标是一项复杂的系统性工作，工程监理单位的投标工作内容包括：投标决策、投标策划、编制投标文件、参加开标及答辩、投标后评估。

（一）建设工程监理投标决策

工程监理单位要想中标获得建设工程监理任务并获得预期利润，就需要认真进行投标决策。所谓投标决策，主要包括两方面内容：一是决定是否参与竞标；二是如果参加投标，应采取什么样的投标策略。投标决策的正确与否，关系到工程监理单位能否中标及中标后的经济效益。

1. 投标决策原则

投标决策活动要从工程特点与工程监理企业自身需求之间选择最佳结合点。为实现最优赢利目标，可以参考如下基本原则进行投标决策：

（1）充分衡量自身人员和技术实力能否满足工程项目要求，且要根据工程监理单位自身实力、经验和外部资源等因素来确定是否参与竞标。

（2）充分考虑国家政策、建设单位信誉、招标条件、资金落实情况等，保证中标后工程项目能顺利实施。

（3）由于目前工程监理单位普遍存在注册监理工程师紧缺、监理人员数量不足的情况，因此在一般情况下，工程监理单位与其将有限的人力资源分散到几个小工程投标中，不如集中优势力量参与一个较大建设工程监理投标。

（4）对于竞争激烈、风险特别大或把握不大的工程项目，应主动放弃投标。

2. 投标决策定量分析方法

常用的投标决策定量分析方法有综合评价法和决策树法。

（1）综合评价法

综合评价法是指决策者决定是否参加某建设工程监理投标时，将影响其投标决策的主客观因素用某些具体指标表示出来，并定量地进行综合评价，以此作为投标决策依据。运用综合评价法的程序一般包括：确定影响投标的评价指标，确定各项评价指标的权重，给各项评价指标评分，计算综合评价总分，决定是否投标。

不同工程监理单位在决定是否参加某建设工程监理投标时所应考虑的因素是不同的，但一般都要考虑到企业人力资源、技术力量、投标成本、经验业绩、竞争对手实力、企业长远发展等多方面因素，考虑的指标一般有总监理工程师能力、监理团队配置、技术水平、合同支付条件、同类工程经验、可支配的资源条件、竞争对手数量和实力、竞争对手投标积极性、项目利润、社会影响、风险情况等。

在实际操作过程中，投标考虑的因素集及其权重、等级可由工程监理单位投标决策机构组织企业经营、生产、人事等有投标经验的人员，以及外部专家进行综合分析、评估后确定。综合评价法也可用于工程监理单位对多个类似工程监理投标机会选择，综合评价分值最高者将作为优先投标对象。

（2）决策树法

工程监理单位有时会同时收到多个不同或类似建设工程监理投标邀请书，而工程监理单位的资源是有限的，若不分重点地将资源平均分布到各个投标工程，则每一个工程中标的概率都很低。为此，工程监理单位应针对每项工程特点进行分析，比选不同方案，以期选出最佳投标对象。这种多项目多方案的选择，通常可以应用决策树法进行定量分析。

决策树是通过模拟树木生长过程，从决策点开始不断分枝来表示所分析问题的各种发展可能性，并以分枝的期望值中最佳者作为选择依据。决策树分析法是适用于风险型决策分析的一种简便易行的实用方法，其特点是用一种树状图表示决策过程，通过事件出现的概率和损益期望值的计算比较，帮助决策者对行动方案作出抉择。当工程监理单位不考虑竞争对手的情况（投标时往往事先不知道参与投标的竞争对手），仅根据自身实力决定某些工程是否投标及如何报价时，则是典型的风险型决策问题，适用于决策树法进行分析。

如图3-1所示为某工程监理公司应用决策树法进行投标决策分析及损益期望值计算结

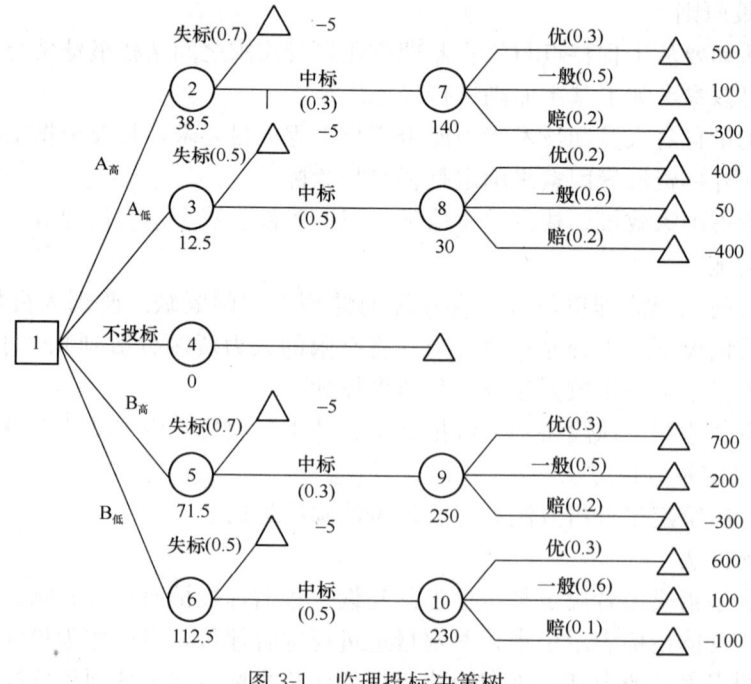

图3-1 监理投标决策树

果图。该监理公司面对可参与 A 和 B 两项工程投标的二选一决策，是投标 A 工程还是 B 工程？报价是投高标还是投低标？参与投标有可能失标，也可能中标。可选决策方案构成决策树 5 个分枝，损益期望值均在图上相应标出。按决策树计算方法由右向左逐个节点计算可知 5 个方案期望值分别为：

$A_{高}$38.5 万元；

$A_{低}$12.5 万元；

不投标 0 元；

$B_{高}$71.5 万元；

$B_{低}$112.5 万元。

从 5 个方案期望值看，对 B 工程投低标更为有利。

（二）建设工程监理投标策划

建设工程监理投标策划是指从总体上规划建设工程监理投标活动的目标、组织、任务分工等，通过严格的管理过程，提高投标效率和效果。

（1）明确投标目标，决定资源投入。一旦决定投标，首先要明确投标目标，投标目标决定了企业层面对投标过程的资源支持力度。

（2）成立投标小组并确定任务分工。投标小组要由有类似建设工程监理投标经验的项目负责人全面负责收集信息，协调资源，做出决策，并组织参与资格审查、购买标书、编写质疑文件、进行质疑和现场踏勘、编制投标文件、封标、开标和答辩、标后总结等。同时，需要落实各参与人员的任务和职责，做到界面清晰，人尽其职。最好由拟任总监理工程师在工程监理单位技术负责人的指导之下负责投标工作。

（三）编制建设工程监理投标文件

建设工程监理投标文件反映了工程监理单位的综合实力和完成监理任务的能力，是招标人选择工程监理单位的主要依据之一。投标文件编制质量的高低，直接关系到中标可能性的大小，因此，如何编制好建设工程监理投标文件是工程监理单位投标的首要任务。

1. 投标文件编制原则

编制投标文件应遵循的原则有：

（1）响应招标文件。建设工程监理投标文件编制的前提是要按招标文件要求的条款和内容格式编制，必须在满足招标文件要求的基本条件下，尽可能精益求精，响应招标文件实质性条款，防止废标发生。

（2）深入领会招标文件意图。投标小组只有认真研究招标文件，全部熟悉并领会各项条款要求，才能事先发现不理解或前后矛盾、表述不清的条款，通过标前答疑会，解决所有发现的问题。

（3）投标文件要内容详细、层次分明、重点突出。完整、规范的投标文件，应尽可能将投标人的想法、建议及自身实力叙述详细，做到内容深入而全面。为了尽可能让招标人或评标专家在很短的评标时间内了解投标文件内容及投标单位实力，就要在投标文件的编制上下功夫，做到层次分明，表达清楚，重点突出，尤其要针对招标文件评分办法的重点得分内容给出说明和标识。

2. 投标文件的核心

建设工程监理投标文件的核心是反映监理服务水平高低的监理大纲，尤其是针对工程具体情况制定的监理对策,以及向建设单位提出的原则性建议等。监理大纲的编制依据和主要内容详见第四章。

3. 投标文件编制的重点工作

建设工程监理招标评标注重对工程监理单位能力的选择。因此,工程监理单位在投标时应在体现监理能力方面下功夫,应着重做好以下工作:

(1) 投标文件应对招标文件内容做出实质性响应。

(2) 项目监理机构的设置应合理,要突出监理人员素质,尤其是总监理工程师人选,将是建设单位重点考察的对象。

(3) 类似建设工程监理经验。

(4) 监理大纲能充分体现工程监理单位的技术、管理能力。

(5) 监理服务报价应符合国家收费规定和招标文件对报价的要求,以及建设工程监理成本和利润测算。

(6) 投标文件既要响应招标文件要求,又要巧妙回避建设单位的苛刻要求,同时还要避免为提高竞争力而盲目扩大监理工作范围,否则会给合同履行留下隐患。

(四) 建设工程监理开标和答辩

1. 参加开标

参加开标是工程监理单位需要认真准备的投标活动,应按时参加开标,避免废标情况发生。

2. 答辩

开标后的评标过程中,参与投标的工程监理单位要充分做好答辩前准备工作,强化以总监理工程师为首的工程监理人员答辩能力,提高答辩信心,积累相关经验,提升监理队伍的整体实力。答辩前,应拟定答辩的基本范围和纲领,细化到人和具体内容,组织演练,相互提问。

(五) 投标后评估

投标后评估是对投标全过程的分析和总结,对一个成熟的工程监理企业,无论建设工程监理投标成功与否,投标后评估不可缺少。投标后评估要全面评价投标决策是否正确,影响因素和环境条件是否分析全面,重难点和合理化建议是否有针对性,总监理工程师及项目监理机构成员人数、资历及组织机构设置是否合理,投标报价预测是否准确,参加开标和总监理工程师答辩准备是否充分,投标过程组织是否到位等。投标过程中任何导致成败的细节都不能放过,这些细节是工程监理单位在今后的投标工作中需要注意的问题。

第二节 建设工程监理合同

一、订立建设工程监理合同的必要性

建设工程监理合同,简称监理合同,是指委托人(建设单位)与监理人(工程监理单位)就委托的建设工程监理内容签订的明确双方权利、义务的书面协议。其中,委托人是指委托工程监理与相关服务的一方,及其合法的继承人或受让人;监理人提供监理与相关服务的一方,及其合法的继承人。

监理合同的委托人必须是具有国家批准的建设项目、落实投资计划的企事业单位、其他社会组织及个人，受托人必须是依法成立的、具有相应资质的工程监理单位。

根据《中华人民共和国合同法》（下称《合同法》）分则，监理合同是委托合同的一种。委托合同是委托人和受托人约定，由受托人处理委托人事务的合同。

1. 订立监理合同是遵守国家法律法规的要求

《建筑法》第三十一条："建设单位与其委托的工程监理单位应当订立书面委托监理合同"。

《建设工程监理规范》GB/T 50319—2013 第 1.0.3 条规定："实施建设工程监理前，建设单位应委托具有相应资质的工程监理单位，并以书面形式与工程监理单位订立建设工程监理合同，合同中应包括监理工作范围、内容、服务期限和酬金，以及双方的义务、违约责任等相关条款"。

2. 订立监理合同符合国际惯例

建设工程监理制度是中国特色，在国际上，主要是建设项目管理、工程咨询。自第二次世界大战后，不承担具体设计任务、专门为建设单位提供建设项目管理服务的工程咨询公司应运而生。建设单位和工程咨询公司之间正是通过签订合同、履行合同，从而各自恪尽职责、承担义务、行使权利，以达到双方的互惠互利，实现建设工程管理专业化。

3. 订立监理合同有利于维护市场经济活动有序

订立监理合同明确了监理业务的委托与受托商业行为，建立起了建设单位与工程监理单位之间的经济关系。依法成立的监理合同对双方具有法律约束力，可以有效保护签约双方的合法权益。国家强制力是履行合同的保障，合同当事人不履行或不适当履行合同责任，必将承担相应的违约责任。

总之，通过订立书面监理合同，使合同双方清楚地认识到权利、义务、责任，有利于监理工作的开展，最终是为委托人和监理人的共同利益服务的。

二、建设工程监理合同的特点

1. 监理合同标的具有特殊性

合同标的是合同法律关系的客体，是合同当事人权利和义务共同指向的对象。合同标的因合同类型而异。监理合同的标的是监理服务。监理服务既是管理服务，又是技术服务。监理人履行监理合同，以其专业技术、经济知识、工程经验等为委托人监督管理工程建设，也就是监理人在提供监理服务的过程中，转移其技术、知识、管理的使用权，并换取监理报酬。

2. 监理合同内容具有个性化

合同内容即指合同当事人双方达成的有关各方权利、义务、责任、报酬、争议解决等合同条款。监理工作是围绕建设工程进行的，而每一个建设工程项目的单件性、固定性，委托人委托监理业务的个别性、差异性，共同决定着监理工作的流动性、复杂性，也决定着监理合同的具体条款要求委托人和监理人个性化招标、谈判、逐条达成一致。

3. 监理合同具有从合同性质

所谓"从合同"，是指必须以其他合同的存在为前提始能成立的合同。因阶段化监理、全过程监理的不同，监理服务所依据的有关建设工程合同涉及工程咨询合同、勘察合同、设计合同、施工合同、采购合同等，这些合同存在，监理合同也就成立，如果这些合同消灭或部分消灭，原则上，监理合同也就随之消灭。

三、建设工程监理合同示范文本

《合同法》第十二条规定:"当事人可以参考各类合同的示范文本订立合同"。合同示范文本是将各类合同的主要条款、式样等制定出规范的、指导性的文本,在全国范围内积极宣传和推广,引导当事人采用示范文本签订合同,以实现合同签订的规范化。

制定和推行合同示范文本的作用主要在于:

(1) 有助于签订合同的当事人双方了解、掌握有关的法律法规,避免缺款少项和当事人意思表达不准确、不真实;

(2) 有利于减少当事人双方签订合同的工作量;

(3) 有利于合同管理机关加强监督检查,也有利于合同仲裁机关和人民法院及时解决合同纠纷,保护当事人的合法权益。

在建设工程领域,自1991年起就陆续颁布了一些示范文本。1999年10月1日实施《合同法》后,建设部与国家工商行政管理局联合颁布了《建设工程施工合同(示范文本)》、《建设工程勘察合同(示范文本)》、《建设工程设计合同(示范文本)》、《建设工程监理合同(示范文本)》等合同示范文本。随时代发展和行业发展的需要,住房城乡建设部陆续修订颁布了以上各合同示范文本,使这些示范文本更符合市场经济的要求,对完善建设工程合同管理制度起到了极大的推动作用。

《建设工程监理合同(示范文本)》GF—2012—0202由"协议书"、"通用条件"、"专用条件"以及附录A和附录B组成。

1. 协议书

"协议书"是纲领性的法律文件。其中明确了当事人双方确定的委托监理工程的概况(工程名称、地点、工程规模、总投资);委托人向监理人支付报酬的期限和方式;合同签订、生效、完成时间;双方愿意履行约定的各项义务的表示。

"协议书"是一份标准的格式文件,经当事人双方在有限的空格内填写具体规定的内容并签字盖章后,即发生法律效力。

2. 通用条件

《建设工程监理合同(示范文本)》GF—2012—0202中的通用条件共8大条,其内容涵盖了监理合同中所用词语定义与解释,监理人义务,委托人义务,违约责任,监理费支付,合同生效、变更、暂停、解除与终止,合同争议解决,其他事项。

通用条件适用于各类建设工程监理服务。通用条件是各个委托人、监理人都应遵守的基本条件。

3. 专用条件

由于通用条件适用于各行业、各专业工程项目的建设工程监理,因此其中的某些条款规定得比较笼统,需要在签订具体工程项目监理合同时,结合地域特点、专业特点和委托监理项目的工程特点,对通用条件中的某些条款进行补充、修改,此即"专用条件"。

所谓"补充"是指通用条件中的条款明确规定,在该条款确定的原则下,专用条件的条款中进一步明确具体内容,使两个条件中相同序号的条款共同组成一条内容完备的条款。如通用条件的5.3中原则性地规定"支付的酬金包括正常工作酬金、附加工作酬金、合理化建议奖励金额及费用。"至于具体的支付次数、支付时间、支付比例和支付金额等,在专用条件的5.3中列出了表格以供合同双方具体谈判约定。

所谓"修改"是指通用条件中规定的程序方面的内容，如果双方认为不合适，可以协议修改。如通用条件的 3.4 中规定，"委托人应授权一名熟悉工程情况的代表，负责与监理人联系。委托人应在双方签订本合同后 7 天内，将委托人代表的姓名和职责书面告知监理人。当委托人更换委托人代表时，应提前 1 天通知监理人。"如果委托人或监理人认为 7 天的时间太短，经双方协商达成一致意见后，可在专用条件相同序号条款中写明具体的延长时间，如改为 14 天，即形成专用条件的 3.4。

4. 附录

附录包括两部分，即：附录 A 和附录 B。

（1）附录 A。如果委托人委托监理人完成相关服务时，应在附录 A 中明确约定委托的工作内容和范围。委托人根据工程建设管理需要，可以自主委托全部内容，也可以委托某个阶段的工作或部分服务内容。如果委托人仅委托建设工程监理，则不需要填写附录 A。

（2）附录 B。委托人为监理人开展正常监理工作派遣的人员和无偿提供的房屋、资料、设备，应在附录 B 中明确约定派遣或提供的对象、数量和时间。

《建设工程监理合同（示范文本）》GF—2012—0202 的具体内容详见附录 1。

四、建设工程监理合同文件

建设工程监理合同文件由协议书、通用条件、专用条件、投标文件、中标通知书以及在实施过程中双方共同签署的补充与修正文件组成。

构成监理合同的文件应被认为是互为说明的。如果合同文件中的约定之间产生含糊或歧义，监理合同文件解释按时间顺序以双方最后签认的为准。监理合同文件的解释顺序为：

（1）在监理合同履行过程中委托人与监理人共同签署的补充与修正文件；
（2）协议书；
（3）中标通知书（适用于招标工程）或委托书（适用于非招标工程）；
（4）专用条件及附录 A、附录 B；
（5）通用条件；
（6）投标文件（适用于招标工程）或监理与相关服务建议书（适用于非招标工程）。

第三节　建设工程监理合同管理

监理合同是工程监理单位在对项目实施监理过程中的工作准则，工程监理单位在项目监理过程中的一切工作活动都是为了履行监理合同的责任和义务。

工程监理单位对监理合同管理的主要内容有：

（1）合同谈判和合同的签订；
（2）进行合同的审查和分析；
（3）向监理项目派遣合同管理人员；
（4）制定监理合同管理工作计划；
（5）对监理合同履行进行监督管理；
（6）处理与建设单位、与其他方面的合同关系；

（7）变更、索赔管理。

值得注意的是，因为监理合同的从合同性质，故而监理合同管理并不是孤立的，必然涉及施工合同管理。

按照实施的先后顺序，工程监理单位的监理合同管理可分为合同签订前投标决策管理、合同分析和合同签订谈判管理、合同履行管理。

一、合同签订前的投标决策管理

工程监理单位成熟的合同管理都会十分重视监理合同签订前的投标决策管理。工程监理单位在参加监理投标时应注意以下两方面的情况：

1. 调查了解建设单位情况

工程监理单位在决定是否参加某项工程监理业务的竞争投标之前，要对建设单位进行充分的调查了解，包括：

（1）工程项目建设单位应是依法成立、具有法人资格、能够独立参加民事活动并直接承担民事权利和义务的合法组织；

（2）建设单位的财务和经营状况，这是履行合同的基础和承担经济责任的前提；

（3）待建设的工程项目要符合国家政策，不违反国家的法律法令及有关规定。

2. 工程监理单位自身情况衡量

工程监理单位还应从自身情况出发，考虑投标竞争该项目的可行性，如应考虑：

（1）实事求是从本企业的技术力量、监理工程的经验、装备情况等条件出发，考虑是否能发挥本企业的优势，考虑承担该项目可能获得的效益和风险；

（2）要考虑竞争对手的实力及投标报价的动向，分析投标有无取胜的把握，不宜勉强投标，更不能参与"陪标"，以免有损于企业的声誉，影响其他工程中标。

尤其遇到一些特殊情况时，工程监理单位应放弃投标，如：

（1）本工程监理单位主营和兼营能力之外的工程项目；

（2）工程规模、技术要求超出本单位监理资质等级的项目；

（3）本单位监理任务饱满，而准备竞争的监理项目盈利水平较低或风险较大。

二、合同分析和合同签订谈判管理

1. 合同分析

合同分析不同于监理投标过程中对招标文件的分析，其目的和侧重点都不同。合同分析是从合同执行的角度去分析、补充和解释合同的具体内容和要求。将合同目标和合同规定落实到合同实施的具体问题和具体时间上，用以指导具体履约工作，使合同能符合日常工程管理的需要，使监理工作按合同要求实施，为合同执行和控制确定依据。

合同分析不仅为监理合同的签订谈判提供决策信息，也在以后的监理合同履行过程中发挥着积极作用。在监理合同签订谈判阶段，合同分析由工程监理单位合同管理部门负责；在监理合同履行阶段，合同分析主要由项目监理机构中的合同管理专业监理工程师负责。

合同分析的目的和作用主要体现在：

（1）分析监理合同中的漏洞，解释有争议的内容。

在合同起草和谈判过程中，提倡使用《建设工程监理合同（示范文本）》GF—2012—0202。然而，该监理合同示范文本毕竟不是尽善尽美的，如：缺乏安全监理工作方面的条款,专用条款更是需要双方"补充"、"修订"的。通过合同分析,正是为了找出漏洞,及时完善合同条款,避免以后出现合同条款空缺。

在合同执行过程中,合同双方有时也会发生争议。往往是由于对合同条款的理解不一致所造成的。通过合同分析,双方就合同条文达成一致理解,从而解决争议。在遇到变更事件、索赔事件后,合同分析也可以为变更、索赔提供理由和根据。

(2) 分析合同风险,制定风险对策

不同的建设工程项目,其风险的来源和风险量的大小都不同,也就意味着工程监理单位承受的监理风险各不相同,因此有必要根据监理合同进行风险分析,并采取相应的风险对策。

(3) 合同任务分解、落实

在履行监理合同过程中,合同中约定的监理人责任、义务需要分解、落实到人。而为了做到将合同任务进行分解、进一步明确具体工作要求,然后落实到具体的监理小组或人员,以便于合同实施与跟踪,都离不开合同分析工作。

2. 合同签订谈判管理

在合同条件分析的基础上,与委托人进行合同签订前谈判的目的主要是争取对监理人更合理或更有利的合同条款,减少合同履行中的风险,最终目的还是为了保证工程的顺利进行。

在合同签订谈判中,工程监理单位应利用法律赋予的平等权利进行对等谈判,在充分讨论、磋商的基础上,对建设单位提出的要求,做出是否能够全部承诺的明确答复或监理要求建设单位应附加的条件。

在签订合同过程中,工程监理单位应积极地争取主动,对建设单位提出的合同文本,双方应对每个条款都作具体的商讨,对重大问题不能客气和让步,针锋相对,切不可在观念上把自己放在被动的地位上。在目前市场竞争激烈、僧多粥少的情况下,工程监理单位在签订合同时常常会有意或违心犯这样的错误:①由于竞争激烈,怕失去工程,而接受建设单位苛刻的合同条件;②出于多方面原因,急于拿到工程,在承接工程中不认真分析合同条件,低价以求,草率签订合同,甚至违规与建设单位签订黑白合同等。

这样做的后果将导致合同签订后的履行困难加大,不仅损害工程监理单位利益,由于费用紧张,对监理风险认识不足,还有可能引发工程质量安全事故,最终也会损害建设单位的利益。

三、合同履行管理

1. 合同交底

在传统的建设工程项目管理系统中,参建各方普遍重视图纸交底工作,却不重视合同分析和合同交底工作,导致各个项目组对项目的合同体系、合同基本内容不甚了解,影响了合同的履行。

合同分析后,应向各层次管理者作"合同交底",即由合同管理人员在对合同的主要内容进行分析、解释和说明的基础上,通过组织项目监理机构各监理小组和人员学习合同条文和合同总体分析结果,使大家熟悉合同中的主要内容、规定、管理程序,了解合同双方的合同责任和工作范围、各种行为的法律后果等,使大家都树立全局观念,使各项工作协调一致,避免执行中的违约行为。

合同交底的目的和任务如下:
(1) 对合同条款达成一致理解;
(2) 明确合同双方的责任和义务;
(3) 结合有关建设工程合同,明确安全监理质量控制、进度控制、投资控制目标及要点等;
(4) 将合同任务、责任分解落实到各监理小组或人员;
(5) 明确各个监理小组或人员之间的责任界限;
(6) 明确相关事件之间的逻辑关系;
(7) 明确完不成合同任务的影响和法律后果。

2. 合同跟踪

在监理工作开展过程中要对监理合同的履行情况进行跟踪与控制,保证合同的顺利履行。

监理合同跟踪有两个方面的含义:一是工程监理单位的合同管理职能部门对项目监理机构履约情况进行的跟踪、监督和检查;二是项目监理机构自身对合同计划的执行情况进行的跟踪、检查与对比。在监理合同实施过程中二者缺一不可。

合同跟踪的重要依据有:
(1) 监理合同以及依据合同而编制的各种计划文件,如监理规划、监理实施细则等;
(2) 各种实际工程文件,如工程质量验收记录、工程计量原始凭证等;
(3) 监理人员对现场情况的直观了解,如巡视、旁站、会议、安全检查、质量检查等。

合同跟踪的对象主要是:
(1) 建设单位的指令、答复、确认、付款等;
(2) 项目监理机构各监理小组、工作人员的工作情况;
(3) 工程项目的实际建设情况;
(4) 工程现场环境条件的变化情况;
(5) 项目参建各方之间的组织协调情况。

思 考 题

1. 简述建设工程监理招标程序。
2. 试给出建设单位定量综合评标的评审指标和权重。
3. 简述建设工程监理投标程序。
4. 试给出工程监理单位投标决策综合评价法的评价指标和权重。
5. 为什么说建设工程监理合同有从合同的特点?
6. 《建设工程监理合同(示范文本)》中的"通用条件"和"专用条件"有何关系?
7. 进行建设工程监理合同交底有何意义?合同交底的重点内容是什么?
8. 进行建设工程监理合同跟踪有何意义?合同跟踪的重点内容是什么?

第四章 建设工程监理规划性文件

第一节 建设工程监理大纲

一、监理大纲的作用

监理大纲是在建设单位监理招标过程中，工程监理单位为承揽监理业务而编写的监理方案性文件，是工程监理单位投标书的核心内容。

监理大纲由工程监理单位指定经营部门或技术部门管理人员，或者拟任总监理工程师负责编写。

编写监理大纲的作用有两个：一是使建设单位了解并认可监理大纲中的监理方案，有利于监理单位在监理招标中胜出；二是中标后作为项目监理机构编写监理规划的主要依据。

二、监理大纲的编写依据

监理大纲的编写依据主要有：

1. 工程建设法律法规和标准

（1）国家层面工程建设有关法律、法规及政策。无论在任何地区或任何部门进行工程建设，都必须遵守国家层面工程建设相关法律法规及政策。

（2）工程所在地或所属部门颁布的工程建设相关法规、规章及政策。建设工程必然是在某一地区实施的，有时也由某一部门归口管理，这就要求工程建设必须遵守工程所在地或所属部门颁布的工程建设相关法规、规章及政策。

（3）工程建设标准。工程建设必须遵守相关标准、规范及规程等工程建设技术标准和管理标准。

2. 建设工程外部环境调查研究资料

（1）自然条件方面的资料。包括：建设工程所在地点的地质、水文、气象、地形以及自然灾害发生情况等方面的资料。

（2）社会和经济条件方面的资料。包括：建设工程所在地人文环境、社会治安、建筑市场状况、相关单位（政府主管部门、勘察和设计单位、施工单位、材料设备供应单位、工程咨询和工程监理单位）、基础设施（交通设施、通信设施、公用设施、能源设施）、金融市场情况等方面的资料。

3. 政府批准的工程建设文件

工程建设文件主要包括：

（1）政府发展改革部门批准的可行性研究报告、立项批文。

（2）政府规划土地、环保等部门确定的规划条件、土地使用条件、环境保护要求、市政管理规定。

4. 监理招标文件

招标文件是工程监理单位编写监理大纲的重要依据,尤其应注意研究并响应其中的投标人须知、评标办法、拟签订监理合同主要条款、设计资料、技术标准和要求等。

三、监理大纲的编写内容

监理大纲的内容应当根据建设工程监理招标文件的要求制定。主要内容有:

(1) 工程监理单位拟派往项目监理机构的监理人员,并对人员资格情况进行介绍。尤其应重点介绍拟任总监理工程师这一项目监理机构的核心人物,总监理工程师的人选往往是能够承揽到监理业务的关键。

(2) 拟采用的监理方案。工程监理单位应根据建设单位所提供的以及自己初步掌握的工程信息制定准备采用的监理方案,主要包括项目监理机构设计方案、建设工程安全生产管理的监理方案、质量控制方案、造价控制方案、进度控制方案、合同管理方案、监理档案资料管理方案、组织协调方案等内容。

(3) 监理工作重点与难点分析。在对招标工程进行透彻分析的基础上,结合工程监理单位监理服务经验,从工程质量、造价、进度控制及安全生产管理等方面确定监理工作的重点和难点,提出针对性措施和对策,合理设置旁站清单和保障措施等。

(4) 计划提供给建设单位的监理阶段性文件。

经建设单位和工程监理单位谈判确定了的监理大纲,应当纳入委托监理合同的附件中,成为监理合同文件的组成部分。

第二节 建设工程监理规划

一、监理规划的作用

监理规划应在签订委托监理合同及收到设计文件后开始编制。从内容范围上讲,监理大纲与监理规划都是围绕着整个项目监理机构将开展的监理工作来编写的,但监理规划的内容要比监理大纲全面并且翔实,是监理单位在项目上开展监理工作的计划性文件。

监理规划由项目总监理工程师主持、各专业或子项监理工程师参加编写,经工程监理单位技术负责人审查批准,并在召开第一次工地会议前报送建设单位,由建设单位确认并监督实施。

监理规划将委托监理合同中规定的工程监理单位应承担的责任及监理任务具体化,是项目监理机构科学、有序地开展监理工作的基础。在监理工作实施过程中,如实际情况或条件发生重大变化而需要调整监理规划时,应由总监理工程师组织专业监理工程师研究修改,按原报审程序经过批准后报建设单位。

监理规划的作用主要有:

(1) 监理规划是指导项目监理机构全面开展监理工作的计划性文件;
(2) 监理规划是建设监理主管机构对工程监理单位实施监督管理的依据;
(3) 监理规划是建设单位确认工程监理单位是否全面履行委托监理合同的依据;
(4) 监理规划是工程监理单位内部考核的依据;
(5) 监理规划是工程项目重要的监理文件资料。

二、监理规划的编写依据

监理规划编写的依据有:

(1) 工程建设方面的法律、法规；

(2) 建设工程外部环境资料；

(3) 政府批准的工程建设文件；

(4) 建设工程委托监理合同、建设工程施工合同、材料采购合同、设备采购合同等；

(5) 监理大纲；

(6) 工程实施过程输出的有关工程信息，主要包括：工程实施状况、重大工程变更、外部环境变化等。

三、监理规划的编写要求

1. 监理规划的基本构成内容应当力求规范化

监理规划在总体内容组成上应力求做到规范化，《建设工程监理规范》明确规定，监理规划的内容包括：工程概况；监理工作的范围、内容、目标；监理工作依据；监理组织形式、人员配备及进退场计划、监理人员岗位职责；监理工作制度；工程质量控制；工程造价控制；工程进度控制；安全生产管理的监理工作；合同与信息管理；组织协调；监理工作设施。

2. 监理规划的内容应具有针对性、指导性和可操作性

每个工程项目的监理规划既要考虑工程项目自身特点，也要根据项目监理机构的实际情况，在监理规划中应明确规定项目监理机构在工程施工过程中各个阶段的监理工作内容、工作人员、工作时间和地点、工作的具体方式方法等。只有这样，监理规划才能起到有效的指导作用，真正成为项目监理机构进行各项工作的依据。

3. 监理规划应把握工程项目运行脉搏

监理规划是针对具体工程项目编写的，而工程项目的动态性决定了监理规划的具体可变性。监理规划要把握工程项目运行脉搏，是指其可能随着工程进展进行不断地补充、修改和完善。在工程项目运行过程中，内外因素和条件不可避免地要发生变化，造成工程实际情况偏离规划，往往需要调整计划乃至目标，这就可能造成监理规划在内容上也要进行相应调整。

4. 监理规划应有利于监理合同的履行

监理规划是针对特定的一个工程的监理范围和内容来编写的，而建设工程监理范围和内容是由建设工程委托监理合同来明确的。项目监理机构应充分了解工程监理合同中建设单位、工程监理单位的义务和责任，对完成工程监理合同目标控制任务的主要影响因素进行分析，制定具体的措施和方法，确保工程监理合同的履行。

5. 监理规划的表达方式应当标准化、格式化

监理规划的内容需要选择最有效的方式和方法来表示，图、表和简单的文字说明应当是基本方法。规范化、标准化是科学管理的标志之一。所以，编写监理规划应当采用什么表格、图示以及哪些内容需要采用简单的文字说明应当做出统一规定。为使各个项目监理机构编写的监理规划做到表达方式标准化、格式化，工程监理单位可以由技术负责人主持编写本单位的监理规划范本。

6. 监理规划的编制应充分考虑时效性

监理规划应在签订建设工程监理合同及收到工程设计文件后由总监理工程师组织编制，并应在召开第一次工地会议 7 天前报建设单位。监理规划报送前还应由监理单位技

术负责人审核签字。因此，监理规划的编写还要留出必要的审查和修改时间。为此，应当对监理规划的编写时间事先做出明确规定，以免编写时间过长，从而耽误监理规划对监理工作的指导，使监理工作陷于被动和无序。

四、监理规划的编写内容

《建设工程监理规范》GB/T 50319—2013 规定，监理规划应包括 12 项基本内容：工程概况；监理工作的范围、内容、目标；监理工作依据；监理组织形式、人员配备及进退场计划、监理人员岗位职责；监理工作制度；工程质量控制；工程进度控制；安全生产管理的监理工作；合同与信息管理；组织协调；监理工作设施。

（一）工程概况

建设工程概况主要编写内容：

1. 建设工程项目名称、地点。
2. 建设工程项目组成及建设规模。
3. 主要建筑结构类型。
4. 工程项目特点。
5. 工程项目计划造价。
6. 工程项目计划工期。
7. 工程项目质量目标。
8. 工程项目安全生产、环境保护、文明施工等目标。
9. 工程项目设计单位及施工单位名称、项目负责人。
10. 工程项目结构图、项目编码、合同结构图、项目管理组织结构图。
11. 其他说明。

（二）监理工作的范围、内容和目标

1. 监理工作范围

监理工作范围是指监理单位所承担的监理任务的工程范围。如果监理单位承担全部建设工程的监理任务，监理范围为全部建设工程，否则应按监理单位所承担的建设工程的建设标段或子项目划分确定建设工程监理范围。

2. 监理工作内容

建设工程监理基本工作内容包括：工程质量、造价、进度三大目标控制，安全生产管理的监理工作，合同管理，信息管理，组织协调，应根据建设工程委托监理合同明确。

3. 监理工作目标

建设工程监理目标是指监理单位所承担的建设工程的监理控制预期达到的目标。通常工程的投资、进度目标以具体的控制值来表示。

（1）投资控制目标：以_____年预算为基价，静态投资为_____万元（或施工合同价为_____万元）；

（2）工期控制目标：_____个月或自_____年_____月_____日至_____年_____月_____日；

（3）质量控制目标：建设工程质量合格及建设单位的其他要求。

（4）安全生产管理的监理工作目标：达到监理合同要求。

（三）监理工作依据

1. 工程建设法律、法规和标准；
2. 政府批准的工程建设文件；
3. 建设工程委托监理合同；
4. 其他合同文件，包括：施工合同、采购合同等；
5. 有关资料，包括：反映工程特征的资料，反映建设单位对监理服务要求的资料，反映工程建设条件的资料等。

（四）监理组织形式、人员配备及进退场计划、监理人员岗位职责

1. 项目监理机构组织形式

项目监理机构的组织形式和规模，应根据建设工程监理合同约定的服务内容、服务期限，以及工程特点、规模、技术复杂程度、环境等因素确定。

项目监理机构可用组织结构图表示，详见第二章。

2. 项目监理机构的人员配备计划

项目监理机构的监理人员由总监理工程师、专业监理工程师和监理员组成，且专业配套、数量满足监理工作需要，必要时可设总监理工程师代表。

项目监理机构配备的监理人员应与监理投标文件或监理项目建议书的内容一致，并详细注明职称及专业等，可按表 4-1 格式填报。要求填入真实到位人数。对于某些兼职监理人员，要说明参加本建设工程监理的确切时间。

项目监理机构人员配备计划表　　　　　　　　　　　　　　　　　表 4-1

序号	姓名	性别	年龄	职称或职务	本工程拟担任岗位	专业特长	以往承担过的主要工程及岗位	进场时间	退场时间
1									
2									
…									
…									

项目监理机构的人员配备应根据建设工程监理的进程合理安排，见表 4-2。

项目监理机构的人员配备进度计划表　　　　　　　　　　　　　　　表 4-2

时间	×月	×月	×月	……	×月
专业监理工程师					
监理员					
文秘人员					

3. 项目监理机构的人员岗位职责

项目监理机构各监理人员的分工及岗位职责应根据《建设工程监理规范》监理人员职责（详见第二章）以及监理合同约定的监理工作范围和内容，并结合各监理人员的专业、技术水平、工作能力、实践经验等，由总监理工程师细化安排并监督考核。

（五）监理工作制度

为全面履行建设工程监理职责，确保建设工程监理服务质量，监理规划中应根据工程特点和工作重点明确相应的监理工作制度。主要包括项目监理机构现场监理工作制度和项

目监理机构内部工作制度,必要时还应建立健全相关服务工作制度。

　　1. 项目监理机构现场监理工作制度

　　主要包括：图纸会审及设计交底制度；施工组织设计审核制度；工程开工、复工审批制度；质量缺陷整改制度；平行检验、见证取样、巡视检查和旁站制度；工程材料、半成品质量检验制度；隐蔽工程验收、分项分部工程质量验收制度；单位工程验收制度；监理工作报告制度；安全生产监督检查制度；质量安全事故报告和处理制度；工程变更处理制度；现场协调会及会议纪要签发制度；施工备忘录签发制度；工程款支付审核、签认制度；工程索赔审核、签认制度等。

　　2. 项目监理机构内部工作制度

　　主要包括：项目监理机构工作会议制（包括监理交底会议、监理例会、专题协调会、监理工作会议等），项目监理机构人员岗位职责制度，对外行文审批制度，监理工作日志制度，监理周报、月报制度，技术、经济资料及档案管理制度，监理人员教育培训制度，监理人员考勤、业绩考核及奖惩制度等。

　　3. 相关服务工作制度

　　如果提供相关服务时，还需要分阶段建立相应工作制度。

　　（六）工程质量控制

　　工程质量控制重点在于预防，项目监理机构宜根据工程特点、施工合同、工程设计文件及经过批准的施工组织设计等制定：工程质量控制目标；质量控制任务；控制措施与工作流程；专项施工方案编制及审核；工程的材料、构配件、设备质量审查制度；旁站监理方案；工程竣工预验收、质量状况动态分析等。

　　（七）工程造价控制

　　项目监理机构应全面了解工程施工合同文件、工程设计文件、施工进度计划等内容，熟悉合同价款的计价方式、施工投标报价及组成、工程预算等情况，明确工程造价控制的目标和要求，制定工程造价控制工作流程、方法和措施，以及针对工程特点确定工程造价控制的重点和目标值，将工程实际造价控制在计划造价范围内。

　　（八）工程进度控制

　　项目监理机构应全面了解工程施工合同文件、施工进度计划等内容，明确施工进度控制的目标和要求，制定施工进度控制工作流程、方法和措施，以及针对工程特点确定工程进度控制的重点和目标值，将工程实际进度控制在计划工期范围内。

　　（九）安全生产管理的监理工作

　　项目监理机构应根据法律法规、工程建设强制性标准，履行建设工程安全生产管理的监理职责。项目监理机构应根据工程项目的实际情况，加强对施工组织设计中涉及安全技术措施的审核，加强对专项施工方案的审查和监督，加强对现场安全事故隐患的检查，发现问题及时处理，防止和避免安全事故的发生。

　　（十）合同管理与信息管理

　　合同管理主要是对建设单位与施工单位、材料设备供应单位等签订的合同进行管理，从合同执行等各个环节进行管理，督促合同双方履行合同，并维护合同订立双方的正当权益。

　　合同管理的主要工作内容包括处理工程暂停工及复工、工程变更、索赔及施工合同争议、解除及合同终止的有关事宜等。

信息管理是建设工程监理的基础性工作,通过对建设工程形成的信息进行收集、整理、处理、存储、传递与运用,保证能够及时、准确地获取所需要的信息。具体工作包括监理文件资料的管理内容,监理文件资料的管理原则和要求,监理文件资料的管理制度和程序,监理文件资料的主要内容,监理文件资料的归档和移交等。

（十一）组织协调的方法与措施

组织协调工作是指监理人员通过对项目监理机构内部人与人之间、机构与机构之间,以及监理组织与外部环境组织之间的工作进行协调与沟通,从而使工程参建各方相互理解、步调一致。具体包括编制工程项目组织管理框架,明确组织协调的范围,制定项目监理机构内外协调的范围、对象和内容,制定监理组织协调的原则、方法和措施,明确处理危机关系的基本要求等。

（十二）监理设施

建设单位提供满足监理工作需要的办公设施、交通设施、通信设施、生活设施等。

根据建设工程类别、规模、技术复杂程度、建设工程所在地的环境条件,按委托监理合同的约定,配备满足监理工作需要的常规检测设备和工具,见表4-3。

常规检测设备和工具　　　　　　　　　表4-3

序号	仪器设备名称	型号	数量	使用时间	备注

五、监理规划的报审

监理规划应在签订建设工程监理合同及收到工程设计文件后,由总监理工程师组织、专业监理工程师参与编制,随后报经工程监理单位技术负责人审批后,在召开第一次工地会议前报送建设单位。

监理规划实施过程中,如遇设计文件、施工组织设计、专项施工方案等发生重大变化时,监理规划应由总监理工程师组织、专业监理工程师参与及时调整,报工程监理单位技术负责人重新审批后实施。

工程监理单位技术管理部门是监理规划的内部审核部门,并由技术负责人签认。监理规划审核的内容主要有：

1. 监理范围、工作内容及监理目标的审核

依据监理招标文件和建设工程监理合同,审核是否理解建设单位的工程建设意图,监理范围、监理工作内容是否已包括全部委托的工作任务,监理目标是否与建设工程监理合同要求和建设意图相一致。

2. 项目监理机构的审核

（1）组织机构方面

组织形式、管理模式等是否合理,是否已结合工程实施特点,是否能够与建设单位的组织关系和施工单位的组织关系相协调等。

(2) 人员配备方面

人员配备方案应从以下几个方面审查：

① 派驻监理人员的专业满足程度；

② 人员数量的满足程度；

③ 专业人员不足时采取的措施是否恰当；

④ 派驻现场人员计划表。

3. 监理工作计划的审核

在工程进展中各个阶段的监理工作实施计划是否合理、可行，审查其在每个阶段中如何控制建设工程目标以及组织协调方法。

4. 工程质量、造价、进度控制方法的审核

对三大目标控制方法和措施应重点审查，看其如何应用组织、技术、经济、合同措施保证目标的实现，方法是否科学、合理、有效。

5. 对安全生产管理监理工作内容的审核

主要是审核安全生产管理的监理工作内容是否明确；是否制定了相应的安全生产管理实施细则；是否建立了对施工组织设计、专项施工方案的审查制度；是否建立了对现场安全隐患的巡视检查制度；是否建立了安全生产管理状况的监理报告制度等。

6. 监理工作制度的审核

主要审查项目监理机构监理工作制度是否健全、有效。

六、案例分析

某建设工程项目，建设单位委托某监理公司负责施工阶段的监理工作。该监理公司副经理出任项目总监理工程师。

总监理工程师责成公司技术负责人组织经营、技术部门人员编制该项目监理规划。参编人员根据本公司已有的监理规划标准范本，将投标时的监理大纲做适当改动后编成该项目监理规划，该监理规划经公司经理审核签字后，报送给建设单位。

该监理规划包括以下 8 项内容：①工程项目概况；②监理工作依据；③监理工作内容；④项目监理机构的组织形式；⑤项目监理机构人员配备计划；⑥监理工作方法及措施；⑦项目监理机构的人员岗位职责；⑧监理设施。

监理规划中规定了监理工作内容、项目监理机构的人员岗位职责及监理设施等内容。

(1) 监理工作内容

① 编制项目施工进度计划，报建设单位批准后下发施工单位执行；

② 检查现场质量情况并与规范标准对比，发现偏差时下达监理指令；

③ 协助施工单位编制施工组织设计；

④ 审查施工单位投标报价的组成，对工程项目造价目标进行风险分析；

⑤ 编制工程计量规则，依此进行工程计量；

⑥ 组织工程竣工验收。

(2) 项目监理机构的人员岗位职责

总监理工程师代表职责包括：

① 负责日常监理工作；

② 审批监理实施细则；

③ 调换不称职的监理人员;
④ 处理索赔事宜，协调各方的关系。
监理员的职责包括：
① 进场工程材料的质量检查及签认;
② 隐蔽工程的检查验收;
③ 现场工程计量及签认。
(3) 监理设施
监理工作所需测量仪器、检验及试验设备向施工单位借用，如不能满足需要，指令施工单位提供。

【问题】
1. 请指出该监理公司编制监理规划做法中的不妥之处，并写出正确的做法。
2. 请指出该"监理规划"内容的缺项名称。
3. 在总监理工程师介绍的监理工作内容、项目监理机构的人员岗位职责和监理设施的内容中，找出不正确的内容并改正。

【解析】
1. 不妥之处及正确做法：
① 公司技术负责人组织经营、技术部门人员编制监理规划不妥。应由总监理工程师亲自主持，专业监理工程师参加编制。
② 改动监理大纲编制监理规划不妥，应分析工程特点，根据监理大纲、有关法规、工程建设文件、合同等有针对性地编制监理规划。
③ 公司经理审核监理规划不妥，应由公司技术负责人审核。
2. 监理规划内容的缺项为：监理工作范围、监理工作目标、监理工作程序、监理工作制度。
3. 不正确的内容及改正措施：
(1) 监理工作内容
① 错误。应审查并批准施工单位报送的施工进度计划。
③ 错误。应审查并批准施工单位报送的施工组织设计。
④ 错误。应依据施工合同有关条款、施工图，对工程造价目标进行风险分析。
⑤ 错误。应按施工合同约定的工程量计量规则进行工程计量。
⑥ 错误。应参加工程竣工验收（或组织工程竣工预验收）。
(2) 项目监理机构的人员岗位职责
总监理工程师代表职责包括：
① 错误。应由总监理工程师批准"监理实施细则"（或协助总监理工程师审查"监理实施细则"）。
② 错误。应由总监理工程师调配不称职的监理人员（或向总监理工程师建议调配不称职的监理人员）。
③ 错误。应由总监理工程师处理索赔事宜，协调各方关系。
监理员的职责包括：
① 错误。应由专业监理工程师负责进场材料质量检查及验收（或参加进场材料的现

场质量检查)。

② 错误。应由专业监理工程师负责隐蔽工程检查验收。

③ 错误。应由专业监理工程师负责现场工程计量及签认。

(3) 监理设施

监理机构向施工单位借用和指令施工单位提供监理设施错误。项目监理机构应根据委托监理合同的约定，配备满足监理工作需要的常规检测设备和工具。

第三节 建设工程监理实施细则

一、监理实施细则的编写依据和要求

监理实施细则是针对某一专业或某一方面监理工作编写的操作性文件。《建设工程监理规范》GB/T 50319—2013 规定，采用新材料、新工艺、新技术、新设备的工程，以及专业性较强、危险性较大的分部分项工程，项目监理机构应编制监理实施细则。对于工程规模较小、技术较为简单且有成熟监理经验和施工技术措施落实的情况下，可以不必编制监理实施细则。

监理实施细则应符合监理规划的要求，并应结合工程专业特点，做到详细具体、具有可操作性。监理实施细则可随工程进展编制，但应在相应工程开始由专业监理工程师编制完成，并经总监理工程师审批后实施。当工程发生变化导致监理实施细则所确定的工作流程、方法和措施需要调整时，专业监理工程师应对监理实施细则进行补充、修改，并报总监理工程师审批。

监理实施细则的编写依据主要有：

(1) 已批准的建设工程监理规划；

(2) 与专业工程相关的标准、设计文件和技术资料；

(3) 施工组织设计、专项施工方案；

(4) 工程监理单位的规章制度、质量管理体系等。

与监理规划相比，监理实施细则的内容具有局部性，是各专业监理工程师及其所在部门围绕本专业、本部门的监理工作来编写的，其作用是指导具体监理业务的开展，故而监理实施细则应满足以下三方面要求。

1. 内容全面

在编制监理实施细则前，专业监理工程师应依据建设工程委托监理合同和监理规划确定的监理范围和内容，结合需要编制监理实施细则的专业工程特点，对工程质量、造价、进度主要影响因素以及安全生产管理的监理工作的要求，制定内容细致、翔实的监理实施细则，确保监理目标的实现。

2. 针对性强

监理实施细则应在相关编写依据的基础上，结合工程项目实际建设条件、环境、技术、设计、功能等进行编制，确保监理实施细则具有较强的针对性。为此，在编制监理实施细则前，各专业监理工程师应组织本专业监理人员熟悉本专业的设计文件、施工图纸和施工方案，应结合工程特点，分析本专业监理工作的重点、难点及其主要影响因素，制定有针对性的组织、技术、经济和合同措施。同时，在监理工作实施过程中，监理实施细则

要根据实际情况进行必要的补充、修改和完善。

  3、可操作性强

  监理实施细则中应有详细、明确的控制目标值以及具体、可行的监理工作操作方法、措施等监理工作计划。

二、监理实施细则的编写内容

  监理实施细则的编写内容主要有：专业工程的特点、监理工作的流程、监理工作的控制要点及目标值、监理工作的方法及措施。

  （一）专业工程特点

  专业工程特点应从专业工程施工的重点和难点、施工范围和施工顺序、施工工艺、施工工序等内容进行有针对性的阐述，体现为工程施工的特殊性、技术的复杂性，与其他专业的交叉和衔接以及各种环境约束条件。

  除了专业工程外，新材料、新工艺、新技术以及对工程质量、造价、进度应加以重点控制等特殊要求也需要在监理实施细则中体现。

  （二）监理工作流程

  表达监理工作流程的主要形式是结合工程相应专业制定具有可操作性和可实施性的工作流程图。

  监理工作涉及的流程主要包括：开工审核工作流程、施工质量控制流程、进度控制流程、造价（工程量计量）控制流程、安全生产和文明施工监理流程、测量监理流程、施工组织设计审核工作流程、分包单位资格审核流程、建筑材料审核流程、技术审核流程、工程质量问题处理审核流程、旁站监理工作流程、隐蔽工程验收流程、工程变更处理流程、信息资料管理流程等。

  （三）监理工作要点

  针对专业工程的监理工作目标值，应将工作流程图设置的相关监理控制点和判断点进行详细而全面的描述，将监理工作目标和检查点的控制指标、数据和频率等阐明清楚。

  （四）监理工作方法及措施

  监理规划中的方法是针对工程总体概括要求的方法和措施，监理实施细则中的监理工作方法和措施是针对专业工程而言，应更具体、更具有可操作性和可实施性。

  1. 监理工作方法

  监理工程师通过旁站、巡视、见证取样、平行检测等监理方法，对专业工程作全面监控，对每一个专业工程的监理实施细则而言，其工作方法必须加以详尽阐明。

  除上述四种常规方法外，监理工程师还可采用指令文件、监理通知、工程款支付控制手段、监理报告等方法实施监理。

  2. 监理工作措施

  各专业工程的控制目标要有相应的监理工作措施以保证控制目标的实现。制定监理工作措施通常有两种方式：

  （1）根据措施实施内容不同，可将监理工作措施分为技术措施、经济措施、组织措施和合同措施。

  （2）根据措施实施时间不同，可将监理工作措施分为事前预防措施、事中隐患整改措施以及事后纠偏措施。

监理实施细则除了以上《建设工程监理规范》GB/T 50319—2013规定的4个基本内容以外，可根据建设工程实际情况及项目监理机构工作需要增加其他内容。例如，针对危险性较大的分部分项工程编写的安全监理实施细则，还应编写相关的强制性标准要求、安全检查记录表、对专项施工方案的审查方案等内容，详见第九章。

三、监理实施细则的报审

监理实施细则由专业监理工程师编制完成后，需要报总监理工程师批准后方能实施。总监理工程师对监理实施细则审核的内容主要包括以下几个方面。

1. 编制依据、内容的审核

监理实施细则的编制是否符合监理规划的要求，是否符合专业工程相关强制性标准，是否符合设计文件的内容，是否与提供的技术资料相符合，是否与施工组织设计或专项施工方案使用的规范、标准、技术要求相一致。监理的目标、范围和内容是否与监理合同和监理规划相一致，编制的内容是否涵盖专业工程的特点、重点和难点，内容是否全面、翔实、可行，是否能确保监理工作质量等。

2. 项目监理人员的审核

（1）组织方面。组织方式、管理模式是否合理，是否结合了专业工程的具体特点，是否便于监理工作的实施，制度、流程上是否能保证监理工作，是否与建设单位和施工单位相协调等。

（2）人员配备方面。人员配备的专业满足程度、数量等是否满足监理工作的需要、专业人员不足时采取的措施是否恰当、是否有操作性较强的现场人员计划安排表等。

3. 监理工作流程、监理工作要点的审核

监理工作流程是否完整、翔实，节点检查验收的内容和要求是否明确，监理工作流程是否与施工流程相衔接，监理工作要点是否明确、清晰，目标值控制点设置是否合理、可控等。

4. 监理工作方法和措施的审核

监理工作方法是否科学、合理、有效，监理工作措施是否具有针对性、可操作性、安全可靠，是否能确保监理目标的实现等。

5. 监理工作制度的审核

针对专业建设工程监理，其内、外监理工作制度是否能有效保证监理工作的实施，监理记录、检查表格是否完备等。

思 考 题

1. 监理大纲、监理规划和监理实施细则有何联系和区别？
2. 编写监理规划有何作用？
3. 监理规划的编写内容有哪些？
4. 监理实施细则的编写内容有哪些？

第五章 建设项目工程风险分析及控制

第一节 建设工程目标系统及动态控制概念

一、建设工程目标系统

任何建设工程项目的建造，从建设单位或施工单位来讲，总是期望获得优良的质量，同时期望尽可能的节省投资（造价），缩短工期，保障生产安全，保护环境。这五方面目标是生产建设中永恒的追求。不同的项目，依建设单位需求的项目功能和使用价值，建造标准、建设规模、工程环境条件、建造技术水平、材料设备价格水平等的不同，造价、质量、工期、安全、环保目标实现的保证度也会有差异。对于确定的项目，在上述各项因素均已相对明确的情况下，五项目标之间存在相互依存，相互制约的关系。

建设项目目标的确立和表达，主要是在项目可行性研究阶段和设计阶段，通过项目选址、项目工程方案技术经济分析、工程设计来制定项目标准。施工建造阶段则是实现项目目标、项目实体的形成过程，多变的因素将会对项目目标的实现造成不同的干扰，因此施工阶段也是目标控制最难的阶段。

目标在设计文件中是建设单位对项目建设的愿景，而通过施工建成实体项目则有赖于建设单位与建设施工相关方的共同努力。因此目标的确立、控制和实现将在建设单位与参与工程建设的相关方签订的合同（主要有施工合同、材料设备采购合同、监理合同、环境监理合同等）中以合同条款形式得以明确。五项目标之间往往会存在一定的矛盾，但又共同存在于项目建造系统之中。一般而言，目标之间需要兼顾、妥协，不能片面、单独追求其中一个或某几个目标高要求的实现，只能要求目标整体相对最优。在个别情况下，如建设单位刻意追求个别指标高水平，甘愿降低相关指标水平，也未尝不可。根据目标间相互关联、相互影响，综合地对目标进行控制，这就是目标控制的系统观念。

在项目投入施工后，以建设项目施工相关合同为控制核心的目标系统，如图 5-1 所示。

在图 5-1 中，各目标之间的相互依存、相互制约关系简述如下：

工程造价：一般而言，工程上所使用的材料、构配件、设备等基本上是"一分钱，一分货"，使用质量好的材料、构配件、设备等价格要高一点，工程的质量、耐久性也必然会好一些。反之，如果盲目压低造价，迫使承包人不得不选择质次价低的材料等，工程质量、进度和安全都可能因投入不足而受到影响。

工程质量：撇开那些粗糙施工和管理混乱的情况，前已述及项目的质量直接与造价有关，打造工程精品

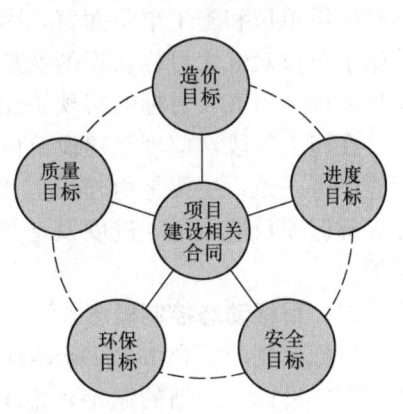

图 5-1 以项目建设合同为控制核心的目标系统

是要多花钱的，质高价高，价低质难高，价值规律是市场经济运行的真理。此外，施工中盲目抢进度，难免会降低工艺质量，同时还可能增加工程安全风险；工程质量如达不到合格标准，返工返修的损失必然带来施工实际造价的增加和工程进度延误。

工程进度：盲目压缩工期，或因各种原因要求加快进度，则需要增加设备投入量，组织加班等，会增加造价；盲目加快进度，难免影响质量，并可能引发工程安全及人身伤亡事故。但工期过长，或因各种原因延误进度，会导致管理费用增加，甚至延误合同工期带来工期违约罚款。

工程安全：安全包括工程安全和人身安全。除加强对参建人员安全意识和安全技术教育外，安全防护设施需要足够的资金投入，如因投入不足引发工程安全或人身安全事故，工程安全事故可能连带造成工程质量问题，事故的处理耗用时间会延误进度和增加投资。

环境保护：环保问题已成为21世纪全球关注的热点，按照我国《环保法》、《建设项目环境保护条例》规定，项目开工必须提供环境影响评价报告书（表），污染防治设施及环保措施必须与项目主体工程同时设计、同时施工和同时投入使用，并且已在重点项目建设中引入工程环境监理制度。从广义上讲，项目环保是项目质量的内涵之一，也是项目安全的内涵之一。过去在项目建设目标体系中，通常只提质量、投资、进度、安全四大目标，尤为遗憾的是现行的《建设工程监理规范》GB/T 50319—2013中尚未涉及监理在项目施工中对环境保护应做的有关工作，但近几年发布的一系列新的施工规范中都增加了环境保护的内容，工程监理也回避不了在监工程中的环保问题，环保不达标项目验收将一票否决。故本书特将环境保护列为第五大目标。

施工过程中污染防治及环保措施需要足够的人力物力和资金投入，如因投入不足引发工程环保不达标，甚至污染环境事故，整改和事故处理的费用将耗费更多，也必然影响工程的进度和安全。

从五大目标间对立统一关系来看，谋求五者均最优是不太现实的。因此对一般的工程项目，只能在满足国家标准、规范的基本要求的前提下，综合考虑五者之间相对较优。对于有特殊要求的某一目标，则其他目标可能要有所调整。如追求优良的质量目标，要准备增加造价，同时工期要适当放宽；在紧急抢险的工程中，除保证基本质量要求外，工期是第一位的，要增加设备、人力、加快进度，成本增加也在所难免。在工程实施中，五大目标对建设单位和施工单位而言，因利益角度不同难免会有不同的追求，因此统一建设单位和施工单位对五大目标认识的就是工程承包合同，在合同条款中必须有明确的规定。所以建设工程项目五大目标的实现是建设施工相关方围绕相应的项目施工相关合同来进行的。

在施工阶段，监理受建设单位委托对工程进行监理，监理工作的目标与项目建设的目标应保持一致，主要是由建设监理合同中监理人应履行的义务确定的，即通过监理的服务，确保项目的质量、进度及造价得到控制；做好安全生产的监理工作和施工中的环境保护。

二、目标动态控制概念

目标控制的概念由P. Drucker在1954年提出的。控制的功能包括五个方面，确定控制工作的目标；计划的制定；组织与人事；协调；调整与控制。目标是任何工作的出发点，也是任何工作的归结和期望取得的成果，因此目标控制是成果管理的重要手段。

工程项目监理目标控制的程序框图，如图5-2所示。

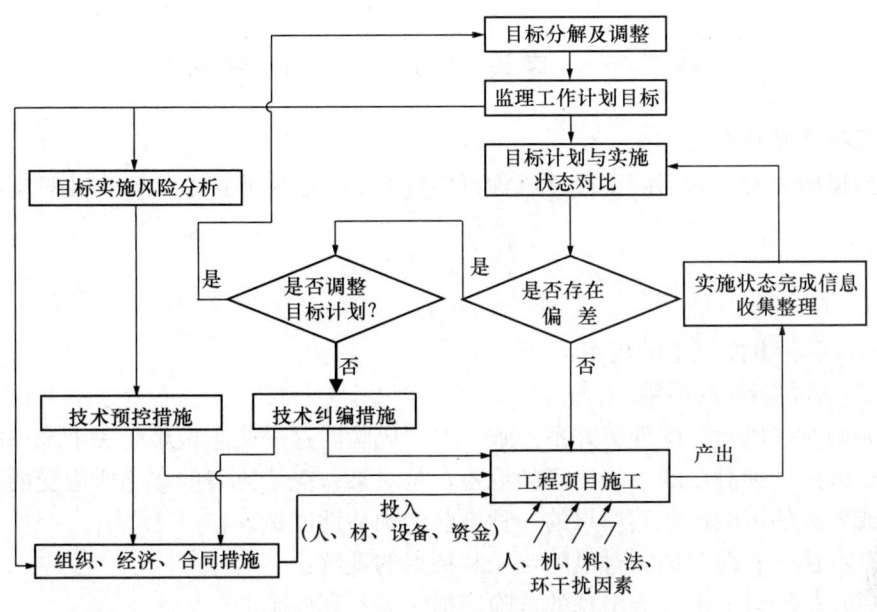

图 5-2 监理工作目标控制程序框图

目标控制程序包括：目标分解及计划制定；目标实施风险分析；目标预控措施制定；目标的跟踪、对比及调控。

一般工程项目都具有一定规模，涉及多方面的工作内容，干扰影响目标实现的因素多。而且施工时间较长，实现项目目标的条件往往会随着时间进程而不断变化，对目标的分解是为了更好地实施专业化分类控制，同时进行实时的动态控制。通常可以按以下方式分解目标：

（1）按建设单位对项目的期望划分。可分为：项目投资控制目标，项目实施进度目标，项目质量目标，项目建设安全目标，项目环保目标等。

（2）按项目从属关系划分。可分为：项目监理目标，子项目监理目标，分部工程监理目标等。

（3）按项目组成内容划分。如造价目标可按费用组成划分为：建筑安装工程费用目标，设备工器具费用目标，其他工程费用目标等。又如质量目标可划分为：材料质量目标，设备质量目标，土建工程质量目标，设备安装质量目标等。

（4）按项目实施的进展划分。可分为：如进度控制目标可划分为年度目标、季度目标、月度目标等。

监理工作目标的控制是一个动态的过程，目标的实现在实施过程中会受到干扰，重要的是做好两方面的工作：

（1）监理目标风险分析，以便预先采取风险防范、预控的措施；

（2）监理项目实施后的信息收集整理，并及时反馈对比，发现偏差，以便确定是否要采取纠正偏差的措施，或者适当修改目标。

信息收集整理→反馈对比→找出偏差→纠正偏差→信息收集整理→……，这是一个随着工程不断进展需要适时或每隔一定时程反复进行的动态循环的控制过程。

第二节　建设项目工程风险分析

一、风险及其特点

风险是指损失发生的不确定性（或称可能性），它是不利事件发生的概率及其后果的函数：

$$R = f(P,C)$$

式中　R——风险；
　　　P——不利事件发生的概率；
　　　C——不利事件的后果。

通常人们对"风险"的理解并不一致，对"风险"这一概念也难有一个统一的定义。

风险也就是一种潜在的可能出现的危险，是对某一决策方案的实施所遭受的损失、伤害、不利或毁灭的可能性及其后果的一种事前的预估性度量。

以下几点认识有助于加深对风险含义和特点的理解：

(1) 风险是针对未来可能出现的危险、损失等不利后果的。

(2) 风险存在于随机状态中，状态完全确定时的事则不能称作风险。

(3) 风险是客观存在的，不以人的意志为转移，所以风险的度量中，不应涉及风险防范决策人的效用观念和偏好。决策人不同的偏好和效用观念只能反映其对风险防范的态度、认知能力和承受风险能力。客观条件的变化才是潜在风险是否转化为事实风险的主要原因。

(4) 尽管风险是客观存在的，但它却是依赖于决策目标存在的。没有目标，当然也谈不上风险。同一方案，目标不同风险也不一定相同。同一项目目标是多维的，因此风险也是多维的，如项目的质量、工期、造价、安全、环保目标都存在各自的风险。又如：完成基本任务的风险、追求最大利益的风险等因目标的期望值不同，风险的大小也不相同。

(5) 风险虽然是客观的，但人们可以从不同的目标角度去粗略地感知它，衡量它出现的机会及大小。风险防范决策人的知识、经验积累和风险意识不同，感知、衡量风险的能力也不同。对于工程建设中极大可能出现的同样风险，有人可能视而不见或抱有侥幸心理，酿成祸患；而有的人则能感知它，并积极采取防范措施，避开或减少损失。因此风险防范决策人的知识、经验积累和风险意识至为宝贵。

(6) 风险防范成功与否主要取决于未来客观环境状态（出现概率、危害程度等）和防范行动方案（科学性、实用性和经济性等）两大要素之间的博弈。但这两者间的博弈有太多的不确定因素，因而使得风险防范极为困难。

二、建设项目风险控制

风险控制就是对可能遇到的风险进行预测、识别、评估、分析，并在此基础上有效地采取处置风险措施，以尽可能低的风险防范成本提高风险防范成功的保障概率。

项目风险控制一般包括以下内容：

(1) 项目风险因素的识别与排列；

(2) 项目风险源分析；

(3) 项目风险发生路径分析；

(4) 项目风险的评估；

(5) 项目风险的控制对策。

（一）项目风险因素识别与排列

项目风险的预测和识别就是对风险可能发生的风险因素、风险出现的概率、风险发生可能造成的后果进行识别和定性估计。

建设工程与其他产品制造工业相比，是一个高风险的产业，这是由其本身的生产特点决定的。

(1) 建设项目是专门设计并在指定的场地建造，产品具有专门设计的单件性、施工的多样性和流动性，使得人员、机具之间的配合更容易出现失误，同时品种多样及消耗巨大的原材料质量难以控制，施工生产和组织管理都难以保持持久的最佳工作状态，容易引发质量事故和安全事故，潜在的风险因素很多。

(2) 建筑施工露天作业，野外作业多，容易受到工程地质、水文条件、气候条件及突发的自然灾害等不确定性随机影响大，各种工程风险发生的可能性很大，而且一般后果较严重。

(3) 建筑工程施工风险事故因素多，深基坑支护垮塌、高支模坍塌、高空落物打击、人员坠落、起重伤害、施工电梯事故等，使得工程风险和人员伤亡的概率增加，不但施工人员本身容易发生伤亡，而且还会造成邻近过路人的伤亡。

(4) 建设工期长、施工期间各种风险因素随着时间会发生动态变化，使得施工组织管理工作难度提高，施工质量控制的难度提高，人员安全措施的落实困难，更加造成各种风险事故发生的可能性。

(5) 建筑物结构在整个施工过程中，因结构整体尚未完成，局部已完成结构是强度和刚度处于最弱的状态，荷载承受能力最低，任何不利的作用和预料之外的荷载因素，都将给建筑物造成不利的影响、不同程度的损坏或破坏，或者引起该建筑物周围其他房屋、构筑物的损失，人员的伤亡等风险。

以上建设项目风险因素具有易发性、多发性及突发性特点，增加了风险识别与预测的难度。一般可根据对类似项目的风险发生情况的统计资料进行分析、归纳和整理，获得同类项目带有共性的风险因素排列表，然后请有经验的风险防范人针对具体项目情况，依据他们的认识和经验做出较为可靠的判断，获得具体项目的风险因素排列表。

（二）项目风险源分析

风险源是指导致风险事件发生的源头，含有发生的原因、地点、部位的含义。风险源又常分为自然风险源和人为风险源。

自然的风险源有地震、滑坡、泥石流、洪水、台风、暴风雪、严寒、酷热等。人为的风险源有设计的错误，组织管理的错误，施工操作的错误等。

如地震滑坡、泥石流、洪水、台风发生时，可能会造成已建成和正在建造的建筑物、脚手架、塔吊等建筑机械和设备的损坏或倒塌，带来巨大的财产损失或人员伤亡的巨大风险损失。暴风雪、严寒会造成建筑物的基础冻害，混凝土结构低温收缩开裂、新浇混凝土结冰冻害，严寒的低温可使钢材等变脆等风险。酷热会使新浇混凝土中的水分快速蒸发，影响混凝土的强度，降低结构的安全度等风险。

人为的原因，不包括故意行为，在不同的建设阶段、施工阶段，会引起不同的风险。

在设计阶段，如果发生荷载计算错误、结构局部设计不当等，造成建筑物结构先天不足，使得建筑物在施工过程中处于潜在的不安全的状态，在遇到某种风险因素作用时，就可能在施工过程中发生结构开裂、倾斜，甚至倒塌等。

在施工阶段，基坑开挖时，错误的支护方案和施工方法会造成基坑边坡塌方，或引起周围建筑物的开裂和倾斜风险；上部结构施工时，安全措施不周，或施工人员的疏忽和错误，会造成高处坠落的伤亡事故，或高空坠物而引起施工人员或第三方人员伤亡等风险；装修和设备安装施工时，安全措施不周或施工人员操作不当也可能造成人员伤亡等风险。

（三）项目风险路径分析

风险路径分析是指由风险源头开始，研究分析风险动因发展所经历的路线和涉及的事件，直到造成风险损失的事件为止。

工程建设周期长，项目范围大，情况复杂，给风险源和风险路径分析带来了很大的难度。在寻找风险源和分析风险路径时，应该预先熟悉项目的施工程序和采用的技术措施，然后可将整个工程项目按分部、分项工程分成若干个子系统，按照施工顺序对每个子系统进行查找和识别风险源及风险路径。

风险路径分析是风险控制十分重要的环节，其意义一方面是弄清风险的来龙去脉，对风险的产生和发展有一个清楚的整体认识；另一方面风险的产生和发展就像一副排列的多米诺骨牌，源头第一块牌倒下，后面的牌会依次受到撞击而倒下。假如在中间抽出一块牌，撞击力的传递在此中断，后面的牌就不会倒下。研究风险路径，就是想在风险传递的路径上找出最容易抽出的一块牌，即最容易采取防范措施的环节，使风险传递过程中断，最终的风险事件得以避免而不会发生。

以下我们通过一案例来具体说明风险路径分析的方法。

【案例 5-1】武昌某高层建筑深基坑护壁垮塌事故风险分析

（1）事故概况

武昌某高层建筑深基坑，开挖深度 9.5m，开挖范围内上部 1.2m 左右为杂填土，其下为武昌地区老黏土，基坑采用人工挖孔桩加土层锚杆支护结构护壁。施工开挖接近底部时，遭遇连续 2 天大雨，造成基坑东侧 10 多根挖孔桩连续断裂，20 多米基坑护壁垮塌，并使距离基坑边 6m 左右的一栋 6 层砖混结构办公楼条形基础西头端部外露，办公楼处于倾斜开裂临界状态，经施工单位紧急回填大量土方护坡，才使办公楼没有倾斜开裂。后采用垂直打入钢管桩+锚杆+钢筋网喷混凝土支护进行排险处理，耗费几十万元，加上施工中其他费用，总计损失 100 万元以上。

（2）事故原因

事后调查分析主要原因是由于垮塌区后面 10 多米处有一公共厕所，厕所窨井长期渗水流入基坑支护桩墙后土体中，使墙后老黏土已泡软达到一定程度。在连续 2 天大雨时，支护桩墙后的地面因没有做混凝土防水护面，墙后武昌地区老黏土本身存在较多微

图 5-3 基坑护壁垮塌及处理后的现场照片

细裂隙，特别是竖向微细裂隙，地表雨水大量渗入支护桩墙后土体中，使墙后老黏土软化后土体参数发生变化：重度 γ 增大，内摩擦角 φ 减小，黏性系数 c 减小，导致作用于支护桩墙上的主动土压力增大，超出支护桩的抗力，桩体断裂。

（3）事故风险分析

1) 风险源：渗入支护桩墙后土体中的水是风险源，包括厕所窨井长期的渗水和连续2天大雨通过地表渗入的雨水。

2) 风险路径：①厕所窨井渗水及地面雨水→②渗入墙后土体→③渗水改变了土体参数 γ、φ、c→④作用于支护桩墙上主动土压力增大→⑤桩体断裂事故。

图 5-4 基坑护壁垮塌后现场抢险回填照片

在这条风险路径中，环节①是风险源，环节⑤是终点事件；环节②是容易采取防范措施的环节，可以挖沟切断厕所渗水并导流排走。同时在基坑口外地表做水泥砂浆防水护面和排水沟，这样环节②就会中断，环节⑤终点事件不会发生。此外，如果在环节②没有采取措施或措施不力，事前我们在环节③，考虑武昌地区老黏土存在较多微细裂隙，采用水泥灌浆对墙后土体进行了固化处理，则环节③不会发生，风险传递就会中断，桩体断裂事故⑤不会发生。

（4）事故教训

① 没有发现厕所窨井长期渗水，导致墙后老黏土已泡软达到一定程度，如果及早发现，早作处理，仅连续2天大雨可能还不至于引发事故；又如果没有连续2天大雨，任凭厕所继续长期渗水，不作处理，潜在的风险源仍然存在，到一定时候也会引发事故。

② 基坑口外地表没有做水泥砂浆防水护面和排水沟，导致在连续2天大雨时，地表雨水大量渗入支护桩墙后土体，使墙后因厕所渗水已泡软达到一定程度的老黏土继续泡软，加速达到引发事故程度。连续2天大雨导致地表雨水大量渗入是本次事故的风险触发事件。

（四）项目风险的评估

风险评估是指在风险识别及风险路径分析的基础上，通过进一步分析期望能对风险发生的概率及风险事件一旦发生后可能带来的损失有一个较可靠的估计，以供制定风险控制对策参考。

风险评估有定性评估法和定量评估法。定性风险评估法适用于风险后果不严重的情况，通常是根据经验和判断能力进行评估，它不需要大量的统计资料，所采用的方法有风险初步分析法、系统风险分析问答法、安全检查表法等。定量风险评估法需要大量的统计资料和进行数学运算，所采用的方法有可靠性风险评估法、模糊综合评估法、事故树分析法等。

风险的存在，并不表示一定发生事故，只是具有一定概率的可能性。由于工程项目建设的单件性特点，每个项目或即使是同类项目的风险也因时因地不同而异，要想求得具体项目风险发生的概率非常困难。在实际风险评估中，往往因概率难求转而推求风险事件的触发条件，通过控制风险事件的触发条件来控制风险。

风险的触发条件又称为风险转化条件，是指能够导致将潜在的、可能的风险事件转变成实际发生的风险事件的敏感因素。

例如，在施工现场的一个用于焊接的氧气瓶，它可能会发生爆炸，所以是一个风险源。但是，只有当：①氧气瓶的壁厚由于腐蚀而减薄到一定的程度，使氧气瓶的承压能力不足；②氧气瓶内的压力过大；③氧气瓶受到撞击或强烈振动；④上述①②③情况同时出现，或①②情况同时出现并且瓶内的压力大于瓶壁的承压能力，氧气瓶才会发生爆炸。以上④就是使潜在的风险转变实际发生的风险的触发条件。

施工过程非常复杂，各个风险的触发条件都各不相同，在对触发条件进行分析时，需要从建筑工程的工艺过程、作用机理等技术和管理层面加以考虑。

风险评估另一方面是要对风险事件一旦发生后可能带来的损失有一个较可靠的估计。

因为风险是和风险事件的损失相关的，不会造成损失的风险是无关紧要的，可以不加以考虑，或者不能称为风险。所以风险评估应预测风险可能造成的损失，但这与评估风险概率同样困难，因为风险评估是事前的，而不是事后统计损失。特别是一般风险事故发生后还可能引发次生灾害损失，更难以估计。在实际工程风险防范控制中，一般并不需要定量的计算损失，而是采用按风险可能造成损失的程度进行定性的分级，可以满足制定风险控制对策需要。通常分为四级：

一级：后果可以忽略，可不采取控制措施；

二级：后果较轻，不至于造成某个分项工程的破坏，可适当采取措施；

三级：后果严重，会造成某个分项、分部工程破坏并有人员伤亡，应立即采取应急措施；

四级：灾难性后果，一般指可能造成结构部分甚至整体倒塌，或造成群死群伤的重大事故，应立即采取抢险救援措施。

（五）项目风险的控制及对策

风险控制是指减少风险损失或避免风险事件发生而进行的技术管理活动。

建设工程中，有不少风险是可以控制的，对这些可以控制的风险，只要消除或减少相应的风险源，中断风险传递路径就可能减少风险损失或避免风险事件的发生。如钢筋混凝土结构构件施工后的承载能力不足，可能造成结构局部倒塌事件。这一事故的风险因素有：混凝土或钢筋的材料强度不足；构件的截面尺寸不足；钢筋布置错误；混凝土振捣不密实；其他不利的气候条件等。只要针对这些风险因素，在施工过程中，加强原材料及每道工序的检查和复核，层层把关，就可以避免结构倒塌事件的发生。

但是，还有些风险是人类无法避免、无法消除的，如自然界的地震、台风等。通常，把这些风险称为不可抗力。对于由不可抗力引起的风险、造成的事故，可以根据风险的特点、损失的情况，采取各种措施，以减少直接的损失。如增加支撑、加强结构的整体性和减少在结构上的堆重等措施，以减少造成的损失；增加连接、固定等措施，以防止台风或大风引起的结构或附属设施的倒塌、物体的坠落，避免由此造成的直接或间接损失。

在施工阶段，强化风险管理意识，应由项目经理或总工负责对工程施工中的风险因素及风险路径进行排列、识别和评估，并对属于三级、四级的风险事件组织专门小组进行分析，制定风险控制对策。在日常的施工管理中，也要时刻防范风险因素的产生，要严格执行国家标准、规范和有关规定的要求，严格控制原材料的质量，严格遵守操作规程。

对风险的控制必须依赖于强有力的风险控制对策，常用的风险对策有：

(1) 风险回避。这是指事先评估风险产生的概率和可能造成的损失大小，对于风险概率大，而且一旦发生就会造成很大损失的事件，要尽量采取风险回避的对策。

例如一个项目的施工，可能有几套施工方案可供选择，各有利弊，此时要仔细分析各个方案的风险大小，对于风险很大的方案或措施要十分慎重，权衡利弊，尽可能采用风险较小的方案。风险回避对策表面上看是消极的措施，甚至有可能失去一定的利益机遇，但从风险的可靠防范上不失为一种积极措施。

(2) 风险损失控制。有些风险事件往往是难以回避的，或一定要回避需采取很多措施，在经济上是不合算的，此时可采取风险损失控制的对策，力求减少风险事件一旦发生的损失。

例如，对于工程中的生产安全事故，往往是很难完全避免的，但我们通过加强安全教育、严格执行操作规程和充分提供各种安全设施，是有助于减少事故发生概率和一旦发生也能减少损失的。

(3) 风险自担。这是明知有风险，但如采用某种风险防范方法，防范的费用可能大于自行承担风险一旦发生造成的损失，这种情况还是采用风险自担的对策更有利。这一般是指风险发生的概率较小，风险损失强度不大，依靠自己的财务能力可以承担的风险。风险意识强的管理者，一般会在企业建立风险损失后备金，提高自行承担风险的财务能力。

(4) 风险转移。这是指面对某些风险，可以借助若干技术和经济手段，转移一定的风险，避免大的损失。风险转移并不是嫁祸于人，而是一种风险共担、利益机遇共享的机制，借助他人或社会共同的力量救助风险损失者的方式。最常见的有效方式就是保险，向保险公司定期支付一定的保险费，一旦发生损失，可从保险公司获得一定的补偿。在国际FIDIC合同条件中，对工程是实行强制保险的，承包商在工程开工前必须就施工的工程进行保险，因此承包商在工程投标报价时，应包含这一部分保险费。若承包商未对在建工程投保，发包方（业主）有权自行投保，费用从支付给承包商的工程款中扣除。近些年来国内的工程也开始向保险公司投保，如三峡工程建设，分期分项的向保险公司进行投保，以转移一定的风险。

风险是遍存于万事万物之中的，在人生的历程上，在企业兴衰之中，在人与自然的共处之中，在生产建设过程中……风险与机遇总是并存的。"祸兮福之所倚，福兮祸之所伏"，2000多年前古代先哲老子所明示的风险理念何其清晰！作为监理及工程技术人员，对工程中风险的辨识、评估、防范的高度重视，是工程取得成功的前提。

第三节 监理对项目工程风险控制的主要实务

对于风险分析的重要性，《礼记·中庸》早有言："凡事预则立，不预则废"。风险分析是事前的预判，可为目标控制指明方向或路径，具体的实施还待大量实际的控制工作来完成。

一、提出防范工程风险的对策

监理在项目施工中对五项目标的控制及监管，重点要从可能对项目施工影响大的基础工作或环节进行风险分析和控制。首先是对工程设计文件、施工组织设计及危险性较大的专项施工方案的核查和风险分析。因为对项目而言，这些方面的错误、遗漏、考虑不周带来的风险是影响项目全局的，甚至可能带来严重后果。其次，是对参与建设的施工分包单位的资质和能力审查，风险预防制度的建设等。

项目监理机构应根据工程特点、施工合同要求，对工程设计文件及施工组织设计进行风险分析，找出目标控制的重点、难点以及最可能发生事故的部位和原因，以便制定工程质量、造价、进度控制和安全及环保监理的方案，同时应提出防范性对策。

二、熟悉和核查工程设计文件

总监理工程师应组织监理人员熟悉和核查工程设计文件，这是监理机构实施事前风险控制的一项重要工作，通过熟悉和核查设计文件，了解工程设计特点、工程关键部位的质量要求，一方面便于监理人员今后按照设计的要求开展监理工作；另一方面，监理人员通过认真审图，寻找工程设计文件中可能存在的错误、遗漏、设计考虑不周的问题；或如按图施工则工程质量难以控制的问题，监理人员应通过建设单位向设计单位提出书面意见或建议，将风险控制于未然。

总监理工程师及有关人员还应参加建设单位主持的图纸会审和设计交底会议，重点应熟悉和关注如下内容：

（1）设计主导思想、设计构思、采用的设计规范、各专业设计说明等。

（2）工程设计文件对主要工程材料、构配件和设备的要求，对所采用的新材料、新工艺、新技术、新设备的要求，对施工技术的要求以及涉及工程质量、施工安全应特别注意的事项等。

（3）设计单位对建设单位、施工单位和工程监理单位提出的意见和建议的答复。

图纸会审和设计交底会议纪要应由建设单位、设计单位、施工单位的代表和总监理工程师共同签认。

三、审查施工组织设计

施工组织设计是施工单位对项目施工的全面部署与具体安排，包括施工方案；施工总进度计划；施工现场平面布置图；资金、劳动力、材料、设备等资源供应计划；工程质量保证措施；工程安全保障措施；文明施工环保措施等。施工组织设计的完善与否对工程质量、进度、造价、安全、环保目标实现影响很大。按照监理规范规定，施工单位编制完成施工组织设计后应报总监理工程师审查批复后方能实施。

项目监理机构应审查施工单位报审的施工组织设计，符合要求时，应由总监理工程师签认后报建设单位。项目监理机构应要求施工单位按已批准的施工组织设计组织施工。施工组织设计调整时，项目监理机构应按程序重新审查。

施工组织设计审查应包括的基本内容：

（1）审查施工组织设计的编审程序，应符合相关规定：

① 施工组织设计经施工单位技术负责人审核签认后，与施工组织设计报审表一并报送项目监理机构。

② 总监理工程师应及时组织专业监理工程师进行审查，需要修改的，由总监理工

程师签发书面意见,退回修改;符合要求的,由总监理工程师签认。

③ 已签认的施工组织设计由项目监理机构报送建设单位。

(2) 施工进度、施工方案及工程质量保证措施应符合施工合同要求。

(3) 资金、劳动力、材料、设备等资源供应计划应满足工程施工需要。

(4) 施工总平面布置应科学合理。

(5) 安全技术措施应符合强制性标准。安全事故预警制度、应急组织体系、相关人员职责、应急救援措施应切实可行。

(6) 施工生产中污染防治和环保措施可行。

施工组织设计或(专项)施工方案报审表,应按《建设工程监理规范》附表要求填写,见表5-1。

施工组织设计/(专项)施工方案报审表(《建设工程监理规范》表B.0.1) 表 5-1

工程名称: 编号:

致:_____(项目监理机构) 我方已完成_____工程施工组织设计/(专项)施工方案的编制和审批,请予以审查。 附:□施工组织设计 　　□专项施工方案 　　□施工方案 施工项目经理部(盖章) 项目经理(签字) 　　　　　　　　　　　　　　年　月　日
审查意见: 专业监理工程师(签字) 　　　　　　　　　　　　　　年　月　日
审核意见: 项目监理机构(盖章) 总监理工程师(签字、加盖执业印章) 　　　　　　　　　　　　　　年　月　日
审批意见(仅对超一定规模的危险性较大分部分项工程专项方案): 建设单位(盖章) 建设单位代表(签字) 　　　　　　　　　　　　　　年　月　日

四、危险性较大工程专项施工方案审查

危险性较大工程是指建筑工程在施工过程中存在的、可能导致作业人员群死群伤或造成重大不良社会影响的分部分项工程，是建设项目施工中最大的安全风险所在，也是监理机构在工程安全目标风险分析的关键所在，更是总监理工程师应重点审查的对象。

按照住房城乡建设部建质〔2009〕87号文《危险性较大的分部分项工程安全管理办法》，将危险性较大的分部分项工程又分两个层次：

（1）危险性较大的分部分项工程，包括：开挖深度大于等于3m基坑土方开挖、基坑支护工程；搭设高度大于等于5m或搭设跨度大于等于10m的混凝土模板支撑工程；单件起吊重量大于等于10kN的起重吊装工程；搭设高度大于等于24m的落地式钢管脚手架工程；建筑物拆除、爆破工程等。

施工单位编制完成的专项方案由技术负责人签字后报监理单位，项目总监理工程师审核签字后，施工单位便可组织实施。

（2）超过一定规模的危险性较大的分部分项工程，包括：开挖深度大于等于5m基坑土方开挖、基坑支护工程；搭设高度大于等于8m或搭设跨度大于等于18m的混凝土模板支撑工程；单件起吊重量大于等于100kN的起重吊装工程；搭设高度大于等于50m的落地式钢管脚手架工程；建筑物拆除、爆破工程等。

超过一定规模的危险性较大的分部分项工程专项方案应当由施工单位组织召开专家论证会。专项方案需经专家论证，施工单位应当根据论证报告修改完善专项方案，并经施工单位技术负责人、项目总监理工程师、建设单位项目负责人签字后，方可组织实施。

目前，全国每年都有危险性较大的分部分项工程的群死群伤安全事故发生，人的生命安全没有得到应有的尊重和保障，社会影响巨大。加强对专项施工方案审查，监理责无旁贷。

思 考 题

1. 何谓目标控制？目标控制的基本流程包括哪些基本环节？
2. 图5-1目标控制程序图中，哪些基本环节属于主动控制（预控）？哪些是属于被动控制（反馈控制）？
3. 为什么强调工程建设监理目标控制是一个动态过程？
4. 建设工程五项目标是从什么角度提出的？五项目标辩证统一的关系如何理解？
5. 建设工程五项目标与工程承发包合同有什么关系？
6. 何谓风险因素？如何获得具体项目的风险因素排列表？
7. 何谓风险源及风险路径？风险控制中为什么要强调风险路径分析？
8. 何谓风险事件的触发条件？有什么作用？
9. 一般有哪几类风险控制对策？如何选择运用？
10. 对项目全局而言，风险分析应重点针对哪些方面进行？为什么？
11. 何为危险性较大的分部分项工程？又划分为哪两个层次？审批权限上有什么不同？

第六章 建设项目施工进度控制

第一节 项目施工进度控制概述

一、项目施工进度控制概念

建设项目的全寿命过程包括：项目可行性研究与立项决策；项目勘察设计；项目施工和竣工验收；项目投入使用直到弃用共四个阶段。其中项目勘察设计、施工和竣工验收又称作项目的实施阶段，当前建设监理工作主要是在项目实施阶段开展。由于多方面原因，实际工程中业主在勘察设计阶段委托监理的很少，主要还是在施工和竣工验收阶段委托监理。因此本章工程进度控制，以及后续章节的质量控制、造价控制主要是介绍项目施工和竣工验收阶段的相关控制工作。

1. 项目施工进度控制的含义

项目施工进度控制是指为保证项目按施工合同约定的工期完成，通过竣工验收并交付使用而进行的监督管理活动。包括三方面的含义：

（1）项目不能拖延竣工完成日期。这是工程进度控制的最终目标，延误竣工完成时间，将影响项目按时投入使用，带来一系列相关影响和损失，特别是对生产或商业性经营性项目直接经济损失更大。

（2）项目也不宜盲目提前完工。通常认为提前完工总比延误竣工好，从保证工程进度控制的最终目标实现而言，这毫无疑问是对的。况且一般业主喜欢提前完工，甚至要求提前，并且提前完工有奖。但从进度控制角度来看，盲目要求提前完工，将有可能会打乱原本合理的进度计划和工作安排，引发参建单位一系列连锁反应，可能带来因赶工而造成的质量及安全事故或隐患，并必然造成参建单位因赶工而增加成本费用。此外，盲目要求提前完工也同样会打乱监理工作的一系列安排。

（3）不能随意改变进度计划中各时点的进程，即前松后紧或前紧后松，但总工期未变。在实际工程中，由于多方面原因，进度计划中各时点的进程很容易受到影响，不能按计划实现，施工单位的主导思想往往是确保最后竣工不受影响，视前松后紧或前紧后松为平常之事。殊不知在进度网络计划系统中，各时点的进程改变都将影响一系列紧前工作或紧后工作及后续工作的变动。因此从进度控制角度不希望随意改变进度计划中各时点的进程。

2. 工程进度控制的意义

建设项目的进度控制的意义，首先在于其具有"龙头"作用，因为建设项目进入实施阶段后，项目的进度计划一旦制定，项目建设各项工作的进行，以及项目各参建单位工作之间的协作或配合都是以工期进度计划安排为龙头来展开的，进度的失控将牵一发而动全身。

其次，项目的进度控制是项目整体目标控制不可或缺的重要方面之一。在项目五大目标中，建设单位和施工单位往往有更加偏重造价和质量目标的倾向，造价节约是现实的经济利益，质量则是百年大计。但第五章中我们已论及，五大目标之间是对立和统一的关系。在一般情况下，工期短进度快就会增加投资，但工程如提前交付使用就可提高投资效益；进度快有可能影响质量、安全及环保设施建设，而质量、安全和环保控制严格，则有可能影响进度；但质量、安全和环保控制严格必然会减少返工，减少事故，从而减少因处理质量、安全和环保问题带来的进度延误，提高了工期的保证率。因此，进度的控制不是单一的，忽视进度控制必然给其他目标控制带来影响。

此外，控制进度不仅是对施工单位的施工速度进行控制，还在于施工单位和与进度有关的单位之间的紧密配合、协作。与进度有关的单位很多，如项目审批的政府部门、建设单位、勘察设计单位、施工单位、材料设备供应单位、资金贷款单位等，只有对这些有关的单位都进行有效协调，才能更好地控制建设项目的进度。

二、影响项目工程进度控制的因素

对影响工程进度控制的因素进行分析，是监理对进度控制目标实现的风险分析，查清影响进度控制的风险因素，有利于监理工程师事先采取有效措施，尽量缩小实际进度与计划进度的差距，实现对建设项目进度的主动控制，使之达到预期的进度计划目标。影响进度控制主要的因素包括人为干扰因素、施工方案的选择、材料设备机具因素、资金因素、环境及工程地质因素等几方面。以下是一些常见影响工程进度的干扰因素。

1. 建设相关方不同的利益冲突对工程进度的干扰。

建设项目的工程进度控制取决于建设相关方的共同努力，但相关方在工程进度的想法上往往有不同的利益冲突。

对于建设单位来讲，希望项目能尽早投入使用，可以尽早获得效益，因此建设单位对进度的关心往往高于其他方面，尤其是生产性和商业性的投资项目，早投入使用早受益。因此建设单位在工程招标确定工期时，往往盲目压缩工期，不顾项目工期的长短有其内在科学合理的范围，超越此范围必然带来施工成本的增加，并带来质量隐患。特别是有些"献礼工程"、"首长工程"，盲目压缩工期现象并不少见。

对施工单位来说，如按国家颁布的工期定额规定的合理工期编制项目施工进度计划，可使人力、材料、机械设备得到充分合理的使用，成本投入合理，工程的质量和进度有较好的保证。但如面对建设单位要求的比合理工期范围缩短得多的工期，施工单位的人力、材料、机械设备投入很难得到充分合理的使用，施工成本投入将加大，工艺质量也难有较好的保证。

对于监理单位来说，在业主既压价又盲目压缩工期的情况下，施工单位为抢工期，质量、安全问题难免增多，监理的投入会加大，进度目标控制的难度同样增大。因此确定项目合理的工期是项目进度保证的重要前提条件。

2. 对建设项目的特点和实现条件估计不足，包括：

（1）对工程项目的规模和工程复杂程度了解不够，低估了实现项目进度在技术上的困难；

（2）施工图审查时未能发现存在的设计不周问题，施工中临时变更设计必然影响正常施工，并可能延误工程进度；

（3）对环境因素影响了解不够，如工程地质、交通运输、供水供电、建设场地周边地下管线分布等条件，事先没有摸清；

（4）对物资供应的条件、市场变化趋势了解不够；

（5）对建设资金的筹集、能否及时保证工程需要估计不足；

（6）低估了参加项目建设的各个单位之间协调的困难，如土建和安装、总包和分包、建设单位和施工单位等之间在遇到许多具体工作问题时往往都存在难以协调的问题，若协调不能及时解决问题，难免影响正常工作进度。

3. 不可预见的事件发生，如：暴雨、大雪、台风等恶劣气候影响；突发的火灾、重大工程事故等。

以上这些因素干扰，都将直接影响到进度的控制。

三、工程项目进度控制的方法

进度控制的方法主要是计划、控制和协调。所谓计划，就是确定项目进度总控目标和分控目标；所谓控制，就是在项目进展过程中，进行计划进度与实际进度的比较，及时发现进度偏差，及时采取纠正措施；所谓协调就是协调项目参建单位之间的进度关系，确保工期目标实现。

进度控制工作，应明确一个基本思想：计划不变是相对的，变是绝对的；平衡是相对的，不平衡是绝对的。要针对变化及时采取纠偏措施，防止小变积累成大变，造成难以调整而延误工期。

进度控制的措施包括组织措施、技术措施、合同措施、经济措施和信息管理措施等。

1. 组织措施。如从组织管理角度可采取如下措施：

（1）落实项目监理机构中进度控制部门的人员，具体的控制任务和管理职能分工；

（2）制定工程进度信息采集、分析、反馈、管理措施，包括计划进度与实际进度的动态比较，及时向进度相关部门反馈和定期地向业主提供工程进度报告等。

（3）制定进度控制协调会议制度及管理工作制度等。

2. 技术措施。如从技术管理角度可采取如下措施：

（1）对影响进度目标实现的风险因素进行分析。监理人员要全面掌握建设项目工程特征和复杂程度，针对影响工程进度的关键因素制定技术措施。

（2）必要时应从施工技术方案调整角度及人力、设备、工作班次调整等控制进度偏差。

3. 合同措施。如认真研究受监理工程项目的工程招标和发包合同中明确的工程进度条款，分析合同条款中甲、乙双方可能存在的风险，制定监理控制的方法和措施等。

4. 经济措施。如业主不能及时支付工程进度款往往是影响进度的因素，监理应根据建设资金的不同渠道（国家拨款、贷款、自筹、集资等）及时提请建设单位组织落实建设资金到位，以保证工程建设的进度款和设备、材料等所需资金的按期支付。

第二节　监理对施工进度控制的实务工作

一、编制监理对施工进度控制流程图

监理对施工进度控制工作应贯穿施工准备阶段、施工阶段和竣工验收阶段，主要工作包括：对施工总进度计划和阶段性施工进度计划的审批；开工令的发布；施工中对进度计

划执行的监督检查；提出阶段性施工进度计划滞后调整的要求；对施工单位报送的工程延期报告的审批；对施工单位逾期竣工的责任追究处理等。

监理应编制各项进度控制工作间的关系及控制流程示意图，并告知施工单位，见图6-1。

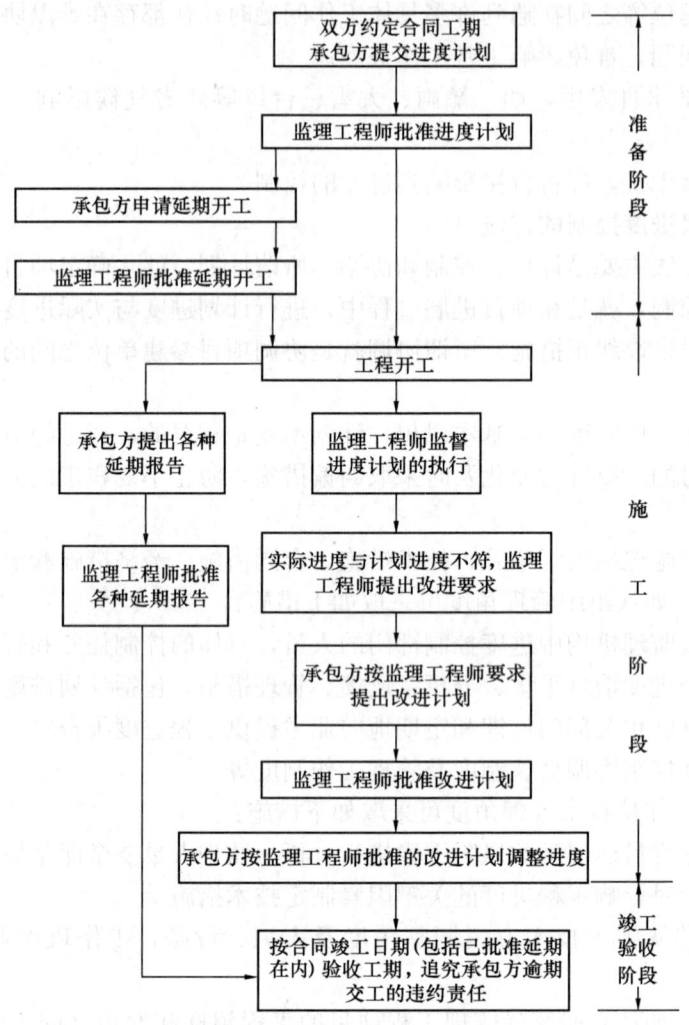

图6-1 监理对施工进度控制流程图

二、监理对施工进度控制的实务工作

（一）审查施工单位报审的施工总进度计划

在开工前的准备阶段，施工单位应向监理机构报审施工总进度计划和阶段性施工进度计划，项目监理机构应及时审查，提出审查意见，并应由总监理工程师审核后报建设单位批准。

监理对施工进度计划审查内容应包括：

（1）施工总进度计划应符合合同中工期的约定。包括符合施工合同中开工和竣工日期的规定，并应与建设单位编制的项目总进度计划保持一致。

（2）施工进度计划中主要工程项目无遗漏，项目分期施工部分应满足分批投入试运、分批动用的需要；阶段性施工进度计划应满足总进度控制目标的要求；总包、分包单位及协作单位分别编制的各自施工的进度计划之间是否相协调。

（3）施工顺序的安排应符合施工工艺要求，特别是工程关键部位的工序安排是否能满足工程质量、安全及环保的要求。

（4）施工人员、工程材料、施工机械等资源供应计划应满足进度计划的需要。

（5）施工进度计划应符合建设单位提供的资金、施工图纸、施工场地、物资等施工条件。

从监理应维护建设单位的利益不受损害的角度，应注意审查承包单位在施工进度中所提出的应由建设单位供应的材料、设备等的时间和数量是否明确、合理，是否有造成因建设单位违约而导致工程延期和费用索赔的可能。

为了更好地审查施工单位编制的施工进度计划，监理应充分了解建设单位在项目建设进度方面的要求及应由其提供的资源等施工条件。当项目规模较大时，建设单位应编制具有控制性作用的项目总进度计划，明确工程进展中需要保证按计划完成的一些里程碑事件。里程碑事件是指项目重要的进度控制节点，如基础工程完成到达±0.000的时间、主体结构封顶时间、关键分项或分部完工时间等。

此外，为了协调与工程进度相关的资金、设备、材料等资源条件，建设单位应按项目总进度计划编制工程项目年度计划，包括：建设进度；本年计划投资额；本年计划建造的建筑面积；施工图、设备、材料、施工力量等建设条件的落实情况等。项目年度计划通常用表格表示，参见表6-1。这些资料是监理审查施工单位编制的施工进度计划的主要依据。当建设单位未能及时提供这些资料时，监理应与建设单位沟通获取这些资料。

建设项目××××年度计划形象进度表 表6-1

工程编号	单项工程名称	开工日期	竣工日期	投资额	投资来源	年初已完成		本年计划完成						建设条件落实情况			
						投资额	其中建安工程投资	其中设备投资	投资			建筑面积			施工图	设备	材料	施工力量
									合计	其中建安工程	其中设备投资	新开工	续建	竣工				

（二）监理对施工进度控制工作方案的制定

施工单位编制的施工进度计划经总监理工程师审查批准后，总监理工程师还应组织或责成有关专业监理工程师对施工进度目标进行风险分析，制定监理机构对工程施工进度控制的工作方案，主要内容应包括：

（1）施工进度控制目标分解图；

（2）实施施工进度控制目标的风险分析；

（3）施工进度控制的主要工作内容和深度；

(4) 监理人员对进度控制的职责分工;

(5) 进度控制工作流程;

(6) 进度控制的方法,包括进度检查周期、数据采集方式、进度报表格式、统计分析方法等;

(7) 进度控制的具体措施,包括组织措施、技术措施、经济措施及合同措施等;

(8) 尚待解决的有关问题。

(三) 总监理工程师签发工程开工令

总监理工程师应组织专业工程师审查施工单位报送的开工报审表及相关资料;同时具备下列条件时,应由总监理工程师签署审查意见,并应报建设单位批准后,总监理工程师签发工程开工令:

(1) 设计交底和图纸会审已完成;

(2) 施工组织设计已由总监理工程师审查签认;

(3) 施工单位现场质量、安全生产管理体系已建立,管理及施工人员已到位,施工机械具备使用条件,主要工程材料已落实;

(4) 进场道路及水、电、通信等已满足开工要求。

总监理工程师应在开工日期7天前向施工单位发出工程开工令。工期的计算应自总监理工程师发出的工程开工令中载明的开工日期起计算。施工单位应在开工日期后尽快施工。

施工单位报送的开工报审表应按《建设工程监理规范》附表 B.0.2 的要求填写,见表 6-2 所示。

工程开工报审表(《建设工程监理规范》附表 B.0.2)　　　　表 6-2

工程名称:　　　　　　　　　　　　　　　　　　　　　　　　编号:

致:＿＿＿＿＿＿＿＿＿＿(建设单位) 　　＿＿＿＿＿＿＿＿＿＿(项目监理机构) 　　我方承担的＿＿＿＿＿＿＿＿＿＿工程,已完成相关准备工作,具备开工条件,特申请于___年___月___日开工,请予以审批。 　　附件:证明文件资料 　　　　　　　　　　　　　　　　　　　　　　　施工单位(盖章) 　　　　　　　　　　　　　　　　　　　　　　　项目经理(签字) 　　　　　　　　　　　　　　　　　　　　　　　　　　　　年　月　日
审核意见: 　　　　　　　　　　　　　　　　　　　　　　　项目监理机构(盖章) 　　　　总监理工程师(签字、加盖执业印章) 　　　　　　　　　　　　　　　　　　　　　　　　　　　　年　月　日
审批意见: 　　　　　　　　　　　　　　　　　　　　　　　建设单位(盖章) 　　　　　　　　　　　　　　　　　　　　　　　建设单位代表(签字) 　　　　　　　　　　　　　　　　　　　　　　　　　　　　年　月　日

工程开工令应按《建设工程监理规范》附表 A.0.2 的要求填写，见表 6-3。

工程开工令（《建设工程监理规范》附表 A.0.2）　　　　　表 6-3

工程名称：　　　　　　　　　　　　　　　　　　　　编号：

致：_____（施工单位）

经审查，本工程已具备施工合同约定的开工条件，现同意你方开始施工，开工日期为：____年____月____日。

附件：开工报审表

项目监理机构（盖章）

总监理工程师（签字、加盖执业印章）

年　月　日

（四）监理对工期延误的处置

工期延误是指由于施工单位自身的原因造成施工期延长的时间。

项目施工过程中，监理应检查施工进度计划的实施情况，发现实际进度严重滞后于计划进度且影响合同工期时，应签发监理通知单，要求施工单位采取调整措施加快施工进度。防止因进度滞后一直延续到竣工时造成工期延误。总监理工程师应向建设单位报告工期延误风险。

项目监理机构应比较分析工程施工实际进度与计划进度，预测实际进度对工程总工期的影响，并应在监理月报中向建设单位报告工程实际进展情况。

适时对工程进度的实施进行检查，主要是相关专业监理工程师的职责，应做好如下施工进度控制工作：

（1）检查和记录实际进度完成情况，当实际进度符合计划进度时，应要求承包单位编制下一期进度计划；当进度滞后于计划进度时，应签发监理工程师通知单指令承包单位采取调整措施；

（2）定期召开工地例会，适时召开各种层次的专题协调会议，督促承包单位按期完成进度计划；

（3）当工程实际进度严重滞后于计划进度时，专业监理工程师应及时报总监理工程师。总监理工程师在得知工程进度严重滞后于计划时，应分析原因、考虑对策，向建设单位报告，并与建设单位项目代表商量进一步应采取的措施。

在工程实施过程中，监理机构应在监理月报中向建设单位报告工程进度和采取的进度控制措施执行情况，并提出合理预防可能由建设单位方原因导致的工程延期及相关费用索赔的建议。

（五）监理对工程延期的处理

工期延期是指由于非施工单位自身的原因造成合同工期延长的时间。

在工程施工过程中，当发生非施工单位原因造成的持续性影响工期的事件，必然影响施工单位按原定的竣工日期完工。此时，施工单位会提出要求工程延期，项目监理机构应予以受理。

按照施工合同示范文本有关条款，由下列原因造成的工期延误，经总监理工程师确认，工期相应顺延：

（1）发包人未能按合同约定提供图纸及开工条件；

（2）发包人未能按约定日期支付工程预付款、进度款，致使施工不能正常进行；

（3）监理工程师未能按合同约定提供所需指令、批准等，致使施工不能正常进行；

（4）设计变更的工程量增加；

（5）一周内非承包人原因停水、停电、停气等造成停工累计超过8小时；

（6）不可抗力发生；

（7）专用条款中约定或工程师同意工期顺延的其他情况。

工程延期的批准涉及施工合同中有关工程延期的约定，及工期影响事件的事实和程度及量化核算。在确定各影响工期事件对工期或区段工期的综合影响程度时，要按下列步骤进行：

（1）以批准的施工进度计划为依据，确定正常按计划施工时应完成的工作和应该达到的进度；

（2）详细核实工期延误后，实际完成的工作或实际达到的进度；

（3）查明受到延误的作业工种；

（4）查明影响工期延误的主要事件外是否还有其他影响因素，并确定其影响程度；

（5）最后确定该影响工期主要事件对工程竣工时间或区段竣工时间的影响值。在量化方法上可根据其在网络计划中是处在关键线路上还是非关键线路上及对工期影响的计算确定。

工期的延期批准分为两种：

（1）工程临时延期批准。发生非施工单位自身的原因造成的持续性影响工期的事件时所做出的临时延长合同工期的批准。

（2）工程最终延期批准。发生非施工单位自身的原因造成的持续性影响工期的事件时所做出的最终延长合同工期的批准。

当承包单位提交阶段性工程临时延期报审表后，项目监理机构应进行审查，并应签署工程临时延期审核意见后报建设单位。

当影响工期事件结束后，项目监理机构应对施工单位提交的工程最终延期报审表进行审查，并应签署工程最终延期审核意见后报建设单位。

总监理工程师在做出临时工程延期批准或最终工程延期批准之前，均应与建设单位和承包单位进行协商。

工程临时延期报审表和工程最终延期报审表应按表6-4的要求填写。

工程临时/最终延期审批表（《建设工程监理规范》附表 B.0.14） 表 6-4

工程名称： 编号：

致：＿＿＿＿＿＿＿＿＿＿＿（项目监理机构）
　　根据施工合同＿＿＿＿＿＿＿＿（条款），由于＿＿＿＿＿＿＿＿原因，我方申请工程临时/最终延期
＿＿＿＿＿＿（日历天），请予以批准。

　　附件
工程延期依据及工期计算：
证明材料：

施工项目经理部（盖章）
项目经理（签字）

年　月　日

审查意见：
□同意工程临时/最终延期＿＿＿＿＿＿＿＿＿＿（日历天）。工程竣工日期从施工合同约定的＿＿年＿＿月＿＿日延长至＿＿年＿＿月＿＿日。
□不同延长工期，请按约定竣工日期组织施工。

项目监理机构（盖章）
总监理工程师（签字加盖执业印章）
年　月　日

审核意见：

建设单位（盖章）
建设单位代表（签字）
年　月　日

第三节　建筑安装工程工期定额

　　工程项目工期涉及因素多，为了克服在建设工期确定上的盲目性和随意性，加强对工期管理的考核，住房城乡建设部组织编制了建筑安装工程工期定额，目前最新版本是《建筑安装工程工期定额》TY01-89-2016（以下简称《工期定额》）。

　　《工期定额》是依据国家现行产品标准、设计规范、施工及验收规范、质量评定标准和技术、安全操作规程，按照正常施工条件、常用的施工方法、合理劳动组织及平均施工技术装备程度和管理水平，并结合当前常见结构及规模建筑安装工程的施工情况编制的。

工期定额是确定建设项目合理工期的依据，对于工程招标投标、签订施工合同、编制施工组织设计时确定合理工期及处理施工索赔时有重要作用。

当前实际工程建设中，建设单位盲目和随意压缩工期的现象比较普遍，给施工单位额外增加不少困难，给工程质量和安全埋下隐患，不合理的工期也带来社会资源的不必要浪费。监理在协助建设单位分析和确定项目总进度目标时，应按照工期定额标准协助建设单位确定项目合理工期。因此本章特安排此节内容。

一、工期定额主要内容

《工期定额》，根据工程类别，又分为四部分：

第一部分　民用建筑工程，其中又细分为：

（一）±0.00m 以下工程，包括：1. 无地下室工程；2. 有地下室工程。

（二）±0.00m 以上工程，包括：1. 居住建筑；2. 办公建筑；3. 旅馆、酒店建筑；4. 商业建筑；5. 文化建筑；6. 教育建筑；7. 体育建筑；8. 卫生建筑；9. 交通建筑；10. 广播电影电视建筑。

（三）±0.00m 以上钢结构工程。

（四）±0.00m 以上超高层建筑。

第二部分　工业及其他工程，其中又细分为：

（一）单层厂房工程。

（二）多层厂房工程。

（三）仓库工程。

（四）辅助附属设施，包括：1. 降压站工程；2. 冷冻机房工程；3. 冷库、冷藏间工程；4. 空压机房工程；5. 变电室工程；6. 开闭所工程；7. 锅炉房工程；8. 服务用房工程。

（五）其他建筑工程，包括：1. 汽车库（无地下室）；2. 独立地下工程；3. 室外停车场；4. 园林庭院工程。

第三部分　构筑物工程，其中又细分为：

（一）烟囱。

（二）水塔。

（三）钢筋混凝土储水池。

（四）钢筋混凝土污水池。

（五）滑膜筒仓。

（六）冷却塔。

第四部分　专业工程，其中又细分为：

（一）机械土方工程。

（二）桩基工程。

（三）装饰装修工程。

（四）设备安装工程。

（五）机械吊装工程。

（六）钢结构工程。

二、《工期定额》的总说明（摘录）

1. 定额工期，是指自开工之日起，到完成《工期定额》各章、节所包含的全部工程内容并达到国家验收标准之日止的日历天数（包括法定节假日）；不包括三通一平、打试验桩、地下障碍物处理、基础施工前的降水和基坑支护时间、竣工文件编制所需的时间。

2. 工程工期定额制定时，考虑了我国幅员辽阔，各地气候条件差别较大，故将我国内地各省、自治区、直辖市划分为Ⅰ、Ⅱ、Ⅲ类地区，分别制定工期定额。

Ⅰ类地区：上海、江苏、浙江、安徽、福建、江西、湖北、湖南、广东、广西、四川、贵州、云南、重庆、海南。

Ⅱ类地区：北京、天津、河北、山西、山东、河南、陕西、甘肃、宁夏。

Ⅲ类地区：内蒙古、辽宁、吉林、黑龙江、西藏、青海、新疆。

设备安装和机械施工工程执行本定额时不分地区类别。

同一省、自治区内由于气候条件不同，可由省、自治区建设行政主管部门在本地域内再划分类区，报住房城乡建设部批准后执行。

工期定额是按各类地区情况综合考虑的，由于各地施工条件不同，允许各地有15%以内的定额水平调整幅度，各省、自治区、直辖市建设行政主管部门可按本地情况制定实施细则，报住房城乡建设部备案。

3. 《工期定额》综合考虑了冬雨期施工、一般气候影响、常规地质条件和节假日等因素。

4. 《工期定额》已综合考虑预拌混凝土和现场搅拌混凝土、预拌砂浆和现场搅拌砂浆的施工因素。

5. 框架-剪力墙结构工期按照剪力墙结构工期计算。

6. 《工期定额》的工期是按照合格产品的标准确定的。

工期压缩时，宜组织专家论证，且相应增加压缩工期增加费。

三、定额施工工期的调整

1. 定额施工工期的调整

《工期定额》是按照正常施工条件、常用的施工方法编制的，当施工中遇到下列情况时，可进行施工工期调整：

（1）施工过程中，遇不可抗力、极端天气或政府政策性影响施工进度或暂停施工的，按照实际延误的工期顺延。

（2）施工过程中发现实际地质情况与地质勘查报告出入较大的，应按照实际地质情况调整工期。

（3）施工过程中遇到障碍物或古墓、文物、化石、流砂、溶洞、暗河、淤泥、石方、地下水等需要进行特殊处理且影响关键线路时，工期相应顺延。

（4）合同履行过程中，因非承包人原因发生重大设计变更的，应调整工期。

（5）其他非承包人原因造成的工期延误应予以顺延。

2. 群体工程的工期调整

同期施工的群体工程中，一个承包人同时承包2个以上（含2个）单项（单位）工程时，工期的计算：以一个最大工期的单项（单位）工程为基数，另加其他单项（单位）工程工期总和乘以相应系数计算：加1个乘以系数0.35；加2个乘以系数0.2；加3个乘以系数0.15，加4个及以上的单项（单位）工程不另增加工期。计算式为：

加 1 个单项（单位）工程：$T = T_1 + T_2 \times 0.35$

加 2 个单项（单位）工程：$T = T_1 + (T_2 + T_3) \times 0.2$

加 3 个及以上单项（单位）工程：$T = T_1 + (T_2 + T_3 + T_4) \times 0.15$

其中：T 为工程总工期；T_1、T_2、T_3、T_4 为所有单项（单位）工程工期最大的前四个，且 $T_1 \geqslant T_2 \geqslant T_3 \geqslant T_4$。

3. 超出《工期定额》范围的工程工期

《工期定额》是结合当前常见结构及规模的建筑安装工程编制的，难以包含所有工程情况。例如，民用建筑工程中，有砖混结构、现浇剪力墙结构、现浇框架结构，没有框一筒结构及筒中筒结构等；又如在超高层建筑中，给出了 100 层以下的工期，而当前实际工程中 100 层以上的工程并不少见，对超出《工期定额》范围的工程只能按照实际情况另行计算工期。

四、《工期定额》中民用建筑工程部分的说明

第一部分 民用建筑工程 说明

（一）本部分包括民用建筑±0.000 以下工程、±0.000 以上工程、±0.000 以上钢结构工程和±0.000 以上超高层建筑四部分。

（二）±0.000 以下工程划分为无地下室和有地下室两部分。无地下室项目按基础类型及首层建筑面积划分；有地下室项目按地下室层数（层）、地下室建筑面积划分。其工期包括±0.000 以下全部工程内容，但不含桩基工程。

（三）±0.000 以上工程按工程用途、结构类型、层数（层）及建筑面积划分。其工期包括±0.000 以上结构、装修、安装等全部工程内容。

（四）本部分装饰装修是按一般装修标准考虑的，低于一般装修标准按照相应工期乘以系数 0.95；中级装修按照相应工期乘以系数 1.05；高级装修按照相应工期乘以系数 1.20 计算。

一般装修、中级装修、高级装修的划分标准见表 6-5。

装修标准划分表 表 6-5

项目	一般	中级	高级
内墙面	一般涂料	贴面砖、高级涂料、贴墙纸、镶贴大理石、木墙裙	干挂石材、铝合金条板、镶贴石材、乳胶漆三遍及以上、贴壁纸、锦缎软包、镶板墙面、金属装饰板、造型木墙裙
外墙面	勾缝、水刷石、干粘石、一般涂料	贴面砖、高级涂料、镶贴石材、干挂石材	干挂石材、铝合金条板、镶贴石材、弹性涂料、真石漆、幕墙、金属装饰板
天棚	一般涂料	高级涂料、吊顶、壁纸	高级涂料、造型吊顶、金属吊顶、壁纸
楼地面	水泥、混凝土、塑料涂料、块料地面	块料、木地板、地毯楼地面	大理石、花岗岩、木地板、地毯楼地面
门、窗	塑钢窗、钢木门（窗）	彩板、塑钢、铝合金普通木门（窗）	彩板、塑钢、铝合金、硬木、不锈钢门（窗）

注：1. 高级装修：内、外墙面、楼地面每项分别满足 3 个及 3 个以上高级装修项目，天棚、门窗每项分别满足 2 个及 2 个以上高级装修项目，并且每项装修项目的面积之和占相应装修项目面积 70%以上者；

2. 中级装修：内、外墙面、楼地面、天棚、门窗每项分别满足 2 个及 2 个以上中级装修项目，并且每项装修项目的面积之和占相应装修项目面积 70%以上者。

（五）有关计算规定：

1. ±0.000以下工程工期：无地下室按首层建筑面积计算，有地下室按地下室建筑面积总和计算。

2. ±0.000以上工程工期：按±0.000以上部分建筑面积总和计算。

3. 总工期：±0.000以下工程工期与±0.000以上工程工期之和。

4. 单项工程±0.000以下由2种或2种以上基础类型组成时，按不同类型部分的面积查出相应工期，相加计算。

5. 单项工程±0.000以上结构相同，使用功能不同时：1 无变形缝时，按使用功能占建筑面积比重大的功能类型计算工期；2 有变形缝时，先按不同使用功能的面积查出相应工期，再以其中一个最大工期为基数，另加其他部分工期的25%计算。

6. 单项工程±0.000以上由2种或2种以上结构组成时：1 无变形缝时，先按全部面积查出不同结构的相应工期，再按不同结构各自的建筑面积加权平均计算；2 有变形缝时，先按不同结构各自的面积查出相应工期，再以其中一个最大工期为基数，另加其他部分工期的25%计算。

7. 单项工程±0.000以上层数（层）不同，有变形缝时，先按不同层数（层）各自的面积查出相应工期，再以其中一个最大工期为基数，另加其他部分工期的25%计算。

8. 单项工程中±0.000以上分成若干个独立部分时，参照同期施工的群体工程计算工期。如果±0.000以上有整体部分，将其并入工期最大的单项（单位）工程中计算。

9. 本定额工业化建筑中的装配式混凝土结构施工工期仅计算现场安装阶段，工期按照装配率50%编制。装配率40%、60%、70%按本定额相应工期分别乘以系数1.05、0.95、0.90计算。

10. 钢-混凝土组合结构的工期，参照相应项目的工期乘以系数1.10计算。

11. ±0.000以上超高层建筑的单层平均面积按主塔楼±0.000以上总建筑面积除以地上总层数计算。

以下通过民用建筑工程的一个案例来介绍《工期定额》的使用方法。

【案例6-1】湖北省武汉市某大学某教学楼工程定额工期计算

（一）工程概况

1. 该工程位于湖北省武汉市某大学，楼内设公用教室、实验室、院系办公室等。该工程主楼±0.000以下为3层地下室，±0.000以上为11层，建筑高度为50.5m，主楼采用整体现浇框架-剪力墙结构形式。主楼桩基础采用直径1m人工挖孔桩，桩深11~13m，总桩数共142根。

2. 主楼左右裙楼为5层教学楼，前方裙楼为4层公用实验楼，均采用整体现浇框架结构形式。由于主、裙楼高度不同，基础类型不同，为满足结构抗震及沉降要求，裙楼与主楼间，左右裙楼与中间前方裙楼间，均设置有断开的抗震缝、沉降缝，缝的间距满足抗震、沉降缝的要求。主楼纵向长约81m，通过设置后浇带不留设伸缩缝。

（二）定额施工工期的确定

1. ±0.000以下工程工期

该工程位于湖北省武汉市，气候条件属《工期定额》中Ⅰ类地区。

本工程地基土为粉质黏土，夹有碎石的砂土，属Ⅱ类土，且有3层地下室，建筑面积

为 $4620m^2$。查《工期定额》第 5 页表：2. 有地下室工程，见表 6-6（仅摘录部分）。

按地下室 3 层，总建筑面积为 $4620m^2$，湖北气候条件属Ⅰ类地区，查表 6-6 编号 1-40 有：地下室工程工期 $T_1=180$ 天。

有地下室工程（仅摘录部分） 表 6-6

编号	层数（层）	建筑面积（m^2）	工期（天）		
			Ⅰ类	Ⅱ类	Ⅲ类
1-39	3	3000 以内	165	170	180
1-40		5000 以内	180	185	195
1-41		7000 以内	195	205	220
1-42		10000 以内	215	225	240
1-43		15000 以内	240	250	265
1-44		20000 以内	265	275	295
1-45		25000 以内	290	300	320
1-46		30000 以内	315	325	350
1-47		30000 以外	340	340	375

按前述民用建筑工程部分的说明（二），工期 T_1 包括±0.000 以下全部工程内容，但不含桩基础工程，桩基础工程工期需另行计算。

2. 桩基础工程的工期

主楼桩基础为人工挖孔桩，Ⅱ类土，桩深 11～13m，总桩数共 142 根。查《工期定额》第四部分专业工程，第 98 页表，4. 人工挖孔桩，见表 6-7（仅摘录部分）。

按人工挖孔桩，桩深 11～13m，桩 142 根，Ⅱ类土，查表 6-7，符合编号 4-783，桩基础工期 $T_2=25$ 天。

人工挖孔桩（仅摘录部分） 表 6-7

编号	桩深（m）	工程量（根）	工期（天）		
			Ⅰ、Ⅱ类土	Ⅲ类土	Ⅳ类土
4-782	15 以内	100 以内	21	24	28
4-783		200 以内	25	28	32
4-784		300 以内	30	33	37
4-785		500 以内	37	40	44
4-786		600 以内	43	46	50
4-787		700 以内	45	48	52
4-788		800 以内	57	60	64

3. ±0.00 以上工程工期

由于主楼为 11 层，为框架-剪力墙结构；主楼左右裙楼为 5 层，主楼前方裙楼为 4 层，均为现浇框架结构；主楼、裙楼建筑高度不同，并且相互间完全被抗震缝、沉降缝断开，都具备单位工程可独立组织施工的条件。因此，先按照主楼，左、右裙楼，前方裙楼分别计算其定额工期。

(1) 主楼工期。主体楼工程共 11 层，总建筑面积为 25218m²，采用整体现浇框架-剪力墙结构形式。按《工期定额》总说明中"框架-剪力墙结构工期按照剪力墙结构工期计算"的规定，查第一部分民用建筑工程，6.教育建筑，第 27～28 页，现浇剪力墙结构表，见表 6-8。

以 11 层，建筑面积为 25218m²，湖北气候条件Ⅰ类地区，查表 6-7，定额编号 1-678 有：$T_{主楼}=355$ 天。

结构类型：现浇剪力墙结构（仅摘录部分） 表 6-8

编号	层数（层）	建筑面积（m²）	工期（天）		
			Ⅰ类	Ⅱ类	Ⅲ类
1-675	12 以下	10000 以内	295	310	330
1-676		15000 以内	315	330	350
1-677		20000 以内	335	350	370
1-678		20000 以外	355	370	390

(2) 左、右裙楼工期。左、右裙楼均为 5 层，现浇框架结构，建筑面积各为 4200m²。查第一部分民用建筑工程，6.教育建筑，第 29 页，现浇框架结构表，见表 6-9。定额编号 1-698 有：$T_{左裙楼}=T_{右裙楼}=220$ 天。

结构类型：现浇框架结构（仅摘录部分） 表 6-9

编号	层数（层）	建筑面积（m²）	工期（天）		
			Ⅰ类	Ⅱ类	Ⅲ类
1-697	5 以下	3000 以内	205	215	235
1-698		5000 以内	220	230	250
1-699		7000 以内	235	245	265
1-700		1000 以内	255	265	285
1-701		10000 以外	270	280	300

(3) 主楼前方裙楼工期。前方裙楼为 4 层，现浇框架结构，建筑面积为 2924m²。

查第一部分民用建筑工程，6.教育建筑，第 29 页，现浇框架结构表，见表 6-8。定额编号 1-697 有：$T_{前方裙楼}=205$ 天。

按照本节：四、民用建筑工程说明（五）有关计算规定 6.单项工程±0.000 以上由 2 种或 2 种以上结构组成，①无变形缝时，先按全部面积查出不同结构的相应工期，再按不同结构各自的建筑面积加权平均计算；②有变形缝时，先按不同结构各自的面积查出相应工期，再以其中一个最大工期为基数，另加其他部分工期的 25% 计算。本教学楼工程属上述情况②，据此，±0.00m 以上工程定额工期 T_3：

$$T_3 = T_{主楼} + (T_{左裙楼} + T_{右裙楼} + T_{前方裙楼}) \times 25\%$$
$$= 355 + (220 + 220 + 205) \times 25\% = 517 \text{ 天}$$

4. 工程总工期 $T_总$

$$T_总 = T_1 + T_2 + T_3 = 180 + 25 + 517 = 722 \text{ 天}$$

以上是按照《工期定额》计算的该教学楼的定额工期，是工程项目招标阶段确定工期的依据，也是签订建筑安装工程施工合同的基础。施工合同签订时，建设单位与施工单位会根据各自的要求进行工期调整谈判，以确定合同工期。合同工期是整个项目进度计划控制的目标工期。

思 考 题

1. 何谓建设工程进度控制？进度控制的作用是什么？
2. 影响建设工程进度控制的主要因素来自哪些方面？
3. 工程项目的进度控制包括哪些主要内容？
4. 进度控制的主要方法是什么？进度控制基本思想是什么？
5. 进度控制的主要措施有哪些？
6. 工程项目建设总进度计划的作用是什么？涉及哪些方面的主要工作？
7. 总监对承包单位要求工程延期申请审批依据是什么？
8. 项目的定额工期与合同工期有什么区别？各自作用是什么？

第七章 建设项目工程质量控制

第一节 建设项目工程质量控制概述

一、建设工程项目质量的概念

建设工程项目完工后作为建筑产品交付使用,应具有通常产品质量的属性。国际标准化组织 ISO9000 族标准对产品质量的定义是:一组固有特性满足要求的程度。其"特性"含义是指产品所应具有的功能和使用价值,满足要求的客体是指"顾客"。

对于工程项目这样一种大而复杂的产品而言,其质量的含义应更为广泛,通常应从系统的角度来看待其功能和使用价值所构成的项目质量特性。参见图 7-1 所示系统。

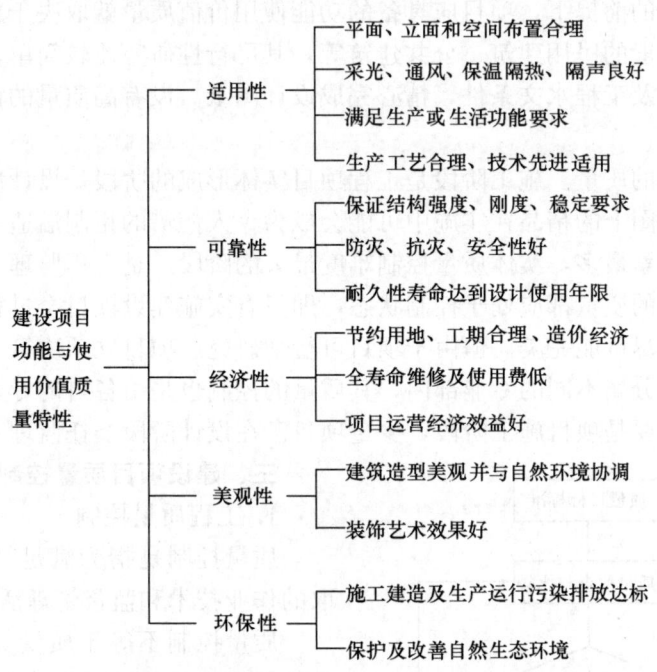

图 7-1 建设项目功能与使用价值质量特性系统

另一方面,从对项目设计和施工质量管理的角度来看,项目的功能和使用价值质量特性必须用一系列的技术标准来衡量,以便对项目质量进行检验、认证。因此从这个意义上来讲项目质量是指与国家的技术标准、规范或合同约定要求相符合的程度。例如,工程项目质量是按照设计图纸要求和工程施工质量验收标准来评定的,符合设计要求和工程施工质量验收标准即为合格产品,才是满足要求的。

此外,随着科学技术的发展,对产品质量的要求越来越高,市场竞争的激烈也更使企业视产品质量为企业的生命,全面质量管理思想的形成,使人们对质量的认识深化和提高了一大步。认识到产品质量、工序质量、企业工作质量的内在联系,即必须以抓工序质量来保证产品质量,而工序质量好坏与整个企业工作质量密切相关。建设项目工程的质量要靠建设企业的质量体系来保证。

二、工程建设项目质量形成过程

从系统理论的观点来看,建设项目功能和使用价值的最终质量是整个建设过程各环节质量的综合质量,也就是与项目基本建设程序的各个环节的质量密切相关。

建设项目质量形成过程包括如下几个方面:

(1) 建设项目可行性研究质量。一般工业建设项目的生产能力、产品类型、生产条件、工艺流程、建设地点、条件等都需要通过可行性研究分析比较,并提出报告供决策部门决策。因此可行性研究的科学性、充分性对一旦决策通过付诸建设的项目影响至关重大。

(2) 建设项目方案决策的质量。决策所选择的项目方案直接成为项目设计的依据,也就是从大方向上确定了项目的功能和使用价值内涵、建设规模、项目的经济效益等基本格局。

(3) 项目勘察设计的质量。勘察设计是影响建设项目质量的重要环节,在可行性研究、决策基本正确的前提下,项目应具备的功能使用价值质量就取决于勘察设计的工作质量。特别是对于一般的民用建筑、公共建筑等,其可行性研究比较简单,主要依靠勘察查清工程地形、地质及工程水文条件,精心完成设计图纸。没有高质量的设计是不可能出高质量的项目的。

(4) 项目施工的质量。施工阶段是工程项目实体形成的阶段,设计质量再好,如果没有好的施工质量,图上的精品在实施中可能会成为令人惋惜的粗制滥造之作。同时施工阶段也是影响质量因素最多,实体质量控制难度最大的阶段,是工程监理工作的重点阶段。

以上四个阶段的质量都应处于控制状态,即只有实施建设项目全过程的质量控制,才能使建设项目质量尽可能完美。但由于项目可行性研究、项目立项决策、勘察设计、工程施工的审批和实施分属不同的专业部门,其质量的控制也是由各自的专业部门控制。目前工程监理介入的主要是项目施工阶段,少量项目已在设计阶段委托监理。

三、建设项目质量控制的概念

1. 工程质量控制

质量控制是指为满足产品质量要求所采取的作业技术和监督管理活动。

质量控制不等于质量保证,监理的责任是督促项目承包者采取措施去达到质量目标,项目的质量保证应由工程承包者去实现,因此监理对质量主要是控制。如果产品质量达不到合格标准,生产者负有直接责任。设计质量问题由设计者负责,施工质量问题由施工负责,监理则要承担对质量监督失控的责任。

从控制论的理论来看,质量的控制应是一个动态的负反馈过程,如图 7-2 所示。受

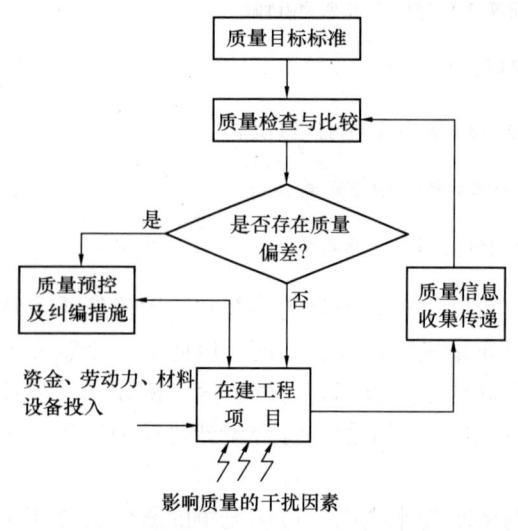

图 7-2 工程质量动态控制图

影响质量的因素干扰,质量总会有波动,因此要及时收集生产质量信息,与质量目标进行比较,当质量偏差超控时,要采取纠偏措施,即给予一个负反馈作用,使工程质量向质量标准趋近。在实施过程中,这一负反馈循环的时间间隔可以是定期的或不定期的,如每周的质量情况通报例会,每月的质量大检查,或出现质量问题时应急处理等。

2. **工程项目质量控制的分类**

(1) 建设单位对项目的质量控制。在传统的方式下,一般是建设单位自行成立基建管理部门实施对项目质量的监控,由于建设单位不一定拥有齐备的专业人员,对质量的监控往往难以奏效。我国推行监理制度近30年以来,除规定限额以下可不实行监理的工程外,已全面实行工程监理,由社会化的监理单位对工程质量实施控制,建设单位则主要是对工程的关键部位工程质量及项目竣工质量进行验收。

规定限额以下未实行监理的建筑工程,《建筑工程施工质量验收统一标准》GB 50300—2013 第3.02条规定,"未实行监理的建筑工程,建设单位相关人员应履行本标准涉及的监理职责",若建设单位人员未能履行规定由监理应履行的职责,则属于工程违规行为,建设行政主管部门可视情况进行处理。由此也可看到,不论工程项目是否被委托监理,工程监理已制度化,成为工程建设的四项基本制度(项目法人负责制、工程招标制、建设监理制和合同管理制)之一。

(2) 设计、施工单位对项目质量的控制。这是属于生产者自检方式的质量控制工作,是工程项目质量控制的基础工作。因为项目的质量是生产出来的,而不是检查出来的。只有设计者、施工者各自控制了自身工作的质量,项目的质量才真正有了保证。

(3) 监理对项目质量的控制。当建设单位委托监理在施工阶段或设计阶段进行工程监理时,监理要督促设计和施工单位建立起相应的质量保证体系,并对设计和施工过程中项目质量履行监理规范规定的工程质量控制及验收职责。

(4) 政府机构部门对建设项目的质量控制。这是体现政府对工程项目管理的职能,目的在于维护社会公共利益,保证技术性法规和标准的贯彻执行,例如设计的审查、工程质量的监督等。

3. **工程质量监督机构对质量的监督**

1983年以来,各地相继成立了以控制工程质量为核心任务的工程质量监督机构(质量监督站),为保证工程项目的质量起了很好的监督和促进作用。

工程质量监督机构是经省级以上建设行政主管部门或有关专业部门认定,并受建设行政主管部门或有关专业部门的委托,依法对工程质量进行强制性监督,并对委托部门负责。其主要任务如下:

(1) 受理建设工程项目的质量监督。

(2) 制定质量监督工作方案,在方案中对地基基础、主体结构和其他涉及结构安全的重要部位和关键过程,做出实施监督的计划安排。

(3) 检查施工现场工程建设各方主体的质量行为,如企业资质及执业人员的资格、单位的质量管理体系、质量责任落实的情况,有关质量文件、技术资料等。

(4) 对工程主体结构及主要材料构配件进行质量抽查。对基础、主体结构实体进行现场质量抽查和质量验收监督,对用于工程的主要材料构配件进行质量抽查。

(5) 对工程竣工验收进行监督,并向主管委托部门报送工程质量监督报告。

第二节 建设工程项目施工阶段的质量控制

按照《建设工程监理规范》中对监理工程师应履行的职责,将施工阶段监理对工程质量的控制工作,依照项目实施的进展阶段分述如后。

一、施工准备阶段的质量控制工作

这一阶段是指施工监理合同签订后,项目施工开始前。监理机构对项目质量控制的工作包括:

1. 组织监理人员熟悉设计文件,参加设计交底,并对会议纪要进行签认

设计文件是项目质量控制的最主要的依据之一,它体现了业主对项目的功能和使用价值的要求,亦即质量要求的真正内涵。监理人员熟悉设计文件是对项目质量要求的学习和理解,只有对设计图纸及质量要求非常熟悉才能在施工过程中把握住质量目标。在熟悉图纸时,还有可能发现图纸中存在的问题或有更好的建议,也可以通过业主向设计单位提出。

因此《监理规范》中规定,在设计交底前,总监理工程师应组织监理人员熟悉设计文件,并对图纸中存在的问题通过建设单位向设计单位提出书面意见和建议。总监理工程师还应组织监理人员参加由建设单位组织的设计技术交底会。对设计人员交底及施工承包单位提出的涉及工程质量的问题应认真记录,参与讨论。对三方协商达成一致的会议纪要总监理工程师要进行签认。

2. 主编监理规划,建立监理机构的技术管理体系和质量控制体系

监理规划是全面开展项目监理工作的指导性文件,是由总监理工程师主持编制的,并经监理单位技术负责人批准,报经业主确认的监理工作文件。监理规划中的工作内容、工作目标、组织结构、人员配备、岗位职责、工作程序、工作方法及措施、工作制度等内容均必不可少的应包括质量控制方面内容。

从质量控制的角度,总监理工程师在主持监理规划编制中要注重监理机构的技术管理体系和质量控制体系的建立,要从组织机构岗位设置、岗位职责、专业监理工程师、监理人员的配置、技术管理制度、质量控制的工作程序、制度方面精心考虑,精心安排。监理机构自身完善的质量控制体系是项目达到质量控制目标的保障体系,而技术管理体系则是质量目标的支持体系。

3. 审查施工单位编制的施工组织设计及施工方案

工程施工开始前,总监理工程师要组织专业监理工程师审查施工单位报审的施工组织设计及施工方案,对其中提出的质量保证措施的可行性及可靠性要重点审查。

4. 审查施工单位现场的质量保证体系

工程开工前,总监理工程师应审查施工单位的质量保证体系。审核主要是从其组织机构设置、岗位设置、管理的工作制度、专职管理人员的配备、特种作业人员的资格证、上岗证等方面审查。审查中总监理工程师要特别结合项目的技术、质量特点来进行,针对性要强。

对承包单位为工程提供服务的试验室,总监理工程师应要求专业监理工程师认真进行检查。试验室的检查应包括下列内容:

(1) 试验室的资质等级及试验范围。

(2) 法定计量部门对试验设备出具的计量检定证明。

(3) 试验室管理制度。
(4) 试验人员资格证书。

5. 对分包单位资格的审核及签认

建设单位与施工单位签订施工合同后,施工单位往往会将部分工程分包给其他施工单位。目前在分包工程方面情况十分复杂,难以排除靠关系承揽分包工程,而分包单位难免鱼龙混杂,最终必然给工程带来质量、安全风险。因此,监理必须加强对分包单位资格审查。

分包工程开工前,施工单位应将分包单位资格报审表和分包单位有关资质资料,报专业监理工程师审查,审核的内容有:

(1) 分包单位营业执照、企业资质证书、特殊专业施工许可证等;
(2) 分包单位的业绩;
(3) 拟分包工程的内容和范围;
(4) 专职管理人员和特种作业人员的资格证、上岗证。

审核符合规定后,由总监理工程师签认。

分包单位资格的报审表应按验收规范要求填写,见表 7-1。

分包单位资格报审表(GB 50300—2013 附录 B 表 B.0.4) 表 7-1

工程名称:　　　　　　　　　　　　　　　　　　　　　　　　编号:

致:_____(项目监理机构)		
经考察,我方认为拟选择的_____(分包单位)具有承担下列工程的施工或安装资质和能力,可以保证本工程按施工合同第_____条款的约定进行施工或安装。请予以审查。		
分包工程名称(部位)	分包工程量	分包工程合同额
	合计	
附: 1. 分包单位资质材料 　　 2. 分包单位业绩材料 　　 3. 分包单位专职管理人员和特种作业人员的资质证书 　　 4. 施工单位对分包单位的管理制度		
施工项目经理部(盖章) 　　　　　　　　　　　　　　　　　　　　　　　项目经理(签字) 　　　　　　　　　　　　　　　　　　　　　　　　　　　年　月　日		
审核意见: 　　　　　　　　　　　　　　　　　　　　　　　专业监理工程师(签字) 　　　　　　　　　　　　　　　　　　　　　　　　　　　年　月　日		
审批意见: 　　　　　　　　　　　　　　　　　　　　　　　项目监理机构(盖章) 　　　　　　　　　　　　　　　　　　　　　　　总监理工程师(签字) 　　　　　　　　　　　　　　　　　　　　　　　　　　　年　月　日		

注:本表一式三份,项目监理机构、建设单位、施工单位各一份。

二、施工阶段监理的质量控制工作

这一阶段是指施工开工后,竣工验收前。项目监理机构的质量控制工作包括:

1. 核查项目单位工程、分部、分项工程和检验批的划分是否符合质量验收统一标准的规定,制定质量控制的重点、工作流程和监理措施。

2. 组织制定和审批质量控制的监理实施细则、规定及相关管理制度

对中型及以上或专业性较强的工程项目,仅有监理规划尚不足以指导监理工作的实施,为了更深入地做好质量控制,必须以监理规划为依据,编制监理实施细则。监理实施细则应在相应的专业工程施工开始前编制完成,并必须经总监理工程师审核批准。监理实施细则包括下列主要内容:

(1) 专业工程的特点;
(2) 监理工作的流程;
(3) 监理工作控制点及目标值;
(4) 监理工作的方法及措施。

总监理工程师应明示专业监理工程师监理实施细则编写,要充分结合工程项目的专业特点,做到详细具体、具有可操作性。

3. 专业监理工程师应审查施工单位报送的新材料、新工艺、新技术、新设备的质量认证材料和相关验收标准的适用性,必要时,应要求施工单位组织专题论证,审查合格后报总监理工程师签认。

施工采用的新材料、新工艺、新技术、新设备应符合国家相关规定。专业监理工程师审查时,可根据具体情况要求施工单位提供相应的检验、检测、试验、鉴定或评估报告及相应的验收标准。项目监理机构认为有必要进行专题论证时,施工单位应组织专题论证会。

4. 专业监理工程师应检查、复核施工单位报送的施工控制测量成果及保护措施,签署意见。专业监理工程师应对施工单位在施工过程中报送的施工测量放线成果进行查验。

施工控制测量成果及保护措施的检查、复核,应包括下列内容:

(1) 施工单位测量人员的资格证书及测量设备检定证书。
(2) 施工平面控制网、高程控制网和临时水准点测量成果及控制桩的保护措施。

施工控制测量成果报验表应按验收规范要求填写,见表7-2。

施工控制测量成果报验表(GB 50300—2013 附录 B 表 B.0.5)　　表7-2

工程名称:　　　　　　　　　　　　　　　　　　　　　　　　　　编号:

致:_____(项目监理机构) 　　我方已完成_____的施工控制测量,经自检合格,请予以查验。 　　附件:1. 施工控制测量成果表; 　　　　　2. 施工控制测量依据资料:
施工项目监理部(盖章) 　　　　　　　　　　　　　　　　　　　　　项目技术负责人(签字) 　　　　　　　　　　　　　　　　　　　　　　　　　　年　月　日
审核意见:
项目监理机构(盖章) 　　　　　　　　　　　　　　　　　　　　　专业监理工程师(签字) 　　　　　　　　　　　　　　　　　　　　　　　　　　年　月　日

注:本表一式三份,项目监理机构、建设单位、施工单位各一份。

5. 对工程材料、构配件和设备的进场验收。

专业监理工程师对施工单位报送的工程材料、构配件、设备的质量证明文件进行审核，并应按有关规定、建设工程监理合同约定，对用于工程的材料进行见证取样、平行检验。项目监理机构对已进场经检验不合格的工程材料、构配件、设备，应要求施工单位限期将其撤出施工现场。

工程材料、构配件、设备的质量证明文件包括：出厂合格证、质量检验报告、性能检测报告以及施工单位的质量抽检报告等。

监理单位与建设单位应在建设工程监理合同中事先约定平行检验的项目、数量、频率、费用等内容。

工程材料、构配件和设备报审表见表7-3。

工程材料、构配件或设备报验表（GB 50300—2013 附录B 表 B.0.6） 表 7-3

工程名称： 编号：

致：＿＿＿＿＿＿＿＿＿＿＿＿＿＿（项目监理机构）
于＿＿＿年＿＿＿月＿＿＿日进场的拟用于工程＿＿＿＿＿＿＿＿部位的＿＿＿＿＿＿＿＿，经我方检验合格，现将相关资料报上，请予以审查。 附件：1. 工程材料、构配件或设备清单； 　　　2. 质量证明文件； 　　　3. 自检结果：   　　　　　　　　　　　　　　　　　　　　　　　　施工项目监理部（盖章） 　　　　　　　　　　　　　　　　　　　　　　　　项目经理（签字） 　　　　　　　　　　　　　　　　　　　　　　　　　　　　　　年　月　日
审核意见：   　　　　　　　　　　　　　　　　　　　　　　　　项目监理机构（盖章） 　　　　　　　　　　　　　　　　　　　　　　　　专业监理工程师（签字） 　　　　　　　　　　　　　　　　　　　　　　　　　　　　　　年　月　日

6. 组织定期或不定期的质量检查分析会。

施工过程中，总监理工程师应定期主持召开定期或不定期的质量检查会和分析会，分析、通报施工质量情况，以便针对存在的问题提出改进措施。对现场不同单位间的施工活动进行协调以消除影响质量的各种外部干扰因素。

7. 专业监理工程师应审查施工单位定期提交影响工程质量的计量设备的检查和检定报告。计量设备主要是指施工中使用的衡器、量具、计量装置等设备。

8. 项目监理机构应根据工程特点和施工单位报送的施工组织设计，确定旁站的关键部位、关键工序，安排监理人员进行旁站，并应及时记录旁站情况。

旁站记录应按规范要求填写，见表7-4。

旁站记录（GB 50300—2013 附录 A 表 A.0.6） 表 7-4

工程名称： 编号：

旁站关键部位、关键工序		施工单位	
旁站开始时间	年 月 日 时 分	旁站结束时间	年 月 日 时 分
旁站的关键部位、关键工序的施工情况：			
发现的问题及处理情况：			

旁站监理人员（签字）

年 月 日

注：本表一式一份，项目监理机构留存。

9. 项目监理机构应安排监理人员对工程施工质量进行巡视。巡视应包括下列主要内容：

（1）施工单位是否按工程设计文件、工程建设标准和批准的施工组织设计、（专项）施工方案施工。

（2）使用的工程材料、构配件和设备是否合格。

（3）施工现场管理人员，特别是施工质量管理人员是否到位。

（4）特种作业人员是否持证上岗。

10. 项目监理机构应根据工程特点、专业要求以及监理合同约定，对工程材料、施工质量进行平行检验。

对材料、施工质量进行的平行检验，应符合工程特点、专业要求及主管部门有关规定，并符合监理合同约定的项目、数量、频率和费用。

对于已完工程施工质量的平行检验应在施工单位自检的基础上进行。

对平行检验不合格的工程材料、施工质量，项目监理机构应签发监理通知单，要求施工单位在指定的时间内整改并重新报验。

11. 项目监理机构应对施工单位报验的隐蔽工程进行验收，对验收合格的应给予签认。

对验收不合格的应拒绝签认,同时应要求施工单位在指定的时间内整改并重新报验。

对已同意覆盖的工程隐蔽部位质量有疑问的,或发现施工单位私自覆盖工程隐蔽部位的,项目监理机构应要求施工单位对该隐蔽部位进行钻孔探测或揭开或其他方法进行重新检验。经检验证明质量符合合同要求的,建设单位应承担由此增加的费用和(或)工期延误,并支付施工单位合理利润;经检验证明工程质量不符合合同要求的,施工单位应承担由此增加的费用和(或)工期延误。

12. 项目监理机构发现施工存在质量问题的,或施工单位采用不适当的施工工艺,或施工不当,造成工程质量不合格的,应及时签发监理通知单,要求施工单位整改。整改完毕后,项目监理机构应根据施工单位报送的监理通知回复对整改情况进行复查,提出复查意见。

13. 对需要返工处理或加固补强的质量缺陷,项目监理机构应要求施工单位报送经设计等相关单位认可的处理方案,并应对质量缺陷的处理过程进行跟踪检查,同时应对处理结果进行验收。

14. 必要时签发工程暂停令。

按照监理规范规定,出现下列情况之一时,总监理工程师可签发工程暂停令:

(1) 建设单位要求暂停施工,并且工程需要暂停施工;
(2) 为了保证工程质量而需要进行停工处理;
(3) 施工出现了安全隐患,总监理工程师认为有必要停工消除隐患;
(4) 发生了必需暂时停止施工的紧急事件;
(5) 承包单位未经许可擅自施工,或拒绝项目的监理机构管理。

上述各条中,更为经常发生的是第(2)、(3)条,即因工程质量和安全隐患而导致总监理工程师不得不签发暂停工程施工令。停工的范围应视停工原因的影响范围和程度确定。

15. 审核和签发工程变更单。

由于多方面的原因,工程施工中难免会出现需要进行工程变更的情况。设计单位对原设计存在的缺陷提出的工程变更,应编制设计变更文件;建设单位或施工单位提出的工程变更,应提交总监理工程师,总监理工程师组织专业监理工程师审查。审查同意后,应由建设单位转交原设计单位编制设计变更文件。

专业监理工程师和总监理工程师必须根据实际情况和变更的工程量,变更前后施工难易程度变化,工程相应单价等对工程变更的费用工期作出评估。审查时要特别注重该变更对工程质量、安全、耐久性等的影响。工程变更总监理工程师应向建设单位报商,取得建设单位授权后,方能同意变更,并签发工程变更单。

在建设单位和承包单位未能就变更的工期、质量、费用协商达成一致时,总监理工程师应尽量做好协调工作。

16. 对分项、分部、单位工程验收签认。

专业监理工程师应对承包单位报送的分项工程质量验评资料进行审核,符合要求后予以签认。总监理工程师应组织对分部工程和单位工程质量验评资料审查和现场检查,符合要求后签认。这是总监理工程师对施工质量控制的权力,也是重大的责任,特别是工程质量监督机构职能转变,实行工程质量备案制后,施工质量监督的责任更多的转移到了监理机构方面。

17. 总监理工程师应主持或参与工程质量事故调查处理。

总监理工程师应主持或参与工程质量事故调查处理，《监理规范》中总监理工程师职责规定赋予了总监理工程师这项职责。这里的"主持"是指工程质量一般事故，总监理工程师可以"主持"进行调查，而对重大的工程事故，一般是上级主管部门组织调查，总监理工程师应"参与"。

对于需要返工处理或加固补强的质量事故，总监理工程师应责令施工承包单位报送质量事故调查报告和经设计单位等相关单位认可的处理方案及审批事故处理方案。对质量事故的处理过程和处理结果总监理工程师应安排专业监理工程师进行跟踪检查和验收。事故处理完毕后，总监理工程师应向建设单位及本监理单位提交有关质量事故的书面报告。并应将完整的质量事故资料整理归档。

三、施工竣工阶段监理的质量控制工作

竣工阶段对质量的控制是最后一道关口，验收通过后，工程将移交建设单位，因此监理更要重视验收过程中的质量控制工作。

1. 总监理工程师应组织对工程质量的竣工预验收

工程竣工后，承包单位在自验达到要求后，将向监理报送竣工申请和相关资料。总监理工程师应组织专业监理工程师，依据有关法律、法规、工程建设强制性标准，设计文件及施工合同，对报送的竣工资料进行审查，并对工程质量进行竣工预验收。对存在的问题，应及时要求承包单位整改。整改完毕由总监理工程师签署工程竣工报验单，并应在此基础上提出工程质量评估报告，总监理工程师签字后再报监理单位技术负责人审核签字。

2. 总监理工程师应参加竣工验收

《监理规范》明确了项目监理机构应参加由建设单位组织的竣工验收，并提供相关的监理资料。对验收中提出的整改问题，监理应要求承包单位进行整改。工程质量符合要求，由总监理工程师会同参加验收的各方签署竣工验收报告。

四、监理对施工单位质量管理制度的检查

工程的质量既是施工单位"做"出来的，也是"管"出来的，施工单位建立了较完善的质量管理责任制，是工程质量最大的保障，相应监理对质量控制也更有保障，监理的工作量也会减少很多。对一个质量管理很差的施工单位，监理即使费了九牛二虎之力，也往往是质量问题不断。因此除了帮助业主首先选好施工单位外，还要督促施工单位建立完善的项目质量管理责任制度。因此总监理工程师要组织专业监理工程师认真检查施工单位项目质量管理制度，必要时提出整改意见，要求承包单位完善项目质量管理责任制度。

参照建筑工程行业有关管理要求及长期积累的经验，在项目管理上施工单位可建立以下质量管理方面的制度。

1. 工程项目质量总承包负责制度

总承包单位对单位工程的全部分部分项工程质量向建设单位负责。按有关规定进行工程分包的，总包单位对分包工程进行全面质量控制，分包单位应对其分包工程施工质量向总包单位负责。单位工程严禁层层转包。因总包单位对分包工程不履行管理职责，以包代管，造成工程质量不合格或出现质量事故的，除要追究直接责任者外，还要严厉追究总包单位的责任。

2. 施工技术交底制度

施工单位应坚持以技术进步来保证施工质量的原则。施工技术部门应编制有针对性的施工组织设计，积极采用新工艺、新技术；针对特殊工序要编制有针对性的作业指导书。每个工种、每道工序施工前要组织进行各级技术交底，包括项目工程师对工长的技术交底，工长对班组长的技术交底，班组长对作业工人的技术交底。各级交底以口头进行，并且文字记录。因技术措施不当或交底不清而造成质量事故的要追究有关部门和人员的责任。

3. 材料进场检验制度

施工企业应建立合格材料供应商的档案，并从列入档案的供应商中采购材料。施工企业对其采购的建筑材料、构配件和设备的质量承担相应的责任，材料进场必须进行材质复核检验，不合格的不得使用在工程上。因使用不合格材料而造成质量事故的要追究材料采购部门的责任。

4. 样板引路制度

施工操作要注重工序的优化、工艺的改进和工序的标准化操作，通过不断探索，积累必要的管理和操作经验，提高工序的操作水平，确保操作质量。每个分项工程或工种（特别是量大面广的分项工程）都要在开始大面积操作前做出示范样板，包括样板墙、样板间、样板件等，对工人进行培训，统一操作要求，明确质量目标。

5. 施工挂牌制度

主要工种如钢筋、混凝土、模板、砌砖、抹灰等，施工过程中要在现场实行挂牌制，注明管理者、操作者、施工日期，并做相应的图文记录，作为重要的施工档案保存。因现场不按规范、规程施工而造成质量事故的要追究有关人员的责任。

6. 过程三检制度

实行并坚持自检、互检、交接检制度，自检要有文字记录。隐蔽工程要由工长组织项目技术负责人、质量检查员、班组长作检查，并做出较详细的文字记录。

7. 质量否决制度

对不合格分项、分部工程实行质量否决，必须进行整改或返工，直到达到合格，不合格品不能验收。

8. 培训上岗制度

工程项目所有管理及操作人员应经过业务知识技能培训，并持证上岗。因无证指挥、无证操作造成工程质量不合格或出现质量事故的，除要追究直接责任者外，还要追究主管领导的责任。

9. 工程质量事故报告及调查制度

工程发生质量事故，施工单位要马上向当地质量监督机构和建设行政主管部门报告，并做好事故现场抢险及保护工作，建设行政主管部门要根据事故等级逐级上报，同时按照"三不放过"的原则，负责事故的调查及处理工作。对事故上报不及时或隐瞒不报的人追究有关人员的责任。

10. 成品保护制度

应当像重视工序的操作一样重视成品的保护。施工单位应合理安排施工工序，减少工序间的交叉作业。上下工序之间应做好交接工作，并做好记录。如下道工序的施工可能对上道工序的成品造成影响时，应征得上道工序操作人员及管理人员的同意，并避免已完工成品遭受破坏和污染，否则，造成的损失由下道工序操作者及管理人员负责。

11. 质量文件记录制度

质量记录是质量责任追溯的依据，应力求真实和详尽。各类现场操作记录及材料试验记录、质量检验记录等要妥善保管，特别是各类工序接口的处理，应详细记录当时的情况，理清各方责任。

五、监理对施工技术方案审查

随着科学技术的进步和国家经济实力的不断提高，工程建设行业近二十多年来取得了很大的发展。超高、大跨建筑、复杂结构不断出现，新的技术、新的工艺、新的设备不断采用。这些都对监理工程师提出了新的要求。特别是对项目的总监理工程师的专业技术水平，对工程施工技术方案的审查能力提出了更高的要求。以下就这方面的基本知识作一些介绍。

（一）审查要求

《监理规范》在总监理工程师职责中规定总监理工程师要"组织审查施工组织设计、（专项）施工方案"。因此对技术方案的审查是总监理工程师应履行的职责之一。

施工组织设计审查主要是审查项目整体的施工方案、施工进度计划、施工现场平面布置图，劳动力、材料、设备等组织与供应计划安排，工程质量保证措施，现场施工安全、文明生产等措施，是整个工程项目施工的总体部署和统筹安排。在（专项）施工方案审查中技术方案是核心，侧重于对施工中某些分部、分项工程所采用的有关技术的说明、论证与评价。技术方案是施工方法的核心，是施工质量保证的关键。所以总监理工程师要重视对技术方案的审定，特别是对非传统的、非熟练的新的技术方案的审定。

对新技术方案的审定，概括说来应满足如下要求：

（1）技术方案的适用、合理性

新技术方案应具有先进性，先进的技术应有其独到之处，或能提高产品的功能、或能降低成本、或能更好地保证质量，但针对某一具体工程项目并非是越先进越好，要注意其适用性和合理性，先进的技术往往同时对施工的环境条件、人员素质具有更高的要求，如不具备一定的条件，先进的技术不一定会在工程上取得好的效果。

（2）技术方案编制的科学严密性

新的技术方案涉及众多相关方面，总监理工程师审查时应注意其严密性，是否经过周密的思考，科学地考虑了技术各方面的因素、风险等。

（3）技术方案与工程施工及周边环境条件等的适应性

新的技术方案要在工程上实施，必须考虑到施工的条件，如水电供应条件、气候条件、工程场地地质、水文条件、周边建筑物、构筑物远近环境条件等，在其他工程上能应用的新技术不一定就能在本工程中适用。

（4）技术方案与承包单位技术力量、施工机械设备配置的相称性

先进的施工新技术对技术人员，管理人员，特别是第一线上的操作工人，配套的施工机械设备、检测设备都会有新的要求，要注意其相称性，否则其他施工单位能适用的技术，本工程施工单位不一定能实施。因此总监理工程师审查时要注意本工程施工单位在这些方面具备什么条件和具有哪些保证措施。

(5) 新技术方案中采用新材料、新工艺的可靠性

对所采用的新材料、新工艺应要求承包单位报送试验鉴定证明资料及相应的工艺操作措施要求、检验标准等，总监理工程师应组织专业监理工程师及有关专业人员进行专题论证，以验明其可靠性。

(6) 新技术方案实施的安全性

总监理工程师还应对新技术方案实施过程中的安全性进行审查，这里既包含了新技术本身由于未经过更多的实践检验而隐含的安全隐患，也应包含由于是新技术新工艺，操作人员对其特性认识不足可能带来的安全隐患。因此总监理工程师应组织专业监理工程师对方案中的安全措施认真进行审核。

（二）审查方法及程序

总监理工程师对施工技术方案的审查不应是单纯就承包单位提供的技术方案就事论事的审查，给出一个通过与否的结论，而应扩大思路，就方案的技术水平高度，对工程质量、工期、造价的综合影响，包含的风险，寻求改进的方案的可能性等进行全面的审查。一般可以依次按如下的方法和步骤来进行审查：

(1) 该技术方案主要是解决什么问题？期望实现什么样的功能目标？

(2) 实现所期望的功能目标，在工程上一般可以通过哪些途径和采用哪些方法来实现？

(3) 承包单位采用的技术方案属哪一种途径和方法？

(4) 承包单位采用的途径和方法利弊是什么？存在的风险影响的范围和程度如何？

(5) 该方案与前面所列审查要求的符合性如何？

(6) 该技术方案实施后对工程质量、工期、造价的综合影响如何？

(7) 是否存在质量更有保证，工期、费用变化不大或更经济的其他方案可以取代现有方案或部分修改该方案的可能性？

六、工程案例——混凝土结构裂缝控制技术方案审查

混凝土是当今使用最多、最广泛的建筑材料，随着高层建筑、公共建筑、大跨建筑规模日益扩大，长度和宽度超过现行设计规范温度缝设置间距规定的结构增多。此外，高强度混凝土、大体积混凝土、混凝土外加剂等使用也增多，不少工程人员对其特性尚了解不够或控制不力，致使在混凝土结构中出现非荷载性裂缝的情况十分普遍。这种非荷载性裂缝主要是混凝土的收缩裂缝，其形成原因有设计、材料、施工工艺、施工质量等方面，或单一原因所致，或两个以上原因综合所致。裂缝控制是当前工程中的技术难题之一，必须综合采取措施才能奏效。作为监理工程师必须对此高度重视，加强对混凝土结构裂缝控制技术方案的审查。

1. 混凝土结构裂缝形成机理

混凝土结构裂缝可以分成两大类。一类是在外荷载作用下由于结构设计上的原因或施工质量原因，构件达不到承载能力的要求而产生裂缝，这类裂缝危害很大，但原因显而易见，工程技术人员较为重视，防治也相对较易。另一类是由于混凝土凝缩、干缩、温度收缩受到各种约束，致使收缩应力超过混凝土抗拉强度产生裂缝，这类裂缝或在混凝土表面，或在内部，未贯穿的多，严重的也有贯穿构件内外的。这类裂缝相对于承载力不足引起的裂缝危害要小得多，修复也容易得多，但这种裂缝出现频繁，原因多样化，防不胜

防，同样引起结构耐久性下降，贯穿性裂缝也会影响结构安全。本例主要是研究这类裂缝。

混凝土是脆性材料，抗压强度高，但抗拉强度一般只有抗压强度的十分之一。因此结构混凝土的收缩在受到约束不能自由变形时，便会产生拉应力，当收缩拉应力超过混凝土抗拉强度便出现裂缝。

混凝土的收缩主要有如下几种：

(1) 凝缩。混凝土拌制后一段时间（3～12h），水化反应较快，分子链逐渐形成，出现泌水和体积缩小，称为凝缩。凝缩的大小约为水泥体积的1%。凝缩随混凝土水灰比的降低而减小，随着混凝土浇筑入模温度增高而增大。

(2) 自生收缩。混凝土在恒温绝湿的条件下，由胶凝材料水化作用引起的体积变形称为自生体积变形。自生收缩值一般在$(40～100)×10^{-6}$范围内。

(3) 温度收缩。由于水泥水化热的作用入模后混凝土温度会升高，硬化成型后随着时间推移温度下降，混凝土会发生降温收缩变形。混凝土线膨胀系数一般为$10×10^{-6}/℃$，石灰岩骨料混凝土为$(6～7)×10^{-6}/℃$，砂岩骨料混凝土为$11×10^{-6}/℃$，而纯水泥浆体为$13×10^{-6}/℃$左右。

(4) 干燥失水收缩。置于未饱和空气湿度中的混凝土因水分散失而引起体积缩小变形称为干燥收缩，干缩的量值较大，一般在$(200～1000)×10^{-6}/℃$。对薄壁结构，干缩影响相对较大。

在工程中引起危害的主要是干燥失水收缩和温降收缩，但如若措施得当，其危害同样是可以避免或减小的。

2. 大体积混凝土裂缝形成机理及控制措施

(1) 大体积混凝土裂缝形成机理

大体积混凝土是指体积大到一定程度，混凝土内部由于水化产生的热量无法向外传播散热，致使内部温度升高，而外层的混凝土由于散热较快与环境温度相差不大，形成内高外低的温度场，当内外温差大于等于25℃时，混凝土表面会形成冷缩裂缝。随着时间的推移，混凝土内部温度也会逐渐降到与环境温度一致。如图7-3所示，在内部降温的过程中也可能形成内部温度收缩裂缝。如武汉有几幢高层建筑大体积混凝土基础底板，夏季施工时有的实测最高温度曾达80～90℃，而外部环境气温仅30℃左右，如不采取措施，内外温差可能达50～60℃。

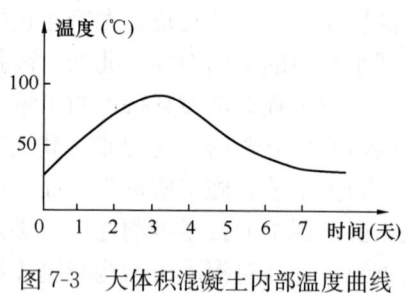

图7-3 大体积混凝土内部温度曲线

(2) 大体积混凝土裂缝控制施工措施

大体积混凝土裂缝控制施工措施主要有两个方面：一是尽量减少内部水化热温升的积聚过高，另一方面则是采取表面蓄热升温以减少内外温差，并控制在25℃之内。主要的施工措施有如下方面：

① 原材料措施

a. 水泥品种。尽量选用初期水化热低的水泥品种，如普通硅酸盐水泥水化热比矿渣水泥大，可优选矿渣水泥。

b. 水泥用量。在采用外加剂减水、早强时，通常可节省水泥用量，降低水化热。

c. 掺用外掺料。如掺用粉煤灰，不仅可取代部分水泥，减少水泥用量，还可改善混凝土的可泵性等。

② 降低混凝土入模温度

采用低温水（如加冰屑水，夏季的地下井水）作拌合水，可降低混凝土入模温度，从而降低内部温度积累值，减少内外温差。如三峡工程、葛洲坝工程的大坝混凝土通过加冰屑水使入模温度夏季也能控制在7℃左右。

③ 内部设置循环水管降温

在混凝土内部预埋水管，通入冷却循环水，以降低内部温度。水流速度、流量参照实际测温结果调整。这种方法在大体积的混凝土设备基础中用得较多，在高层大体积基础混凝土中也有应用，如上海金茂大厦也采用其作为降温措施之一。

④ 混凝土表层蓄热养护

通常采用塑料薄膜覆盖混凝土表面，并加盖草席、草袋等，达到保温、保湿养护。这一措施同时还要配以混凝土内外测温监控。当内外温差还有可能超出25℃时，可采用二膜二袋覆盖，必要时还可外浇80℃以下的热水养护，以提高表面温度。

以上措施应视工程具体情况单一选用或综合选用。监理工程师应要求施工单位进行充分论证和必要的试验，以保证大体积混凝土施工不出现裂缝。

3. 混凝土建筑结构收缩裂缝控制

建筑结构中混凝土收缩裂缝的表观形式多种多样，主要因收缩量的大小和所受到的约束部位和约束程度不同而异。如基础底板收缩可能受到底板下岩土的约束而出现底部裂缝；地下室墙板收缩可能受到刚度较大的附壁柱的约束而出现裂缝，次梁的收缩可能受到刚度大的主梁约束而出现裂缝。

如图7-4为某工程地下室墙面裂缝分布展开图。

图7-4中裂缝有如下特征：

（1）较长混凝土墙体中段裂缝，如南墙面上部17号、23号。墙面的裂缝特征呈中间宽、两头尖灭的形状。因为墙较长，温度收缩和干缩应力大，受到刚度较大的附壁柱的约束，中段1/2处的拉应力超出混凝土抗拉强度而开裂。南墙面下部的38号、40号、41号、42号、43号、44号与17号、23号特征类似，原因相同。

（2）梁与墙交会相连部位两侧墙体上，如南墙第14号、20号、37号、39号、47号；东墙31号、32号；西墙51号；北墙1号、3号、6号、9号等裂缝。梁-墙相连部位因应力集中产生的裂缝特征是：裂缝起始于梁-墙交接处，发生在墙面上，起始处裂缝较宽，向下发展，裂缝宽度减小，最后尖灭。

开裂原因：梁与墙面垂直，梁沿长度方向的收缩受到墙面约束；同样，墙面的收缩也受到梁的约束，导致梁-墙相连部位应力集中而开裂。

4. 影响混凝土收缩主要因素控制

收缩裂缝影响因素是多种多样的，下述从理论和实际工程中总结的影响因素对于工程上裂缝控制具有很好的参考价值：

（1）混凝土在水中永远呈微膨胀变形，在空气中永远呈收缩变形。

（2）水泥用量越大，含水量越高，表现为水泥浆量越大，坍落度大，收缩越大，一般

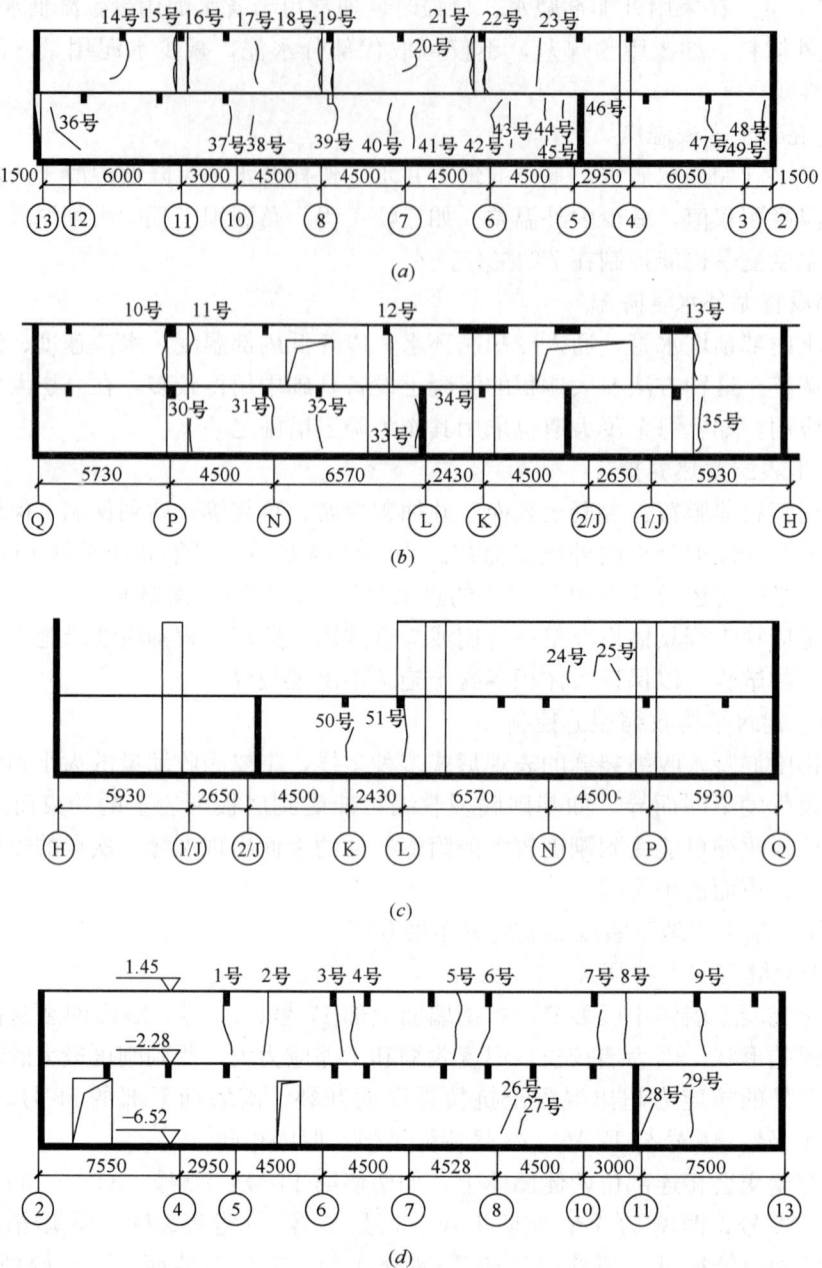

图 7-4 某工程地下室墙面裂缝示意图
(a) 南墙裂缝展开图；(b) 东墙裂缝展开图；(c) 西墙裂缝展开图；(d) 北墙裂缝展开图

高强混凝土比中低强度混凝土收缩大。

(3) 水灰比越大，收缩越大，特别要避免雨中施工浇灌混凝土。

(4) 暴露面越大，一次浇筑成型的混凝土面积越大，如养护措施不当，表面失水干缩越大。

(5) 矿渣水泥收缩比普通水泥收缩大，粉煤灰水泥及矾土水泥收缩较小，快硬水泥收缩较大，矿渣水泥及粉煤灰水泥的水化热比普通水泥低，故应根据混凝土结构体积选择水泥品种。

（6）矿岩作骨料收缩大幅度增加。粗细骨料中含泥量越大收缩越大。

（7）早期养护时间越长，收缩越小。保湿养护避免剧烈干燥技术能有效地降低收缩应力。

（8）环境湿度越大，收缩越小，越干燥收缩越大。

（9）骨料粒径越粗，收缩越小，骨料粒径越细，砂率越高，收缩越大。

（10）水泥活性越高，颗粒越细，比表面积越大，收缩越大。

（11）配筋率越大，收缩越小，但配筋过大则会增加混凝土拉应力。

（12）风速越大，混凝土表面失水干缩越大，注意高空现浇混凝土保湿养护。

（13）外加剂及掺合料选择不当，会增加混凝土收缩，选择适宜可减少收缩。

（14）环境及混凝土温度越高，收缩越大。停工暴露时间越长收缩越大。

（15）收缩和环境降温同时发生，对工程更为不利。

（16）箱形基础外侧尽早回填土、建筑外墙尽早封闭和装修对减少收缩有利。

（17）混凝土泌水量大，混凝土表面含水量高，混凝土表面早期收缩大。

（18）水泥用量较多的中低强度及水灰比较低的混凝土，大部分收缩完成时间约一年，水泥用量较多的高强度混凝土为2～3年或更长。

混凝土裂缝的控制是工程措施为主，理论计算为辅，作为监理工程师，首先是要加深认识，认真分析可能出现裂缝的部位，影响因素，加强对施工单位技术方案的审查，制订有效适用的措施。

第三节　工程质量事故分析与处理

由于影响工程质量的因素众多而且复杂多变，常难免会出现某种质量事故或不同程度的质量缺陷。因此，处理好工程的质量事故，认真分析原因，总结经验教训，改进质量管理与质量保证体系，使工程质量问题和事故减少到最低程度，是质量监理的一个重要内容与任务。监理工程师应当重视工程质量不良可能带来的严重后果，重视对质量事故的防范和处理，避免已发事故的进一步恶化和扩大。

一、工程质量事故特点

工程质量事故具有复杂性、严重性、可变性和多发性的特点。

1. 复杂性

建筑生产与一般工业相比具有产品固定，生产流动；产品多样，结构类型不一；露天作业多，自然条件复杂多变；材料品种、规格多，材质性能各异；多工种、多专业交叉施工，相互干扰大；工艺要求不同，施工方法各异、技术标准不一等特点。因此，影响工程质量的因素繁多，造成质量事故的原因错综复杂，即使是同一类质量事故，而原因却可能多种多样截然不同。例如，就墙体开裂质量事故而言，其产生的原因就可能是：设计计算有误，承载力不足开裂；结构构造不良引起开裂；地基不均匀沉降引起开裂；冷缩及干缩应力引起开裂；冻胀力引起开裂；也可能是施工质量低劣、偷工减料或材质不良等引起开裂。所以对质量事故的性质、原因进行分析，必须对质量事故发生的背景情况认真调查分析，结合具体情况仔细判断。

2. 严重性

工程项目一旦出现质量事故，其影响较大。轻者影响施工顺利进行，拖延工期，增加工程费用，重者则会留下隐患成为危险的建筑，影响使用功能或不能使用，更严重的还会引起建筑物的失稳、倒塌，造成人身伤亡及财产的巨大损失。所以对于建设工程质量事故问题不能掉以轻心，必须高度重视加强对工程建设的监督管理，防患于未然，力争将事故消灭于萌芽之中，以确保建筑物的安全使用。

3. 可变性

许多建筑工程的质量问题出现后，其质量状态并非稳定于发现时的初始状态，而是有可能随着时间进程而不断地发展、变化。例如，地基基础或桥墩的沉降量可能随上部荷载的持续作用而继续发展；混凝土结构出现的裂缝可能随环境温度的变化而变化，或随荷载的变化及持荷时间而变化等。因此，有些在初始阶段并不严重的质量问题，如不能及时进行处理，有可能发展成严重的质量事故，如开始时微细的裂缝有可能发展导致结构断裂或倒塌事故；建筑基坑支护桩后土体的地下水渗漏持续发展可能引起支护结构位移甚至垮塌。所以，在分析处理工程质量事故时，一定要注意质量事故的可变性，加强观测与检验，及时采取可靠的措施防止事故进一步恶化。

4. 多发性

建筑工程中有些质量事故，在各项工程中经常发生，而成为多发性的质量通病，例如屋面漏水、卫生间漏水；抹灰层开裂、脱落；墙面裂缝；悬挑梁板断裂等。因此要及时分析原因，总结经验，采取有效的预防措施。

二、工程质量事故分类

建筑工程的质量事故一般有下述不同的分类方法：

1. 按事故造成的后果分类

（1）未遂事故。发现的质量问题，经及时采取措施，未造成经济损失、延误工期或其他不良后果者，均属未遂事故。

（2）已遂事故。凡出现不符合质量标准或设计要求，造成经济损失、工期延误或其他不良后果者，均构成已遂事故。

2. 按事故的责任分类

（1）指导责任事故。指由于在工程实施指导或管理失误而造成的质量事故。例如由于追求进度赶工，放松或不按质量标准进行作业控制和检验，降低施工质量标准等。

（2）操作责任事故。指在施工过程中，由于实施操作者不按规程或标准实施操作，而造成的质量事故。例如，浇筑混凝土时随意加水调整混凝土坍落度；混凝土拌合料产生了离析现象仍浇筑入模；土方填压施工未按要求控制土料含水量及压实遍数等。

3. 按事故产生的原因分类

（1）技术原因引发的质量事故。是指在工程项目实施中由于设计、施工在技术上失误而造成的质量事故。例如，结构设计计算错误；地质情况估计错误；盲目采用技术上不成熟、实际应用中未得到充分验证其可靠性的新技术；采用了不适宜的施工方法或工艺等。

（2）管理原因引发的质量事故。主要是指由于管理上的不完善或失误而引发的质量事故。例如，施工单位的质量体系不完善，质量管理措施落实不力；检测仪器设备管理不善而失准,导致施工进场材料检验不准等原因引起质量问题。

(3) 社会、经济原因引发的质量事故。主要是指由于社会存在的不正之风、经济犯罪等因素干扰建设的错误行为而导致出现质量事故。例如,盲目追求利润而置工程质量于不顾;在建筑市场上低价投标,中标后则依靠违法手段或修改方案追加工程款;或偷工减料;或层层转包、违法分包。凡此种种,都是导致工程质量事故不可忽视的原因,应当给以充分的重视。因此,监理工程师进行质量控制,不但要在技术方面、管理方面入手严把质量关,而且还要遵纪守法和维法。

三、工程事故报告制度

1. 按照《事故条例》的规定,事故发生后,事故现场有关人员应当立即向本单位负责人报告;单位负责人接到报告后,应当于1小时内向事故发生地县级以上人民政府安全生产监督管理部门报告。情况紧急时,事故现场有关人员可以越级上报。

事故发生单位负责人接到事故报告后,应当立即启动事故相应应急预案,或者采取有效措施,组织抢救,防止事故扩大,减少人员伤亡和财产损失。

2. 安全生产监督管理部门和负有安全生产监督管理职责的有关部门接到事故报告后,应当依照下列规定上报事故情况,并通知公安机关、劳动保障行政部门、工会和人民检察院:

(1) 特别重大事故、重大事故逐级上报至国务院安全生产监督管理部门,部门应立即报告国务院;

(2) 较大事故逐级上报至省、自治区、直辖市人民政府安全生产监督管理部门;

(3) 一般事故上报至设区的市级人民政府安全生产监督管理部门。

安全生产监督管理部门每级上报的时间不得超过2小时。

3. 上报的事故报告应当包括下列内容:

(1) 事故发生单位概况;

(2) 事故发生的时间、地点以及事故现场情况;

(3) 事故的简要经过;

(4) 事故已经造成或者可能造成的伤亡人数(包括下落不明的人数)和初步估计的直接经济损失;

(5) 已经采取的措施;

(6) 其他应当报告的情况。

事故报告后出现新情况的,应当及时补报。

四、工程质量事故调查与处理的依据和程序

工程质量事故发生后,事故处理主要应解决:查清原因,落实措施,妥善处理,消除隐患,界定责任。其中关键是查清原因。

(一) 事故调查

1. 事故调查权限与职责

按照《事故条例》的规定,特别重大事故由国务院或者国务院授权有关部门组织事故调查组进行调查。重大事故、较大事故、一般事故分别由事故发生地省级人民政府、设区的市级人民政府、县级人民政府直接或授权有关部门组织调查。未造成人员伤亡的一般事故,县级人民政府也可以委托事故发生单位组织事故调查组进行调查。上级人民政府认

为必要时,可以调查由下级人民政府负责调查的事故。

根据事故的具体情况,事故调查组由有关人民政府、安全生产监督管理部门、监察机关、公安机关以及工会派人组成,并应当邀请人民检察院派人参加。事故调查组可以聘请有关专家参与调查。

事故调查组履行下列职责:
(1) 查明事故发生的经过、原因、人员伤亡情况及直接经济损失;
(2) 认定事故的性质和事故责任;
(3) 提出对事故责任者的处理建议;
(4) 总结事故教训,提出防范和整改措施;
(5) 提交事故调查报告。

事故调查中需要进行技术鉴定的,事故调查组应当委托具有国家规定资质的单位进行技术鉴定。必要时,事故调查组可以直接组织专家进行技术鉴定。技术鉴定所需时间不计入事故调查期限。

事故调查组应当自事故发生之日起 60 日内提交事故调查报告;特殊情况下,经负责事故调查的人民政府批准,提交事故调查报告的期限可以适当延长,但延长的期限最长不超过 60 日。

2. 事故调查报告

事故调查报告应当包括下列内容:
(1) 事故发生单位概况;
(2) 事故发生经过和事故救援情况;
(3) 事故造成的人员伤亡和直接经济损失;
(4) 事故发生的原因和事故性质;
(5) 事故责任的认定以及对事故责任者的处理建议;
(6) 事故防范和整改措施。

事故调查报告应当附具有关证据材料。事故调查组成员应当在事故调查报告上签名。事故调查报告报送负责事故调查的人民政府后,事故调查工作即告结束。事故调查的有关资料应当归档保存。

(二) 工程质量事故处理

1. 工程质量事故处理的依据

工程质量事故发生的原因是多方面的,有技术上的失误等原因,也有的是由于违反建设程序或法律法规;有些设计、施工的原因,也有些是由于管理方面或材料方面的原因。引发事故的原因不同,事故责任的界定与承担也不同,事故的处理措施也不同。总之,对于所发生的质量事故。无论是分析原因、界定责任,以及做出处理决定,都需要以切实可靠的客观依据为基础。概括起来,进行工程质量事故处理的主要依据有以下四个方面。

(1) 质量事故调查报告等实况资料。
(2) 具有法律效力的,得到有关当事各方认可的工程承包合同、设计委托合同、材料或设备购销合同以及监理合同或分包合同等合同文件。
(3) 有关的工程技术文件和档案。
(4) 有关的建设法规。

在这四方面依据中，前三种是与特定的工程项目密切相关的具有特定性质的依据，第四种法规性依据，是具有很高权威性、约束性、通用性和普遍性的依据。

2. 工程质量事故处理程序

工程质量事故发生后，一般可按照图 7-5 程序进行调查和处理。

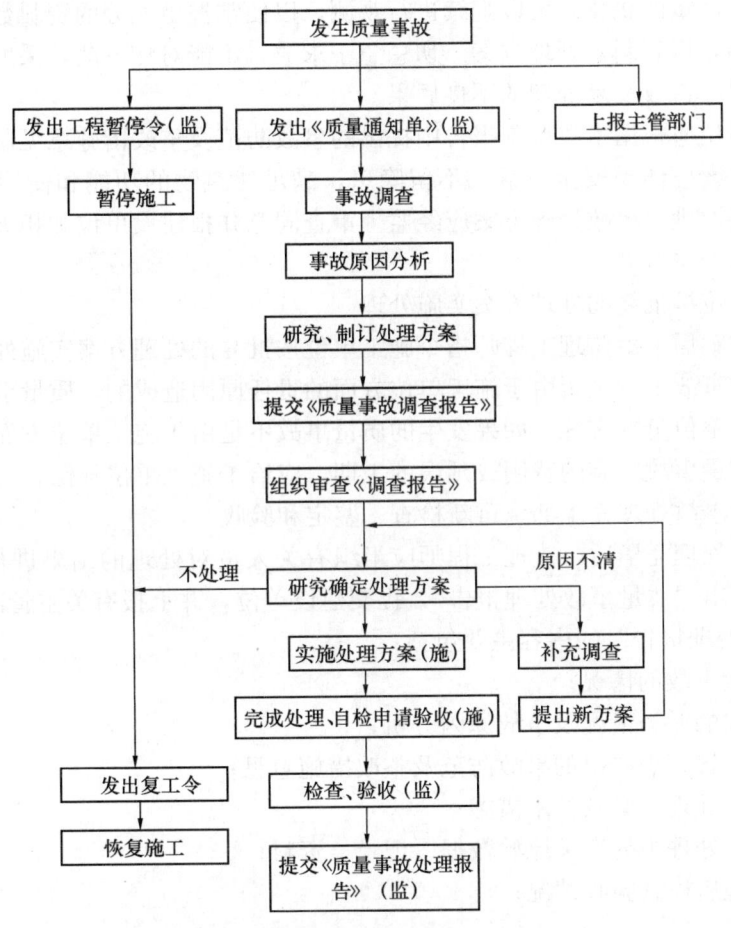

图 7-5 工程质量事故处理程序框图

(1) 暂停质量事故部位和其有关联部位施工

当发现工程出现质量事故后，监理工程师首先就以"质量通知单"的形式通知施工单位。并要求停止质量事故部位和其有关联部位施工，需要时，还应要求施工单位采取防护措施。同时，要及时按规定时限上报主管部门。

(2) 监理应配合事故调查组进行调查

事故情况调查是事故原因分析的基础，有些质量事故原因复杂，常涉及勘察、设计、施工、材料、维护管理、工程环境条件等方面情况，监理对有关情况比较熟悉，理应配合事故调查组全面、客观、准确地进行调查。

(3) 在事故调查的基础上进行事故原因分析，正确判断事故原因

事故原因分析是确定事故处理措施方案的基础。正确的处理来源于对事故原因的正确判断。只有对调查提供的充分的调查资料、数据进行详细、深入的分析后，才能由表及

里、去伪存真，找出造成事故的真正原因。为此，监理应参加事故原因分析，提出自己的意见。

（4）在事故原因分析的基础上，研究制订事故处理方案

事故处理方案的制订应以事故原因分析为基础。如果某些事故一时认识不清，而且事故一时不致产生严重的恶化，可以继续进行观测，以便掌握更充分的资料数据，做进一步分析，找准原因，以利制定处理方案。切忌急于求成，不能对症下药，采取的处理措施不能达到预期效果，造成反复处理的不良后果。

事故责任单位应根据事故调查报告中提出的事故防范及整改措施意见制定事故处理方案。事故处理方案应体现安全可靠，不留隐患，满足建筑物的功能和使用要求，技术可行，经济合理等原则。事故处理方案应经监理审查同意并报建设单位和相关主管单位核查批准。

（5）施工单位按批复的处理方案实施处理

确定处理方案后，由监理工程师指令施工单位按批复的处理方案实施处理。

发生的质量事故不论是否由于施工单位方面的责任原因造成的，质量事故的处理通常都是由施工承包单位负责实施。如果发生的质量事故不是由于施工单位方面的责任原因造成的，则处理质量事故所需的费用或延误的工期，应给予施工单位补偿。

（6）对质量事故处理完工部位重新检查、鉴定和验收

在质量事故处理完毕后，监理工程师应组织有关人员对处理的结果进行严格的检查、鉴定和验收，写出"质量事故处理报告"，提交建设单位，并上报有关主管部门。

"质量事故处理报告"的内容主要包括：

① 工程质量事故的情况；

② 质量事故的调查情况及事故原因分析；

③ 事故调查报告中提出的事故防范及整改措施意见；

④ 质量事故处理方案及技术措施；

⑤ 质量事故处理中的有关原始数据、记录、资料；

⑥ 事故处理后检查验收情况；

⑦ 结论意见。

五、工程质量事故原因分析

1. 常见的工程质量事故发生的原因

工程质量事故的表现形式千差万别，类型多种多样，例如结构倒塌、倾斜、错位、不均匀或超量沉陷、变形、开裂、渗漏、破坏、强度不足、尺寸偏差过大等，但究其原因，归纳起来主要有以下几方面。

（1）违背基本建设法规

① 违反基本建设程序。

基本建设程序是工程项目建设过程及其客观规律的反映，但有些工程不按基建程序办事，例如未做好调查分析就拍板定案；未搞清地质情况就仓促开工；边设计、边施工；无图施工，不经竣工验收就交付使用等，这常是导致重大工程质量事故的重要原因。

② 违反有关法规和工程合同的规定。

例如，无证设计，无证施工；越级设计；越级施工；工程招、投标中的不公平竞争；

超常的低价中标；擅自转包或分包；多次转包；擅自修改设计等。

（2）地质勘察原因

诸如未认真进行地质勘察或勘探时钻孔深度、间距、范围不符合规定要求，地质勘察报告不详细、不准确、不能全面反映实际的地基情况等，从而使得地下情况不清，或对基岩起伏、土层分布误判，或未查清地下软土层、墓穴、孔洞等，它们均会导致采用不恰当或错误的基础方案，造成地基不均匀沉降、失稳使上部结构或墙体开裂、破坏，或引发建筑物倾斜、倒塌等质量事故。

（3）对不均匀地基处理不当

对软弱土、杂填土、冲填土、大孔性土或湿陷性黄土、膨胀土、红黏土、熔岩、土洞、岩层出露等不均匀地基未进行处理或处理不当也是导致重大事故的原因。必须根据不同地基的特点，从地基处理、结构措施、防水措施、施工措施等方面综合考虑，加以治理。

（4）设计计算问题

诸如盲目套用图纸，采用不正确的结构方案，计算简图与实际受力情况不符，荷载取值过小，内力分析有误，沉降缝或变形缝设置不当，悬挑结构未进行抗倾覆验算，以及计算错误等，都是引发质量事故的隐患。

（5）建筑材料及制品不合格

诸如钢筋物理力学性能不良会导致钢筋混凝土结构产生裂缝或脆性破坏；水泥安定性不良会造成混凝土爆裂；水泥受潮、过期、结块，砂石含泥量及有害物含量、外加剂掺量等不符合要求时，会影响混凝土强度、和易性、密实性、抗渗性，从而导致混凝土结构强度不足、裂缝、渗漏、蜂窝等质量事故。此外，预制构件断面尺寸不足，支承锚固长度不足，未可靠地建立预应力值，漏放或少放钢筋，板面开裂等均可能出现断裂、坍塌事故。

（6）施工与管理问题

① 未经设计部门同意，擅自修改设计；或不按图施工。例如将铰接做成刚接，将简支梁做成连续梁；用光圆钢筋代替异形钢筋等，导致结构破坏。挡土墙不按图设滤水层、排水孔，导致墙后地下水压力增大，墙体破坏或倾覆。

② 图纸未经会审即仓促施工；或不熟悉图纸要求，盲目施工。

③ 不按有关的施工规范和操作规程施工。例如浇筑混凝土时振捣不良形成孔洞露筋薄弱部位；砖体包心砌筑，上下通缝，灰浆不均匀饱满等质量隐患。

④ 管理紊乱，施工方案考虑不周，施工顺序错误，技术交底不清，违章作业，疏于检查、验收等，均可能导致质量事故。

（7）自然条件影响。

暴雨、大风、雷电、高温暴晒等不利影响均可能影响工程质量或引发事故，施工中应注意并采取有效的措施预防。

2. 质量事故原因分析方法

由于影响工程质量的因素众多，所以引起质量事故的原因也错综复杂，常常一项质量事故是由于多种原因引起的。究竟是哪类中的何种原因所引起，则应对事故的特征表现以及其在施工中所处的实际情况和条件进行具体分析。

六、工程质量事故分析案例

【案例 7-1】重庆市某现浇框架与砖混结构裂缝事故

1. 工程与事故概况

某幢现浇框架与砖混结构组合成的车间,其平面与剖面如图 7-6 所示。

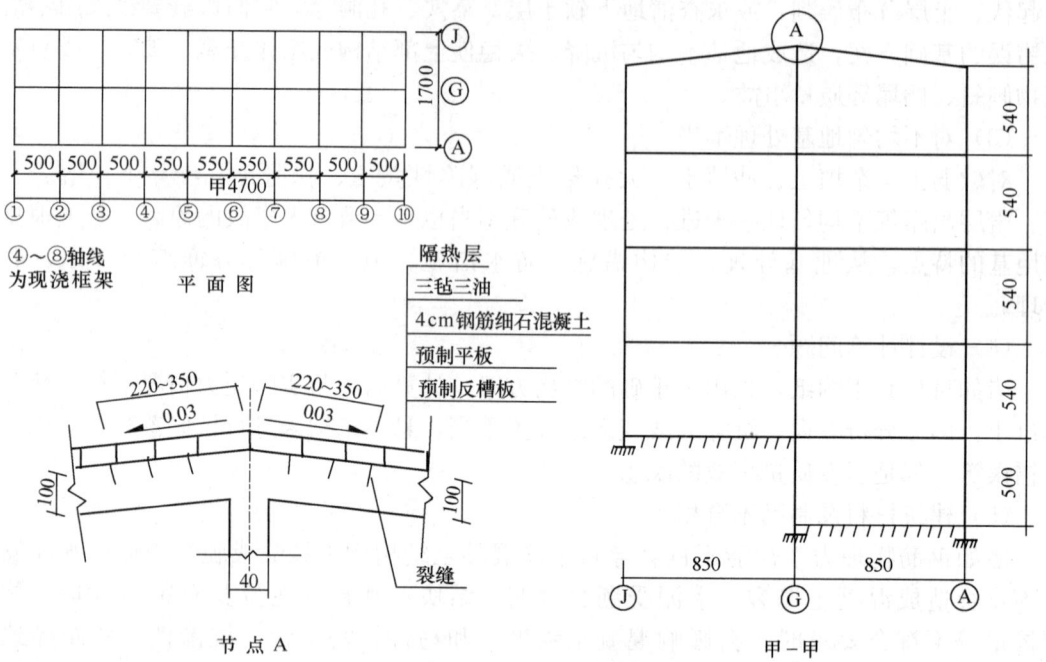

图 7-6 某车间平面与剖面示意图

该车间某年初挖土石方,至同年 12 月 14 日完成现浇框架,接着就开始砌砖。第二年 3 月完成砌砖工程,4 月在进行室内装饰工程时,发现砖墙裂缝,因而对框架进行全面检查,发现顶层的每个框架横梁上都出现不同程度的裂缝。

这些裂缝具有以下共同特点:

① 裂缝位置大多靠近中柱两侧;
② 裂缝都出现在梁的上半部,裂缝长为 50~60cm(梁高 100cm);
③ 裂缝上宽下窄,最大宽度为 0.25mm;
④ 梁的两侧面在同一位置都有裂缝,表明裂缝已贯穿;
⑤ 裂缝宽度与长度随气温而变化,气温升高裂缝开口变宽,气温降低则裂缝开口变窄。砖混结构部分的⑨、⑩、①、②轴线砖墙上,在靠近中轴线⑥附近,从屋面下的墙顶开始也有上宽下窄的裂缝,最大裂缝宽度为 4mm。砖墙裂缝的宽度也随气温而变化,其规律与梁上裂缝相同。

框架梁与砖墙的裂缝只出现在顶层,框架柱上无可见的裂缝。

2. 原因分析

经复查,结构计算无误。整个车间坐落在完整的、微风化的砂岩地基上,因此不可能产生明显的不均匀沉陷。所有原材料、半成品均合格,混凝土实际强度等级超过设计要求,施工质量优良。从上述裂缝特征分析,其主要原因是温度变化和混凝土受到收缩所引起的变形，在超静定框架结构中产生附加应力，它和荷载作用下的应力叠加而造成裂缝。附加应力主要由下面两个因素造成：

① 工程检查中发现屋面结构预制板上现浇的 4cm 厚钢筋混凝土刚性面层宽达 17m，未设伸缩缝。而且屋面构造是由钢筋和混凝土将反槽板、小平板及细石混凝土面层连成整体，屋面整体性好，刚度大。细石混凝土刚性面层在当年 12 月浇筑时气温较低，混凝土内部温度 10℃ 左右，天气转暖后，气温升高，夏天在太阳直射下，测得混凝土表面温度达 65℃。由于原设计隔热层未及时施工，因此刚性面层内的温度可达 60℃ 左右，与混凝土硬化成型时的起始温度差约 50℃。这种温差造成屋面浇筑的刚性面层结构受热膨胀，其下铺设的预制反槽板也随之位移。由于屋面结构自重大，反槽板与框架梁间的摩阻力经计算达 3120kgf/m 左右（30600N/m），反槽板受热后膨胀位移的摩阻力使框架梁内产生较大的拉应力，拉应力在反槽板与框架梁接触面处最大，向下逐渐减小，导致框架梁产生由上表面向梁内延伸的裂缝，在靠近中柱附近的梁表面拉应力最大，裂缝也最多。在砖混结构砖墙相应位置上，同样出现类似裂缝，可进一步证实这种分析的正确。

② 屋面框架梁混凝土的收缩受到框架柱的约束，在梁中产生拉应力。查阅施工记录可知，冬天为了赶进度，施工中将屋面框架梁的混凝土强度等级从 C20 提高到 C30，实际 28 天的试块强度达 C44.2～C46.3，水泥用量的增加，加大了混凝土的收缩值。而且拌制混凝土采用了当地的特细砂，其收缩性更大，导致框架梁收缩应力也增大，收缩应力受框架柱约束在梁中形成拉应力，靠近中柱附近的梁中拉应力较大。

此外，经计算框架在屋面荷载作用下，梁支座附近为负弯矩区域，梁的反弯点（弯矩零点）在离中轴线 144cm 附近，在这区域内梁上部也产生拉应力。

以上屋面框架梁温缩形成的拉应力和荷载作用下的拉应力叠加，造成中柱附近的梁断面上表面拉应力较大，有 7 条裂缝出现在离中轴线 1.5m 范围内；离中轴线 1.8～3.5m 处还有 7 条裂缝，这是因为在设计荷载作用下，梁内正弯矩较小（特别在反弯点附近断面），在梁上表面产生的压应力也较小，附加拉应力抵消压应力影响后，其数值仍较大，而造成裂缝。值得注意的是裂缝位置大多出现在负弯矩钢筋切断点附近，这些断面的受拉钢筋突然减少造成薄弱断面，也是产生裂缝的原因之一。由于上述的拉应力分布是在梁上表面较大，向下逐渐减小，因而裂缝呈上宽下窄的状态。也因为这种拉应力随气温增高而加大，因而裂缝的宽度也随着气温升高而变大。

3. 事故处理

这种裂缝尚不会危及结构安全，裂缝宽度又较小（0.25mm），按照《混凝土结构设计规范》的规定，处在正常条件下的构件，最大裂缝宽度的容许值可为 0.3mm。但如不对裂缝作封闭处理，会影响混凝土的耐久性，进一步可能危及结构安全。因此需作封闭处理。处理措施是在梁抹灰前，用环氧树脂结构胶粘贴耐碱玻璃纤维布封闭裂缝。经处理后该工程已使用多年，未见异常问题。

4. 总结与建议

（1）尽量减小混凝土收缩而产生的应力。配置框架梁混凝土时水泥用量不宜太多，严禁任意提高混凝土强度等级。根据常用的混凝土配合比分析，该框架梁混凝土由 C20 提高到 C30，单方水泥用量增加 70～100kg，收缩增加 $(0.4～0.5) \times 10^{-4}$，因而收缩应力明显增大。

(2) 选用适当的原材料。特细砂配制的混凝土,与用中粗砂配制的混凝土相比,收缩较大。而在本例中所用的特细砂的细度已超出《特细砂混凝土配制及应用规程》的规定,由于砂太细,收缩明显增加。这种任意突破规范、规程的做法,应该制止。第三,多层框架梁的养护条件较差,顶层的梁往往高于周围建筑,混凝土在风吹日晒下,水分蒸发很快,如果保湿养护较差,早期收缩必将加大。

(3) 重视屋面框架梁内的温度变化而产生的附加应力。如温度差较大时,建议在结构设计中统一考虑构造与配筋。屋面框架梁施工时尽可能避开低温时间浇混凝土,以减少施工和使用阶段的结构内的温差。

(4) 重视屋面隔热层的作用,尽早完成隔热层的施工。屋面隔热层不仅是建筑热工的需要,同时又能降低温差,减少附加应力。根据在该市的实测记录,常用的架空12~14cm的隔热层,夏天在阳光直射下,隔热板面上的温度比隔热板下屋面上的温度高10~12℃,可见隔热板所起的作用颇大。

(5) 屋面的刚性面层必须按规定设缝,这将减小因温度变化而在梁中产生的附加应力。

(6) 框架梁内负弯矩钢筋的切断点,除了考虑结构受力的需要外,还要结合建筑构造和施工特点,适当延长负弯矩的钢筋,避免在附加应力较大区域切断钢筋。

第四节 建筑工程施工质量验收

建筑工程施工质量验收是在施工单位自行质量检查评定的基础上,参与建设活动的有关单位共同对工程施工质量进行抽样复验,根据相关标准以书面形式对工程质量达到合格与否做出确认。

工程施工质量验收包括工程过程的中间验收和工程的竣工验收两个方面。中间验收是指对检验批、分项工程、分部工程的验收,竣工验收是指对单位工程全部完工的成品验收。建筑工程产品体量庞大,成品建造过程持续时间长,因此加强对其形成过程产品的检验批、分项、分部验收是控制工程质量的关键。竣工验收则是在此基础上的最终检查验收,是工程交付使用前最后把住质量关的重要环节。

2000年12月首次颁布及2013年新修订的《建设工程监理规范》GB/T 50319都明确了受监理工程施工质量验收的有关职责,专业监理工程师负责组织检验批、分项工程质量验收,总监理工程师负责组织分部工程验收,总监理工程师还要负责组织单位工程竣工预验收,提出工程质量评估报告,最后由建设单位组织单位工程竣工验收。建设工程是"百年大计,质量第一",监理当此重任,责任重于泰山。因此,监理工程师必须十分熟悉工程质量验收有关标准、方法。本节主要按照2014年6月1日开始实施的《建筑工程施工质量验收统一标准》GB 50300—2013的有关规定,介绍建筑工程施工质量验收标准和方法。

一、建筑工程质量验收的划分

建筑工程质量验收应划分为单位(子单位)工程、分部(子分部)工程、分项工程和检验批四级验收。

1. 单位工程(子单位工程)划分

(1) 具备独立施工条件并能形成独立使用功能的建筑物及构筑物为一个单位工程。

（2）建筑规模较大的单位工程，可将其能形成独立使用功能的部分为一个子单位工程。

2. 分部工程（子分部工程）划分

（1）分部工程的划分应按专业性质、建筑部位确定，参见表7-5，共划分为10个分部。

（2）当分部工程较大或较复杂时，可按材料种类、施工特点、施工程序、专业系统及类别等划分为若干子分部工程，参见表7-5。

3. 分项工程划分

分项工程应按主要工种、材料、施工工艺、设备类别等进行划分，参见表7-5。

建筑工程的分部工程、分项工程划分（GB 50300—2013 附录B表B） 表 7-5

序号	分部工程	子分部工程	分项工程
1	地基与基础	地基	素土、灰土地基，砂和砂石地基，土工合成材料地基，粉煤灰地基，强夯地基，注浆地基，预压地基，砂石桩复合地基，高压旋喷注浆地基，水泥土搅拌桩地基，土和灰土挤密桩复合地基，水泥粉煤灰碎石桩复合地基，夯实水泥土桩复合地基
		基础	无筋扩展基础，钢筋混凝土扩展基础，筏形与箱形基础，钢结构基础，钢管混凝土结构基础，型钢混凝土结构基础，钢筋混凝土预制桩基础，泥浆护壁成孔灌注桩基础，干作业成孔桩基础，长螺旋钻孔压灌桩基础，沉管灌注桩基础，钢桩基础，锚杆静压桩基础，岩石锚杆基础，沉井与沉箱基础
		基坑支护	灌注桩排桩围护墙，板桩围护墙，咬合桩围护墙，型钢水泥土搅拌墙，土钉墙，地下连续墙，水泥土重力式挡墙，内支撑，锚杆，与主体结构相结合的基坑支护
		地下水控制	降水与排水，回灌
		土方	土方开挖，土方回填，场地平整
		边坡	喷锚支护，挡土墙，边坡开挖
		地下防水	主体结构防水，细部构造防水，特殊施工法结构防水，排水，注浆
2	主体结构	混凝土结构	模板，钢筋，混凝土，预应力，现浇结构，装配式结构
		砌体结构	砖砌体，混凝土小型空心砌块砌体，石砌体，配筋砌体，填充墙砌体
		钢结构	钢结构焊接，紧固件连接，钢零部件加工，钢构件组装及预拼装，单层钢结构安装，多层及高层钢结构安装，钢管结构安装，预应力钢索和膜结构，压型金属板，防腐涂料涂装，防火涂料涂装
		钢管混凝土结构	构件现场拼装，构件安装，钢管焊接，构件连接，钢管内钢筋骨架，混凝土
		型钢混凝土结构	型钢焊接，紧固件连接，型钢与钢筋连接，型钢构件组装及预拼装，型钢安装，模板，混凝土
		铝合金结构	铝合金焊接，紧固件连接，铝合金零部件加工，铝合金构件组装，铝合金构件预拼装，铝合金框架结构安装，铝合金空间网格结构安装，铝合金面板，铝合金幕墙结构安装，防腐处理
		木结构	方木与原木结构，胶合木结构，轻型木结构，木结构的防护

续表

序号	分部工程	子分部工程	分项工程
3	建筑装饰装修	建筑地面	基层铺设，整体面层铺设，板块面层铺设，木、竹面层铺设
		抹灰	一般抹灰，保温层薄抹灰，装饰抹灰，清水砌体勾缝
		外墙防水	外墙砂浆防水，涂膜防水，透气膜防水
		门窗	木门窗安装，金属门窗安装，塑料门窗安装，特种门安装，门窗玻璃安装
		吊顶	整体面层吊顶，板块面层吊顶，格栅吊顶
		轻质隔墙	板材隔墙，骨架隔墙，活动隔墙，玻璃隔墙
		饰面板	石板安装，陶瓷板安装，木板安装，金属板安装，塑料板安装
		饰面砖	外墙饰面砖粘贴，内墙饰面砖粘贴
		幕墙	玻璃幕墙安装，金属幕墙安装，石材幕墙安装，陶板幕墙安装
		涂饰	水性涂料涂饰，溶剂型涂料涂饰，美术涂饰
		裱糊与软包	裱糊，软包
		细部	橱柜制作与安装，窗帘盒和窗台板制作与安装，门窗套制作与安装，护栏和扶手制作与安装，花饰制作与安装
4	屋面	基层与保护	找坡层和找平层，隔汽层，隔离层，保护层
		保温与隔热	板状材料保温层，纤维材料保温层，喷涂硬泡聚氨酯保温层，现浇泡沫混凝土保温层，种植隔热层，架空隔热层，蓄水隔热层
		防水与密封	卷材防水层，涂膜防水层，复合防水层，接缝密封防水
		瓦面与板面	烧结瓦和混凝土瓦铺装，沥青瓦铺装，金属板铺装，玻璃采光顶铺装
		细部构造	檐口，檐沟和天沟，女儿墙和山墙，变形缝，伸出屋面管道，屋面出入口，反梁过水孔，设施基座，屋脊，屋顶窗
5	建筑给水排水及供暖	室内给水系统	给水管道及配件安装，给水设备安装，室内消火栓系统安装，消防喷淋系统安装，防腐，绝热，管道冲洗、消毒，试验与调试
		室内排水系统	排水管道及配件安装，雨水管道及配件安装，防腐，试验与调试
		室内热水系统	管道及配件安装，辅助设备安装，防腐，绝热，试验与调试
		卫生器具	卫生器具安装，卫生器具给水配件安装，卫生器具排水管道安装，试验与调试
		室外给水管网	给水管道安装，室外消火栓系统安装，试验与调试
		室外排水管网	排水管道安装，排水管沟与井池，试验与调试
		室外供热管网	管道及配件安装，系统水压试验，土建结构，防腐，绝热，试验与调试
		建筑饮用水供应系统	管道及配件安装，水处理设备及控制设施安装，防腐，绝热，试验与调试
		建筑中水系统及雨水利用系统	建筑中水系统、雨水利用系统管道及配件安装，水处理设备及控制设施安装，防腐，绝热，试验与调试
		游泳池及公共浴池水系统	管道及配件系统安装，水处理设备及控制设施安装，防腐，绝热，试验与调试
		水景喷泉系统	管道系统及配件安装，防腐，绝热，试验与调试
		热源及辅助设备	锅炉安装，辅助设备及管道安装，安全附件安装，换热站安装，防腐，绝热，试验与调试
		监测与控制仪表	检测仪器及仪表安装，试验与调试

续表

序号	分部工程	子分部工程	分项工程
6	通风与空调	送风系统	风管与配件制作，部件制作，风管系统安装，风机与空气处理设备安装，风管与设备防腐，旋流风口、岗位送风口、织物（布）风管安装，系统调试
		排风系统	风管与配件制作，部件制作，风管系统安装，风机与空气处理设备安装，风管与设备防腐，吸风罩及其他空气处理设备安装，厨房、卫生间排风系统安装，系统调试
		防排烟系统	风管与配件制作，部件制作，风管系统安装，风机与空气处理设备安装，风管与设备防腐，排烟风阀（口）、常闭正压风口、防火风管安装，系统调试
		除尘系统	风管与配件制作，部件制作，风管系统安装风机与空气处理设备安装，风管与设备防腐，除尘器与排污设备安装，吸尘罩安装，高温风管绝热，系统调试
		舒适性空调系统	风管与配件制作，部件制作，风管系统安装，风机与空气处理设备安装，风管与设备防腐，组合式空调机组安装，消声器、静电除尘器、换热器、紫外线灭菌器等设备安装，风机盘管、变风量与定风量送风装置、射流喷口等末端设备安装，风管与设备绝热，系统调试
		恒温恒湿空调系统	风管与配件制作，部件制作，风管系统安装，风机与空气处理设备安装，风管与设备防腐，组合式空调机组安装，电加热器、加湿器等设备安装，精密空调机组安装，风管与设备绝热，系统调试
		净化空调系统	风管与配件制作，部件制作，风管系统安装，风机与空气处理设备安装，风管与设备防腐，净化空调机组安装，消声器、静电除尘器、换热器、紫外线灭菌器等设备安装，中、高效过滤器及风机过滤器单元等末端设备清洗与安装，洁净度测试，风管与设备绝热，系统调试
		地下人防通风系统	风管与配件制作，部件制作，风管系统安装，风机与空气处理设备安装，风管与设备防腐，过滤吸收器、防爆波活门、防爆超压排气活门等专用设备安装，系统调试
		真空吸尘系统	风管与配件制作，部件制作，风管系统安装，风机与空气处理设备安装，风管与设备防腐，管道安装，快速接口安装，风机与滤尘设备安装，系统压力试验及调试
		冷凝水系统	管道系统及部件安装，水泵及附属设备安装，管道冲洗，管道、设备防腐，板式热交换器、辐射板及辐射供热、供冷地埋管，热泵机组设备安装，管道、设备绝热，系统压力试验及调试
		空调（冷、热）水系统	管道系统及部件安装，水泵及附属设备安装，管道冲洗，管道、设备防腐，冷却塔与水处理设备安装，防冻伴热设备安装，管道、设备绝热，系统压力试验及调试
		冷却水系统	管道系统及部件安装，水泵及附属设备安装，管道冲洗，管道、设备防腐，系统灌水渗漏及排放试验，管道、设备绝热
		土壤源热泵换热系统	管道系统及部件安装，水泵及附属设备安装，管道冲洗，管道、设备防腐，埋地换热系统与管网安装，管道、设备绝热，系统压力试验及调试

续表

序号	分部工程	子分部工程	分项工程
6	通风与空调	水源热泵换热系统	管道系统及部件安装，水泵及附属设备安装，管道冲洗，管道、设备防腐，地表水源换热管及管网安装，除垢设备安装，管道、设备绝热，系统压力试验及调试
		蓄能系统	管道系统及部件安装，水泵及附属设备安装，管道冲洗，管道、设备防腐，蓄水罐与蓄冰槽、罐安装，管道、设备绝热，系统压力试验及调试
		压缩式制冷（热）设备系统	制冷机组及附属设备安装，管道、设备防腐，制冷剂管道及部件安装，制冷剂灌注，管道、设备绝热，系统压力试验及调试
		吸收式制冷设备系统	制冷机组及附属设备安装，管道、设备防腐，系统真空试验，溴化锂溶液加灌，蒸汽管道系统安装，燃气或燃油设备安装，管道、设备绝热，试验及调试
		多联机（热泵）空调系统	室外机组安装，室内机组安装，制冷剂管路连接及控制开关安装，风管安装，冷凝水管道安装，制冷剂灌注，系统压力试验及调试
		太阳能供暖空调系统	太阳能集热器安装，其他辅助能源、换热设备安装，蓄能水箱、管道及配件安装，防腐绝热，低温热水地板辐射采暖系统安装，系统压力试验及调试
		设备自控系统	温度、压力与流量传感器安装，执行机构安装调试，防排烟系统功能测试，自动控制及系统智能控制软件调试
7	建筑电气	室外电气	变压器、箱式变电所安装，成套配电柜、控制柜（屏、台）和动力、照明配电箱（盘）及控制柜安装，梯架、支架、托盘和槽盒安装，导管敷设，电缆敷设，管内穿线和槽盒内敷线，电缆头制作、导线连接和线路绝缘测试，普通灯具安装，专用灯具安装，建筑照明通电试运行，接地装置安装
		变配电室	变压器、箱式变电所安装，成套配电柜、控制柜（屏、台）和动力、照明配电箱（盘）安装，母线槽安装，梯架、支架、托盘和槽盒安装，电缆敷设，电缆头制作、导线连接和线路绝缘测试，接地装置安装，接地干线敷设
		供电干线	电气设备试验和试运行，母线槽安装，梯架、支架、托盘和槽盒安装，导管敷设，电缆敷设，管内穿线和槽盒内敷线，电缆头制作、导线连接和线路绝缘测试，接地干线敷设
		电气动力	成套配电柜、控制柜（屏、台）和动力配电箱（盘）安装，电动机、电加热器及电动执行机构检查接线，电气设备试验和试运行，梯架、支架、托盘和槽盒安装，导管敷设，电缆敷设，管内穿线和槽盒内敷线，电缆头制作、导线连接和线路绝缘测试
		电气照明	成套配电柜、控制柜（屏、台）和照明配电箱（盘）安装，梯架、支架、托盘和槽盒安装，导管敷设，管内穿线和槽盒内敷线，塑料护套线直敷布线，钢索配线，电缆头制作、导线连接和线路绝缘测试，普通灯具安装，专用灯具安装，开关、插座、风扇安装，建筑照明通电试运行
		备用和不间断电源	成套配电柜、控制柜（屏、台）和动力、照明配电箱（盘）安装，柴油发电机组安装，不间断电源装置及应急电源装置安装，母线槽安装，导管敷设，电缆敷设，管内穿线和槽盒内敷线，电缆头制作、导线连接和线路绝缘测试，接地装置安装
		防雷及接地	接地装置安装，防雷引下线及接闪器安装，建筑物等电位连接，浪涌保护器安装

续表

序号	分部工程	子分部工程	分项工程
8	智能建筑	智能化集成系统	设备安装，软件安装，接口及系统调试，试运行
		信息接入系统	安装场地检查
		用户电话交换系统	线缆敷设，设备安装，软件安装，接口及系统调试，试运行
		信息网络系统	计算机网络设备安装，计算机网络软件安装，网络安全设备安装，网络安全软件安装，系统调试，试运行
		综合布线系统	梯架、托盘、槽盒和导管安装，线缆敷设，机柜、机架、配线架安装，信息插座安装，链路或信道测试，软件安装，系统调试，试运行
		移动通信室内信号覆盖系统	安装场地检查
		卫星通信系统	安装场地检查
		有线电视及卫星电视接收系统	梯架、托盘、槽盒和导管安装，线缆敷设，设备安装，软件安装，系统调试，试运行
		公共广播系统	梯架、托盘、槽盒和导管安装，线缆敷设，设备安装，软件安装，系统调试，试运行
		会议系统	梯架、托盘、槽盒和导管安装，线缆敷设，设备安装，软件安装，系统调试，试运行
		信息导引及发布系统	梯架、托盘、槽盒和导管安装，线缆敷设，显示设备安装，机房设备安装，软件安装，系统调试，试运行
		时钟系统	梯架、托盘、槽盒和导管安装，线缆敷设，设备安装，软件安装，系统调试，试运行
		信息化应用系统	梯架、托盘、槽盒和导管安装，线缆敷设，设备安装，软件安装，系统调试，试运行
		建筑设备监控系统	梯架、托盘、槽盒和导管安装，线缆敷设，传感器安装，执行器安装，控制器、箱安装，中央管理工作站和操作分站设备安装，软件安装，系统调试，试运行
		火灾自动报警系统	梯架、托盘、槽盒和导管安装，线缆敷设，探测器类设备安装，控制器类设备安装，其他设备安装，软件安装，系统调试，试运行
		安全技术防范系统	梯架、托盘、槽盒和导管安装，线缆敷设，设备安装，软件安装，系统调试，试运行
		应急响应系统	设备安装，软件安装，系统调试，试运行
		机房	供配电系统，防雷与接地系统，空气调节系统，给水排水系统，综合布线系统，监控与安全防范系统，消防系统，室内装饰装修，电磁屏蔽，系统调试，试运行
		防雷与接地	接地装置，接地线，等电位联接，屏蔽设施，电涌保护器，线缆敷设，系统调试，试运行

续表

序号	分部工程	子分部工程	分项工程
9	建筑节能	围护系统节能	墙体节能，幕墙节能，门窗节能，屋面节能，地面节能
		供暖空调设备及管网节能	供暖节能，通风与空调设备节能，空调与供暖系统冷热源节能，空调与供暖系统管网节能
		电气动力节能	配电节能，照明节能
		监控系统节能	监测系统节能，控制系统节能
		可再生能源	地源热泵系统节能，太阳能光热系统节能，太阳能光伏节能
10	电梯	电力驱动的曳引式或强制式电梯	设备进场验收，土建交接检验，驱动主机，导轨，门系统，轿厢，对重，安全部件，悬挂装置，随行电缆，补偿装置，电气装置，整机安装验收
		液压电梯	设备进场验收，土建交接检验，液压系统，导轨，门系统，轿厢，对重，安全部件，悬挂装置，随行电缆，电气装置，整机安装验收
		自动扶梯、自动人行道	设备进场验收，土建交接检验，整机安装验收

4. 检验批划分

检验批是按同一的生产条件或按规定的方式汇总起来供检验用的，由一定数量样本组成的检验体。

检验批可根据施工及质量控制和专业验收需要按工程量、楼层、施工段、变形缝等进行划分。检验批是工程验收最小单位，是分项工程乃至整个建筑工程质量验收基础。分项工程可由一个或若干个检验批组成。

检验批划分时注意以下要点：

(1) 多层、高层建筑中主体分部的分项工程可按楼层或施工流水作业段来划分验收批；

(2) 单层工业厂房建筑中分项工程可按变形缝来划分检验批；

(3) 有地下层的基础工程可按不同地下层划分检验批；

(4) 屋面工程中不同楼层的屋面可划分成不同的验收批；

(5) 安装工程各分部中一般按一个设计系统或设备组别划分一个验收检验批。

5. 室外工程划分

室外工程可根据专业类别和工程规模划分为 2 个单位工程：室外设施单位工程；附属建筑及室外环境单位工程。其子单位工程、分部工程划分参见表 7-6。室外工程各分部工程通常统一划分成一个检验批。

室外工程划分（GB 50300—2013 附录 C 表 C） 表 7-6

单位工程	子单位工程	分部工程
室外设施	道路	路基、基层、面层、广场与停车场、人行道、人行地道、挡土墙、附属构筑物
	边坡	土石方、挡土墙、支护
附属建筑及室外环境	附属建筑	车棚、围墙、大门、挡土墙
	室外环境	建筑小品，亭台，水景，连廊，花坛，场坪绿化，景观桥

二、建筑工程施工质量验收基本规定

按照《建筑工程施工质量验收统一标准》GB 50300—2013）要求，建筑工程施工质量验收基本规定如下：

1. 施工现场应具有健全的质量管理体系、相应的施工技术标准、施工质量检验制度和综合施工质量水平评定考核制度。

施工现场质量管理可按表 7-7 要求进行检查记录。

施工现场质量管理检查记录（GB 50300—2013 附录 A 表 A）　　　　表 7-7

开工日期：

工程名称				施工许可证号	
建设单位				项目负责人	
设计单位				项目负责人	
监理单位				总监理工程师	
施工单位			项目负责人	项目技术负责人	
序号	项　　目			主要内容	
1	项目部质量管理体系				
2	现场质量责任制				
3	主要专业工种操作岗位证书				
4	分包单位管理制度				
5	图纸会审记录				
6	地质勘察资料				
7	施工技术标准				
8	施工组织设计、施工方案编制及审批				
9	物资采购管理制度				
10	施工设施和机械设备管理制度				
11	计量设备配备				
12	检测试验管理制度				
13	工程质量检查验收制度				
14					
自检结果：			检查结论：		
施工单位项目负责人：　　　　　　　年 月 日			总监理工程师：　　　　　　　年 月 日		

2. 未实行监理的建筑工程，建设单位相关人员应履行验收标准涉及的监理职责。

3. 建筑工程的施工质量控制应符合下列规定：

（1）建筑工程采用的主要材料、半成品、成品、建筑构配件、器具和设备应进行进场检验。凡涉及安全、节能、环境保护和主要使用功能的重要材料、产品，应按各专业工程施工规范、验收规范和设计文件等规定进行复验，并应经监理工程师检查认可。

（2）各施工工序应按施工技术标准进行质量控制，每道施工工序完成后，经施工单位自检符合规定后，才能进行下道工序施工。各专业工种之间的相关工序应进行交接检验，并应记录。

（3）对于监理单位提出检查要求的重要工序，应经监理工程师检查认可，才能进行下道工序施工。

4. 当专业验收规范对工程中的验收项目未作出相应规定时，应由建设单位组织监理、设计、施工等相关单位制定专项验收要求。涉及安全、节能、环境保护等项目的专项验收要求应由建设单位组织专家论证。

5. 建筑工程施工质量应按下列要求进行验收：

（1）工程质量验收均应在施工单位自检合格的基础上进行。

（2）参加工程施工质量验收的各方人员应具备相应的资格。

（3）检验批的质量应按主控项目和一般项目验收。

（4）对涉及结构安全、节能、环境保护和主要使用功能的试块、试件及材料，应在进场时或施工中按规定进行见证检验。

（5）隐蔽工程在隐蔽前应由施工单位通知监理单位进行验收，并应形成验收文件，验收合格后方可继续施工。

（6）对涉及结构安全、节能、环境保护和使用功能的重要分部工程应在验收前按规定进行抽样检验。

（7）工程的观感质量应由验收人员现场检查，并应共同确认。

6. 建筑工程施工质量验收合格应符合下列规定：

（1）符合工程勘察、设计文件的规定。

（2）符合《建筑工程施工质量验收统一标准》和相关专业验收规范的规定。

7. 检验批的质量检验，可根据检验项目的特点在下列抽样方案中选取：

（1）计量、计数的抽样方案。

（2）一次、二次或多次抽样方案。

（3）对重要的检验项目，当有简易快速的检验方法时，选用全数检验方案。

（4）根据生产连续性和生产控制稳定性情况，采用调整型抽样方案。

（5）经实践证明有效的抽样方案。

8. 检验批抽样样本应随机抽取，满足分布均匀、具有代表性的要求，抽样数量不应低于有关专业验收规范及表7-8的规定。

明显不合格的个体可不纳入检验批，但必须进行处理，使其满足有关专业验收规范的规定，对处理的情况应予以记录并重新验收。

上述检验批中"明显不合格的个体"，统计学中称为"异常值"，按照《数据的统计处理和解释——正态样本异常值的判断和处理》GB/T 4883的规定，对异常值可剔除。这些个体的异常值往往与其他个体存在较大差异，纳入检验批统计后会增大验收结果的离散性，影响整体质量水平的评估。

检验批最小抽样数量 表 7-8

检验批的容量	最小抽样数量	检验批的容量	最小抽样数量
2～15	2	151～280	13
16～25	3	281～500	20
26～50	5	501～1200	32
51～90	6	1201～3200	50
91～150	8	3201～10000	80

异常值可能是总体固有的随机变异性的极端表现，也可能是由于试验条件和试验方法的偶然偏离所至，或产生于检测过程人为失误。异常值主要可通过观察、分析或必要测试来进行判定。为了避免出于某种目的对异常值的人为剔除，对任何异常值，若无从技术上、物理上说明其异常的充分理由，则不得剔除或进行修正。

三、建筑工程施工质量验收

（一）检验批的质量验收

1. 检验批验收合格标准

检验批的验收是每个分项工程验收的基础工作，《建筑工程施工质量验收统一标准》GB 50300—2013 中规定，检验批质量验收合格应符合下列规定：

（1）主控项目的质量经抽样检验均应合格。

（2）一般项目的质量经抽样检验合格。当采用计数抽样时，合格点率应符合有关专业验收规范的规定，且不得存在严重缺陷。对于计数抽样的一般项目，正常检验的一次、二次抽样可按《建筑工程施工质量验收统一标准》附录 D 判定，见表 7-9 和表 7-10。

（3）具有完整的施工操作依据、质量验收记录。

以上（1）、（2）、（3）条都需符合该检验批才能达到合格标准。

一般项目正常检验一次抽样判定（GB 50300—2013 附录 D 表 D.0.1-1） 表 7-9

样本数量	合格判定数	不合格判定数	样本数量	合格判定数	不合格判定数
5	1	2	32	7	8
8	2	3	50	10	11
13	3	4	80	14	15
20	5	6	125	21	22

一般项目正常检验二次抽样判定（GB 50300—2013 附录 D 表 D.0.1-2） 表7-10

抽样次数	样本数量	合格判定数	不合格判定数	抽样次数	样本数量	合格判定数	不合格判定数
(1)	3	0	2	(1)	20	3	6
(2)	6	1	2	(2)	40	9	10
(1)	5	0	3	(1)	32	5	9
(2)	10	3	4	(2)	64	12	13
(1)	8	1	3	(1)	50	7	11
(2)	16	4	5	(2)	100	18	19
(1)	13	2	5	(1)	80	11	16
(2)	26	6	7	(2)	160	26	27

注：表中（1）和（2）表示抽样次数；（2）对应的样本容量为二次抽样的累计数量。

表7-9和表7-10的使用方法：

对于一般项目正常检验一次抽样，假设样本容量为20，查表7-9在20个试样中，如被判为不合格的试样数≤5时，该检测批可判定为合格；当20个试样中被判为不合格试样≥6时，则该检测批可判定为不合格。

对于一般项目正常检验二次抽样，假设样本容量为20，当20个试样中有被判为不合格的试样数≤3时，该检测批可判定为合格；被判为不合格试样数≥6时，该检测批可判定为不合格。当被判为不合格的试样数为4或5时，应进行第二次抽样，样本量也为20个，两次抽样的样本容量累计为40，当两次不合格试样之和≤9时，该检测批可判定为合格，当两次不合格试样之和≥10时，该检测批可判定为不合格。

检验批质量合格判定的技术标准和依据是相应的各专业验收规范。专业验收规范对检验批的主控项目、一般项目的合格质量给出了明确的质量指标要求。常用的各专业的验收规范有：

①《建筑地基基础工程施工质量验收规范》GB 50202—2013；
②《砌体工程施工质量验收规范》GB 50203—2011；
③《混凝土结构工程施工质量验收规范》GB 50204—2015；
④《钢结构工程施工质量验收规范》GB 50205—2001；
⑤《木结构工程施工质量验收规范》GB 50206—2002；
⑥《屋面工程质量验收规范》GB 50207—2012；
⑦《地下防水工程质量验收规范》GB 50208—2011；
⑧《建筑地面工程施工质量验收规范》GB 50209—2010；
⑨《建筑装饰装修工程质量验收规范》GB 50210—2001；
⑩《建筑给水排水及采暖工程施工质量验收规范》GB 50242—2002；
⑪《通风与空调工程施工质量验收规范》GB 50243—2002；
⑫《建筑电气工程施工质量验收规范》GB 50303—2015；
⑬《建筑节能工程施工质量验收规范》GB 50411—2014；
⑭《电梯工程施工质量验收规范》GB 50310—2002；
⑮《智能建筑工程质量验收规范》GB 50339—2013 等。

2. 检验批质量验收方法

检验批的质量按主控项目和一般项目验收。主控项目是指对安全、卫生、环境保护和公众利益起决定性作用的检验项目。一般项目是指除主控项目以外的检验项目。在各专业验收规范中对不同分项工程的主控项目和一般项目验收要求都有明确规定。下面结合工程实例说明。

【案例 7-2】某混凝土框架结构工业厂房检验批划分及验收

某五层钢筋混凝土框架结构工业厂房，采用现浇梁板，该厂房因较长，中部留置有后浇带。施工组织以后浇带两侧各为一个施工段，组织流水作业施工。每层、每段先浇筑混凝土框架柱，然后支梁板模板、绑扎钢筋，验收合格后再浇筑梁板混凝土。第1～3层框架柱的混凝土强度等级为C40，第4～5层为C30，全部框架梁及现浇楼板的混凝土强度等级均为C25。试问：①该厂房主体结构混凝土分项验收的检验批应如何划分？②混凝土分项工程验收应包括哪些内容？

【解】 ①由上综合可知，该厂房主体结构混凝土分项每层按分开浇筑的框架柱和梁板应划分成2个检验批。同时每层又按2个流水施工段作业，每段混凝土是先后错开几天分别浇筑的，又应划分成2个检验批，则每层楼有4个检验批，五层共计混凝土分项的检验批为20个。此例中混凝土的强度等级不同没有影响到检验批的划分。如果每层每段中梁的强度等级与板的强度等级不同，则又要划分成2个检验批。柱的强度等级1～3层和4～5层虽不同，但已按楼层划分了检验批。

② 按照专业验收规范《混凝土结构工程施工质量验收规范》GB 50204—2015，混凝土分项工程检验批验收包括原材料、混凝土拌合物和混凝土施工三方面内容，验收要求如下：

（1）原材料

主 控 项 目

① 水泥进场时应对其品种、代号、强度等级、包装或散装编号、出厂日期等进行检查，并应对水泥的强度、安定性和凝结时间进行检验，检验结果应符合现行国家标准《通用硅酸盐水泥》GB 175 等的相关规定。

检查数量：按同一生产厂家、同一品种、同一代号、同一强度等级、同一批号且连续进场的水泥，袋装不超过200t为一批，散装不超过500t为一批，每批抽样数量不应少于一次。

检验方法：检查质量证明文件和抽样复验报告。

② 混凝土外加剂进场时，应对其品种、性能、出厂日期等进行检查，并应对外加剂的相关性能进行检验，检验结果应符合现行国家标准《混凝土外加剂》GB 8076 和《混凝土外加剂应用技术规范》GB 50119 等的规定。

检查数量：按同一厂家、同一品种、同一性能、同一批号且连续进场的混凝土外加剂，不超过50t为一批，每批抽样数量不应少于一次。

检验方法：检查质量证明文件和抽样检验报告。

一 般 项 目

③ 混凝土用矿物掺合料进场时，应对其品种、技术指标、出厂日期等进行检查，并应对矿物掺合料的相关技术指标进行检验，检验结果应符合国家现行标准的规定。

检查数量：按同一厂家、同一品种、同一技术指标、同一批号且连续进场的矿物掺合料，粉煤灰、石灰石粉、磷渣粉和钢渣粉不超过200t为一批，粒化高炉矿渣粉和复合矿物掺合料不超过500t为一批，沸石粉不超过120t为一批，硅灰不超过30t为一批，每批抽样数量不应少于一次。

检验方法：检查质量证明文件和抽样检验报告。

④ 混凝土原材料中的粗骨料、细骨料质量应符合现行行业标准《普通混凝土用砂、石质量及检验方法标准》JGJ 52 的规定，使用经过净化处理的海沙应符合现行行业标准《海砂混凝土应用技术规范》JGJ 206 的规定，再生混凝土骨料应符合现行国家标准《混凝土用再生粗骨料》GB/T 25177 和《混凝土和砂浆用再生细骨料》GB/T 25176 的规定。

检查数量：按现行行业标准《普通混凝土用砂、石质量及检验方法标准》JGJ 52 的规定确定。

检验方法：检查抽样检验报告。

⑤ 混凝土拌制及养护用水应符合现行行业标准《混凝土用水标准》JGJ63 的规定。采用饮用水时，可不检验；采用中水、搅拌站清洗水、施工现场循环水等其他水源时，应对其成分进行检验。

检查数量：同一水源检查不应少于一次。

检验方法：检查水质检验报告。

(2) 混凝土拌合物

主 控 项 目

① 预拌混凝土进场时，其质量应符合现行国家标准《预拌混凝土》GB/T 14902 的规定。预拌混凝土进场时，应检查混凝土质量证明文件，抽检混凝土的稠度。

检查数量：全数检查。

检查方法：检查质量证明文件。

② 混凝土拌合物不应离析。

检查数量：全数检查。

检查方法：观察。

③ 混凝土中氯离子含量和碱总含量应符合现行国家标准《混凝土结构设计规范》GB50010 的规定和设计要求。

检查数量：同一配合比的混凝土检查不应少于一次。

检验方法：检查原材料试验报告和氯离子、碱的总含量计算书。

④ 首次使用的混凝土配合比应进行开盘鉴定，其原材料、强度、凝结时间、稠度等应满足设计配合比的要求。

检查数量：同一配合比的混凝土检查不应少于一次。

检验方法：检查开盘鉴定资料和强度试验报告。

一 般 项 目

⑤ 混凝土拌合物稠度应满足施工方案的要求。

检查数量：对同一配合比的混凝土，取样应符合下列规定：

a. 每拌制100盘且不超过100m³时，取样不得少于一次；

b. 每工作班拌制不足100盘时，取样不得少于一次；

c. 连续浇筑超过1000m³时，每200m³取样不得少于一次；

d. 每一楼层取样不得少于一次。

检验方法：检查稠度抽样检验记录。

⑥ 混凝土有耐久性指标要求时，应在施工现场随机抽取试件检查耐久性检验，其检验结果应符合有关标准的规定和设计要求。

检查数量：同一配合比的混凝土，取样不应少于一次，留置试件数量应符合现行国家标准《普通混凝土长期性能和耐久性能试验方法标准》GB/T 50082和《混凝土耐久性检验评定标准》JGJ/T 193的规定。

检验方法：检查试件耐久性试验报告。

⑦ 混凝土有抗冻要求时，应在施工现场进行混凝土含气量检验，其检验结果应符合有关标准的规定和设计要求。

检查数量：同一配合比的混凝土，取样不应少于一次；取样数量应符合现行国家标准《普通混凝土拌合物性能试验方法标准》GB/T 50080的规定。

检验方法：检查混凝土含气量试验报告。

（3）混凝土施工

主 控 项 目

① 结构混凝土的强度等级必须符合设计要求。用于检验混凝土强度的试件应在浇筑地点随机抽取。

检查数量：对同一配合比的混凝土，取样与试件留置应符合下列规定：

a. 每拌制100盘且不超过100m³时，取样不得少于一次；

b. 每工作班拌制不足100盘时，取样不得少于一次；

c. 连续浇筑超过1000m³时，每200m³取样不得少于一次；

d. 每一楼层取样不得少于一次；

e. 每次取样应至少留置一组试件。

检验方法：检查施工记录及混凝土强度试验报告。

一 般 项 目

② 后浇带的留设位置应符合设计要求。后浇带和施工缝留设及处理方法应符合施工方案要求。

检查数量：全数检查。

检验方法：观察。

③ 混凝土浇筑完毕后应及时进行养护，养护时间及养护方法应符合施工方案要求。

检查数量：全数检查

检验方法：观察，检查混凝土养护记录。

工程质量验收应按《建筑工程施工质量验收统一标准》GB 50300—2013附录规定的表格进行记录，检验批质量验收见表7-11。

_____检验批质量验收记录（GB 50300—2013 附录 E 表 E）　　表 7-11

编号：_____

单位（子单位）工程名称		分部（子分部）工程名称		分项工程名称	
施工单位		项目负责人		检验批容量	
分包单位		分包单位项目负责人		检验批部位	
施工依据			验收依据		

	验收项目	设计要求及规范规定	最小/实际抽样数量	检查记录	检查结果
主控项目	1				
	2				
	3				
	4				
	5				
	6				
	7				
	8				
一般项目	1				
	2				
	3				
	4				
施工单位检查结果	专业工长： 项目专业质量检查员： 　　　　　　　　　　　　　　年　月　日				
监理单位验收结论	专业监理工程师： 　　　　　　　　　　　　　　年　月　日				

（二）分项工程的质量验收

分项工程质量验收合格应符合下列规定：

（1）所含检验批的质量均应验收合格。

（2）所含检验批的质量验收记录应完整。

分项工程质量验收的记录表格见表 7-12。

_____分项工程质量验收记录（GB 50300—2013 附录 F 表 F）　　表 7-12

编号：_____

单位（子单位）工程名称			分部（子分部）工程名称			
分项工程数量			检验批数量			
施工单位			项目负责人		项目技术负责人	
分包单位			分包单位项目负责人		分包内容	
序号	检验批名称	检验批数量	部位/区段	施工单位检查结果	监理单位验收结论	
1						
2						
3						
4						
5						
6						
7						
8						
9						
10						
11						
说明：						
施工单位检查结果	项目专业技术负责人： 　　　　　　　　　年　　月　　日					
监理单位验收结论	专业监理工程师： 　　　　　　　　　年　　月　　日					

（三）分部工程质量验收

分部工程质量验收合格应符合下列规定：

（1）所含分项工程的质量均应验收合格。

（2）质量控制资料应完整。

（3）有关安全、节能、环境保护和主要使用功能的抽样检验结果应符合相应规定。

（4）观感质量应符合要求。

分部工程质量验收的记录表格见表 7-13。

_____分部工程质量验收记录（GB 50300—2013 附录 G 表 G）　　　表 7-13

编号：_____

单位（子单位）工程名称		子分部工程数量		分项工程数量	
施工单位		项目负责人		技术（质量）负责人	
分包单位		分包单位负责人		分包内容	
序号	子分部工程名称	分项工程名称	检验批数量	施工单位检查结果	监理单位验收结论
1					
2					
3					
4					
5					
6					
7					
质量控制资料					
安全和功能检验结果					
观感质量检验结果					
综合验收结论					

施工单位 项目负责人： 年 月 日	勘察单位 项目负责人： 年 月 日	设计单位 项目负责人： 年 月 日	监理单位 总监理工程师： 年 月 日

（四）单位工程质量验收

单位工程质量验收合格应符合下列规定：

（1）所含分部工程的质量均应验收合格。

(2) 质量控制资料应完整。
(3) 所含分部工程中有关安全、节能、环境保护和主要使用功能的检验资料应完整。
(4) 主要使用功能的抽查结果应符合相关专业验收规范的规定。
(5) 观感质量应符合要求。

单位工程质量竣工验收记录表格见表7-14；质量控制资料核查记录见表7-15；单位工程安全和功能检验资料核查及主要功能抽查记录见表7-16；观感质量检查记录见表7-17。

单位工程质量竣工验收记录（GB 50300—2013 附录 H 表 H.0.1-1） 表 7-14

工程名称		结构类型		层数/建筑面积	
施工单位		技术负责人		开工日期	
项目负责人		项目技术负责人		完工日期	
序号	项目	验收记录		验收结论	
1	分部工程验收	共_____分部，经查符合设计及标准规定____分部			
2	质量控制资料核查	共____项，经核查符合规定____项			
3	安全和使用功能核查及抽查结果	共核查_____项，符合规定____项，共抽查_____项，符合规定____项，经返工处理符合规定____项			
4	观感质量验收	共抽查____项，达到"好"和"一般"的_____项，经返修处理符合要求的____项			
	综合验收结论				
参加验收单位	建设单位	监理单位	施工单位	设计单位	勘察单位
	（公章） 项目负责人： 年 月 日	（公章） 总监理工程师： 年 月 日	（公章） 项目负责人： 年 月 日	（公章） 项目负责人： 年 月 日	（公章） 项目负责人： 年 月 日

注：单位工程验收时，验收签字人员应由相应单位的法人代表书面授权。

单位工程质量控制资料核查记录 表 7-15

工程名称			施工单位				
序号	项目	资料名称	份数	施工单位		监理单位	
				核查意见	核查人	核查意见	核查人
1	建筑与结构	图纸会审记录、设计变更通知单、工程洽商记录					
2		工程定位测量、放线记录					
3		原材料出厂合格证书及进场检验、试验报告					
4		施工试验报告及见证检测报告					
5		隐蔽工程验收记录					
6		施工记录					
7		地基、基础、主体结构检验及抽样检测资料					
8		分项、分部工程质量验收记录					
9		工程质量事故调查处理资料					
10		新技术论证、备案及施工记录					
1	给水排水与供暖	图纸会审记录、设计变更通知单、工程洽商记录					
2		原材料出厂合格证书及进场检验、试验报告					
3		管道、设备强度试验、严密性试验记录					
4		隐蔽工程验收记录					
5		系统清洗、灌水、通水、通球试验记录					
6		施工记录					
7		分项、分部质量验收记录					
8		新技术论证、备案及施工记录					
1	通风与空调	图纸会审记录、设计变更通知单、工程洽商记录					
2		原材料出厂合格证书及进场检验、试验报告					
3		制冷、空调、水管道强度试验、严密性试验记录					
4		隐蔽工程验收记录					
5		制冷设备运行调试记录					
6		通风、空调系统调试记录					
7		施工记录					
8		分项、分部工程质量验收记录					
9		新技术论证、备案及施工记录					
1	建筑电气	图纸会审记录、设计变更通知单、工程洽商记录					
2		原材料出厂合格证书及进场检验、试验报告					
3		设备调试记录					
4		接地、绝缘电阻测试记录					
5		隐蔽工程验收记录					
6		施工记录					
7		分项、分部工程质量验收记录					
8		新技术论证、备案及施工记录					

续表

工程名称			施工单位				
序号	项目	资料名称	份数	施工单位		监理单位	
				核查意见	核查人	核查意见	核查人
1	智能建筑	图纸会审记录、设计变更通知单、工程洽商记录					
2		原材料出厂合格证书及进场检验、试验报告					
3		隐蔽工程验收记录					
4		施工记录					
5		系统功能测定及设备调试记录					
6		系统技术、操作和维护手册					
7		系统管理、操作人员培训记录					
8		系统检测报告					
9		分项、分部工程质量验收记录					
10		新技术论证、备案及施工记录					
1	建筑节能	图纸会审记录、设计变更通知单、工程洽商记录					
2		原材料出厂合格证书及进场检验、试验报告					
3		隐蔽工程验收记录					
4		施工记录					
5		外墙、外窗节能检验报告					
6		设备系统节能检测报告					
7		分项、分部工程质量验收记录					
8		新技术论证、备案及施工记录					
1	电梯	图纸会审记录、设计变更通知单、工程洽商记录					
2		设备出厂合格证及开箱检验记录					
3		隐蔽工程验收记录					
4		施工记录					
5		接地、绝缘电阻试验记录					
6		负荷试验、安全装置检查记录					
7		分项、分部工程质量验收记录					
8		新技术论证、备案及施工记录					

结论：

施工单位项目负责人：　　　　　　　总监理工程师：

年　月　日　　　　　　　　　　　　年　月　日

单位工程安全和功能检验资料核查及主要功能抽查记录

表 7-16

工程名称			施工单位				
序号	项目	安全和功能检查项目	份数	核查意见	抽查结果	核查（抽查）人	
1	建筑与结构	地基承载力检验报告					
2		桩基承载力检验报告					
3		混凝土强度试验报告					
4		砂浆强度试验报告					
5		主体结构尺寸、位置抽查记录					
6		建筑物垂直度、标高、全高测量记录					
7		屋面淋水或蓄水试验记录					
8		地下室渗漏水检测记录					
9		有防水要求的地面蓄水试验记录					
10		抽气（风）道检查记录					
11		外窗气密性、水密性、耐风压检测报告					
12		幕墙气密性、水密性、耐风压检测报告					
13		建筑物沉降观测测量记录					
14		节能、保温测试					
15		室内环境检测报告					
16		土壤氡气浓度检测报告					
1	给水排水与供暖	给水管道通水试验记录					
2		暖气管道、散热器压力试验记录					
3		卫生器具满水试验记录					
4		消防管道、燃气管道压力试验记录					
5		排水干管通球试验记录					
6		锅炉试运行、安全阀及报警联动测试记录					

续表

工程名称			施工单位				
序号	项目	安全和功能检查项目		份数	核查意见	抽查结果	核查（抽查）人
1	通风与空调	通风、空调系统试运行记录					
2		风量、温度测试记录					
3		空气能量回收装置测试记录					
4		洁净室洁净度测试记录					
5		制冷机组试运行调试记录					
1	建筑电气	建筑照明通电试运行记录					
2		灯具固定装置及悬吊装置的载荷强度试验记录					
3		绝缘电阻测试记录					
4		剩余电流动作保护器测试记录					
5		应急电源装置应急持续供电记录					
6		接地电阻测试记录					
7		接地故障回路阻抗测试记录					
1	智能建筑	系统试运行记录					
2		系统电源及接地检测报告					
3		系统接地检测报告					
1	建筑节能	外墙节能构造检查记录或热工性能检验报告					
2		设备系统节能性能检查记录					
1	电梯	运行记录					
2		安全装置检测报告					

结论：

施工单位项目负责人：　　　　　　　　　　总监理工程师：

年　月　日　　　　　　　　　　　　　　　年　月　日

注：抽查项目由验收组协商确定。

单位工程观感质量检查记录　　　　　　表 7-17

序号	项目		抽查质量状况	质量评价
1	建筑与结构	主体结构外观	共检查__点，好__点，一般__点，差__点	
2		室外墙面	共检查__点，好__点，一般__点，差__点	
3		变形缝、雨水管	共检查__点，好__点，一般__点，差__点	
4		屋面	共检查__点，好__点，一般__点，差__点	
5		室内墙面	共检查__点，好__点，一般__点，差__点	
6		室内顶棚	共检查__点，好__点，一般__点，差__点	
7		室内地面	共检查__点，好__点，一般__点，差__点	
8		楼梯、踏步、护栏	共检查__点，好__点，一般__点，差__点	
9		门窗	共检查__点，好__点，一般__点，差__点	
10		雨罩、台阶、坡道散水	共检查__点，好__点，一般__点，差__点	
1	给水排水及供暖	管道接口、坡度、支架	共检查__点，好__点，一般__点，差__点	
2		卫生器具、支架、阀门	共检查__点，好__点，一般__点，差__点	
3		检查口、扫除口、地漏	共检查__点，好__点，一般__点，差__点	
4		散热器、支架	共检查__点，好__点，一般__点，差__点	
1	通风与空调	风管、支架	共检查__点，好__点，一般__点，差__点	
2		风口、风阀	共检查__点，好__点，一般__点，差__点	
3		风机、空调设备	共检查__点，好__点，一般__点，差__点	
4		管道、阀门、支架	共检查__点，好__点，一般__点，差__点	
5		水泵、冷却塔	共检查__点，好__点，一般__点，差__点	
6		绝热	共检查__点，好__点，一般__点，差__点	
1	建筑电气	配电箱、盘、板、接线盒	共检查__点，好__点，一般__点，差__点	
2		设备器具、开关、插座	共检查__点，好__点，一般__点，差__点	
3		防雷、接地、防火	共检查__点，好__点，一般__点，差__点	
1	智能建筑	机房设备安装及布局	共检查__点，好__点，一般__点，差__点	
2		现场设备安装	共检查__点，好__点，一般__点，差__点	
1	电梯	运行、平层、开关门	共检查__点，好__点，一般__点，差__点	
2		层门、信号系统	共检查__点，好__点，一般__点，差__点	
3		机房	共检查__点，好__点，一般__点，差__点	
	观感质量综合评价			

工程名称　　　　　　　　　　　施工单位

结论：
　　施工单位项目负责人：　　　　　　　　　总监理工程师：
　　　　　　　年　月　日　　　　　　　　　　　　年　月　日

注：1. 对质量评价为差的项目应进行返修；
　　2. 观感质量现场检查原始记录应作为本表附表。

综上所述,建筑工程施工质量验收按照检验批、分项工程、分部(子分部)工程、单位(子单位)工程四级划分,逐级递进构成完整的验收体系,如图 7-7 所示。

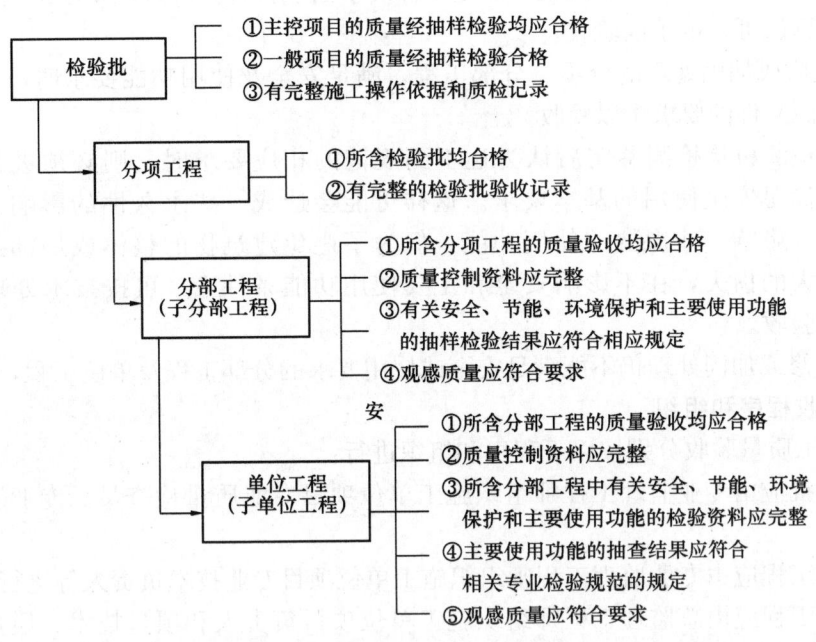

图 7-7 建筑工程施工质量合格验收体系图

图 7-7 所示工程施工质量验收体系是按照工程施工过程的进程逐步展开的,在空间上尺度大,涉及建筑工程十大分部工程应包括的所有分项工程。在时间上跨度大,贯穿从开工动土到工程全部完成的施工全过程中,而且大多验收是在施工现场进行,影响验收的因素较多。

四、工程质量验收不符合要求的处理

验收中对达不到规范要求的应按下列规定处理:

1. 经返工或返修的检验批,应重新进行验收。

检验批验收时,对于主控项目不能满足验收规范规定或一般项目超过偏差限值时应及时进行处理。其中,对于严重的缺陷应重新施工,一般的缺陷可通过返修、更换予以解决,允许施工单位在采取相应的措施后重新验收。如能够符合相应的专业验收规范要求,应认为该检验批合格。

2. 经有资质的检测机构检测鉴定能够达到设计要求的检验批,应予以验收。

当个别检验批发现问题,难以确定能否验收时,应请具有资质的法定检测机构进行检测鉴定。当鉴定结果认为能够达到设计要求时,该检验批应可以通过验收。如某部分结构的混凝土试块强度不满足设计要求时,不能排除试块从送检、标养、试验加压等过程完全不存在问题,可请法定检测机构对该部分结构混凝土采用回弹法、钻取混凝土芯样法等进行现场检测,检测结果如能满足强度要求,应认为该检验批合格。

3. 经有资质的检测机构检测鉴定达不到设计要求,但经原设计单位核算认可能够满足结构安全和使用功能的检验批,可予以验收。

这主要是因为一般标准、规范的规定是满足安全和功能的最低要求,而设计往往在此基础上留有一些安全余量,会出现不满足设计要求而能符合相应规范要求的情况,故经原设计单位核算认可,可予以验收。

4. 经返修或加固处理的分项、分部工程,满足安全及使用功能要求时,可按技术处理方案和协商文件的要求予以验收。

经法定检测机构检测鉴定后认为达不到规范的相应要求时,则必须进行加固或处理,使之能满足安全使用的基本要求。这样可能会造成一些永久性的影响,如增大结构外形尺寸,影响一些次要的使用功能。但为了避免建筑物的整体或局部拆除,避免社会财富更大的损失,在不影响安全和主要使用功能条件下,可按技术处理方案和协商文件进行验收。

5. 经返修或加固处理仍不能满足安全或使用要求的分部工程及单位工程,严禁验收。

五、验收程序和组织

工程施工质量验收分别按以下程序和组织进行:

1. 检验批应由专业监理工程师组织施工单位项目专业质量检查员、专业工长等进行验收。

2. 分项工程应由专业监理工程师组织施工单位项目专业技术负责人等进行验收。

3. 分部工程应由总监理工程师组织施工单位项目负责人和项目技术、质量负责人等进行验收。

勘察、设计单位项目负责人和施工单位技术、质量部门负责人应参加地基与基础分部工程的验收。

设计单位项目负责人和施工单位技术、质量部门负责人应参加主体结构、节能分部工程的验收。

4. 单位工程完工后,施工单位应组织有关人员进行自检。总监理工程师应组织各专业监理工程师对工程质量进行竣工预验收。存在施工质量问题时,应由施工单位及时整改。整改完毕后,由施工单位向建设单位提交工程竣工报告,申请工程竣工验收。

5. 建设单位收到工程竣工报告后,应由建设单位项目负责人组织监理、施工、设计、勘察等单位项目负责人进行单位工程验收。

思 考 题

1. 何谓建设工程项目的质量?从建设单位的角度、工程质量验收的角度及工程管理的角度对质量的含义各有什么侧重?
2. 工程质量的控制涉及哪些部门或单位?其作用有什么不同?
3. 工程质量监督站对工程质量的监督与监理对质量的控制二者有什么不同?
4. 施工准备阶段监理对质量控制的主要工作有哪些?
5. 施工阶段总监理工程师在哪些情况下可以签发工程暂停令?
6. 竣工阶段总监理工程师对质量控制的主要工作有哪些?
7. 监理对施工新技术方案的审查要求有哪些?
8. 工程事故分几级?标准是什么?
9. 工程质量事故处理程序包含哪些基本环节?

10. 建筑工程施工质量验收如何划分？
11. 什么是检验批？检验批的划分应注意什么？检验批验收依据是什么？
12. 什么是分项工程的主控项目和一般项目？
13. 工程质量验收不符合要求的应如何处理？有哪些应遵守的规定？
14. 施工质量验收应按什么程序和组织进行？

第八章 建设项目工程造价控制

第一节 建设项目投资与工程造价控制

一、建设项目投资构成

建设项目投资包括固定资产投资和流动资产投资两部分。固定资产投资是用于工程建设所需要的全部建设费用,它包括从工程项目的可行性研究开始,直至项目竣工交付使用所耗费的全部建设费用的总和。流动资产投资是指为项目竣工交付后能正常投产经营所需铺底流动资金的投资。现行建设项目投资构成大体如图 8-1 所示。

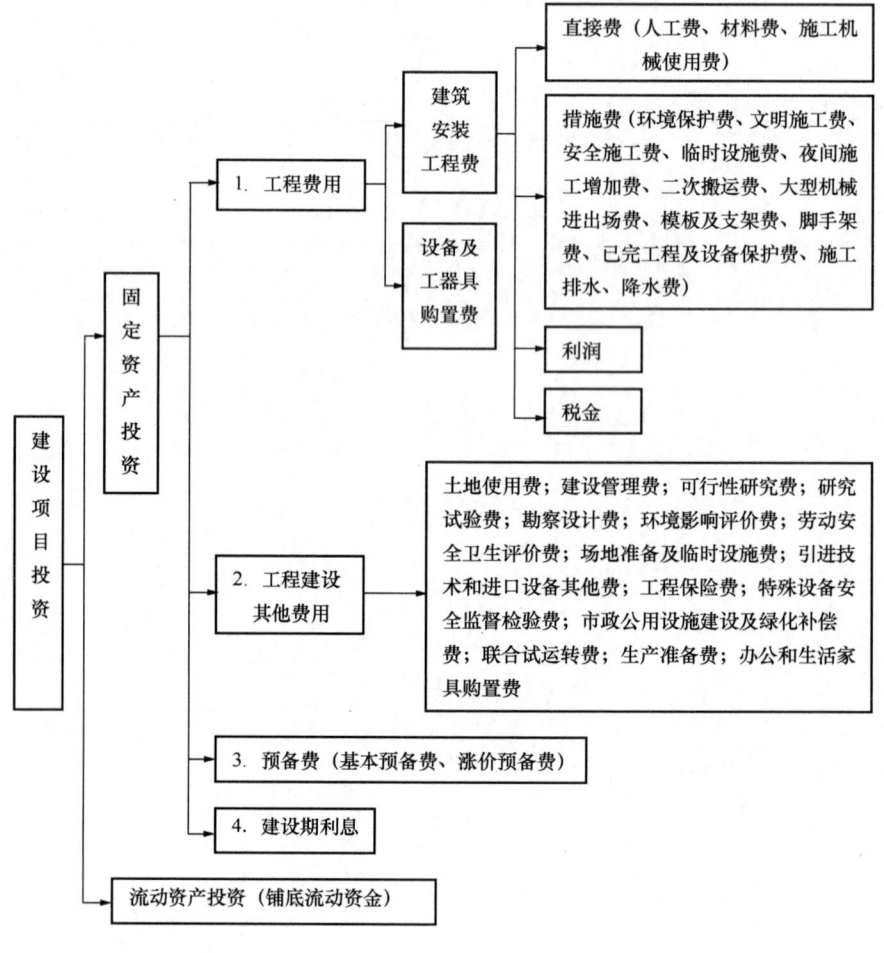

图 8-1 建设项目投资费用构成图

二、投资控制与造价控制

"投资控制"或"造价控制",是不同主体对项目建设所耗资金控制的不同表述,投资方或建设单位对建设费用的控制常使用"投资控制",而施工单位及参与建设的相关方则常用"造价控制"。不论如何称呼,其实质都是对项目建设费用的控制,只是在项目建设不同阶段的费用控制,因此控制的内容和范围也就不同。投资方或建设单位对项目投资控制的范围可以包含图8-1所列全部费用的控制,而工程承包者或施工单位对造价控制则主要是指对建筑安装工程费、设备及工器具购置费和工程建设其他费用中的部分费用的控制。

投资方或建设单位对建设项目投资控制的目的是期望在可行性研究阶段、设计阶段、建设项目发包阶段和施工阶段,把建设项目投资控制在既定的或批准的投资限额以内,以保证项目投资控制目标的实现,取得较好的经济效益和社会效益。

投资控制贯穿建设的全过程,但不同建设阶段对投资的影响程度是不同的,如图8-2是国外描述不同建设阶段主要环节影响投资程度图,与我国的情况是大致吻合的。

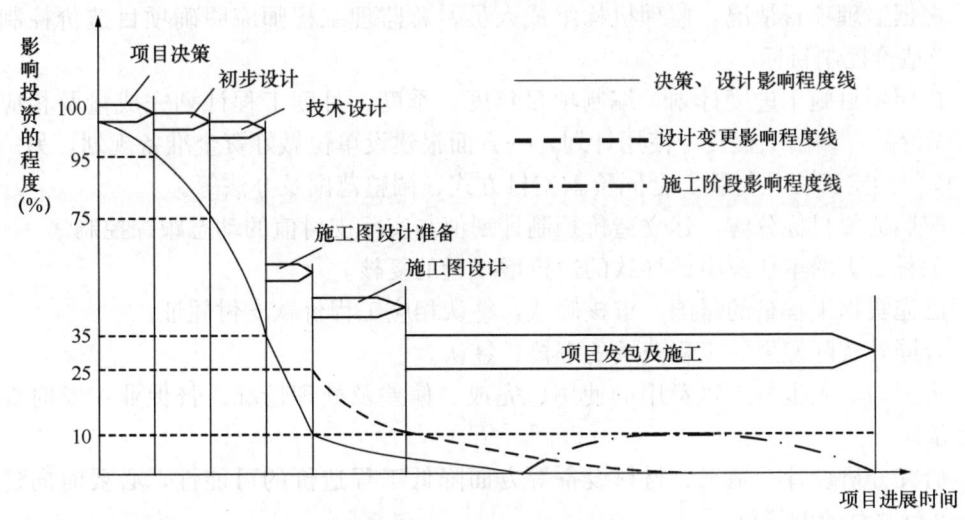

图8-2 项目建设阶段不同环节影响投资程度图

由图8-2可以看到,项目决策阶段对投资影响程度最大可达95%~100%,即项目如决策发生重大错误,项目投资可能毫无效益。其他影响程度为:初步设计75%~95%;技术设计35%~75%;施工图设计10%~35%;项目发包及施工阶段在10%以内。因此,对建设项目投资的控制重在项目建设前期。在项目决策已定,施工图已完成的情况下,要控制设计变更,其影响程度可达25%,项目发包及施工过程控制同样不能忽视,其影响程度可达10%。

综上可以看出,项目的建设费用的控制贯穿于工程建设的各个阶段,每个阶段对建设费用控制的主体及内容各不相同。监理对项目的建设费用的控制阶段及内容是由建设单位的委托来确定的,当前主要是在施工阶段进行造价控制,也有少量建设单位委托监理单位提供勘察设计阶段和保修阶段的相关服务。

监理在工程施工阶段的造价控制则主要是指对建筑安装工程费用及工程建设其他费用中的部分有关费用的控制,而在设计阶段的造价控制则范围更大,应包括建筑安装工程费、设备及工器具购置费和工程建设其他费用的控制。此外，设计阶段的造价控制主要是对未来各项可能产生的费用分配的计划性控制为主，施工阶段的造价控制则是实际耗费的支出性控制，前者计划的失控在后期往往还有时间调整，而后者则难以调整，因此施工阶段的造价控制的难度和风险更大。具体控制的内容及方法在后续章节介绍。

第二节 建设项目施工阶段的造价控制

施工阶段是工程投资具体使用到建筑物实体上的阶段，设备的购置、工程款的支付主要在此阶段，这是花钱如流水、有出无回的阶段，加之施工工期长、市场物价及环境因素变化大，因此是造价控制最困难的阶段。

这一阶段应制定好造价控制目标及资金使用计划，工程进度款支付控制，工程变更控制，工程价款的动态结算，施工索赔处理等项工作。

一、施工阶段监理造价控制的主要业务工作

1. 根据监理项目情况，监理机构组成人员，总监理工程师应明确项目造价控制负责人、明确造价控制目标。

2. 按照项目施工进度计划，编制项目年度、季度、月度工程计划完成量及相应需支付的工程价款，编制工程资金使用计划，一方面报建设单位做好资金准备规划，另一方面与施工单位约定工程预付款、合同价款支付方式、调整范围及办法等。

3. 按照造价目标分解，建立造价控制计划值与实际支付值的动态跟踪控制。

4. 工程变更的审核及由此导致的造价增减量的复核。

5. 已完实物工程量的量测、审核确认，签认相应工程价款支付凭证。

6. 合同外实际发生的工程费用的审核、签认。

7. 定期向业主报告工程费用的使用、完成、偏差及处理情况。督促业主及时提供工程资金等。

8. 研究分析设计、施工、材料设备等方面降低工程造价的可能性，必要时向建设单位提出可行及有效的建议。

9. 审查处理施工单位提出的费用索赔及可能的反索赔。

10. 审核工程竣工结算。

施工阶段监理在项目上对工程造价控制的流程如图8-3所示。

二、施工阶段造价控制目标及资金使用计划

1. 造价控制目标

对于建筑安装工程、设备采购，建设单位都会与施工单位及设备供应方签订合同，一般合同价款就是造价控制目标。实际执行中建设单位也可能在合同价款基础上下调一定的百分比作为造价控制目标，以预留一定的余地。

从建设单位的角度当然是希望工程造价尽可能降低，但如果由此而对承包单位盲目压价，损害承包单位应得利益则是不恰当的。监理应按照经济规律，从公正的立场维护建设单位合法的权益，并且不损害承包商合法权益。因此造价控制的目标不是盲目追求越低越好，而应当是：以合同价款为控制目标，在可能的情况下，努力节约有关费用，降低工程造价。

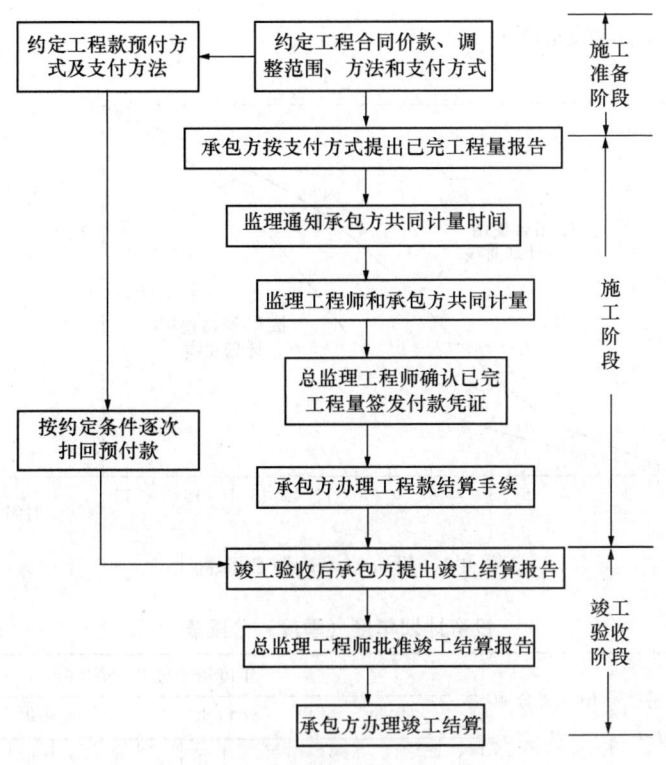

图 8-3 施工阶段监理控制工程造价流程图

2. 资金使用计划

造价控制在具体操作上须将单位工程、分部工程的造价逐级分解到分项工程才便于具体控制，同时由于工程价款现行的支付方式主要是按工程实际完成并验收合格的分项工程的工程量计价按月进行支付，因此还需要按照工程进度计划中分项工程进展的时间编制资金使用时间计划。

从投资控制角度将一个项目分解成分项工程，需要综合考虑多方面因素，如工程的部位、概预算子项的划分、工作队组相应承担的任务等，而且要与工程进度计划中分项的划分协调。特别是使用计算机辅助管理时，进度计划、资金使用计划、工程概预算工程分项的划分一定要一致，统一编码，这样才可能建立统一的数据库，便于管理。

编制资金使用时间计划，通常可利用工程进度计划横道图或带时间坐标的网络计划图，并在相应的分项工程上注出单位时间平均资金消耗额，然后按时间累计可得到资金支出 S 形曲线。参照网络计划中最早开始时间（ES）、最迟必须开始时间（LS）可以得到两条投资资金计划使用时间 S 形曲线，如图 8-4 所示。

一般而言，所有的工程分项若都按最迟必须开始时间（LS）开始，投资贷款利息可节省至最少，但同时也降低了项目按期完工的保证率；若都按最早开始时间（ES）开始，工程早、中期单位时间资金投入量要大一些，但项目按期完工的保证率也高一些。因此要合理地控制资金使用计划，如实际使用曲线应介于上述两条曲线之间为宜。

资金使用时间计划还应编制投资计划年度、季度分配表，便于统计在某一时间段内工程费用的资金需求量，为建设单位筹集工程资金提供依据，具体见表 8-1。

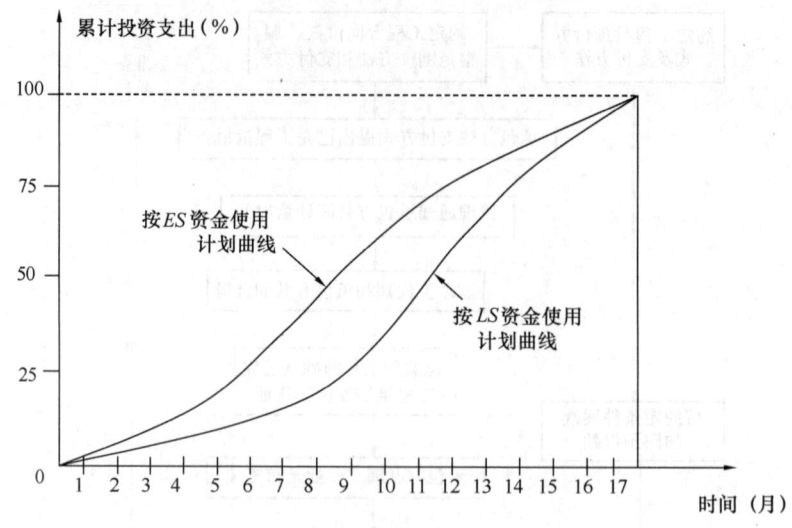

图 8-4 投资使用计划 S 形曲线

投资计划年度（季度）分配表 表 8-1

工程编码	工程名称（分部、分项）	预算资金额（万元）	年度资金使用分配（万元）														
			2016 年				2017 年				2018 年				2019 年			
			1	2	3	4	1	2	3	4	1	2	3	4	1	2	3	4
××-××-1																		
××-××-2																		
……																		
合 计																		

三、工程造价动态控制

在项目建设过程中，工程造价与工程进度是密切相关的，两者在各自一定限额范围内都是变量，只有综合对二者实时控制，才可能取得相对满意的效果。

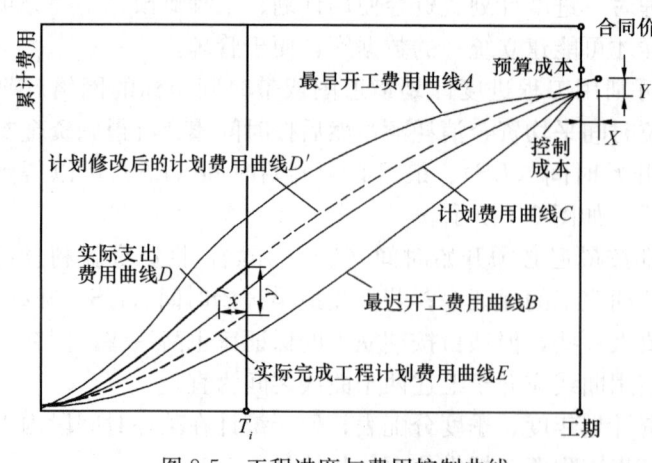

图 8-5 工程进度与费用控制曲线

工程造价与进度综合控制通常采用 S 形图表，如图 8-5 所示。主要内容及步骤如下：

① 绘制按网络计划最早开工（ES）时间的工程费用累计支出曲线 A 和最迟必须（LS）开工时间费用累计支出曲线 B。

② 工程施工过程经常受到多种因素影响，实际工程施工时安排选择的计划进度可能不是最早开工（ES）曲线，也不是最迟必须开工（LS）曲线，而是

介于二者之间的计划曲线 C，此时曲线 C 也就是实际采用的目标控制曲线。

③ 施工过程中进行监测、收集信息、绘制累计实际完成工程分项计划费用曲线 E，它是实际完成的工程分项与原计划（或预算）综合单价的乘积累计之和。同时绘制实际完成的工程分项累计实际支出费用曲线 D，实际支出费用曲线 D 与原计划费用曲线 E 有偏差，这是因为工程市场物价变化或工程变更引起实际支出费用的变化。

④ 对 C、D、E 三条曲线进行分析比较，查找偏离计划的原因，并可预测其对工程总工期与总费用的影响。

从图 8-5 上可以看出，随着工程的开展，D、E 曲线不断延伸。如果 C、D、E 三条曲线彼此接近或重合，则说明工程按计划进行。实际上，这三条曲线通常是会发生偏离的。当工程进展到 T_i 时，D、E 两曲线发生了纵向偏离，其差值为 y，说明该项工程实际已超支 y 元。C、E 两曲线的横向偏离说明实际完成计划工作量的时间比计划推迟了 x 天。应指出的是，这种推迟并不一定说明工程总工期延误。如果工程进度计划采用的是横道图，要查出这种推迟是否会影响总工期是比较麻烦的。而如果采用的是网络计划图，只要检查关键作业是否按计划进行，或者非关键作业是否未超出允许的时差，如果答案都是肯定的，则说明这种推迟不会影响总工期。当非关键作业推迟如超出允许的时差，有可能转化为关键作业，并影响总工期。

当检查结果说明工程进度与费用已偏离计划，就应分析并找出产生费用超支和工程拖期的原因，并对已开工的未完作业和未开工的作业重新研究降低费用和加快进度的措施。

根据修改的进度计划参数，可在图 8-5 上绘制修改后未完工程的计划费用曲线 D'，C、D' 两条曲线可以用来预估建成该工程费用的超支或节余，工期提前或拖期，D' 是以未完成工程的工程量乘以相应的修正计划单价绘制的。图上 C、D' 两曲线终点的垂直差距 Y 表明总费用的超支 Y，水平差距 X 表明总工期已延误 X。如果计划人或项目负责人对工程超支 Y 或拖期 X 仍不满意，可以进一步采取措施降低费用和加速进度，再修改计划，直到满意为止。

四、工程款结算方式

工程款结算方式常依结算的性质和方法的差异分为建筑安装工程款的结算和设备、工器具及工程建设其他费用的结算两大类，分述如后。

1. 建筑安装工程款的结算方式

建筑工程产品不同于一般工业产品，不可能由厂家出资先行生产，然后在市场由顾客挑选，即付即买。建设工程项目属于专门定制产品，体量大，工期长，工程价额巨大，长期以来形成了专门的工程款结算方式。我国现行建设工程价款的主要结算方式有：

（1）按月结算

一般采用月终结算、竣工后清算。对于跨年竣工的工程，在年终进行盘点，办理年度结算。这是工程上采用最多、最通用的结算方式。

（2）分段结算

即可按工程进度计划或部位等划分不同时段或区段进行结算。这种结算方式适用于固定总价，一般不能调价的合同方式。

如分段结算可按月预支工程款；或按工程阶段拨付工程款，如按开工、基础完工、主体完工、竣工验收等阶段按比例拨付工程款。

(3) 竣工后一次结算

即每月月中先预支部分工程款，竣工后一次结算。这种结算方式适用工期短，合同价额不大的项目。

(4) 结算双方约定的其他结算方式

不论采用上述何种方式，施工期间工程结算款一般不应超过工程价款的95%，另5%作为预留的质量保证金，用于保证承包人在缺陷责任期内对建设工程出现的缺陷进行维修的资金。

以上几种结算工程款的方法中，按月结算是工程上最常用的结算方式。工程开工前，建设单位按合同约定先预付一定的备料款。工程开工后，以每月实际完成并已验收合格的分项工程为对象，进行工程计量，核算应得工程价款，同时按约定的方法扣减一定的预付备料款及质量保证金，以及其他应得或应减工程变更、工程索赔等款项，经总监理工程师审核并报建设单位同意后，结算当月实付工程款，待工程竣工后再办理竣工结算。其中预付备料款的支付及扣回方法如下：

① 预付备料款限额计算

预付备料款用于施工单位为工程能正常施工而需储备一定量的主要材料、构配件所需的流动资金。建设单位应预付多少备料款为宜？前提是备料要能"保证正常施工"，不因备料不足而影响正常施工进度。涉及的主要因素有：工期进度快慢；材料应储备天数；主要材料占施工产值的比重等。备料款限额常用下式计算：

$$备料款限额 = \frac{全年施工产值 \times 主要材料所占比重}{年度施工日历天数} \times 材料储备天数$$

式中材料储备天数主要与材料市场供货速度或货源紧缺程度有关，市场能及时供货则储备天数可缩短，货源紧缺则储备天数应增加。全年施工产值则与工期长短安排有关，在压缩正常工期的情况下全年应完成的施工产值高，备料款也会相应增加。

一般建筑工程备料款不应超过当年建筑工程量价款的30%，安装工程不超当年工程量价款的10%～15%。

② 备料款的扣回计算

预付备料款相当于建设单位借给施工单位的流动资金，到工程进展到一定时候要陆续扣回，其方式为抵充工程价款。

备料款的扣回一般按未完成工程中的主要材料及构件的价值等于备料款时开始扣，竣工前全部扣清。

设备料款为M，主要材料占工程价款的比重为N，则$\frac{M}{N}$为主要材料款为M时相应的工程价款。也就是说当待完成工程价款还剩$\frac{M}{N}$时应开始起扣，亦即工程完成到T时应开始起扣，T可按下式计算：

$$T = P - \frac{M}{N}$$

式中 P——合同总价款；

T——起扣点，即预付备料款开始扣回时的累计完成工程量相应价款金额。

备料款预付的比例，收回的方式、时间主要是业主与承包商在合同中事先约定的一种行为，不同的工程情况可视情况允许有一定的变动。

【例题 8-1】某建筑安装工程价款总额为 600 万元，合同中约定备料款按 25% 预付，主要材料占总价款的比重为 62.5%，工期 4 个月，计划各月的施工产值如表 8-2。试计算预付备料款、备料款起扣点，以及按月计划施工产值预计建设单位应准备的各月工程价款资金为多少？

计划各月的施工产值　　　　　　　　　　　　表 8-2

二月	三月	四月	五月
100	140	180	180

【解】
① 预付款 $M = 600 \times 25\% = 150$ 万元
② 起扣点 $T = P - \dfrac{M}{N} = 600 - 150/62.5\%$
$= 600 - 240 = 360$ 万元

即当工程完成价款达到 360 万元时应开始起扣预付的备料款。
③ 二月完成产值 100 万 $< T$，应支付工程款 100 万。
④ 三月完成 140 万，工程累计完成 240 万 $< T$，三月应结算 140 万。
⑤ 四月完成 180 万，工程累计完成 420 万 $> T = 360$ 万元。
所以本月结算工程款分为两部分：
a. 不回扣备料预付款部分：T（360 万元）－上月累计完成额（240 万）＝120 万
b. 应起扣备料预付款部分：180 万（本月实际完成）－120 万＝60 万
本月实际应结算工程款：$120 + 60 \times (1 - 62.5\%) = 120 + 22.5 = 142.5$ 万元
⑥ 五月完成产值 180 万元，并已竣工，应结算 $180 \times (1 - 62.5\%) = 67.5$ 万元。

由上计算可知，建设单位首付工程备料款为 150 万元，从 2～5 月，建设单位计划支付的工程款准备金分别为：100 万元、140 万元、142.5 万元、67.5 万元。

2. 设备、工器具和工程建设其他费用的结算
(1) 国内设备、工器具和工程建设其他费用的结算

按照我国现行规定，银行、单位和个人办理结算都必须遵守的结算原则：一是恪守信用，及时付款；二是谁的钱进谁的账，由谁支配；三是银行不垫款。

建设单位对订购的一般通用设备、工器具，一般不预付定金，只对制造期在半年以上的大型专用设备的价款，按合同分期付款。建设单位收到设备、工器具后，要按合同规定及时结算付款，不应无故拖欠。如果资金不足延期付款，要支付一定的赔偿金。

工程建设其他费用因为内容多而零散，又缺乏完备的价格依据，所以结算的费用，其伸缩性、灵活性较大。建设单位在结算工程建设其他费用时，应在经办建设银行的监督下，严格控制在年度投资计划、财务支出计划和概预算规定的指标或投资包干数范围内，并根据实际需要，逐笔审查，精打细算，节约使用。

(2) 国外进口设备、材料的结算

对进口设备及材料费用的支付，一般利用出口信贷的形式。出口信贷根据借款的对象分为卖方信贷和买方信贷。

采用卖方信贷进行设备材料结算时，一般是在签订合同后先预付10%定金，在最后一批货物装船后再付10%，在货物运抵目的地，验收后付5%，待质量保证期满时再付5%，剩余的70%货款应在全部交货后约定的若干年内一次或分期付清。

买方信贷有两种形式：一种是由产品出口国银行把出口信贷给买方，买方以此款与出口国卖方供应商以即期现汇成交。

买方信贷的另一种形式，是由出口国银行贷给进口国银行，再由进口国银行转贷给买方，买方用现汇支付货款，进口国银行分期向出口国银行偿还借款本息。

进口设备材料的结算价与确定的合同价不同，结算价还要受多种因素（主要是工资、物价、贷款利率及汇率）的影响。因此，在结算时要采用动态结算方式。

五、工程价款的动态结算

建设项目按照合同价款事先约定的方式进行结算时，通常要考虑到市场变化的涨价因素，造价管理部门公布的价格指数（或调价系数），以及政策性因素引起的价格变化等进行动态结算，常用的动态结算方法有按实际价格结算法、按调价文件结算法和调值公式法等。

(1) 按实际价格结算法

主要材料按市场实际价格结算，工程承包人凭发票实报实销。这种结算方法主要适用于工作范围不清，工程量事前无法估算的工程，如火灾、水灾、风灾、地震等灾后抢修的工程，旧建筑的加固维修工程等。

(2) 按调价文件结算法

在市场不稳定，材料等价格波动变化大的情况下，甲、乙双方在合同协议条款中约定，施工期内主要材料涨价带来的价款变化，按造价管理部门调价文件规定补足价差。

(3) 调值公式法

对项目已完成工程价款的结算，通常采用调值公式法，并在合同中事先明确规定各项费用的比重系数。

调值公式包括固定部分、材料部分和人工部分三项，材料成本要素有钢材、水泥、木材、构件等，同样，人工可包括普通工、技术工和监理工程师。调值公式一般为：

$$p = p_0 \left(a_0 + a_1 \frac{A}{A_0} + a_2 \frac{B}{B_0} + a_3 \frac{C}{C_0} + a_4 \frac{D}{D_0} + \cdots \right)$$

式中　　　　　P——调值后合同价款或工程实际结算款；

P_0——合同价款中工程预算进度款；

a_0——固定要素，代表合同支付中不能调整的管理费用等部分；

a_1、a_2、a_3、a_4……——代表有关各项费用（如：人工费用、钢材费用、水泥费用、骨料费用、运输费用等）在合同总价中所占的比重，并且 $a_0 + a_1 + a_2 + a_3 + a_4 + \cdots = 1$；

A_0、B_0、C_0、D_0……——订合同时与 a_1、a_2、a_3、a_4……对应的各种费用的基准日期（投标截止日前28天）价格指数或价格；

A、B、C、D……——在工程结算月份与 a_1、a_2、a_3、a_4……对应的各项费用的现行价格指数或价格。

各项费用的比重系数在许多标书中要求承包方在投标时即提出，并在价格分析中予以论证。

但也有的是由发包方在标书中规定一个允许范围,由投标人在此范围内选定。如我国首个接受世界银行贷款的云南鲁布革水电站工程,标书中对外币支付项目各费用比重系数范围作了如下规定:外籍人员工资 $0.10\sim0.20$;水泥 $0.10\sim0.16$;钢材 $0.09\sim0.13$;设备 $0.35\sim0.48$;海上运输 $0.04\sim0.08$;固定系数 0.17。并规定允许投标人根据其施工方法在上述给定的范围内选定各费用比重系数的具体值,但应满足 $a_0+a_1+a_2+a_3+a_4+\cdots\cdots=1$。

【例题 8-2】 某项目工程总费用为 200 万美元。其组成为:土方工程费 20 万美元,占总费用 10%;砌体工程费 80 万美元,占总费用 40%;钢筋混凝土工程费 100 万美元,占总费用 50%。这三个组成部分的人工费和材料费占工程总费用 85%,人工费和材料费中各项费用比例如下:

(1) 土方工程:人工费 50%,机具折旧费 26%,柴油 24%。
(2) 砌体工程:人工费 53%,钢材 5%,水泥 20%,骨料 5%,空心砖 12%,柴油 5%。
(3) 钢筋混凝土工程,人工费 53%,钢材 22%,水泥 10%,骨料 7%,木材 4%,柴油 4%。该工程其他费用,即不调值的费用占工程价款的 15%,计算出各项参加调值的费用占工程价款比例如下:

人工费:$a=(50\%\times10\%+53\%\times40\%+53\%\times50\%)\times85\%\approx45\%$

钢材:$b=(5\%\times40\%+22\%\times50\%)\times85\%\approx11\%$

水泥:$c=(20\%\times40\%+10\%\times50\%)\times85\%\approx11\%$

骨料:$d=(5\%\times40\%+7\%\times50\%)\times85\%\approx5\%$

柴油:$e=(24\%\times10\%+5\%\times40\%+4\%\times50\%)\times85\%\approx5\%$

机具折旧:$f=26\%\times10\%\times85\%\approx2\%$

空心砖:$g=12\%\times40\%\times85\%\approx4\%$

木材:$h=4\%\times50\%\times85\%\approx2\%$

不调值费用占工程价款的比例:15%

具体的人工费及材料费的调值公式为:

$$P=P_0\left(0.15+0.45\frac{A}{A_0}+0.11\frac{B}{B_0}+0.11\frac{C}{C_0}+0.05\frac{D}{D_0}+0.05\frac{E}{E_0}+0.02\frac{F}{F_0}+0.04\frac{G}{G_0}+0.02\frac{H}{H_0}\right)$$

假定该合同的原始报价基准日期为 2016 年 1 月 1 日,2016 年 9 月完成的工程价款占合同总价的 10%,有关月报的工资材料物价指数如表 8-3 所示。试求 2016 年 9 月可结算的工程款为多少?

工资物价指数表　　　　　　　　　　表 8-3

费用名称	代号	2016 年 1 月指数	代号	2016 年 9 月指数
人工费	A_0	100	A	116
钢材	B_0	153.4	B	187.6

续表

费用名称	代号	2016年1月指数	代号	2016年9月指数
水泥	C_0	54.8	C	175.0
骨料	D_0	132.6	D	169.3
柴油	E_0	78.3	E	192.8
机具折旧	F_0	154.4	F	162.5
空心砖	G_0	160.1	G	162.0
木材	H_0	142.7	H	159.5

【解】 将报价基准日期、9月的工资物价指数和完成的工程价款代入上述该工程的调值公式,有:

$$\begin{aligned}P=&10\%P_0\left(0.15+0.45\frac{A}{A_0}+0.11\frac{B}{B_0}+0.11\frac{C}{C_0}+0.05\frac{D}{D_0}+0.05\frac{E}{E_0}\right.\\&\left.+0.02\frac{F}{F_0}+0.04\frac{G}{G_0}+0.02\frac{H}{H_0}\right)\\=&10\%\times200\left(0.15+0.45\times\frac{116}{100}+0.11\times\frac{187.6}{153.4}+0.11\frac{175.0}{154.8}+0.05\times\frac{169.3}{132.6}\right.\\&\left.+0.05\times\frac{192.8}{178.3}+0.02\times\frac{157.5}{154.4}+0.04\times\frac{167.0}{160.1}+0.02\times\frac{159.5}{147.7}\right)\\=&22.66\text{ 万美元}\end{aligned}$$

即通过调值,2016年9月实得工程款为22.66万美元,因工资物价指数上涨,比原始合同价20万美元多2.66万美元。

六、工程款计量与支付

施工单位每月按完成并经验收合格的分项工程量向监理机构提交工程款支付申请,监理应进行工程计量复核和工程款支付审查。

1. 工程计量复核

施工单位按当月完成并获得质量验收合格证书后的工程量计算各项费用,向监理机构提交《工程款支付报审表》(见表8-4),专业监理工程师接到申报表后应及时按设计图纸核实已完工程数量,必要时通知承包方进行现场计量复核,承包方必须为监理工程师进行计量复核提供便利条件并派人参加予以确认。监理工程师对承包方超出设计图纸要求增加的工程量和自身原因造成返工的工程量,不予计量。

2. 工程款支付审查

专业监理工程师按照经审查复核的工程量及构成合同价款相应项目的单价和取费标准进行支付价款的审核,审核内容如下:

(1) 截至本次付款周期末已实施工程的合同价款。
(2) 增加和扣减的变更金额。
(3) 增加和扣减的索赔金额。
(4) 支付的预付款和扣减的返还预付款。
(5) 扣减的质量保证金。
(6) 根据合同应增加和扣减的其他金额。

项目监理机构应从第一个付款周期开始,在施工单位的进度付款中,按专用合同条款的约定扣留质量保证金,直到扣留的质量保证金总额达到专用合同条款约定的金额或比例为止。质量保证金的计算额度不包括预付款的支付、扣回及价格调整的金额。

专业监理工程师对《工程款支付报审表》审查复核后,提出审查意见,报总监理工程师审核。

总监理工程师对专业监理工程师的审查意见进行审核,签认后报建设单位审批。

总监理工程师根据建设单位的审批意见,向施工单位签发工程款支付证书,见表8-5。

工程款支付报审表(监理规范 GB/T 50319—2013 表 B.0.11)　　　　表 8-4

工程名称：　　　　　　　　　　　　　　　　　　　　　　　　编号：

致：_____(项目监理机构) 　　根据施工合同约定,我方已完成_____工作,建设单位应在___年___月___日前支付工程款(大写)_____(小写:_____),请予以审核。 附件： □ 已完成工程量报表 □ 工程竣工结算证明资料 □ 相应的支持性证明文件 　　　　　　　　　　　　　　　　　　　　　　　　施工项目经理部(盖章) 　　　　　　　　　　　　　　　　　　　　　　　　项目经理(签字) 　　　　　　　　　　　　　　　　　　　　　　　　　　年　　月　　日
审查意见： 施工单位应得款为： 本期应扣款为： 本期应付款为： 附件：相应支持性材料 　　　　　　　　　　　　　　　　　　　　　　　　专业监理工程师(签字) 　　　　　　　　　　　　　　　　　　　　　　　　　　年　　月　　日
审核意见：   　　　　　　　　　　　　　　　　　　　　　　　　项目监理机构(盖章) 　　　　　　　　　　　　　　　　　　　　　　　　总监理工程师(签字、加盖执业印章) 　　　　　　　　　　　　　　　　　　　　　　　　　　年　　月　　日
审批意见：   　　　　　　　　　　　　　　　　　　　　　　　　建设单位(盖章) 　　　　　　　　　　　　　　　　　　　　　　　　建设单位代表(签字) 　　　　　　　　　　　　　　　　　　　　　　　　　　年　　月　　日

工程款支付证书（监理规范 GB/T 50319—2013 表 A.0.8）　　　　表 8-5

工程名称：　　　　　　　　　　　　　　　　　　　　　　　　　　　编号：

致：_____（施工单位）

　　根据施工合同约定，经审核编号为_____工程支付报审表，扣除有关款项后，同意支付该款项共计（大写）_____（小写：_____）。

其中：

1. 施工单位申报款为：
2. 经审核施工单位应得款为：
3. 本期应扣款为：
4. 本期应付款为：

附件：工程款支付报审表及附件

项目监理机构（盖章）
总监理工程师（签字、加盖执业印章）
　　　　　　　　　　　年　月　日

七、工程竣工结算

按照《建筑工程施工质量验收统一标准》GB 50300—2013 要求，单位工程完工后，施工单位应组织有关人员进行自检。总监理工程师应组织各专业监理工程师对工程质量进行竣工预验收。存在施工质量问题时，应由施工单位及时整改。整改完毕后，由施工单位向建设单位提交工程竣工报告，申请工程竣工验收。

竣工验收合格后，施工单位可向监理机构提交竣工结算款支付申请，进行最终工程价款结算。竣工结算款支付申请表应按表 8-5 的要求填写。

监理机构收到施工单位提交的竣工结算款支付申请后，应按下列程序进行竣工结算款审核：

（1）专业监理工程师审查施工单位提交的竣工结算款支付申请，提出审查意见。

审查中应注意施工过程中发生的合同价款变化，应按施工合同协议条款及有关规定对合同款进行调整，竣工结算工程款应为：

竣工结算工程款＝合同价款＋施工过程中合同价款调整额－预付及已结算工程款

（2）总监理工程师对专业监理工程师的审查意见进行审核，签认后报建设单位审批，同时抄送施工单位，并就工程竣工结算事宜与建设单位、施工单位协商，当：

① 建设单位、施工单位协商达成一致意见的，总监理工程师应根据建设单位审批意见向施工单位签发竣工结算款支付证书，见表 8-5；

② 建设单位、施工单位协商不能达成一致意见的，总监理工程师可就施工合同约定尽力进行争议调解；调解无效时，争议双方可提请仲裁机构进行仲裁。

思 考 题

1. 建设项目投资由哪些方面费用构成？"投资控制"与"造价控制"有什么异同？
2. 施工阶段监理工程师控制造价的主要工作有哪些？
3. 如何采用 S 形曲线图对工程造价和进度进行综合控制？
4. 我国现行建筑安装工程价款的主要结算方式有哪几种？
5. 工程预付备料款如何扣回？
6. 常用的动态工程价款结算方法有哪几种？当采用调值公式法对工程价款结算时，承包商在签合同约定各项费用在合同总价中所占的比重系数时应如何考虑？
7. 监理进行工程计量复核主要应控制的要点？
8. 监理进行工程款支付审查主要内容有哪些？

第九章 建设工程安全生产管理的监理工作

自 2004 年 2 月 1 日起施行的《建设工程安全生产管理条例》第四条:"建设单位、勘察单位、设计单位、施工单位、工程监理单位及其他与建设工程安全生产有关的单位,必须遵守安全生产法律、法规的规定,保证建设工程安全生产,依法承担建设工程安全生产责任。"以及第十四条:"工程监理单位和监理工程师应当按照法律、法规和工程建设强制性标准实施监理,并对建设工程安全生产承担监理责任。"明确了工程监理单位和监理工程师对安全生产管理的监理责任。

第一节 安全生产管理的监理工作方针与责任

一、安全生产管理的监理工作的定义

安全生产管理的监理工作是指工程监理单位接受建设单位的委托和授权,依据国家现行有关法律、法规和工程建设强制性标准以及委托监理合同,在所监理的工程中落实安全生产监理责任所开展的活动。

安全生产管理的监理工作要求工程监理单位对工程建设中的人、机、物、环境及施工全过程的安全生产进行监督管理,并采取组织措施、技术措施、经济措施和合同措施,监督管理施工单位的建设行为符合国家安全生产、劳动保护法律、法规和有关政策,将建设工程安全风险有效地控制在允许的范围内,以确保施工安全。

建设单位对安全生产管理的监理工作有特殊要求的,应在委托监理合同中约定。

施工单位应对建设工程项目施工现场安全生产负责,工程监理单位和监理工程师的安全生产管理的监理工作不得代替施工单位的安全生产管理。

建设工程监理既可以开展阶段性监理,如施工阶段监理,也可以开展全过程监理,如实施全过程监理、建设全过程监理。然而,安全生产管理的监理工作则是施工阶段监理的重要工作内容,通过监督管理施工单位的建设行为,达到确保工程施工生产安全的目标,如图 9-1 所示。

二、安全生产管理的监理工作方针

自 2014 年 12 月 1 日起施行的《安全生产法》第三条规定:"安全生产工作应当以人为本,坚持安全发展,坚持安全第一、预防为主、综合治理的方针,强化和落实生产经营单位的主体责任,建立生产经营单位负责、职工参与、政府监管、行业自律和社会监督的机制。"由于在中华人民共和国领域内从事生产经营活动的单位的安全生产均适用《安全生产法》,故安全生产管理的监理工作方针亦即"安全第一、预防为主、综合治理"。

三、安全生产管理的监理工作责任

《建设工程安全生产管理条例》第十四条规定:"工程监理单位应当审查施工组织设计中的安全技术措施或者专项施工方案是否符合工程建设强制性标准。工程监理单位在实施

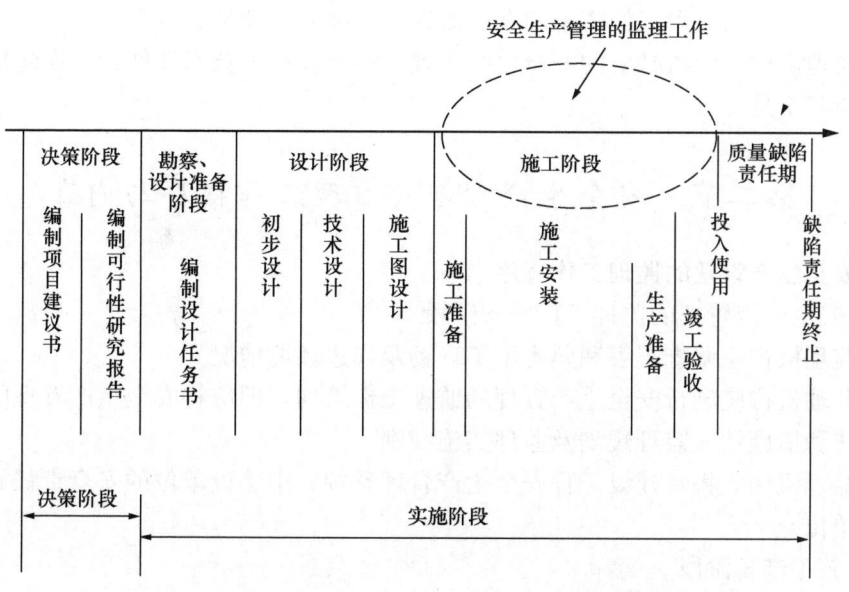

图 9-1 安全生产管理的监理工作示意图

监理过程中，发现存在安全事故隐患的，应当要求施工单位整改；情况严重的，应当要求施工单位暂时停止施工，并及时报告建设单位。施工单位拒不整改或者不停止施工的，工程监理单位应当及时向有关主管部门报告。"

《建设工程安全生产管理条例》第五十七条规定："违反本条例的规定，工程监理单位有下列行为之一的，责令限期改正；逾期未改正的，责令停业整顿，并处 10 万元以上 30 万元以下的罚款；情节严重的，降低资质等级，直至吊销资质证书；造成重大安全事故，构成犯罪的，对直接责任人员，依照刑法有关规定追究刑事责任；造成损失的，依法承担赔偿责任：（一）未对施工组织设计中的安全技术措施或者专项施工方案进行审查的；（二）发现安全事故隐患未及时要求施工单位整改或者暂时停止施工的；（三）施工单位拒不整改或者不停止施工，未及时向有关主管部门报告的；（四）未依照法律、法规和工程建设强制性标准实施监理的。"

《关于落实建设工程安全生产监理责任的若干意见》（建市［2006］248 号）规定："施工组织设计中的安全技术措施或专项施工方案未经监理单位审查签字认可，施工单位擅自施工的，监理单位应及时下达工程暂停令，并将情况及时书面报告建设单位。监理单位未及时下达工程暂停令并报告的，应承担《建设工程安全生产条例》第五十七条规定的法律责任。监理单位履行了上述规定的职责，施工单位未执行监理指令继续施工或发生安全事故的，应依法追究监理单位以外的其他相关单位和人员的法律责任。"

工程监理单位法定代表人应对本企业监理的工程项目落实安全生产监理责任全面负责。工程监理单位技术负责人应负责审批项目监理机构的安全生产管理的监理工作方案，指导总监理工程师审查施工工艺复杂、技术难度大的专项施工方案。

项目监理机构应负责工程项目现场安全生产管理的监理工作的实施。

项目监理机构应配置专职安全生产管理的监理工作人员。安全生产管理的监理工作人员是指经安全生产管理的监理工作业务知识教育培训合格，持证上岗，负责项目监理机构日常安全生产管理的监理工作实施的专业监理工程师或监理员。

项目监理机构应配备必要的安全生产法规、标准及安全技术文件、工作防护设备、设施和常用检测工具。

第二节 安全生产管理的监理工作程序与内容

一、安全生产管理的监理工作程序

（一）安全生产管理的监理工作准备阶段

项目监理机构应调查了解和熟悉施工现场及周边环境情况。

项目监理机构应进行安全生产管理的监理工作策划，即应将安全生产管理的监理工作内容、方法和措施纳入监理规划及监理实施细则。

项目监理机构宜将《建设工程安全生产管理条例》中建设单位的安全责任和有关事宜告知建设单位。

（二）施工准备阶段

项目监理机构审查核验施工单位提交的有关技术文件及资料，并由总监理工程师在有关技术文件报审表上签署意见；审查未通过的，安全技术措施及专项施工方案不得实施。

（三）施工阶段

项目监理机构应按安全生产管理的监理工作规划和安全生产管理的监理工作细则的要求，进行巡视检查，必要时下达整改令或工程暂停令并同时报告建设单位，组织或协助建设单位开展安全检查，安全生产管理的监理工作情况记载，核查安全设施等验收记录等。

施工阶段对危险性较大分项工程的安全监理，应按照专项施工实施细则编制工作流程图，如图9-2所示为某监理单位编制的施工升降机安全监理工作流程图。

（四）竣工验收阶段

项目监理机构应将有关安全生产的技术文件、验收记录、监理规划、监理实施细则、监理月报、监理会议纪要及相关书面通知等按规定立卷归档。

二、安全生产管理的监理工作内容

（一）安全生产管理的监理工作策划

1. 安全生产管理的监理工作方案

项目监理机构应根据《建设工程安全生产管理条例》的规定，按照工程建设强制性标准、《建设工程监理规范》和相关行业监理规范的要求，编制包括安全生产管理的监理工作内容的监理规划（以下称为安全生产管理的监理工作方案），以指导项目监理机构开展安全生产管理的监理工作。

安全生产管理的监理工作方案应具有针对性和指导性，应根据现行法律、法规、规章、委托监理合同、设计文件、工程项目特点等编制。此外，项目监理机构应调查了解和熟悉施工现场及周边环境情况，结合施工现场实际情况编制安全生产管理的监理工作方案。

安全生产管理的监理工作方案由总监理工程师主持、安全生产管理的监理工作人员和专业工程师参与编制，并经工程监理单位技术负责人批准。安全生产管理的监理工作方案是监理规划的重要组成部分，其编写内容详见第四章。分阶段施工或施工方案发生较大变

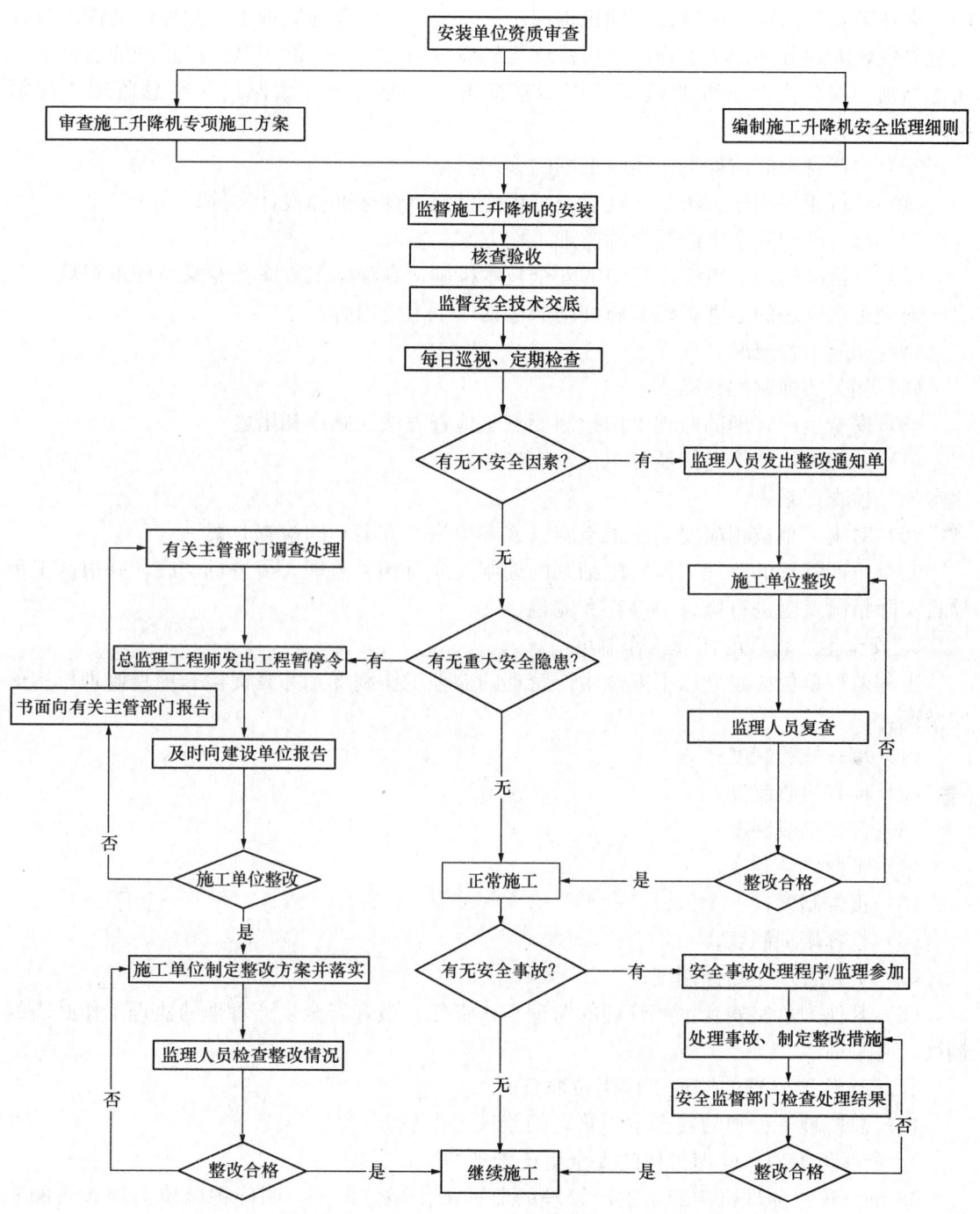

图 9-2 安全生产管理的监理工作流程图

化时,安全生产管理的监理工作方案应及时调整。

2. 安全生产管理的监理工作实施细则

项目监理机构应在相应工程施工前编制安全生产管理的监理工作实施细则,做到详细、具体,且有可操作性。安全生产管理的监理工作实施细则是结合施工现场的场所、设施、作业等安全活动,由项目监理机构编制的安全生产管理的监理工作操作性文件。对各项危险性较大的分部分项工程,项目监理机构应分别编制相应的安全生产管理的监理工作实施细则。安全生产管理的监理工作实施细则由专业工程师编制,并经总监理工程师批准。

安全生产管理的监理工作实施细则的编制依据:
（1）现行相关法律、法规、规章、工程建设强制性标准和设计文件;
（2）已批准的安全生产管理的监理工作方案;
（3）已批准的施工组织设计中的安全技术措施、专项施工方案和专家组评审意见。

安全生产管理的监理工作实施细则应包括以下主要内容:
（1）相应工程概况;
（2）相关的强制性标准要求;
（3）安全生产管理的监理工作控制要点、检查方法、频率和措施;
（4）监理人员工作安排及分工;
（5）检查记录表;
（6）对施工单位相应安全技术措施（或专项施工方案）的检查方案。

安全生产管理的监理工作实施细则的编制人应对相关监理人员进行交底,并根据工程项目实际情况及时进行修订、补充和完善。

3. 安全生产管理的监理工作制度

工程监理单位应建立以下安全生产管理的监理工作制度,并督促检查项目监理机构落实情况:
（1）审查核验制度;
（2）检查验收制度;
（3）督促整改制度;
（4）工地例会制度;
（5）报告制度;
（6）教育培训制度;
（7）资料管理与归档制度;
（8）其他为落实安全生产管理的监理工作责任,做好安全生产管理的监理工作必需的制度。

4. 安全生产管理的监理工作岗位职责

（1）总监理工程师的安全生产管理的监理工作职责

① 全面负责项目监理机构的安全生产管理的监理工作;

② 确立项目监理机构安全生产管理的监理工作岗位设置,明确各岗位监理人员的安全生产管理的监理工作职责;

③ 检查项目监理机构安全生产管理的监理工作制度落实情况;

④ 主持编制安全生产管理的监理工作方案,审批安全生产管理的监理工作实施细则;

⑤ 主持编写安全生产管理的监理工作月报,安全生产管理的监理工作专题报告和安全生产管理的监理工作总结;

⑥ 主持审查施工单位的资质证书、安全生产许可证;

⑦ 主持审查施工组织设计中的安全技术措施、专项施工方案和应急救援措施；

⑧ 组织审核施工单位安全防护、文明施工措施费用的使用情况；

⑨ 组织核查大型起重机械和自升式架设设施的验收手续；

⑩ 组织核准施工单位安全质量标准化达标工地考核评分；

⑪ 签发工程暂停令，并同时报告建设单位；

⑫ 负责向本单位负责人报告施工现场安全事故。

（2）总监理工程师代表的安全生产管理的监理工作职责

① 总监理工程师可将部分安全生产管理的监理工作向总监理工程师代表授权；

② 总监理工程师安全生产管理的监理工作职责中的第①～⑤款、第⑦款及第⑪款不得委托总监理工程师代表。

（3）安全生产管理的监理工作人员的安全生产管理的监理工作职责

① 在总监理工程师领导下，负责项目监理机构日常安全生产管理的监理工作的实施；

② 参与编制安全生产管理的监理工作方案和安全生产管理的监理工作实施细则；

③ 负责审查施工单位的资质证书、安全生产许可证、两类人员证书、特种作业人员操作证，检查施工单位工程项目安全生产规章制度、安全管理机构的建立情况，参与审查施工组织设计中的安全技术措施、专项施工方案和应急救援预案；

④ 负责审查施工单位上报的危险性较大的分部分项工程清单和需经项目监理机构核查的大型起重机械和自升式架设设施清单，核查大型起重机械和自升式架设设施的验收手续；

⑤ 核准施工单位安全质量标准化达标工地考核评分；

⑥ 协助审核施工单位安全防护、文明施工措施费用的使用情况；

⑦ 负责抽查施工单位安全生产自查情况，参加建设单位组织的安全生产专项检查；

⑧ 巡视检查施工现场安全状况，参与专项施工方案实施情况的定期巡视检查，发现安全事故隐患及时报告总监理工程师并参与处理；

⑨ 填写监理日记中的安全生产管理的监理工作记录，参与编写安全生产管理的监理工作月报；

⑩ 管理安全生产管理的监理工作资料、台账；

⑪ 协助总监理工程师处理施工现场安全事故中涉及监理的工作。

（4）专业工程师的安全生产管理的监理工作职责

① 在总监理工程师领导下，参与项目监理机构的安全生产管理的监理工作；

② 负责编制安全生产管理的监理工作实施细则，参与编制安全生产管理的监理工作方案；

③ 负责审查施工组织设计中的安全技术措施、专项施工方案和应急救援预案；

④ 负责就安全生产管理的监理工作实施细则向相关监理人员交底，负责专项施工方案实施情况的定期巡视检查，发现安全事故隐患及时报告总监理工程师并参与处理；

⑤ 提供与本职责有关的安全生产管理的监理工作资料。

（5）监理员的安全生产管理的监理工作职责

① 根据项目监理机构岗位职责安排，在分管业务范围内，检查施工现场安全状况，发现问题及时报告专业工程师或安全生产管理的监理工作人员；

② 做好检查记录。

(二) 施工准备阶段的安全生产管理的监理工作内容

项目监理机构施工准备阶段的安全生产管理的监理工作主要有：

1. 审查安全技术措施或专项施工方案

审查施工单位编制的施工组织设计中的安全技术措施和危险性较大的分部分项工程专项施工方案是否符合工程建设强制性标准要求，并由总监理工程师在有关报审表上签署意见。审查未通过的，安全技术措施及专项施工方案不得实施。

施工单位填报《专项施工方案报审表》（见附录2表B.0.1），项目监理机构对施工组织设计中的安全技术措施审查的重点为：

(1) 施工单位编制的地下管线保护措施方案是否符合强制性标准要求；

(2) 施工现场临时用电施工组织设计或者安全用电技术措施和电气防火措施是否符合强制性标准要求；

(3) 冬期、雨期等季节性施工方案的制定是否符合强制性标准要求；

(4) 施工总平面布置图是否符合安全生产的要求，办公、宿舍、食堂、道路等临时设施设置以及排水、防火措施是否符合强制性标准要求。

2. 审查施工单位的资质等级和安全生产许可证

施工单位填报《施工总包单位资格报审表》（见附录3表D-B1），项目监理机构应注重审查：

(1) 施工单位资质证书中的承包类别、承包工程范围与承包的工程内容、工程规模、工程数量和合同额是否相适应；

(2) 施工单位的安全生产许可证在有关主管部门动态管理中是否合法有效。

3. 检查施工项目部的安全生产规章制度及安全监督机构

检查施工单位在工程项目上的安全生产规章制度和安全监管机构的建立、健全及专职安全生产管理人员配备情况，督促施工单位检查各分包单位的安全生产规章制度的建立情况。

根据《施工单位安全生产管理机构设置及专职安全生产管理人员配备办法》（建质[2008]91号），施工单位应当在建设工程项目组建安全生产领导小组。建设工程实行施工总承包的，安全生产领导小组由总承包企业、专业承包企业和劳务分包企业项目经理、技术负责人和专职安全生产管理人员组成。安全生产领导小组的主要职责：

(1) 贯彻落实国家有关安全生产法律法规和标准；

(2) 组织制定项目安全生产管理制度并监督实施；

(3) 编制项目生产安全事故应急救援预案并组织演练；

(4) 保证项目安全生产费用的有效使用；

(5) 组织编制危险性较大的分部分项工程专项施工方案；

(6) 开展项目安全教育培训；

(7) 组织实施项目安全检查和隐患排查；

(8) 建立项目安全生产管理档案；

(9) 及时、如实报告安全生产事故。

施工单位应当实行建设工程项目专职安全生产管理人员委派制度。建设工程项目的专职安全生产管理人员应当定期将项目安全生产管理情况报告企业安全生产管理机构。项目专职安全生产管理人员具有以下主要职责：

(1) 负责施工现场安全生产日常检查并做好检查记录；
(2) 现场监督危险性较大的分部分项工程专项施工方案实施情况；
(3) 对作业人员违规违章行为有权予以纠正或查处；
(4) 对施工现场存在的安全隐患有权责令立即整改；
(5) 对于发现的重大安全隐患，有权向企业安全生产管理机构报告；
(6) 依法报告生产安全事故情况。

施工单位填报《_____备案登记表》（见附录3表D-B4），项目监理机构应督促施工单位并将以下安全生产管理制度报送监理机构备案：

(1) 安全生产责任制；
(2) 安全生产教育培训制度；
(3) 操作规程；
(4) 安全生产检查制度；
(5) 机械设备（包括租赁设备）管理制度；
(6) 安全施工技术交底制度；
(7) 消防安全管理制度；
(8) 安全生产事故报告处理制度。

4. 审查施工方专职安全生产管理人员资格

审查项目经理和专职安全生产管理人员的安全生产考核合格证书及专职安全生产管理人员配备与到位数量是否符合相关规定。

根据《施工单位安全生产管理机构设置及专职安全生产管理人员配备办法》（建质[2008]91号），总承包单位配备项目专职安全生产管理人员应当满足下列要求：

(1) 建筑工程、装修工程按照建筑面积配备：1万平方米以下的工程不少于1人；1万～5万平方米的工程不少于2人；5万平方米及以上的工程不少于3人，且按专业配备专职安全生产管理人员。

(2) 土木工程、线路管道、设备安装工程按照工程合同价配备：5000万元以下的工程不少于1人；5000万～1亿元的工程不少于2人；1亿元及以上的工程不少于3人，且按专业配备专职安全生产管理人员。

分包单位配备项目专职安全生产管理人员应当满足下列要求：

(1) 专业承包单位应当配置至少1人，并根据所承担的分部分项工程的工程量和施工危险程度增加。

(2) 劳务分包单位施工人员在50人以下的，应当配备1名专职安全生产管理人员；50～200人的，应当配备2名专职安全生产管理人员；200人及以上的，应当配备3名及以上专职安全生产管理人员，并根据所承担的分部分项工程施工危险实际情况增加，不得少于工程施工人员总人数的5‰。

采用新技术、新工艺、新材料或致害因素多、施工作业难度大的工程项目，项目专职安全生产管理人员的数量应当根据施工实际情况，在以上项目专职安全生产管理人员规定的配备标准上适当增加。

施工作业班组可以设置兼职安全巡查员，对本班组的作业场所进行安全监督检查。施工单位应当定期对兼职安全巡查员进行安全教育培训。

5. 审核特种作业人员的上岗资格

特种作业，是指容易发生事故，对操作者本人、他人的安全健康及设备、设施的安全可能造成重大危害的作业。特种作业人员，是指直接从事特种作业的人。

国家安全生产监督管理总局颁布的《特种作业人员安全技术培训考核管理规定》自2010年7月1日起施行，并经过了2013年和2015年两次修订。调整后的特种作业范围分电工作业、焊接与热切割作业、高处作业、制冷与空调作业、煤矿安全作业、金属非金属矿井通风作业、石油天然气安全作业、冶金（有色）生产安全作业、危险化学品安全作业、烟花爆竹安全作业、安全监管总局认定的其他作业等11个作业类别、51个工种。

特种作业人员应当符合下列条件：

① 年满18周岁，且不超过国家法定退休年龄；

② 经社区或者县级以上医疗机构体检健康合格，并无妨碍从事相应特种作业的器质性心脏病、癫痫病、美尼尔氏症、眩晕症、癔症、震颤麻痹症、精神病、痴呆症以及其他疾病和生理缺陷；

③ 具有初中及以上文化程度；

④ 具备必要的安全技术知识与技能；

⑤ 相应特种作业规定的其他条件。

危险化学品特种作业人员除符合前款第①、②、④和⑤项规定的条件外，应当具备高中或者相当于高中及以上文化程度。

特种作业人员应当接受与其所从事的特种作业相应的安全技术理论培训和实际操作培训。特种作业人员必须经专门的安全技术培训并考核合格，取得《中华人民共和国特种作业操作证》（以下简称特种作业操作证）后，方可上岗作业。特种作业操作证有效期为6年，在全国范围内有效。

特种作业操作证每3年复审1次。特种作业人员在特种作业操作证有效期内，连续从事本工种10年以上，严格遵守有关安全生产法律法规的，经原考核发证机关或者从业所在地考核发证机关同意，特种作业操作证的复审时间可以延长至每6年1次。

特种作业操作证申请复审前，特种作业人员应当参加必要的安全培训并考试合格。安全培训时间不少于8个学时，主要培训法律、法规、标准、事故案例和有关新工艺、新技术、新装备等知识。

离开特种作业岗位6个月以上的特种作业人员，应当重新进行实际操作考试，经确认合格后方可上岗作业。

施工单位填报《特种作业人员报审表》（见附录3表D-B2），项目监理机构对特种作业人员审查其是否按照国家有关规定经过专门的安全作业培训，并取得特种作业操作资格证书后，方可上岗作业。

6. 审核施工单位应急救援预案和安全防护、文明施工措施费用使用计划

施工单位填报《安全防护、文明施工措施费用使用计划报审表》（见附录3表D-B8），项目监理机构根据《建设工程安全生产管理条例》第二十二条："施工单位对列入建设工程概算的安全作业环境及安全施工措施所需费用，应当用于施工安全防护用具及设施的采

购和更新、安全施工措施的落实、安全生产条件的改善，不得挪作他用。"严格审批。

7. 审核大型起重机械和自升式架设设施清单

督促施工单位在工程开工前确认大型起重机械和自升式架设设施清单，并填报《大型起重机械和自升式架设设施确认报审表》（见附录3表D-B6），报经项目监理机构审核。

（三）施工阶段

项目监理机构施工阶段的安全生产管理的监理工作主要有：

1. 监督施工单位按照安全技术措施和专项施工方案组织施工

对发现的各类安全事故隐患，项目监理机构应书面通知施工单位，并督促其立即整改。情况严重的，总监理工程师应及时下达工程暂停令，要求施工单位停工整改，并同时报告建设单位。安全事故隐患消除后，项目监理机构应检查整改结果，总监理工程师签署复查或复工意见。施工单位拒不整改或不停工的，监理单位应当及时向工程所在地建设主管部门或工程项目的行业主管部门报告，以电话形式报告的，应当有通话记录，并及时补充书面报告。有关检查、整改、复查、报告等情况应记载在监理日志、监理月报中。

2. 巡视检查施工现场

项目监理机构对施工现场的巡视检查并填写《安全生产管理的监理工作巡视检查记录》（见附录3表D-A1），巡视检查应包括下列内容：

（1）施工单位专职安全生产管理人员到岗工作情况；

（2）施工现场与施工组织设计中的安全技术措施、专项施工方案和安全防护措施费用使用计划的相符情况；

（3）施工现场存在的安全隐患，以及按照项目监理机构的指令整改实施的情况；

（4）项目监理机构签发的工程暂停令实施情况。

项目监理机构对危险性较大的分部分项工程施工作业应加强巡视检查，根据作业进展情况，安排巡视次数，但每日不得少于一次，并填写《危险性较大的分部分项工程巡视检查记录表》（见附录3表D-A2）。

3. 核查大型起重机械和自升式架设设施的验收手续

对需经项目监理机构核验的大型起重机械和自升式架设设施清单进行审查，并核查施工单位对大型起重机械、整体提升脚手架、模板等自升式架设设施和安全设施的验收手续，并由安全生产管理的监理工作人员签收备案《大型起重机械和自升式架设设施验收核查表》（见附录3表D-B7）。

《建设工程安全生产管理条例》第十七条规定："在施工现场安装、拆卸施工起重机械和整体提升脚手架、模板等自升式架设设施，必须由具有相应资质的单位承担。安装、拆卸施工起重机械和整体提升脚手架、模板等自升式架设设施，应当编制拆装方案、制定安全施工措施，并由专业技术人员现场监督。施工起重机械和整体提升脚手架、模板等自升式架设设施安装完毕后，安装单位应当自检，出具自检合格证明，并向施工单位进行安全使用说明，办理验收手续并签字。"

《建设工程安全生产管理条例》第三十五条规定："施工单位在使用施工起重机械和整体提升脚手架、模板等自升式架设设施前，应当组织有关单位进行验收，也可以委托具有相应资质的检验检测机构进行验收；使用承租的机械设备和施工机具及配件的，由施工总承包单位、分包单位、出租单位和安装单位共同进行验收。验收合格的方可使用。"

项目监理机构应重点核查以下大型起重机械和自升式架设设施的验收手续：
（1）塔式起重机；
（2）施工升降机；
（3）附着升降式脚手架；
（4）吊篮；
（5）自升式模板架体。

大型起重机械和自升式架设设施在装拆、加节、升降前，项目监理机构应会同施工单位对设备基础和对建筑物的机械附着部位共同检查验收。装拆、加节、升降过程中，项目监理机构应对施工单位专职安全生产管理工作人员现场管理、警戒线设置、专人监护和作业人员安全防护进行巡视检查。

4. 检查施工现场各种安全标志和安全防护措施

项目监理机构应检查施工现场各种安全标志和安全防护措施是否符合强制性标准要求，签发施工单位填报的《安全防护、文明施工措施费用支付报审表》（见附录3表D-B9），并检查安全生产费用的使用情况。

项目监理机构应重点检查施工单位以下两个方面的安全防护、文明施工措施费用使用情况：
（1）施工现场易发生伤亡事故处或危险场所应设置明显的、符合标准要求的安全警示标志牌；
（2）施工现场的材料堆放、防火、急救器材、临时用电、临边洞口、高处交叉作业防护应与安全防护、文明施工措施费用使用计划相一致，应符合工程建设强制性标准要求。

经项目监理机构检查已落实安全防护、文明施工措施的，由总监理工程师签认施工单位的安全防护、文明施工措施费用支付申请。

项目监理机构认为有必要时，可检查施工总包单位向施工分包单位支付安全防护、文明施工措施费用情况。

5. 安全检查

项目监理机构应督促施工单位进行安全自查工作，对施工总包单位组织的安全生产检查每月抽查一次，节假日、季节性、灾害性天气期间以及有关主管部门有规定要求时应增加抽查次数，并填写《安全生产管理的监理工作巡视检查记录》（见附录3表D-A1）。

项目监理机构应参加建设单位组织的安全生产专项检查，并应保留相应记录。

6. 安全生产管理的监理工作指令

项目监理机构应巡视检查危险性较大的分部分项工程专项施工方案实施情况。发现未按专项施工方案实施时，应签发监理通知单（见附录2表A.0.3），要求施工单位按专项施工方案实施。

项目监理机构在实施监理过程中，发现工程存在安全事故隐患的，应签发监理通知单，要求施工单位整改；情况严重的，应签发工程暂停令（见附录2表A.0.5），并应及时报告建设单位。施工单位拒不整改或不停止施工的，项目监理机构应及时向有关主管部门报送监理报告（见附录2表A.0.4）。紧急情况下，项目监理机构通过电话、传真或者电子邮件向有关主管部门报告的，事后应形成监理报告。

7. 审查并核准施工单位现场安全质量标准化达标工地的考核评分

项目监理机构应督促施工总包单位每周进行自检,每月填报月度自查评分。督促施工总包单位对施工分包单位进行月度评价,督促施工总包单位填报危险性较大的分部分项工程上报记录。

项目监理机构应动态考核施工现场安全质量标准化达标工地实施情况,每月的考核情况应填写《施工现场安全质量标准化达标工地考核评分表》(参阅表9-1),并以此为依据,对施工总包单位的每次自查评分和施工总包单位对施工分包单位的月度评价进行审查并核准,由安全生产管理的监理工作人员汇总后填报月度核准结果。

武汉市建筑施工现场安全质量标准化考核评分表   表9-1

总承包单位		资质证编号		安全生产许可证编号和日期	
工程名称		工程地址		开工日期	竣工日期
监理单位		证书编号		总监理工程师	
序号	项目	考核内容	应得分值	扣减分	实得分值
1		按照安全检查评分表检查评分后,按满分60分折算	60分		
2	安全文明措施费	未制定监控方案的扣5分	5分		
		未制定使用计划的扣3分			
3	重大危险源监控	未制定监控方案的扣10分	10分		
		重大危险源未进行公示的扣5分			
		未实施方案监控的扣5分			
		实施监控方案不足的扣5分			
4	应急救援	未制定应急救援预案的扣10分	10分		
		应急救援预案操作性不强的扣3分			
		未进行应急救援演练的扣3分			
		应急救援预案未进行交底的扣3分			
5	推行安全质量标准化工作	未推行安全质量标准化工作的扣15分	15分		
		未落实安全质量标准化工作管理制度的,缺一项扣3分			
	总计		100分		
6	一票否决	发生一起一般以上(含)生产安全事故的			
		被责令全面停工二次及以上的			
		市以上安全大检查评定为不合格施工现场,复查仍不合格的			
		瞒报生产安全事故,经举报查实的			
施工企业自评		负责人		日期	
监理单位审核意见		总监理工程师		日期	
安全监督单位审核		考核负责人		日期	

注:1. 申报工程如存在一票否决内容,或任一评分项目为0,则评为不合格;
2. 有否决项的,在相应空格内打钩;
3. 企业自评的应有监理审核意见并盖章。

8. 编制安全生产管理的监理工作月报

安全生产管理的监理工作月报构成项目监理机构应按月编制的监理月报的必要内容之一。安全生产管理的监理工作月报应包括以下内容：

（1）当月危险性较大的分部分项工程作业和施工现场安全现状及分析（必要时附影像资料）；

（2）当月安全生产管理的监理工作的主要工作、措施和效果；

（3）当月签发的安全生产管理的监理工作文件和指令；

（4）下月安全生产管理的监理工作计划。

9. 安全生产管理的监理工作资料管理

总监理工程师应指定专人负责安全生产管理的监理工作资料管理。安全生产管理的监理工作资料应及时收集、整理，分类有序、真实完整、妥善保管。项目监理机构应配合有关主管部门的安全检查和安全事故调查处理，如实提供安全生产管理的监理工作资料。

（四）竣工验收阶段

项目监理机构竣工验收阶段的安全生产管理的监理工作主要有：

1. 整理、汇总安全生产管理的监理工作表式

根据《建设工程监理规范》GB/T 50319—2013，建设工程监理在施工阶段的基本表式有 A、B、C 三类（详见附录2），但缺乏适用于安全生产管理的监理工作的表式，建议工程监理企业在安全生产管理的监理工作实践工作中增设 D 类表，以满足安全生产管理的监理工作所需，例如：

表 D-A1　安全生产管理的监理工作巡视检查记录

表 D-A2　危险性较大的分部分项工程巡视检查记录

表 D-A3　大型起重机械和自升式架设设施检查记录

表 D-B1　施工总承包单位资格报审表

表 D-B2　施工单位特种作业人员报审表

表 D-B3　_____备案登记表

表 D-B4　危险性较大的分部分项工程确认报审表

表 D-B5　大型起重机械和自升式架设设施确认报审表

表 D-B6　大型起重机械和自升式架设设施验收核查表

表 D-B7　安全防护、文明施工措施费用使用计划报审表

表 D-B8　安全防护、文明施工措施费用支付报审表

以上表 D-A1～表 D-A3 为工程监理单位用表，表 D-B1～表 D-B8 为施工单位用表。D类表参考格式见附录3。

2. 立卷归档安全生产管理的监理工作文件

项目监理机构应将有关安全生产的技术文件、验收记录、监理规划、监理实施细则、监理月报、监理会议纪要及相关书面通知等按规定立卷归档。安全生产管理的监理工作文档资料的验收、移交和管理应按委托监理合同或档案管理的有关规定执行。

根据《建设工程监理规范》GB/T 50319—2013 和《建设工程文件归档整理规范》GB/T 50328—2001 中规定的建设工程监理文件档案资料详见第十一章介绍。但以上两规范均未对安全生产管理的监理工作文档资料作出规定。项目监理机构在施工阶段应建立的

安全生产管理的监理工作资料建议按以下分类：

（1）法规、标准、文件类

包括：有关安全生产管理的监理工作的法律法规、部门规章、标准规范、规范性文件以及监理单位内部文件等。

（2）监理资料类（一）

包括：委托监理合同、安全生产管理的监理工作方案、安全生产管理的监理工作实施细则（不包括危险性较大的分部分项工程）、总监理工程师任命书、安全生产管理的监理工作人员证书、有关主管部门检查记录、工程建设参与各方往来文件等。

（3）监理资料类（二）

包括：告知、指令及回复、会议纪要、书面报告、安全生产管理的监理工作巡视检查记录、监理日记、安全生产管理的监理工作月报等。

（4）报审、核验、备案资料类

包括：施工单位安全生产规章制度、施工单位资质、安全生产许可证、两类人员报审表及附件、施工总包单位与建设单位、与施工分包单位的安全生产协议书、施工单位特种作业人员报审表及附件、施工组织设计（方案）报审表及附件、危险性较大的分部分项工程报审清单、大型起重机械和自升式架设设施报审清单、安全防护、文明施工措施费用使用计划和签证、安全质量标准化达标工地考核评分核准记录、安全事故处理记录、资料等。

（5）危险性较大的分部分项工程资料类

危险性较大的分部分项工程资料按每一项危险性较大的分部分项工程单独编制分册。包括：安全生产管理的监理工作实施细则（危险性较大的分部分项工程）、专项施工方案报审表及附件、施工单位报审的危险性较大的分部分项工程安全管理资料、危险性较大的分部分项工程巡视检查记录、危险性较大的分部分项工程告知、指令及回复、复查记录等。

总监理工程师应指定专人负责安全生产管理的监理工作资料管理。安全生产管理的监理工作资料应及时收集、整理，分类有序、真实完整、妥善保管。项目监理机构应配合有关主管部门检查和安全事故调查处理，如实提供安全生产管理的监理工作资料。

3. 编写安全生产管理的监理工作总结

工程项目竣工后，项目监理机构应对监理工作进行总结，经总监理工程师签字并加盖工程监理单位公章后报送建设单位。监理工作总结的主要内容详见第十一章，且应包括安全生产管理的监理工作总结。

第三节　危险性较大的分部分项工程安全专项施工方案审查

一、编制安全专项施工方案的分部分项工程范围

危险性较大的分部分项工程是指建筑工程在施工过程中存在的、可能导致作业人员群死群伤或造成重大不良社会影响的分部分项工程。

危险性较大的分部分项工程安全专项施工方案（以下简称"专项施工方案"），是指施工单位在编制施工组织设计的基础上，针对危险性较大的分部分项工程单独编制的安全技术措施文件。

在建设工程领域，重大安全事故始终不断，其中管理及专业技术上的原因是主要的。为加强建设工程项目的安全技术管理，防止建筑施工安全事故，保障人身和财产安全，国务院在《建设工程安全生产管理条例》第二十六条规定："施工单位应当在施工组织设计中编制安全技术措施和施工现场临时用电方案，对下列达到一定规模的危险性较大的分部分项工程编制专项施工方案，并附具安全验算结果，经施工单位技术负责人、总监理工程师签字后实施，由专职安全生产管理人员进行现场监督：（一）基坑支护与降水工程；（二）土方开挖工程；（三）模板工程；（四）起重吊装工程；（五）脚手架工程；（六）拆除、爆破工程；（七）国务院建设行政主管部门或者其他有关部门规定的其他危险性较大的工程。对涉及深基坑、地下暗挖工程、高大模板工程的专项施工方案，施工单位还应当组织专家进行论证、审查。"

住房城乡建设部 2009 年 5 月 13 日颁布的《危险性较大的分部分项工程安全管理办法》（建质［2009］87 号）进一步将必须编制专项施工方案的分部分项工程分为"危险性较大的分部分项工程"和"超过一定规模的危险性较大的分部分项工程"。

1. 危险性较大的分部分项工程

危险性较大的分部分项工程范围具体有：

（1）基坑支护、降水工程

是指开挖深度超过 3m（含 3m）或虽未超过 3m 但地质条件和周边环境复杂的基坑（槽）支护、降水工程。

（2）土方开挖工程

是指开挖深度超过 3m（含 3m）的基坑（槽）的土方开挖工程。

（3）模板工程及支撑体系

具体有：①各类工具式模板工程：包括大模板、滑模、爬模、飞模等工程。②混凝土模板支撑工程，是指满足：搭设高度 5m 及以上；或搭设跨度 10m 及以上；或施工总荷载 $10kN/m^2$ 及以上；或集中线荷载 15kN/m 及以上；或高度大于支撑水平投影宽度且相对独立无联系构件的混凝土模板支撑工程。③承重支撑体系：用于钢结构安装等满堂支撑体系。

（4）起重吊装及安装拆卸工程

具体有：①采用非常规起重设备、方法，且单件起吊重量在 10kN 及以上的起重吊装工程。②采用起重机械进行安装的工程。③起重机械设备自身的安装、拆卸。

（5）脚手架工程

具体有：①搭设高度 24m 及以上的落地式钢管脚手架工程。②附着式整体和分片提升脚手架工程。③悬挑式脚手架工程。④吊篮脚手架工程。⑤自制卸料平台、移动操作平台工程。⑥新型及异型脚手架工程。

（6）拆除、爆破工程

具体有：①建筑物、构筑物拆除工程。②采用爆破拆除的工程。

（7）其他

具体有：①建筑幕墙安装工程。②钢结构、网架和索膜结构安装工程。③人工挖扩孔桩工程。④地下暗挖、顶管及水下作业工程。⑤预应力工程。⑥采用新技术、新工艺、新材料、新设备及尚无相关技术标准的危险性较大的分部分项工程。

2. 超过一定规模的危险性较大的分部分项工程

超过一定规模的危险性较大的分部分项工程具体有：

（1）深基坑工程

具体有：①开挖深度超过5m（含5m）的基坑（槽）的土方开挖、支护、降水工程。②开挖深度虽未超过5m，但地质条件、周围环境和地下管线复杂，或影响毗邻建（构）筑物安全的基坑（槽）的土方开挖、支护、降水工程。

（2）模板工程及支撑体系

具体有：①工具式模板工程：包括滑模、爬模、飞模工程。②混凝土模板支撑工程，是指满足：搭设高度8m及以上；或搭设跨度18m及以上；或施工总荷载15kN/m²及以上；或集中线荷载20kN/m及以上。③承重支撑体系：用于钢结构安装等满堂支撑体系，承受单点集中荷载700kg以上。

（3）起重吊装及安装拆卸工程

具体有：①采用非常规起重设备、方法，且单件起吊重量在100kN及以上的起重吊装工程。②起重量300kN及以上的起重设备安装工程；高度200m及以上内爬起重设备的拆除工程。

（4）脚手架工程

具体有：①搭设高度50m及以上落地式钢管脚手架工程。②提升高度150m及以上附着式整体和分片提升脚手架工程。③架体高度20m及以上悬挑式脚手架工程。

（5）拆除、爆破工程

具体有：①采用爆破拆除的工程。②码头、桥梁、高架、烟囱、水塔或拆除中容易引起有毒有害气（液）体或粉尘扩散、易燃易爆事故发生的特殊建（构）筑物的拆除工程。③可能影响行人、交通、电力设施、通信设施或其他建（构）筑物安全的拆除工程。④文物保护建筑、优秀历史建筑或历史文化风貌区控制范围的拆除工程。

（6）其他

具体有：①施工高度50m及以上的建筑幕墙安装工程。②跨度大于36m及以上的钢结构安装工程；跨度大于60m及以上的网架和索膜结构安装工程。③开挖深度超过16m的人工挖孔桩工程。④地下暗挖工程、顶管工程、水下作业工程。⑤采用新技术、新工艺、新材料、新设备及尚无相关技术标准的危险性较大的分部分项工程。

二、专项施工方案的编制内容

建筑工程实行施工总承包的，专项施工方案应当由施工总承包单位组织、项目经理主持编制。其中，起重机械安装拆卸工程、深基坑工程、附着式升降脚手架等专业工程实行分包的，其专项施工方案可由专业承包单位组织编制。

专项施工方案的编写内容因不同的危险性较大的分部分项工程而异，一般而言应包括以下内容：

（1）工程概况：危险性较大的分部分项工程概况、施工平面布置、施工要求和技术保证条件。

（2）编制依据：相关法律、法规、规范性文件、标准、规范及图纸（国标图集）、施工组织设计等。

（3）施工计划：包括施工进度计划、材料与设备计划。

(4) 施工工艺技术：技术参数、工艺流程、施工方法、检查验收等。
(5) 施工安全保证措施：组织保障、技术措施、应急预案、监测监控等。
(6) 劳动力计划：专职安全生产管理人员、特种作业人员等。
(7) 计算书及相关图纸。

三、项目监理机构对专项施工方案的审批

项目监理机构由总监理工程师亲自主持、专业监理工程师参与对施工单位报送的专项施工方案进行审查，并由总监理工程师签认。项目监理机构对专项施工方案开展安全审查的程序与内容可以归纳为"三审查"，即程序性审查、符合性审查、针对性审查。

1. 程序性审查

(1) 报审确认

项目监理机构应督促施工单位在工程开工前确认危险性较大的分部分项工程清单并填制《危险性较大的分部分项工程确认报审表》（见下文 D5 表）报送项目监理机构。结合工程实况、施工方案、现场环境等，项目监理机构确认该表中报审的"危险性较大的分部分项工程"和"超过一定规模的危险性较大的分部分项工程"是否正确。

(2) 检查签字

① 危险性较大的分部分项工程专项施工方案应当由施工单位技术部门组织本单位施工技术、安全、质量等部门的专业技术人员进行审核。经审核合格的，由施工单位技术负责人签字。

② 实行施工总承包的，专项施工方案应当由总承包单位技术负责人及相关专业承包单位技术负责人签字。

(3) 检查专家论证会

超过一定规模的危险性较大的分部分项工程专项施工方案应由施工单位组织召开专家论证会。实行施工总承包的，由施工总承包单位组织召开专家论证会。

项目监理机构对专家论证会的检查主要有：

① 确认参加专家论证会的各方代表。参加专家论证会的人员包括：a. 专家组成员；b. 建设单位项目负责人或技术负责人；c. 监理单位项目总监理工程师及相关人员；d. 施工单位分管安全的负责人、技术负责人、项目负责人、项目技术负责人、专项施工方案编制人员、项目专职安全生产管理人员；e. 勘察、设计单位项目技术负责人及相关人员。

② 以上参建各方代表是否出席了会议，是否有会议纪要，会议纪要是否经与会各方代表签认。

③ 专项施工方案经论证后，专家组应当提交论证报告，对论证的内容提出明确的意见，并在论证报告上签字。

④ 专家组的人数、资格是否符合。专家组成员应当由 5 名及以上符合相关专业要求的专家组成。工程项目参建各方的人员不得以专家身份参加专家论证会。专家资格的基本要求是同时满足：诚实守信、作风正派、学术严谨；从事专业工作 15 年以上或具有丰富的专业经验；具有高级专业技术职称。

2. 符合性审查

(1) 检查专项施工方案的编制依据

重点检查施工单位在专项施工方案中罗列的法律法规、标准规范等编制依据是否是最

新的，尤其是强制性标准规范更要注意其时效性、地域性。近些年，国家、地方、行业均十分重视各专业工程相关标准规范的建设工作，诸多标准规范、技术规程纷纷颁布实施。项目监理机构应加强对标准规范的及时学习和应用，同时也要求施工单位按最新强制性标准规范来编制专项施工方案。

（2）检查专项施工方案的内容完整

项目监理机构应检查专项施工方案的编制内容是否完整、齐备。专项施工方案应有应急救援预案。检查时，还应注意专项工程施工进度计划与单项工程（单位工程）施工进度计划是否一致、合理，材料、设备、构配件采购供应计划是否满足进度计划，劳动力计划是否满足施工进度。

（3）对强制性标准规范的符合性

专项施工方案的内容，尤其是有关安全技术措施、监控措施、安全验算结果等内容，必须符合相应专项工程建设强制性标准规范的要求。专项施工方案不仅要符合国家强制性标准规范，也要符合行业、地方颁布的强制性标准规范。

例如，根据2008年12月1日实施的《建筑施工模板安全技术规范》JGJ 162—2008的强制性条文5.1.6，模板结构构件的长细比应符合：①受压构件长细比：支架立柱及桁架，不应大于150；拉条、缀条、斜撑等连系构件，不应大于200。②受拉构件长细比：钢杆件，不应大于350；木杆件，不应大于250。项目监理机构据此严格检查模板工程专项施工方案中对模板受压、受拉构件的长细比设计。

3. 针对性审查

（1）检查是否响应专家论证报告的意见

对于超过一定规模的危险性较大的分部分项工程专项施工方案，专家论证报告作为专项施工方案修改完善的指导意见。项目监理机构应注意对照专家论证报告，检查施工单位是否按照专家论证报告的修改意见修改了专项施工方案的具体内容。

（2）检查是否针对工程特点和实际环境

专项施工方案的编制应针对工程特点以及所处环境等实际情况，项目监理机构在审批专项施工方案时也应尤其重视。当工程实际情况、环境条件发生重大变化后，专项施工方案应做出相应修改，并重新报项目监理机构审批。

（3）检查专项施工方案内容是否便于施工操作

专项施工方案的编制内容应详细具体，明确施工操作要求，注明控制要点、控制值、监测值、临界值等。项目监理机构应遵循有关标准规范，尤其是强制性标准规范，并结合工程实践经验，认真核查专项施工方案中施工单位提出的操作规程、控制值等是否具体、合理、可靠。

比如，重点审查材料、设备、机械的型号、功率、数量，施工中还要注意与实际进场相核对；重点审查工程关键部位的详图、布局大样图、相应的尺寸标识等；注意核对工程关键部位和薄弱环节的力学核算；临时用电要有供电容量统计和计算。

对应急救援预案的审核则强调实际可操作性。不仅应包括应急救援小组成员名单、应急救援器材和设备清单、拟投入资金、事故应急救援抢救方法、应急联系电话，还应明确对每一个应急救援小组成员的职责分工。

通过以上专项施工方案的编制和审核相关规定可以看出，监理工程师加强对危险性较大的分部分项工程专项施工方案的审查是法律规定的职责所在，不容有任何疏忽。

四、案例分析

施工升降机是一种外附着于建筑物主体上，以吊笼沿着架设的垂直导架作上下运动，用来载人、载物的大型施工起重机械，属于特种设备、危险性较大的分部分项工程。施工升降机按传动方式可分为齿轮齿条式、钢丝绳式和混合式；按使用用途分，可分为货用式和人货两用式；按导轨架安装方式分，可分为倾斜式和垂直式。

随着高层、超高层建筑施工日益增多，施工升降机使用越来越广泛。但由于专业性强，施工现场使用条件恶劣，施工单位安全管理工作滞后等原因，在施工升降机安装、使用和拆卸过程中，安全事故频发，造成惨重损失。2012年9月13日13时10分许，武汉市东湖生态旅游风景区东湖景园还建楼C区7-1号楼建筑工地，发生一起施工升降机坠落、造成19人死亡的施工安全事故，直接经济损失约

图 9-3 施工升降机坠落事故现场

1800万元。"9·13事故"死伤严重，损失巨大，影响恶劣，属重大安全事故。事故现场如图 9-3 所示。

施工升降机的安全管理绝不仅仅是施工单位一方的任务，监理单位也负有不可推卸的责任。经初步调查，"9·13事故"的主要责任单位之一就是武汉某监理公司。该监理公司驻工地总监理工程师无监理执业资格证，项目监理机构对施工升降机运行作业没有严格落实监督管理的责任，导致施工人员在存在重大安全事故隐患的施工升降机上进行日常作业，是造成这起事故的重要原因之一。工程监理单位和监理工程师对类似"9·13事故"应引起高度重视，加强对施工升降机的安全监理，切实落实工程施工安全生产监理责任。

对"9·13事故"中使用的 SCD200/200 型、垂直安装的齿轮齿条式施工升降机（如图 9-4 所示），项目监理机构应开展以下安全生产管理的监理工作。

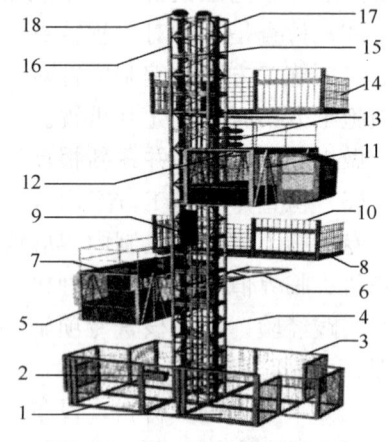

图 9-4 施工升降机构造示意

1—地面防护围栏门；2—开关箱；3—地面防护围栏；4—导轨架标准节；5—吊笼门；6—附墙架；7—紧急逃离门；8—层站；9—对重；10—层门；11—吊笼；12—防坠安全器；13—传动系统；14—层站栏杆；15—对重导轨；16—导轨；17—齿条；18—天轮

（一）施工升降机运行前的安全生产管理的监理工作

1. 对安装单位的资质审查

在施工现场安装、拆卸施工起重机械和整体提升脚手架模板等自升式架设设施，必须由具有相应资质

的单位承担。因此，施工升降机应由具有相应资质等级的安装单位进行安装。施工升降机安装单位应具备建设行政主管部门颁发的起重设备安装工程专业承包资质和建筑施工企业安全生产许可证。

施工总承包单位（以下简称施工单位）在选择施工升降机安装单位后、签订安装合同前，应填报《分包单位资格报审表》（见附录2表B.0.4）向项目监理机构报审安装单位资质。监理工程师应从以下五个方面审核安装单位资质：①安装单位的营业执照、起重设备安装工程专业承包企业资质等级证书、安全生产许可证等；②安装单位的业绩；③拟安装工程的内容和范围；④专职管理人员和特种作业人员的资格证、上岗证；⑤施工单位对分包单位的管理制度。施工单位与安装单位拟签订的专业工程分包合同、安全生产协议书等作为表B.0.4的附件一并报审。审查中，监理人员尤其要注意：

（1）安装单位的资质等级与安装工程类别、规模、数量以及合同额是否适应。起重设备安装工程专业承包企业资质分为一级、二级和三级，根据资质等级承担相应起重设备安装工程。例如：三级起重设备安装工程专业承包企业资质的安装单位只可承担单项合同额不超过企业注册资金5倍、800kN·m及以下塔吊等起重设备、60t及以下起重机和龙门吊的安装与拆卸。

（2）施工升降机安装项目应配备与承担项目相适应的专业安装作业人员以及专业安装技术人员。由施工单位填报《施工单位特种作业人员报审表》（见附录3表D-B2），项目监理机构在施工升降机安装前审查安装工、电工、司机等特种作业人员的上岗证，严禁非专业人员从事施工升降机的安装和作业。

（3）审核施工升降机特种设备制造许可证、产品合格证、起重机械制造监督检验证书、备案证明等文件，严禁不合格的施工升降机投入使用。

2. 审批施工单位的专项施工方案

施工升降机安装作业前，安装单位应编制安装、拆卸工程专项施工方案，由安装单位技术负责人批准后，报送施工单位审核。施工单位对施工升降机应编制安全专项施工方案（以下简称专项施工方案），并附具安全验算结果。因此，施工单位既要编写自己的施工升降机专项施工方案，还要审核安装单位编写的安装、拆卸工程专项施工方案。

施工单位填报《专项施工方案报审表》（见附录2表B.0.1）向项目监理机构报审施工升降机专项施工方案。安装单位编制的安装工程专项施工方案及安全应急预案作为附件一并报审。项目监理机构对专项施工方案的审查不能流于形式、简单应付，应由总监理工程师亲自主持完成"三步式审查"，即：程序性审查→符合性审查→针对性审查。

（1）程序性审查

① 报审确认。项目监理机构应督促施工单位在工程开工前填制《大型起重机械和自升式架设设施确认报审表》（见附录3表D-B6）报送项目监理机构。表中应如实填写包括施工升降机在内的、工程施工将使用的大型起重机械和自升式架设设施的具体情况。

② 检查签字。施工升降机专项施工方案应当由施工单位技术负责人及安装单位技术负责人签字。

（2）符合性审查

① 检查专项施工方案的内容是否完整，是否有应急救援预案。安装单位编写的专项施工方案针对施工升降机的安装和拆卸，其内容应包括：工程概况；编制依据；作业人

组织和职责；施工升降机安装位置平面、立面图和安装作业范围平面图；施工升降机技术参数、主要零部件外形尺寸和重量；辅助起重设备的种类、型号、性能及位置安排；吊索具的配置、安装与拆卸工具及仪器；安装、拆卸步骤与方法；安全技术措施；安全应急预案等。施工单位编写的专项施工方案针对施工升降机的安全使用，其内容应包括：工程概况；编制依据；施工计划；施工工艺技术；施工安全保证措施；劳动力计划；计算书和图纸等。

② 检查专项施工方案是否符合强制性标准规范。项目监理机构审查时应注意审查施工单位在专项施工方案中罗列的法律法规、标准规范、图集等编制依据是否是最新的，尤其是强制性标准规范更要注意其时效性、地域性。注意审查专项施工方案的内容，尤其是有关安全技术措施、监控措施、应急救援预案等内容，是否符合相应强制性标准规范的要求。例如，"9·13事故"中垂直安装的齿轮齿条式施工升降机，其导轨架轴心线对底座水平基准面的安装垂直高度偏差的规定见表9-2。

安装垂直高度偏差表　　　　　　　　　　　　　　　　表 9-2

导轨架架设 高度 h（m）	$h\leqslant70$	$70<h\leqslant100$	$100<h\leqslant150$	$150<h\leqslant200$	$h>200$
垂直度偏差 （mm）	不大于$(/1000)h$	$\leqslant70$	$\leqslant90$	$\leqslant110$	$\leqslant130$
	对钢丝绳式施工升降机，垂直度偏差不大于 $(1.5/1000)h$				

(3) 针对性审查

① 检查专项施工方案是否针对工程施工特点和实际环境条件。专项施工方案的编制应针对工程特点以及所处环境等实际情况，项目监理机构在审批专项施工方案时也应尤其重视。当工程实际情况、环境条件发生重大变化后，施工单位应对专项施工方案做出相应修改，并重新报项目监理机构审批。

② 检查专项施工方案内容是否便于施工操作。专项施工方案的编制内容应详细具体，明确施工操作要求、技术参数、工艺流程、施工方法、检查验收等。项目监理机构应遵循有关标准规范，尤其是强制性标准规范，并结合工程实践经验，认真核查专项施工方案中施工单位提出的组织保障、技术措施、监测监控、劳动力计划等是否具体、合理、可靠。

③ 对应急救援预案的审查则强调实际可操作性。不仅应包括应急救援小组成员名单、应急救援器材和设备清单、拟投入资金、事故应急救援抢救方法、应急联系电话，还应明确对每一个应急救援小组成员的职责分工。

3. 编制施工升降机安全监理实施细则

项目监理机构应在监理规划中安全监理方案的基础上，结合施工升降机的安装、使用、拆卸特点，由专业监理工程师负责编制、总监理工程师亲自审批施工升降机安全监理实施细则，具体指导项目监理机构开展对施工升降机的安全监理工作。

安全监理实施细则应详细具体且有可操作性，其内容应包括：①工程概况；②相关的强制性标准要求；③安全监理控制要点、检查方法、频率和措施；④监理人员工作安排及分工；⑤检查记录表；⑥对施工单位施工升降机专项施工方案的检查方案等。

4. 监督施工升降机安装

(1) 监督安装准备工作

① 监督安装单位验收基础。在安装作业前，项目监理机构应督促安装单位按《建筑施工升降机安装、使用、拆卸安全技术规程》JGJ 215—2010（下文简称《规程》）附录 A 对基础进行验收，基础验收合格后方能进行安装。安装单位还应根据施工升降机基础验收表、隐蔽工程验收单和混凝土强度报告等相关资料，确认所安装的施工升降机和辅助起重设备的基础、地基承载力、预埋件、基础排水措施等符合施工升降机安装工程专项施工方案的要求。

② 监督安装单位检查部件。对施工升降机的安装环境进行核查验收后，项目监理机构应督促安装单位对施工升降机各部件进行检查，对有可见裂纹的构件应进行修复或更换，对有严重锈蚀、严重磨损、整体或局部变形的构件必须进行更换，符合产品标准的有关规定后方能进行安装。除了对施工升降机的检查，安装单位也应对辅助起重设备和其他安装辅助用具的机械性能和安全性能进行检查，合格后方能投入作业。

③ 监督安全交底。项目监理机构应监督安装技术人员根据施工升降机安装、拆卸工程专项施工方案和使用说明书的要求，对安装作业人员进行安全技术交底，安装作业人员在交底书上签字。在安装工程作业期间，交底书应留存备查。

（2）监督施工升降机安装过程

项目监理机构应指派监理人员监督施工升降机的安装过程，重点检查安装单位对施工升降机安装工程专项施工方案的执行情况。当安装过程中专项施工方案发生变更时，应按程序更新对方案进行审批，未经审批不得继续进行安装作业。

① 安装、施工、监理单位三方有关人员到位。在安装过程中，监理人员应监督安装单位的专业技术人员、施工单位专职安全生产管理人员到场，确保三方的安全监督管理到位。

② 监督现场作业人员的作业行为以及作业环境。比如督促进入现场的安装作业人员佩戴安全防护用品；高处作业人员应系安全带、穿防滑鞋；确保施工升降机的安装作业范围设置了警戒线及明显的警示标志，防止非作业人员进入警戒范围等。

③ 及时发出监理指令。当监理人员发现故障或有危及安全的情况时，应立刻停止安装作业，采取必要的安全防护措施，设置警示标志并报告技术负责人。在故障或危险情况未排除之前，不得继续安装作业。

5. 核查验收、督促备案

施工升降机安装完毕且经调试后，项目监理机构应督促安装单位按《规程》附录 B 及使用说明书的有关要求对安装质量进行自检，出具自检合格证明，并向施工单位进行安全使用说明，办理验收手续并签字。

安装单位自检合格后，施工单位在使用施工升降机前，应当组织有关单位进行验收，也可以委托具有相应资质的检验检测机构进行验收。施工升降机安装验收按《规程》附录 C 进行。

施工单位填报《大型起重机械和自升式架设设施验收核查表》（见附录 3 表 D-B7），由项目监理机构核查施工升降机的验收手续，并由安全监理人员签收备案。

项目监理机构应督促施工单位在施工升降机安装验收合格之日起 30 日内，将安装验收资料、安全管理制度、特种作业人员名单等，向工程所在地县级以上建设行政主管部门办理使用登记备案，安装自检表、检测报告、验收记录等应纳入设备档案。登记标志应当置于或者附着于施工升降机的显著位置。

（二）施工升降机运行中的安全生产管理的监理工作

1. 监督安全技术交底

项目监理机构一定要保证施工单位对施工升降机司机进行书面安全技术交底，交底资料应留存备查。

另外，监理单位还应督促施工单位对施工升降机其他作业人员进行设备使用和安全作业基本知识的培训，作业人员应具备必要的设备使用技能和安全作业知识。

安全技术交底的目的是使每个施工升降机作业人员清楚自己所从事的作业内容、部位及要求，清楚相关工具和设备的使用以及相关安全规定，降低由于疏忽造成的危险。

2. 每日巡视检查作业现场

项目监理机构应指派监理员对施工升降机的作业进行每日巡视。根据作业进展情况安排巡视次数，但每日不得少于一次，并填写《危险性较大的分部分项工程巡视检查记录表》（见附录3表D-A2）。

每日巡视检查危险性较大的分部分项工程是项目监理机构落实安全监理责任、及时发现事故隐患的重要手段。"9.13事故"发生的原因之一就是项目监理机构的每日巡视缺位，以致施工升降机长期超载、无专职司机操作等重大安全隐患未被及时发现、制止，最终导致了惨剧的发生。

3. 定期安全检查、安全检测

（1）落实安全检查

施工单位应当对在用施工升降机进行经常性日常维护保养，并定期自行检查。项目监理机构应督促施工单位的定期检查，也应自行组织对施工升降机的每月安全检查并填写安全检查表。安全检查的内容可参考《建筑施工安全检查标准》JGJ 59—2011，分为保证项目和一般项目，其中，6个保证项目应全数检查：安全装置，限位装置，防护设施，附墙架，钢丝绳、滑轮与对重，安拆、验收与使用；4个一般项目：导轨架，基础，电气安全，通信装置。检查评分的标准可参考《建筑施工安全检查标准》附录B的《施工升降机检查评分表》，例如："安全装置"检查项满分为10分，其中，防坠安全器只能在有效的标定日期内使用，有效标定期限不应超过一年。"防坠安全器超过有效标定期限"则扣10分。

（2）督促安全检测

施工升降机的使用达到国家规定的检验检测期限的，必须经具有专业资质的检验检测机构检测，经检测合格的，检验检测机构出具安全合格证明文件；经检测不合格的，施工升降机不得继续使用。项目监理机构应该督促施工单位及时委托检验检测机构进行检测。"9·13事故"中的施工升降机出事时超安全检测有效期近3个月，项目监理机构没有督促施工单位进行定期安全检测。

4. 及时下达监理指令

（1）整改令

项目监理机构在每日巡视、安全检查中发现施工升降机存在安全隐患，或施工单位违反现行法律、法规、规章和工程建设强制性标准，未执行施工升降机专项方案的，监理工程师应及时发出《监理工程师通知单》（见附录2表A.0.3）要求施工单位整改，并书面通知建设单位。施工单位按要求整改后应填写《监理通知回复》(见附录2表B.0.9)报项目监理机构复查整改结果。

(2) 工程暂停令

施工升降机存在重大安全隐患,或施工单位违反法律法规、强制性标准规范等情况严重的,总监理工程师应签发《工程暂停令》(见附录2表A.0.5)要求施工单位暂停施工升降机运行进行整改,并书面通知建设单位。施工单位整改消除安全隐患后填写《工程复工报审表》(见附录2表B.0.3),经总监理工程师复查后签署,允许施工升降机恢复正常运行。

5. 必要时及时报告

施工单位不执行项目监理机构指令,对施工升降机存在的安全隐患拒不整改或不停运整改的,项目监理机构应当及时向工程所在地建设主管部门或工程项目的行业主管部门报告,以电话形式报告的,应当有通话记录,并及时补充书面《监理报告》(见附录2表A.0.4)。

对施工升降机的安全检查、整改、复查、报告等情况,项目监理机构应记载在监理日志、监理月报中,向监理单位和建设单位报告。必要时,针对施工升降机的安全运行问题,项目监理机构可以专题报告形式向监理单位、建设单位和有关安全监督部门报告。

(三) 小结

吸取"9·13事故"的教训,在落实施工升降机安全生产管理的监理工作时,项目监理机构着重应履行下列监理职责:①审核施工升降机制造许可证、产品合格证、制造监督检验证明、备案证明等文件;②审核施工升降机安装单位、使用单位的资质证书、安全生产许可证和特种作业人员的特种作业操作资格证书;③审核施工升降机安装、拆卸工程专项施工方案;④监督安装单位执行施工升降机安装、拆卸工程专项施工方案情况;⑤监督检查施工升降机的使用情况;⑥发现存在生产安全事故隐患的,应当要求安装单位、使用单位限期整改,对安装单位、使用单位拒不整改的,及时向建设单位报告。

第四节 建设工程安全事故处理

一、建设工程职业健康安全事故的分类

职业健康安全事故分两大类型,即职业伤害事故与职业病。

职业伤害事故是指因生产过程及工作原因或与其相关的其他原因造成的伤亡事故。

1. 按照安全事故发生的原因分类

根据《企业职工伤亡事故分类标准》GB 6441—86规定,职业伤害事故分为20类,其中与建筑业有关的有以下12类:

(1) 物体打击:指落物、滚石、锤击、碎裂、崩块、砸伤等造成的人身伤害,不包括因爆炸引起的物体打击。

(2) 车辆伤害:指被车辆挤、压、撞和车辆倾覆等造成的人身伤害。

(3) 机械伤害:指被机械设备或工具绞、碾、碰、割、戳等造成的人身伤害,不包括车辆、起重设备引起的伤害。

(4) 起重伤害:指从事各种起重作业时发生的机械伤害事故,不包括上下驾驶室时发

生的坠落伤害，起重设备引起的触电及检修时制动失灵造成的伤害。

（5）触电：由于电流经过人体导致的生理伤害，包括雷击伤害。

（6）灼烫：指火焰引起的烧伤、高温物体引起的烫伤、强酸或强碱引起的灼伤、放射线引起的皮肤损伤，不包括电烧伤及火灾事故引起的烧伤。

（7）火灾：在火灾时造成的人体烧伤、窒息、中毒等。

（8）高处坠落：由于危险势能差引起的伤害，包括从架子、屋架上坠落以及平地坠入坑内等。

（9）坍塌：指建筑物、堆置物倒塌以及土石塌方等引起的事故伤害。

（10）火药爆炸：指在火药的生产、运输、储藏过程中发生的爆炸事故。

（11）中毒和窒息：指煤气、油气、沥青、化学、一氧化碳中毒等。

（12）其他伤害：包括扭伤、跌伤、冻伤、野兽咬伤等。

2. 按照安全事故伤害程度分类

根据《企业职工伤亡事故分类标准》GB 6441—86 规定，安全事故按伤害程度分为：

（1）轻伤：指损失 1 个工作日以上至 105 个工作日以下的失能伤害。

（2）重伤：指损失 105 个工作日以上、不超过 6000 工作日的失能伤害。

（3）死亡：指损失工作日超过 6000 工日。

3. 按照生产安全事故造成的人员伤亡或直接经济损失分类

依据《生产安全事故报告和调查处理条例》（国务院令第 493 号，自 2007 年 6 月 1 日起施行）第三条的规定，根据生产安全事故造成的人员伤亡或者直接经济损失，事故一般分为以下等级：

（1）特别重大事故，是指造成 30 人以上死亡，或者 100 人以上重伤（包括急性工业中毒，下同），或者 1 亿元以上直接经济损失的事故；

（2）重大事故，是指造成 10 人以上 30 人以下死亡，或者 50 人以上 100 人以下重伤，或者 5000 万元以上 1 亿元以下直接经济损失的事故；

（3）较大事故，是指造成 3 人以上 10 人以下死亡，或者 10 人以上 50 人以下重伤，或者 1000 万元以上 5000 万元以下直接经济损失的事故；

（4）一般事故，是指造成 3 人以下死亡，或者 10 人以下重伤，或者 1000 万元以下直接经济损失的事故。

住房和城乡建设部在《关于进一步规范房屋建筑和市政工程生产安全事故报告和调查处理工作的若干意见》（建质〔2007〕257 号）中做出了补充规定：建设工程事故直接经济损失 100 万元以上为一般事故。

上述事故等级划分所称的"以上"包括本数，所称的"以下"不包括本数。

二、建设工程安全事故的报告

建设工程安全事故报告应当及时、准确、完整，任何单位和个人对事故不得迟报、漏报、谎报或者瞒报。

1. 施工单位事故报告

建设工程安全事故发生后，现场人员应立即用最快的传递手段，将发生事故的时间、地点、伤亡人数、事故原因等情况，向施工单位负责人报告。施工单位负责人接到报告后，应当在 1 小时内向事故发生地县级以上人民政府建设主管部门和有关部门报告。

情况紧急时,事故现场有关人员可以直接向事故发生地县级以上人民政府建设主管部门和有关部门报告。

实行施工总承包的建设工程,由总承包单位负责上报事故。

2. 建设主管部门事故报告

建设主管部门和有关部门接到事故报告后,应当依照下列规定上报事故情况,并通知公安机关、劳动保障行政部门、工会和人民检察院:

(1) 特别重大事故、重大事故逐级上报至国务院建设主管部门和有关部门;

(2) 较大事故逐级上报至省、自治区、直辖市人民政府建设主管部门和有关部门;

(3) 一般事故上报至设区的市级人民政府建设主管部门和有关部门。

建设主管部门和有关部门依照前款规定上报事故情况,应当同时报告本级人民政府。国务院建设主管部门和有关部门以及省级人民政府接到发生特别重大事故、重大事故的报告后,应当立即报告国务院。

必要时,建设主管部门和有关部门可以越级上报事故情况。

建设主管部门和有关部门逐级上报事故情况,每级上报的时间不得超过2小时。

3. 事故报告的内容

(1) 事故发生的时间、地点和工程项目、有关单位名称;

(2) 事故的简要经过;

(3) 事故已经造成或者可能造成的伤亡人数(包括下落不明的人数)和初步估计的直接经济损失;

(4) 事故的初步原因;

(5) 事故发生后采取的措施及事故控制情况;

(6) 事故报告单位或报告人员;

(7) 其他应当报告的情况。

4. 事故补报

事故报告后出现新情况的,应当及时补报。自事故发生之日起30日内,事故造成的伤亡人数发生变化的,应当及时补报。

三、建设工程安全事故的救援

施工单位应当根据建设工程施工的特点、范围,对施工现场易发生重大事故的部位、环节进行监控,制定施工现场生产安全事故应急救援预案。实行施工总承包的,由总承包单位统一组织编制建设工程生产安全事故应急救援预案,工程总承包单位和分包单位按照应急救援预案,各自建立应急救援组织或者配备应急救援人员,配备救援器材、设备,并定期组织演练。

建设工程安全事故发生后,事故发生单位负责人接到事故报告后,应当立即启动事故相应应急救援预案,或者采取有效措施,组织抢救,防止事故扩大,减少人员伤亡和财产损失。有关单位和人员应当妥善保护事故现场以及相关证据,任何单位和个人不得破坏事故现场、毁灭相关证据。因抢救人员、防止事故扩大以及疏通交通等原因,需要移动事故现场物件的,应当做出标志,绘制现场简图并做出书面记录,妥善保存现场重要痕迹、物证。

事故发生地有关地方人民政府、安全生产监督管理部门和负有安全生产监督管理职责的有关部门接到事故报告后,其负责人应当立即赶赴事故现场,组织事故救援。

四、建设工程安全事故的调查

1. 建设工程安全事故调查处理的原则

根据国家有关法律法规的要求,在进行生产安全事故报告和调查处理时,要坚持实事求是、尊重科学的原则,既要及时、准确地查明事故原因,明确事故责任,使责任人受到追究,又要总结经验教训,落实整改和防范措施,防止类似事故再次发生。因此,建设工程一旦发生安全事故,必须实施"四不放过"的原则:

(1) 事故原因未查明不放过;

(2) 事故责任者和员工未受到教育不放过;

(3) 事故责任者未处理不放过;

(4) 整改措施未落实不放过。

建设工程安全事故处理不仅要追究事故直接责任人的责任,同时要追究有关责任人的领导责任。

2. 建设工程安全事故调查的组织

特别重大事故由国务院或者国务院授权有关部门组织事故调查组进行调查。重大事故、较大事故、一般事故分别由事故发生地省级人民政府、设区的市级人民政府、县级人民政府负责调查。省级人民政府、设区的市级人民政府、县级人民政府可以直接组织事故调查组进行调查,也可以授权或者委托有关部门组织事故调查组进行调查。未造成人员伤亡的一般事故,县级人民政府也可以委托事故发生单位组织事故调查组进行调查。

事故调查组的组成应当遵循精简、效能的原则。

事故调查组可以聘请有关专家参与调查。事故调查组成员应当具有事故调查所需要的知识和专长,并与所调查的事故没有直接利害关系。事故调查组组长由负责事故调查的人民政府指定。

3. 建设工程安全事故调查组的职责

事故调查组组长主持事故调查组的工作。事故调查组履行下列职责:

(1) 核实事故基本情况,包括建设工程履行法定建设程序情况、建设工程参建各方行为主体履行职责的情况;

(2) 查明事故发生的经过、原因、人员伤亡情况及直接经济损失;

(3) 认定事故的性质和事故责任;

(4) 提出对事故责任者的处理建议;

(5) 总结事故教训,提出防范和整改措施;

(6) 提交事故调查报告。

事故调查组有权向有关单位和个人了解与事故有关的情况,并要求其提供相关文件、资料,有关单位和个人不得拒绝。事故发生单位的负责人和有关人员在事故调查期间不得擅离职守,并应当随时接受事故调查组的询问,如实提供有关情况。事故调查中发现涉嫌犯罪的,事故调查组应当及时将有关材料或者其复印件移交司法机关处理。

4. 建设工程安全事故调查报告

建设工程安全事故调查报告应当包括下列内容:

(1) 事故发生单位概况;

(2) 事故发生经过和事故救援情况；
(3) 事故造成的人员伤亡和直接经济损失；
(4) 事故发生的原因和事故性质；
(5) 事故责任的认定以及对事故责任者的处理建议；
(6) 事故防范和整改措施。

事故调查报告应当附具有关证据材料。事故调查组成员应当在事故调查报告上签名。

事故调查组应当自事故发生之日起 60 日内提交事故调查报告。特殊情况下，经负责事故调查的人民政府批准，提交事故调查报告的期限可以适当延长，但延长的期限最长不超过 60 日。

事故调查报告报送负责事故调查的人民政府后，事故调查工作即告结束。事故调查的有关资料应当归档保存。

五、建设工程安全事故的处理

重大事故、较大事故、一般事故，负责事故调查的人民政府应当自收到事故调查报告之日起 15 日内做出批复；特别重大事故，30 日内做出批复，特殊情况下，批复时间可以适当延长，但延长的时间最长不超过 30 日。

有关机关应当按照人民政府的批复，依照法律、行政法规规定的权限和程序，对事故发生单位和有关人员进行行政处罚，对负有事故责任的国家工作人员进行处分。事故发生单位应当按照负责事故调查的人民政府的批复，对本单位负有事故责任的人员进行处理。负有事故责任的人员涉嫌犯罪的，依法追究刑事责任。

事故发生单位应当认真吸取事故教训，落实防范和整改措施，防止事故再次发生。防范和整改措施的落实情况应当接受工会和职工的监督。建设主管管理部门和有关行业主管部门应当对事故发生单位落实防范和整改措施的情况进行监督检查。

任何单位和个人不得阻挠和干涉对事故的报告和依法调查处理。

六、建设工程安全事故典型案例

（一）湖北南漳县某酒店高支模坍塌事故

1. 事故概况

2013 年 11 月 20 日 18 时 20 分许，湖北省襄阳市南漳县金南漳国际大酒店新都汇酒店及附属商业用房，5 层裙楼内长 19.5m、宽 17m、高 29.8m 的天井钢筋混凝土顶板混凝土浇筑施工，发生一起高大模板支撑体系（以下简称"高支模"）坍塌事故，造成 7 人死亡，5 人受伤，直接经济损失约 550 万元。坍塌现场如图 9-5 所示。

2. 事故调查结论

事故发生后，建设行政主管部门组织了事故调查组，给出了事故直接和间接原因。

（1）直接原因

该工程没有按照住房城乡建设部《危险性较大的分部分项工程安全管理办法》（建质[2009] 87 号）和《建筑施工模板安全技术规范》JGJ 162—2008 的要求组织编制高支模的安全专项施工方案，模板搭设不符合工程实际需要，未制订和落实模板支撑体系位移的检测监控及搭设验收，在未确认高支模是否具备混凝土浇筑的安全生产条件情况下，进行混凝土浇筑，作业面的施工总荷载超过高支模的实际承载力，导致高支模先从大梁比较集中、施工荷载比较大的区间坍塌。

图 9-5 新都汇酒店高支模坍塌事故现场

(2) 间接原因

建设单位在未办理《建筑工程施工许可证》、安全和质量监督手续的情况下，违法施工；私刻南漳县城乡规划管理局公章、伪造规划管理部门批复文件，对原规划设计进行变更，增加商业用房天井部分；擅自变更建筑工程设计施工图纸，将天井原设计的轻钢网架玻璃结构顶棚更改为钢筋混凝土顶板，变更设计均未经过图纸会审等相关手续，直接交与施工方进行施工；在施工过程中，擅自要求施工方将原设计标高 22.47m 的天井部分加高至 29.8m。

施工单位违法出借资质，违法转包工程，安排不具备项目经理资格的非公司人员为项目负责人履行项目经理职责；施工项目部没有建立安全生产规章制度，没有开展班组安全技术交底；项目部负责人、施工现场技术负责人、安全管理人员及特种作业人员均为无证上岗；对危险性较大的分部分项工程未编制安全专项施工方案，未落实安全施工措施，施工现场安全管理不到位。

监理单位未认真履行项目监理职责，工程监理工作失控，在工程内容发生重大变更时未履行监理方的责任；没有建立危险性较大的分部分项工程安全管理制度，对危险性较大的分部分项工程施工方案没有提出编制审查要求；对不符合标准搭设的模板支撑系统，既不制止，也不报告；旁站监理不到位。

(二) 上海市闵行区莲花河畔景苑工地楼体倒塌事故

1. 事故概况

2009 年 6 月 27 日 5 时 30 分许，在上海市闵行区罗阳路口，在建莲花河畔景苑工地发生一栋 13 层住宅楼体倒塌事故，造成 1 名工人死亡和经济损失 1900 余万元。事故现场如图 9-6 所示。

该住宅楼整体倾倒后结构完整不垮更让人瞠目结舌，其结构工程的质量应该说是很不错的。在现场可以看到倒塌楼体后面与河边防汛墙之间堆满地下车库挖出的土，楼体倒塌前一天防汛墙已垮塌长达 70 多米，已有安全事故前兆，但未能引起施工方的重视。

图 9-6 楼体倒塌尘埃未尽的瞬间

2. 事故调查结果

2009 年 7 月 3 号上海市政府公布的调查结果表明：房屋倾倒的主要原因是紧贴 7 号楼北侧在短期内堆土过高，最高处达 10m 左右。与此同时，紧临大楼南侧的地下车库基坑正在开挖，开挖深度达 4.6m。大楼两侧的压力差使土体产生水平位移，过大的水平力超过了桩基的抗侧能力，导致房屋倾倒。房屋倾倒的原因示意图见图 9-7。调查结果还表明，原勘测报告经现场补充勘测和复核，符合规范要求；原结构设计经复核符合规范要求。大楼所用 PHC 管桩经检测质量符合规范要求。

图 9-7 住宅楼倾倒原因示意图

3. 事故原因及处罚

据中国法院网报道，2010 年 2 月 11 日，上海闵行区人民法院对"莲花河畔景苑"倒楼案被告人做出一审判决：

建设单位上海某房地产开发有限公司的现场负责人秦某某将属于施工方总包范围的地

下车库开挖工程，直接交与没有公司机构且不具备资质的被告人张某某组织施工，并违规指令施工人员开挖堆土，对本案倒楼事故的发生负有现场管理责任，判处有期徒刑5年。

施工单位上海某建筑有限公司主要负责人张某某，违规使用他人专业资质证书投标承接工程，致使工程项目的专业管理缺位，且放任建设单位违规分包土方工程给其没有专业资质的亲属，对本案倒楼事故的发生负有领导和管理责任，判处有期徒刑5年。

施工单位的工地现场负责人夏某某，施工现场的安全管理是其应负的职责，但其任由工程施工在没有项目经理实施专业管理的状态下进行，且放任建设方违规分包土方工程、违规堆土，致使工程管理脱节，对倒楼事故的发生负有现场管理责任，判处有期徒刑4年。

工程项目经理陆某某，实际未从事相应管理工作，但其任由施工单位在工程招投标及施工管理中以其名义充任项目经理，默许甚至配合施工方以此应付监管部门的监督管理和检查，致使工程施工脱离专业管理，由此造成施工隐患难以通过监管被发现、制止，因而对本案倒楼事故的发生负有不可推卸的责任，判处有期徒刑3年。

没有专业施工单位资质的张某某违规承接工程项目，并盲从建设方指令违反工程安全管理规范进行土方开挖和堆土施工，最终导致倒楼事故发生，系本案事故发生的直接责任人员，判处有期徒刑4年。

上海某建设监理有限公司乔某某身为总监理工程师，对工程项目经理名实不符的违规情况审查不严，对建设方违规发包土方工程疏于审查，在对违规开挖、堆土提出异议未果后，未能有效制止，对本案倒楼事故发生负有未尽监理职责的责任，判处有期徒刑3年。

这是一起震动全国的重大工程事故，其房屋倒塌的方式让人不可思议。事故看似出在临近完工时的地下车库开挖土方堆放不当的技术问题上，但究其根源是违法分包，让无企业资质、无执业资格人员承包工程违法施工，加上施工管理混乱、工程监理违规所致。

思 考 题

1. 简述安全生产管理的监理工作职责。
2. 简述安全生产管理的监理工作内容。
3. 施工单位需要编制安全专项施工方案的有哪些分部分项工程？
4. 施工单位需要邀请专家审查安全专项施工方案的有哪些分部分项工程？
5. 项目监理机构应如何审批安全专项施工方案？

第十章 监理对施工合同的监督管理

第一节 施工合同管理概述

一、监理对施工合同的监管

建设工程施工合同是建设单位（发包人）与施工单位（承包人）之间为工程项目施工有关事项订立的合同，发包人与承包人作为合同的当事人共同约定承担相应的合同权利义务及法律责任。从法律意义上说，发包人和承包人订立的施工合同对监理人并不具有法律约束力，但我们可以看到施工合同文本中，涉及监理人的条款非常之多，有文字明示的条款，也有隐含在发包人应尽的义务中，实际上却是应由监理人来完成的职责。在施工合同条款中明示或隐含作为非合同当事人的第三方监理人应履行的职责看似有违合同订立的原则，但因为有建设单位与监理单位订立的"建设工程监理合同"为背景，在监理合同中明确了监理方对施工合同进行监督管理的权利义务及责任，因此在施工合同中明示或隐含监理人应履行的职责也是合理的。在《建设工程监理规范》GB/T 50319—2013 第 6.1.1 条中也有明确的规定："项目监理机构应依据建设工程监理合同约定进行施工合同管理，处理工程暂停及复工、工程变更、索赔及施工合同争议、解除等事宜"。所以，监理对施工合同进行监督管理是职责所在。

监理对施工合同进行管理是一项专业性很强的工作，涉及施工过程中对项目投资、进度、质量、安全等目标实现的监督，除对监理工程师的技术、经济及合同管理知识和水平要求很高外，监理工程师必须非常熟悉施工合同文本的全部条款，并依据自身工程经验和合同履行中的情况，对可能发生的风险作出一定的预判并采取相应的风险防范措施。

二、建设工程施工合同（示范性文本）简介

当前，在国内工程施工中常用的施工合同示范文本有多种，如住房和城乡建设部与国家工商行政管理总局于 2013 年修订的《建设工程施工合同（示范文本）》GF—2013—0201；国家发展和改革委员会等九部委联合制定发布的《标准施工招标文件》中的施工合同文本；《中华人民共和国简明标准施工招标文件》中的施工合同文本；以及国内外资工程常采用的国际咨询工程师联合会（FIDIC）制定的《施工合同条件》文本；还有各省、市自行组织编写的标准合同文本等。选择何种合同文本，要视工程情况、工程发包模式、双方当事人的意愿、工程所在地或主管部门的有关规定等确定。但不论选择何种合同文本，目前都有示范性的标准文本。合同示范性文本是国家有关行政主管部门组织合同管理、工程技术、经济、法律等有关各方面的专家共同编制，能够比较准确地在法律范围内反映出合同各方所要实现意图的规范化的具有指导意义的文件。有助于签订合同的当事人了解、掌握有关的合同条款构成，避免缺款少项和当事人意思表达不准确、不真实，导致合同履行中产生各种合同纠纷，也有利于减少甲乙双方签订施工合同的业务工作量。下面对由住房和城乡建设部和国家工商行政管理总局于 2013 年修订的《建设工程施工合同

(示范文本)》GF—2013—0201（以下简称《施工合同示范文本》）作简要介绍。

《施工合同示范文本》为非强制性使用文本，适用于房屋建筑工程、土木工程、线路管道和设备安装工程、装修工程等建设工程的施工承发包活动，合同当事人可结合建设工程具体情况，根据《施工合同示范文本》订立合同，并按照法律法规规定和合同约定承担相应的法律责任及合同权利义务。

《施工合同示范文本》由合同协议书、通用合同条款和专用合同条款三部分组成。

（1）合同协议书

《施工合同示范文本》合同协议书共计13条，主要包括：工程概况、合同工期、质量标准、签约合同价和合同价格形式、项目经理、合同文件构成、承诺以及合同生效条件等重要内容，集中约定了合同当事人基本的合同权利义务。

（2）通用合同条款

通用合同条款是合同当事人根据《中华人民共和国建筑法》、《中华人民共和国合同法》等法律法规的规定，就工程建设的实施及相关事项，对合同当事人的权利义务作出的原则性约定。

通用合同条款共计20条，具体条款分别为：一般约定、发包人、承包人、监理人、工程质量、安全文明施工与环境保护、工期和进度、材料与设备、试验与检验、变更、价格调整、合同价格、计量与支付、验收和工程试车、竣工结算、缺陷责任与保修、违约、不可抗力、保险、索赔和争议解决。全部条款安排既考虑了现行法律法规对工程建设的有关要求，也考虑了建设工程施工管理的特殊需要。

（3）专用合同条款

专用合同条款是对通用合同条款原则性约定的细化、完善、补充、修改或另行约定的条款。合同当事人可以根据不同建设工程的特点及具体情况，通过双方的谈判、协商对相应的专用合同条款进行修改补充。在使用专用合同条款时，应注意以下事项：

①专用合同条款的编号应与相应的通用合同条款的编号一致；

②合同当事人可以通过对专用合同条款的修改，满足具体建设工程的特殊要求，避免直接修改通用合同条款；

③在专用合同条款中有横道线的地方，合同当事人可针对相应的通用合同条款进行细化、完善、补充、修改或另行约定；如无细化、完善、补充、修改或另行约定，则填写"无"或划"/"。

《施工合同示范文本》是建设单位、施工单位和监理单位等从事合同管理的人员很好的学习资料，也是合同履行管理的基本依据。监理人员对施工合同进行监督管理，首先要十分熟悉施工合同文本。

本章以后各节主要讲述监理工程师在施工合同管理中应如何处理工程暂停及复工、工程变更、工程索赔、施工合同争议与合同解除等方面的监理业务。

第二节　工程暂停及复工处理

一、工程暂停

在工程施工过程中，可能会遇到各种意想不到的情况，导致工程无法继续施工，当监理工程师遇到下列情况之一时，总监理工程师应及时签发工程暂停令：

（1）建设单位要求暂停施工且工程需要暂停施工的；

（2）施工单位未经批准擅自施工或拒绝项目监理机构管理的；

（3）施工单位未按审查通过的工程设计文件施工的；

（4）施工单位未按批准的施工组织设计、（专项）施工方案施工或违反工程建设强制性标准的；

（5）施工存在重大质量、安全事故隐患或发生质量、安全事故的。

在上述五种情况中，应注意区别不同情况处理：

发生情况（1）时，建设单位要求停工，总监理工程师经过独立判断，认为有必要暂停施工的，可签发工程暂停令；认为没有必要暂停施工的，不应签发工程暂停令。

发生情况（2）时，施工单位擅自施工的，总监理工程师应及时签发工程暂停令；施工单位拒绝执行项目监理机构的要求和指令时，总监理工程师应视情况签发工程暂停令。

发生情况（3）、（4）、（5）时，总监理工程师均应及时签发工程暂停令。

总监理工程师在签发工程暂停令时，可根据停工原因的影响范围和影响程度，确定停工范围，并应按施工合同约定的条款签发工程暂停令。

总监理工程师签发工程暂停令，应事先征得建设单位同意。在紧急情况下，未能事先征得建设单位同意的，应在事后及时向建设单位书面报告。施工单位未按要求停工或复工的，项目监理机构应及时报告建设单位。

工程暂停令应按验收规范规定用表的要求填写，见表10-1。

工程暂停令（GB/T 50319—2013 附录 A 表 A.0.5）　　　　　　　　表10-1

工程名称：　　　　　　　　　　　　　　　　　　　　　　编号：

致：＿＿＿＿＿＿＿＿＿＿＿＿＿＿＿＿（施工项目经理部）

由于＿＿＿＿＿＿＿＿＿＿＿＿＿＿＿＿＿＿＿＿＿原因，现通知你方于＿＿＿年＿＿月＿＿日＿＿时起，暂停＿＿＿＿＿部位（工序）施工，并按下述要求做好后续工作。

要求：

项目监理机构（盖章）
总监理工程师（签字、加盖执业印章）

年　月　日

暂停施工事件发生时，项目监理机构应如实记录所发生的情况，如应重点记录直接导致停工发生的原因，停工时施工单位人工、设备在现场的数量和状态等，为日后处理因暂停施工带来的工期、费用影响提供依据。

工程暂停会导致人员窝工、设备闲置等情况发生，暂停时间较长的还可能造成施工单位退场和再进场损失。总监理工程师应就相关问题与建设单位、施工单位及时协商解决。

因施工单位原因暂停施工时，监理应督促整改，及时检查整改情况，验收整改结果，督促施工单位为顺利进行后续施工作准备。

暂停施工期间，首先要做好工程照管工作，总监理工程师应与施工单位明确妥善照管工程并提供安全保障的有关工作，由此增加的费用由责任方承担。其次，总监理工程师应督促建设单位和施工单位共同采取必要的措施确保工程质量及安全，防止因暂停施工扩大损失。

二、工程复工

当暂停施工原因消失、具备复工条件时，施工单位提出复工申请的，监理应审查施工单位报送的复工报审表及有关材料，符合要求后，总监理工程师应及时签署审查意见，并报建设单位批准后签发工程复工令；施工单位未提出复工申请的，总监理工程师应根据工程实际情况指令施工单位恢复施工。

承包人无故拖延和拒绝复工的，承包人承担由此增加的费用和（或）延误的工期；因发包人原因无法按时复工的，发包人应顺延竣工日期。

总监理工程师签发工程复工令，应事先征得建设单位同意。

工程复工报审表应按表 10-2 要求填写。

工程复工令应按表 10-3 要求填写。

工程复工报审表（GB/T 50319—2013 附录 B 表 B.0.3）　　　　　表 10-2

工程名称：　　　　　　　　　　　　　　　　　　　　　　　　　　　编号：

致：＿＿＿＿＿＿＿＿＿（项目监理机构） 　　编号为＿＿＿＿＿＿《工程暂停令》所停工的＿＿＿＿＿＿部位（工序）已满足复工条件，我方申请于＿＿＿年＿＿＿月＿＿＿日复工，请予以批准。 　　　　附证明文件资料： 　　　　　　　　　　　　　　　　　　　　　　　　　施工项目经理部（盖章） 　　　　　　　　　　　　　　　　　　　　　　　　　项目经理（签字） 　　　　　　　　　　　　　　　　　　　　　　　　　　　　年　　月　　日
审核意见： 　　　　　　　　　　　　　　　　　　　　　　　　　项目监理机构（盖章） 　　　　　　　　　　　　　　　　　　　　　　　　　总监理工程师（签字） 　　　　　　　　　　　　　　　　　　　　　　　　　　　　年　　月　　日
审批意见： 　　　　　　　　　　　　　　　　　　　　　　　　　建设单位（盖章） 　　　　　　　　　　　　　　　　　　　　　　　　　建设单位代表（签字） 　　　　　　　　　　　　　　　　　　　　　　　　　　　　年　　月　　日

工程复工令（GB/T 50319—2013 附录 A 表 A.0.7） 表 10-3

工程名称： 编号：

致：＿＿＿＿＿＿＿＿＿＿＿＿＿＿＿（施工项目经理部）

　　我方发出的编号为＿＿＿＿＿＿＿＿＿＿＿＿＿＿《工程暂停令》，要求暂停施工的＿＿＿＿＿＿＿＿部位（工序），经查已具备复工条件。经建设单位同意，现通知你方于＿＿＿＿＿年＿＿月＿日＿时起恢复施工。

　　附件：复工报审表

项目监理机构（盖章）
总监理工程师（签字、加盖执业印章）
年　月　日

第三节　工程变更处理

一、工程变更的范围及变更权

在工程施工过程中，由于多方面可能发生的不同情况，导致不得不改变原设计内容或要求，或改变工程进度计划等，使工程不得不进行变更。任何工程变更都可能会对原施工合同约定的工期、造价和工程质量要求带来变更，监理工程师在处理工程变更问题时需十分谨慎，严格按照合同约定及工程规范要求进行处理。

除专用合同条款另有约定外，合同履行过程中可能发生以下情形的工程变更：

(1) 增加或减少合同中任何工作，或追加额外的工作；
(2) 取消合同中任何工作，但转由他人实施的工作除外；
(3) 改变合同中任何工作的质量标准或其他特性；
(4) 改变工程的基线、标高、位置和尺寸；
(5) 改变工程的时间安排或实施顺序。

参与工程项目建设的主要相关方，如项目建设单位（发包人）、设计单位（设计人）、监理机构（监理人）、施工单位（承包人）都有可能提出工程变更：

①涉及设计变更的，应由设计人提供变更后的图纸和说明。如变更超过原设计标准或批准的建设规模时，发包人应及时办理规划、设计变更等审批手续。

②建设单位提出变更的，项目监理机构可对建设单位要求的工程变更提出评估意见，经评估后确实需要变更的，建设单位应要求原设计单位编制工程变更文件，并通过监理机构向施工单位发出变更指示，变更指示应说明计划变更的工程范围和变更的内容。

③监理机构提出变更建议的，需要向建设单位发包人以书面形式提出变更计划，说明计划变更工程范围和变更的内容、理由以及实施该变更对合同价格和工期的影响。建设单位同意变更的，由监理机构向承包人发出变更指示。建设单位发包人不同意变更的，监理

机构无权擅自发出变更指示。

④施工单位承包人提出工程变更，有以下情况：

a. 有丰富工程经验的承包人，依据他们的工程经验，常常能敏锐地发现工程设计中存在的不尽合理之处，或技术落后的地方，出于职业责任会对工程提出合理化建议，并说明建议的内容和理由，以及实施该建议对合同价格和工期的影响。合理化建议经发包人批准的，监理人应及时发出变更指示，由此引起的合同价格调整按照施工合同中变更估价的约定执行。合理化建议降低了合同价格或者提高了工程经济效益的，发包人可对承包人给予奖励，奖励的方法和金额在专用合同条款中约定。

b. 设计图纸出现错、漏、碰、缺等无法施工，必须进行变更，属非施工方原因变更。

c. 承包人出于技术、材料、施工设备、环境变化等原因感到难以按原要求完成，提出要求工程作一定变更，采用替代方案或措施完成工程。

工程变更提出方应向监理机构递交工程变更单，工程变更单应按监理规范表格要求填写，见表 10-4。

工作变更单（GB/T 50319—2013 附录 C 表 C.0.2） 表 10-4

工程名称： 编号：

| 致：_____（建设单位、设计单位、项目监理机构） |
| 由于_____原因，兹提出_____ |
| _____工程变更，请予以审批。 |
| 附件： |
| □ 变更内容 |
| □ 变更设计图 |
| □ 相关会议纪要 |
| □ 其他 |
| 变更提出单位： |
| 负责人： |
| 年　月　日 |

工程数量增/减	
费用增或减	
工期变化	

施工项目经理部（盖章）	设计单位（盖章）
项目经理（签字）	设计负责人
项目监理机构（盖章）	建设单位（盖章）
总监理工程师（签字）	负责人（签字）

变更无论是哪一方提出的，变更指示均应通过项目监理机构发出，监理人发出变更指示前应征得发包人同意。承包人收到经发包人签认的变更指示后，方可实施变更。未经许可，承包人不得擅自对工程的任何部分进行变更。

承包人收到监理人下达的变更指示后，认为不能执行，应立即提出不能执行该变更指示的理由。承包人认为可以执行变更的，应当书面说明实施该变更指示对合同价格和工期的影响，向监理人提交变更估价申请。

二、监理对施工单位提出的工程变更的处理

1. 项目监理机构可按下列程序处理施工单位提出的工程变更：

（1）总监理工程师组织专业监理工程师审查施工单位提出的变更申请，提出审查意见。对涉及设计文件修改的工程变更，应由建设单位转交原设计单位修改设计文件。必要时，监理应建议建设单位组织设计、施工等单位召开论证工程设计文件的修改方案的专题会议。

（2）总监理工程师组织专业监理工程师对工程变更费用及工期影响作出评估。

（3）总监理工程师组织建设单位、施工单位等共同协商确定工程变更费用及工期变化，会签工程变更单。

（4）项目监理机构根据批准的工程变更文件监督施工单位实施工程变更。

2. 项目监理机构可在工程变更实施前与建设单位、施工单位等协商确定工程变更的计价原则、计价方法或价款。

3. 建设单位与施工单位未能就工程变更费用达成协议时，项目监理机构可提出一个暂定价格并经建设单位同意，作为临时支付工程款的依据。工程变更款项最终结算时，应以建设单位与施工单位达成的协议为依据。

4. 监理机构应督促施工单位按会签后的工程变更单组织施工。

三、变更估价与工期调整

1. 变更估价

承包人应在收到变更指示后14天内，向监理人提交变更估价申请。监理人应在收到承包人提交的变更估价申请后认真、据实、公平审核，并应于7天内审查完毕后报送发包人，监理人对变更估价申请有异议，通知承包人修改后重新提交。发包人应在承包人提交变更估价申请后14天内审批完毕。发包人逾期未完成审批或未提出异议的，视为认可承包人提交的变更估价申请。

工程变更估价，除专用合同条款另有约定外，一般按以下原则处理：

（1）已标价工程量清单或预算书有相同项目的，按照相同项目单价认定；

（2）已标价工程量清单或预算书中无相同项目，但有类似项目的，参照类似项目的单价认定；

（3）变更导致实际完成的变更工程量与已标价工程量清单或预算书中列明的该项目工程量的变化幅度超过15％的，或已标价工程量清单或预算书中无相同项目及类似项目单价的，按照合理的成本与利润构成的原则，由总监理工程师会同合同当事人商定或确定变更工作的单价。合同当事人不能达成一致的，由总监理工程师按照合同约定审慎做出公正的确定，并以书面形式通知发包人和承包人，并附详细依据。合同当事人对总监理工程师的确定没有异议的，按照总监理工程师的确定执行。任何一方合同当事人有异议，按照施工合同中争议解决条款处理。争议解决前,合同当事人暂按总监理工程师的确定执行;争议解决后,按照争议解决的结果执行,由此造成的损失由责任人承担。

因变更引起的价格调整应计入最近一期的进度款中支付。

2. 变更引起的工期调整

因变更引起工期变化的,合同当事人均可要求调整合同工期,由总监理工程师会同合同当事人商定,并参考工程所在地的工期定额标准确定应增减的工期天数。

第四节 工程费用及工期索赔处理

索赔是在工程承包合同履行过程中,当事人一方由于另一方未履行合同所规定的义务而遭受损失时,向另一方提出赔偿要求的行为。凡是涉及双方(或多方)的合同协议都可能发生索赔问题,索赔是签订合同的双方各自享有的权利。由于工程项目复杂多变,现场条件以及气候环境的变化,设计图纸文件中的缺陷或错误、施工中的缺陷或错误等因素,经常会导致索赔。

索赔情形贯穿于工程实施的全过程和各个方面,做好索赔管理工作可以将合同当事人双方置于公平、独立、诚信合作的地位,减少合同争议,使项目能够按照原定的施工计划保质、按期完成。所以,做好索赔管理工作无论是对于承包人还是发包人都是有利的。对于发包人来说,良好的索赔管理工作,可以使发包人以合理的投资获得所期待的工程项目,使工程项目顺利建成,避免合同争端。对承包人来说,做好索赔管理工作可以保证自己的合法利益,减轻承包工程的经济风险;同时,也促使承包商不断提高自己的合同管理水平,降低成本,提高利润。

监理在项目施工合同索赔处理中处于特殊地位,就监理职责而言,一方面要维护建设单位利益,防止施工单位索赔,或当建设单位利益受损时进行反索赔;另一方面要站在公平的立场上,不损害施工单位的应得利益。因此监理对合同双方所提出的索赔要求都应尽力妥善处理,这是一项很艰难的工作,因为要处理好施工索赔,必须十分熟悉整个合同文件,并能够做到熟练地应用合同条款。合同实施中的问题,归根结底体现为合同双方经济利益的纠葛,要依照合同文件的明示条款和隐含条款来解决。因此,监理处理索赔的水平是监理合同管理水平的集中表现。

一、监理处理索赔的原则

1. 索赔必须以法律和合同为依据

索赔是合同中一方受到由于另一方的违约或客观条件造成的损失而提出的补偿要求。索赔依据的规则,就是法律、法规和合同。合同中的一方由于违反了法律、法规和合同相关条款的规定,给对方造成了损失,就应该给予对方相应的补偿。

由于合同文件的内容相当广泛,包括合同协议、图纸、合同条件、工程量清单以及许多来往的函件和修改变更通知,难以避免出现自相矛盾,或者可作不同解释等情况。此时除专用合同条款另有约定外,解释合同文件的优先顺序如下:

(1) 合同协议书;

(2) 中标通知书;

(3) 投标函及投标函附录;

(4) 专用合同条款;
(5) 通用合同条款;
(6) 技术标准和要求;
(7) 图纸;
(8) 已标价工程量清单;
(9) 其他合同文件。合同履行中,发包人和承包人有关工程的会议纪要、工程变更、签证、工程洽商、有关通知、信件、电文等,以及法律法规规定具有证明效力和合同效力的文件或资料视为合同的组成部分。

此外,以法律和合同为索赔处理依据,要求监理必须以独立第三方的身份,站在客观公平的立场上处理双方的索赔要求,不因监理工程师受雇于建设单位而偏向建设单位一方。

2. 索赔必须建立在违约事实和损害后果已客观存在的基础上

只有合同中的一方遭受了损失,才能向对方提出索赔。谈到索赔,损失的结果必定已经发生,没有损害的结果,就谈不上索赔,所以索赔必须建立在违约事实和损害后果已客观存在的基础上。比如,建设单位拖延提供施工场地影响了合同规定的开工时间;未按规定时间提供施工图纸,影响了工程的施工进展,承包商可以根据业主的拖延开工时间影响到工程进度的事实结果,向业主提出延长工期的索赔。同理,如果承包商的原因致使工程质量有缺陷,由于承包商的过错导致拖延工期,业主也可以向承包商提出索赔。所以说,无论是承包商向业主提出的索赔,还是业主向承包商提出的索赔,其前提都是违约事实和损害后果已客观存在。

3. 索赔应当采用明示的方式

要求索赔,必须提交索赔报告,索赔报告必须以书面的形式提出,而不能是口头的形式。受损害的一方必须列举所受的损害及依据的合同条款,索赔事件发生的具体事实情况,索赔的金额或工期需延长的天数,索赔只有采用明示的方式,监理才可能受理承包商的索赔申请。

4. 索赔的结果一般是索赔方获得付款、工期或其他形式的补偿

无论是承包商的索赔还是业主的索赔,都不外乎工期(或缺陷责任期)和费用两个方面,要么工期索赔,要么是费用索赔,也可能是工期和费用的综合索赔。比如,由于货币贬值、物价上涨等原因可以索赔费用;由于监理工程师对材料、图纸和施工工序质量认可的拖延,并且这种拖延影响到了关键线路,则可以索赔工期;由于监理工程师指示的延误则既可以索赔费用,又可以索赔工期等。

二、索赔的程序

在工程承包实践中,索赔实质上是承包人和发包人之间在分担合同风险方面重新分配责任的过程。合同实施阶段所出现的每一个索赔事项,都应按照施工合同条件的具体规定,协商解决。对照《建设工程施工合同(示范文本)》GF—2013—0201 的《通用合同条款》第 19 条,对双方的索赔有如下方面的约定。

1. 承包人的索赔

根据合同约定,承包人认为有权得到追加付款和(或)延长工期的,应按以下程序向发包人提出索赔:

（1）承包人应在知道或应当知道索赔事件发生后28天内，向监理人递交索赔意向通知书，并说明发生索赔事件的事由；承包人未在前述28天内发出索赔意向通知书的，丧失要求追加付款和（或）延长工期的权利；

（2）承包人应在发出索赔意向通知书后28天内，向监理人正式递交索赔报告；索赔报告应详细说明索赔理由以及要求追加的付款金额和（或）延长的工期，并附必要的记录和证明材料；

（3）索赔事件具有持续影响的，承包人应按合理时间间隔继续递交延续索赔通知，说明持续影响的实际情况和记录，列出累计的追加付款金额和（或）工期延长天数；

（4）在索赔事件影响结束后28天内，承包人应向监理人递交最终索赔报告，说明最终要求索赔的追加付款金额和（或）延长的工期，并附必要的记录和证明材料。

2. 对施工承包人索赔的处理

对施工承包人索赔的处理如下：

（1）监理人应在收到索赔报告后14天内完成审查并报送发包人，监理人对索赔报告存在异议的，有权要求承包人提交全部原始记录副本；

（2）发包人应在监理人收到索赔报告或有关索赔的进一步证明材料后的28天内，由监理人向承包人出具经发包人签认的索赔处理结果，发包人逾期答复的，则视为认可承包人的索赔要求；

（3）承包人接受索赔处理结果的，索赔款项在当期进度款中进行支付；承包人不接受索赔处理结果的，按照施工合同中约定的"争议解决"条款处理。

对承包人索赔处理程序如图10-1所示。

3. 承包人提出索赔的时间期限

（1）承包人接受了业主签发的竣工付款证书后，应被认为已无权再提出在合同工程接收证书颁发前所发生的任何索赔。

（2）缺陷责任期终止证书签发后，承包人提交的最终结清申请单中，只限于提出工程接收证书颁发后发生的索赔。提出索赔的期限自接受最终结清证书时终止。

4. 发包人的索赔

（1）发生发包人的索赔事件后，监理应及时书面通知承包人，详细说明发包人有权得到的索赔金额和（或）延长缺陷责任期的细节和依据。发包人提出索赔的期限和要求与上述承包人提出索赔的时间期限的约定相同，延长缺陷责任期的通知应在缺陷责任期届满前发出。

（2）监理人按第3.5款商定或确定发包人从承包人处得到赔付的金额和（或）缺陷责任期的延长期。承包人应付给发包人的金额可从拟支付给承包人的合同价款中扣除，或由承包人以其他方式支付给发包人。

三、发包人索赔的内容

发包人索赔是指由于承包人不履行或不完全履行约定的义务，或者由于承包人的行为使发包人受到损失时，发包人向承包人提出的索赔。

1. 对拖延竣工期限索赔

由于承包人拖延竣工期限，发包人要求提出索赔，一般多按实际损失计算。按工期延误的实际损失额向承包人提出索赔包括以下内容：

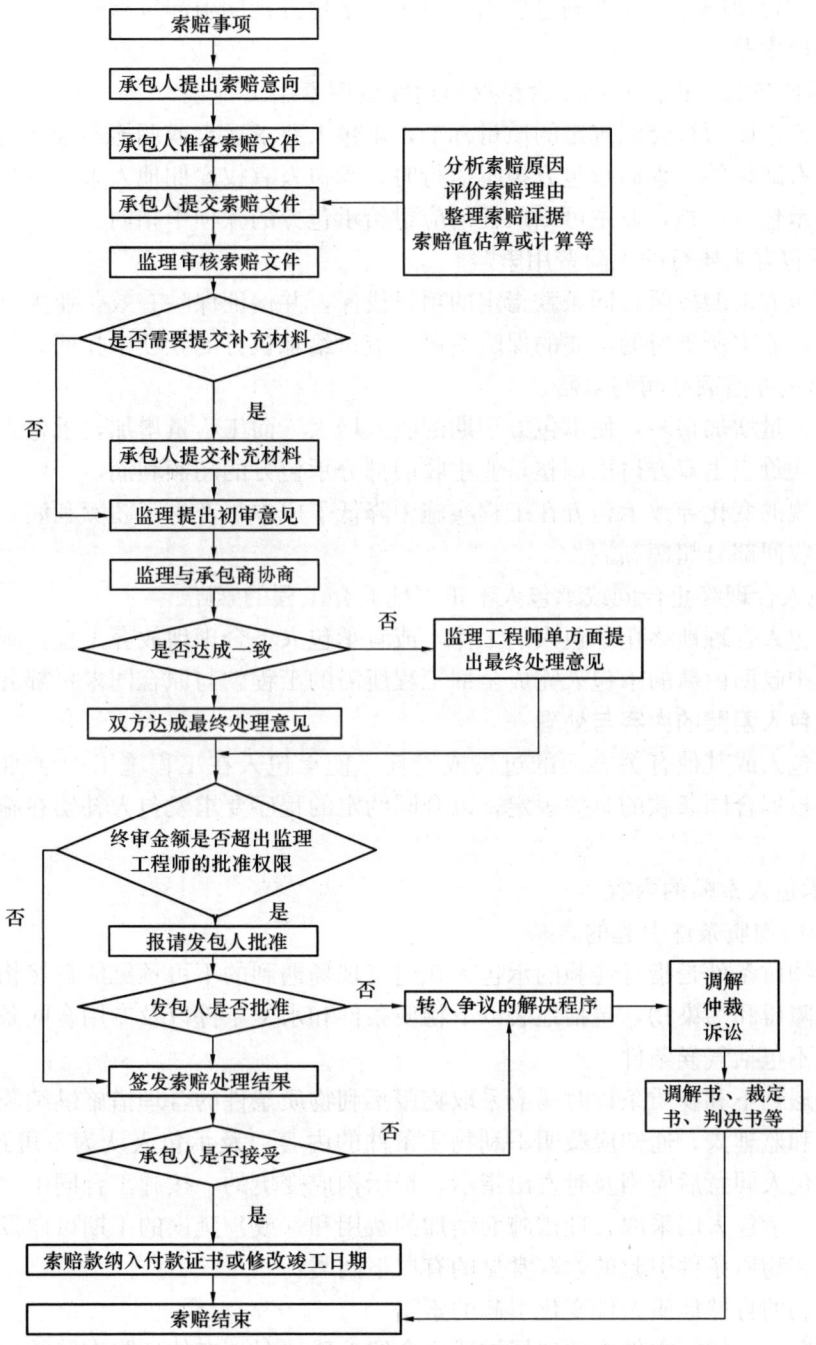

图 10-1 对承包人索赔处理程序

(1) 业主盈利和收入损失,即拖延竣工导致营业性项目推迟开业的损失,或未能按合同工期启用设施而带来的损失,作为延期损失向承包人提出索赔。

(2) 增大的工程管理费用开支。如业主为工程雇佣监理工程师及职员,由于工程延期而发生的增大支出,以及业主提供的设备在延长期内的租金,由于承包方延误而造成安全和保险费用的增加等。

(3) 贷款延期归还增加的利息费用。业主对承包方延期引起贷款利息支付增加可作为延期损失提出索赔。

2. 对不合格的工程拆除和不合格材料运输费用索赔

当承包方未能履行合同规定的质量标准，承包人要求运走或调换不合格的材料、拆除或重新修复有缺陷的工程而承包方拒不执行时，承包人有权雇佣他人来完成工作，发生的一切费用由承包方负担，业主可以从任何应付给承包方的款项中扣回。

3. 对承包方未履行的保险费用索赔

如果承包方未能按照合同条款指定的项目投保，并保证保险有效，业主可以投保并保证保险有效，业主所支付的必要的保险费可在应付给承包方的款项中扣回。

4. 对承包方超额利润的索赔

如果工程量增加很多，使承包方预期的收入增大，而工程量增加，承包方并不增加固定成本，合同价应由双方讨论调整，业主收回部分承包方的超额利润。

由于法规的变化导致承包方在工程实施中降低了成本，产生了超额利润，应重新调整合同价格，收回部分超额利润。

5. 承包人合理终止合同或承包人不正当地放弃工程的索赔

如果发包人合理地终止承包人的工作，或者承包人不合理地放弃工程，则发包人有权从承包人手中收回由新的承包人完成全部工程所需的工程款与原合同未付部分的差额。

四、承包人索赔的内容与处理

由于发包人或其他有关方面的过失或责任，使承包人在工程施工中增加了额外的费用，承包人根据合同条款的有关规定，以合同约定的程序要求发包人补偿在施工中所遭受的损失。

（一）承包人索赔的内容

1. 不利的物质条件引起的索赔

不利的物质条件是指有经验的承包人在施工现场遇到的不可预见的自然物质条件、非自然的物质障碍和污染物，包括地表以下物质条件和水文条件以及专用合同条款约定的其他情形，但不包括气候条件。

承包人遇到不利物质条件时，应采取克服不利物质条件的合理措施继续施工，并及时通知发包人和监理人。通知应载明不利物质条件的内容以及承包人认为不可预见的理由。监理人经发包人同意后应当及时发出指示，指示构成变更的，按施工合同中"变更"条款的约定执行。承包人因采取合理措施而增加的费用和（或）延误的工期可向发包人提出索赔报告。不利物质条件引起的索赔常见的有以下两类：

（1）不利的自然地质条件变化引起的索赔

一般情况下，招标文件中的现场描述都介绍地质情况，有的还附有简单的地质钻孔资料。一般在合同条件中，往往写明承包方在投标前已确认现场的环境和性质，包括地表以下条件、水文和气候条件等。即要求承包方承认已检查和考虑了现场及周围环境，承包方不得因误解或误释这些资料而提出索赔。如果在施工期间，承包方遇到不利的自然条件，而这些条件又是有经验的承包人也不能预见的，则应立即通知监理工程师，如果监理工程师也认为这些不利自然条件，即使是有经验的承包方也不能预见的，则监理工程师应据实向建设单位说明，建设单位应支付承包方在该情况下所支出的额外费用。但由于对合同条件的理解带有主观性，往往会造成施工单位和建设单位各执其词，监理工程师在处理这种索赔时，应客观公平。

（2）不利的非自然物质条件引起的索赔

如在挖方工程中，承包方发现有不明地下管道等构筑物，只要是图纸上并未说明的，监理工程师应到现场检查，并与承包方共同讨论处理方案。如果这种处理方案导致工程费用增加（比如原计划是机械挖土，现在不得不改为人工挖工），承包方即可提出索赔，由于地下构筑物等图纸中并未注明，确属是有经验的施工承包人难以合理预见的地下障碍，监理应受理，并向建设单位说明。

对于以上情况，监理工程师应尽可能减少建设单位被索赔的费用。为此监理工程师应做好以下几个方面的工作：

（1）查证设计人员收集的所有资料是否都已提供给承包方；

（2）向当地市政工程局、公用局等部门查询已知的公用设施、管道等的确切位置和数目，并搜集关于未知的公用设施、管道和其他障碍的本地资料；

（3）在适当的时候可考虑补充勘测，探明地下情况；

（4）当未预知的障碍对承包方的施工产生严重影响时，监理工程师应立即与承包方就解决问题的办法和有关费用达成协议，及时地发出变更通知并确定合理的费率，调整价款。

2. 异常恶劣的气候条件引起的索赔

异常恶劣的气候条件是指在施工过程中遇到的，有经验的承包人在签订合同时不可预见的，对合同履行造成实质性影响的，但尚未构成专用合同条款中约定的不可抗力事件的恶劣气候条件。

施工承包人应采取克服异常恶劣的气候条件的合理措施继续施工，并及时通知建设单位发包人和监理机构，承包人因采取合理措施而增加的费用和（或）延误的工期由发包人承担。监理机构经发包人同意后应当及时发出指示，指示构成变更的，按合同约定的变更条款办理。

3. 遭遇不可抗力的索赔

不可抗力是指合同当事人在签订合同时不可预见，在合同履行过程中不可避免且不能克服的自然灾害和社会性突发事件，如地震、海啸、瘟疫、骚乱、戒严、暴动、战争和专用合同条款中约定的其他情形。

施工承包人遇到不可抗力事件，使其履行合同义务受到阻碍时，应立即通知监理和工程发包人，书面说明不可抗力和工程受阻碍的详细情况，并提供必要的证明。

不可抗力后果的承担按以下原则处理：

（1）不可抗力引起的后果及造成的损失由合同当事人按照法律规定及合同约定各自承担。不可抗力发生前已完成的工程应当按照合同约定进行计量支付。

（2）不可抗力导致的人员伤亡、财产损失、费用增加和（或）工期延误等后果，由合同当事人按以下原则承担：

①永久工程、已运至施工现场的材料和工程设备的损坏，以及因工程损坏造成的第三方人员伤亡和财产损失由发包人承担；

②承包人施工设备的损坏由承包人承担；

③发包人和承包人承担各自人员伤亡和财产的损失;

④因不可抗力影响承包人履行合同约定的义务,已经引起或将引起工期延误的,应当顺延工期,由此导致承包人停工的费用损失由发包人和承包人合理分担,停工期间必须支付的工人工资由发包人承担;

⑤因不可抗力引起或将引起工期延误,发包人要求赶工的,由此增加的赶工费用由发包人承担;

⑥承包人在停工期间按照发包人要求照管、清理和修复工程的费用由发包人承担。

不可抗力发生后,合同当事人均应采取措施尽量避免和减少损失的扩大,任何一方当事人没有采取有效措施导致损失扩大的,应对扩大的损失承担责任。

因合同一方迟延履行合同义务,在迟延履行期间遭遇不可抗力的,不免除其违约责任。

4. 工程变更引起的索赔

在工程施工过程中,由于遇到不能预见的情况、环境条件、或变更有利于提高质量、或变更有利于节约成本等,在监理工程师认为必要并经建设单位发包人同意,可以对工程作出变更。承包人应按监理工程师的指令执行,但承包人有权对这些变更所引起的附加费用进行索赔。

根据监理工程师的指令完成的变更工程,应尽量以合同中规定的单价和价格确定其费用。如果合同中没有可适用于该项变更工程的单价或价格,则应由监理工程师和承包商共同商定适用的单价或价格。如果双方不能取得一致意见,则由监理工程师确定其认为合理的单价和价格,如果承包方不同意,可提出索赔报告。

5. 关于工期延长和延误的索赔

工期延长或延误的索赔通常包括两方面:一是承包方要求延长工期,二是承包方要求偿付由于非承包原因导致工程延误而造成的损失。一般这两方面的索赔报告要求分别编写,因为工期和费用的索赔并不一定同时成立。例如,由于特殊恶劣气候原因,承包方在该期间的工作可进行调整,通过调整如对工期影响不大,则不能得到延长工期的补偿,但如果承包方能提出证明其因特殊恶劣气候原因造成的损失,就可能有权获得这些损失的赔偿。

6. 由于发包人原因终止工程合同而引起的索赔

由于发包人原因终止工程合同,承包人有权要求补偿损失,其数额是承包人在被终止工程上已完成而未支付的工程款,已购买并运抵现场而尚未用到工程上的人工、材料、设备费用,以及各项管理费用、保险费、贷款利息、保函费用的支出损失,并有权要求赔偿其盈利损失。

7. 关于工程款支付的索赔

工程付款涉及价格、货币和支付方式三个方面的问题,由此引起的索赔也很常见。如价格调整的索赔、货币贬值导致的索赔、拖延支付工程款的索赔等。

(二)监理对承包人费用索赔的处理

1. 项目监理机构应及时收集、整理有关工程费用的原始资料,为处理费用索赔提供证据。应及时收集、整理的资料包括:施工合同、采购合同、工程变更单、施工组织设计、专项施工方案、施工进度计划、建设单位和施工单位的有关文件、会议纪要、监理记录、监理工作联系单、监理通知单、月报及相关监理资料等。

2.监理处理费用索赔的主要依据：

(1)法律法规；

(2)勘察设计文件，施工合同文件；

(3)工程建设标准；

(4)索赔事件的证据。

处理中应遵循"谁索赔，谁举证"原则，并注意证据的有效性。

3.项目监理机构处理施工单位提出的费用索赔主要工作如下：

(1)受理施工单位在施工合同约定的期限内提交的费用索赔意向通知书；

(2)收集与索赔有关的资料；

(3)受理施工单位在施工合同约定的期限内提交的费用索赔报审表；

(4)审查费用索赔报审表，需要施工单位进一步提交详细资料时，应在施工合同约定的期限内发出通知；

(5)与建设单位和施工单位协商一致后，在施工合同约定的期限内签发费用索赔报审表，并报建设单位。

费用索赔意向通知书应按规范用表要求填写，见表10-5。

索赔意向通知书（GB/T 50319—2013 附录C 表C.0.3） 表10-5

工程名称：		编号：

致：＿＿＿＿＿＿＿＿＿＿＿＿＿＿＿＿＿＿＿＿＿

根据施工合同＿＿＿＿＿＿＿＿＿＿＿＿＿＿＿＿（条款）约定，由于发生了＿＿＿＿＿＿＿＿＿＿＿＿＿＿事件，且该事件的发生非我方原因所致。为此，我方向＿＿＿＿＿＿＿＿＿＿＿＿＿＿＿（单位）提出索赔要求。

附件： 索赔事件资料

提出单位（盖章）
负责人（签字）
年 月 日

费用索赔报审表按表10-6要求填写。

（三）监理对承包人工期索赔的处理

工程项目的合同工期可能受到工程延期或工期延误影响。

工程延期是指由于非施工单位原因造成合同工期延长的时间，施工单位会提出工程延期的要求。工期延误是指由于施工单位的原因造成施工期延长的时间，此时发包人可向施工承包人提出工期延误带来损失的索赔。

监理对承包人提出的工期延期索赔处理的主要工作如下：

1.施工单位提出工期延期要求符合施工合同约定时，项目监理机构应予受理。

2.当影响工期事件具有持续性时，监理应对施工单位提交的阶段性工程临时延期报审表进行审查，并应签署工程临时延期审核意见后报建设单位。

费用索赔报审表（GB/T 50319—2013 附录 B 表 B.0.13） 表 10-6

工程名称： 编号：

致：_____（项目监理机构）
　　根据施工合同_____条款，由于_____的原因，我方申请索赔金额（大写）_____
　　请予以批准。
　　索赔理由：_____
_____
_____
_____

　　附件：□ 索赔金额计算
　　　　　□ 证明材料

施工项目经理部（盖章）
项目经理（签字）
　　　　年　月　日

审查意见：
　　□ 不同意此项索赔
　　□ 同意此项索赔，索赔金额为（大写）_____。
　　同意/不同意索赔的理由：_____
_____
_____
_____

　　附件：□索赔审查报告

项目监理机构（盖章）
总监理工程师（签字、加盖执业印章）
　　　　年　月　日

审核意见：

建设单位（盖章）
建设单位代表（签字）
　　　　年　月　日

3. 当影响工期事件结束后,监理应对施工单位提交的工程最终延期报审表进行审查,并应签署工程延期审核意见后报建设单位。

工程临时延期报审表和工程最终延期报审表应按表10-7要求填写。

工程临时/最终延期报审表（GB/T 50319—2013 附录B表B.0.14） 表10-7

工程名称：　　　　　　　　　　　　　　　　　　　　　　　　　编号：

致：＿＿＿＿＿＿＿＿＿＿（项目监理机构） 　　根据施工合同＿＿＿＿＿＿＿＿（条款），由于＿＿＿＿＿＿＿＿＿＿＿原因，我方申请工程临时/最终延期＿＿（日历天），请予以批准。 　　附件 　　1. 工程延期依据及工期计算： 　　2. 证明材料： 　　　　　　　　　　　　　　　　　　　施工项目经理部（盖章） 　　　　　　　　　　　　　　　　　　　项目经理（签字） 　　　　　　　　　　　　　　　　　　　　　　　年　月　日
审查意见： 　　□同意工程临时/最终延期＿＿＿＿＿＿＿＿（日历天）。工程竣工日期从施工合同约定的＿＿＿年＿＿月＿＿日延长至＿＿年＿＿月＿＿日。 　　□不同延长工期，请按约定竣工日期组织施工。 　　　　　　　　　　　　　　　　　　　项目监理机构（盖章） 　　　　　　　　　　　　　　　　　　　总监理工程师（签字加盖执业印章） 　　　　　　　　　　　　　　　　　　　　　　　年　月　日
审核意见： 　　　　　　　　　　　　　　　　　　　建设单位（盖章） 　　　　　　　　　　　　　　　　　　　建设单位代表（签字） 　　　　　　　　　　　　　　　　　　　　　　　年　月　日

4. 项目监理机构批准工程延期应同时满足下列条件：
(1) 施工单位在施工合同约定的期限内提出工程延期。
(2) 因非施工单位原因造成施工进度滞后。
(3) 进度滞后影响到施工合同约定的工期。
5. 施工单位因工程延期提出费用索赔时，项目监理机构可按施工合同约定进行处理。
6. 发生工期延误时，项目监理机构应按施工合同约定进行处理。

五、监理处理承包人索赔的案例

下面我们通过两个案例进一步了解监理工程师如何处理施工承包人索赔有关问题。

【案例 10-1】

【背景情况】 某工程建设项目，建设单位与施工单位按施工合同示范文本签订了工程施工合同，工程未进行投保保险。在工程施工过程中，遭受属不可抗力的特大暴风雨袭击，造成了相应的损失，施工单位及时向监理工程师提出索赔要求，并附与索赔有关的资料和证据。索赔报告中的基本要求如下：

1. 遭受属不可抗力的暴风雨袭击不是因施工单位原因造成的损失，故应由建设单位承担赔偿责任。

2. 给已建部分工程造成破坏 18 万元，应由业主承担修复的经济责任，施工单位不承担修复的经济责任。

3. 施工单位人员因此灾害导致数人受伤，处理伤病医疗费用和补偿金总计 3 万元，业主应给予补偿。

4. 施工单位进场的在役使用机械、设备受到损坏，造成损失 8 万元，由于现场停工造成台班费损失 4.2 万元，业主应负担赔偿和修复的经济责任。工人窝工费 3.8 万元，业主应予支付。

5. 因暴风雨造成现场停工 8 天，要求合同工期顺延 8 天。

6. 由于工程破坏，清理工程现场需费用 2.4 万元，业主应予支付。

监理工程师接到了施工单位提交的索赔申请，应如何处理？

【分析与处理】

本案例遭受属不可抗力的暴风雨袭击，给合同双方带来一定损失，关键是损失的责任如何分担，处理必须以合同条款为依据。按照《建设工程施工合同（示范文本）》GF—2013—0201 的《通用合同条款》第 17.3 款"不可抗力后果的承担"，分析如下：

1. 不可抗力风险承担责任的原则如下：

（1）工程本身的损害由业主承担；

（2）人员伤亡由其所属单位负责，并承担相应费用；

（3）造成施工单位机械、设备的损坏及停工等损失，由施工单位承担；

（4）所需清理、恢复工作的费用，由双方协商承担；

（5）工期给予顺延。

2. 监理机构接到施工单位的索赔申请报告后应进行以下工作：

（1）进行调查、取证，包括核实索赔申请中的有关数据；

（2）审查索赔成立条件，确定索赔是否成立；

（3）分清责任，认可合理索赔；

（4）与施工单位协商，统一意见；

（5）签发索赔报告，处理意见报业主核准；

3. 监理工程师对索赔申请的处理意见逐条如下：

（1）经济损失按上述原则由双方分别承担，延误的工期应予签证顺延；

（2）因工程修复、重建的 18 万元工程款应由业主支付；

（3）施工单位人员受伤的索赔不予认可，应由施工单位自行承担；

（4）施工单位现场的机械设备损坏的索赔不予认可，由施工单位承担；

（5）认可顺延合同工期 8 天；

（6）工程现场清理费用由监理确认清理范围及费用由业主承担。

【案例 10-2】

【背景情况】 某分部工程网络进度计划，总工期要求为 29 天，网络计划如图 10-2 所示。施工中各工作所需时间发生改变，具体变化及原因见表 10-8。该分部工程接近要求工期时，承包人提出工期延期 19 天的索赔要求。

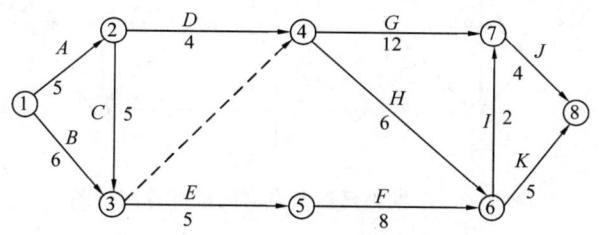

图 10-2 原分部工程网络进度计划图

【问题】 监理工程师接到承包商的索赔申请，能批准的工期延期应为多少天？

工作持续时间延长原因及天数统计表　　　　　　　　　　　表 10-8

工作代号	各项工作持续时间延长原因及天数			工作持续时间延长值合计
	发包人原因	不可抗力原因	承包人原因	
A	1	1	1	3
B	2	1	0	3
C	0	1	0	1
D	1	0	0	1
E	1	0	2	3
F	0	1	0	1
G	2	4	0	6
H	0	0	2	2
I	0	0	1	1
J	1	0	0	1
K	2	1	1	4

【分析与处理】

监理工程师处理索赔的基本原则是：实事求是，按合同规定（要求）处理索赔事件。由于非承包人原因（发包人原因、不可抗力等原因）导致工期拖延的时间，承包人可以索赔；由于承包人原因导致工期拖延的时间，不能索赔。

首先，监理工程师应区分两类原因造成的工期拖延：

1. 计算由于发包人原因和不可抗力原因使工期拖延后的总工期：

（1）确定以上非承包人原因使工作拖延后各工作的持续时间 D，文字表述如下：

$D_A = 7$ 天；$D_B = 9$ 天；$D_C = 6$ 天；$D_D = 5$ 天；$D_E = 6$ 天；$D_F = 9$ 天；$D_G = 18$ 天；

$D_H = 6$ 天；$D_I = 2$ 天；$D_J = 5$ 天；$D_K = 8$ 天

然后，直接标注在网络图上，见图 10-3。

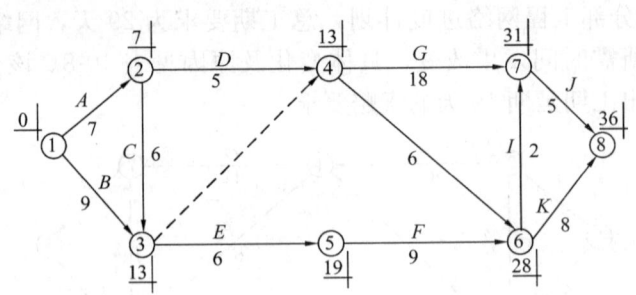

图 10-3 工期拖延后节点时间法计算网络图

（2）用节点时间法，按最早可能开始时间（ES）计算总工期，见图 10-3。

（3）通过计算可知，由于发包人原因、不可抗力原因使工期拖延后的总工期为 36 天。

2. 监理工程师批准的工期延期为：

$$36 - 29 = 7 \text{ 天}$$

故监理不能批准承包人工期延长 19 天的要求，批准的工期延长为 7 天。这是因为发包人原因、不可抗力原因在不同工作上的延长，对最终总工期的影响是不同的，有些发生在非关键线路上的工作延长对总工期没有影响，但有些关键线路上的工作的延长会影响总工期，通过网络计划图的计算，最后完工时间比原计划工期延长了 7 天。

第五节 施工合同争议与施工合同解除处理

一、施工合同争议及处理

工程项目建设一般工期较长，加之室外施工，受气候变化、工程地质及建设场地周边环境等影响较大，施工合同履行过程中，难免出现许多合同签订前未能预计到的不利因素出现，使得合同双方当事人难以履行合同约定的义务，一方或双方利益受到损害。此外，也存在合同当事人未能尽力履责违约，甚至出于自身利益刻意违约，给另一方造成损害等。受损方在依据合同条款要求赔偿时，难免会引发合同争议。

1. 争议解决的方式

在《建设工程施工合同（示范文本）》中，对争议解决的方式已约定为：和解、调解、争议评审。

（1）和解

合同当事人可以就争议自行和解，自行和解达成协议的经双方签字并盖章后作为合同补充文件，双方均应遵照执行。

（2）调解

合同当事人可以就争议请求建设行政主管部门、行业协会或其他第三方进行调解，调解达成协议的，经双方签字并盖章后作为合同补充文件，双方均应遵照执行。

（3）争议评审

合同当事人在专用合同条款中约定采取争议评审方式解决争议以及评审规则，并按下列约定执行：

①争议评审小组的确定

合同当事人可以共同选择一名或三名争议评审员，组成争议评审小组。除专用合同条款另有约定外，合同当事人应当自合同签订后28天内，或者争议发生后14天内，选定争议评审员。

选择一名争议评审员的，由合同当事人共同确定；选择三名争议评审员的，各自选定一名，第三名成员为首席争议评审员，由合同当事人共同确定或由合同当事人委托已选定的争议评审员共同确定，或由专用合同条款约定的评审机构指定第三名首席争议评审员。

除专用合同条款另有约定外，评审员报酬由发包人和承包人各承担一半。

②争议评审小组的决定

合同当事人可在任何时间将与合同有关的任何争议共同提请争议评审小组进行评审。争议评审小组应秉持客观、公正原则，充分听取合同当事人的意见，依据相关法律、规范、标准、案例经验及商业惯例等，自收到争议评审申请报告后14天内作出书面决定，并说明理由。

③争议评审小组决定的效力

争议评审小组作出的书面决定经合同当事人签字确认后，对双方具有约束力，双方应遵照执行。

任何一方当事人不接受争议评审小组决定或不履行争议评审小组决定的，双方可在仲裁或诉讼方式中选择一种解决方式，并在合同专用条款中先行约定。

2. 监理处理施工合同争议的工作

项目监理机构处理施工合同争议时应进行下列工作：

（1）了解合同争议情况；

（2）及时与合同争议双方进行磋商；

（3）提出处理方案后，由总监理工程师进行协调；

（4）当双方未能达成一致时，总监理工程师应提出处理合同争议的意见。

（5）项目监理机构在施工合同争议处理过程中，对未达到施工合同约定的暂停履行合同条件的，应要求施工合同双方继续履行合同。

（6）在施工合同争议的仲裁或诉讼过程中，项目监理机构应按仲裁机关或法院要求提供与争议有关的证据。

二、施工合同解除与处理

本处"施工合同解除"是指工程未能正常完工，出于某方面原因，不得不提前解除合同。合同提前解除，合同当事人必然有很多未了事项需处理，监理工程师也需做好相应处理工作。

提前解除合同可出于建设单位原因，或施工单位原因，也可能由于不可抗力导致工程无法继续进行。监理应视不同情况分别做好有关工作。

1. 因建设单位原因解除合同

因建设单位原因导致施工合同解除时，项目监理机构应按施工合同约定与建设单位和施工单位从下列款项中协商确定施工单位应得款项，并签认工程款支付证书：

（1）施工单位按施工合同约定已完成的工作应得款项；
（2）施工单位按批准的采购计划订购工程材料、构配件、设备的款项；
（3）施工单位撤离施工设备至原基地或其他目的地的合理费用；
（4）施工单位人员的合理遣返费用；
（5）施工单位合理的利润补偿；
（6）施工合同约定的建设单位应支付的违约金。

2. 因施工单位原因解除合同

因施工单位原因导致施工合同解除时，监理应按施工合同约定，从下列款项中确定施工单位应得款项或偿还建设单位的款项，并应与建设单位和施工单位协商后，书面提交施工单位应得款项或偿还建设单位款项的证明：

（1）施工单位已按施工合同约定实际完成的工作应得款项和已给付的款项。
（2）施工单位已提供的材料、构配件、设备和临时工程等的价值。
（3）对已完工程进行检查和验收、移交工程资料、修复已完工程质量缺陷等所需的费用。
（4）施工合同约定的施工单位应支付的违约金。

3. 因不可抗力解除合同

因不可抗力导致合同无法履行连续超过 84 天或累计超过 140 天的，发包人和承包人均有权解除合同。合同解除后，由双方当事人商定或确定发包人应支付的款项，该款项包括：

（1）合同解除前承包人已完成工作的价款；
（2）承包人为工程订购的并已交付给承包人，或承包人有责任接受交付的材料、工程设备和其他物品的价款；
（3）发包人要求承包人退货或解除订货合同而产生的费用，或因不能退货或解除合同而产生的损失；
（4）承包人撤离施工现场以及遣散承包人人员的费用；
（5）按照合同约定在合同解除前应支付给承包人的其他款项；
（6）扣减承包人按照合同约定应向发包人支付的款项；
（7）双方商定或确定的其他款项。

除专用合同条款另有约定外，合同解除后，发包人应在商定或确定上述款项后 28 天内完成上述款项的支付。

思 考 题

1. 推行建设工程施工合同示范性文本的意义何在？我国现行常用的施工合同文本有哪几种？如何选用工程适用的施工合同示范文本？
2. 在工程施工过程中遇到哪些情况时，总监理工程师应及时签发工程暂停令？
3. 合同履行过程中可能发生哪些情形的工程变更？监理机构对施工单位提出的工程变更应如何处理？
4. 对承包人提交的变更估价申请，监理应如何处置？
5. 监理处理施工单位提出的索赔应遵循哪些基本原则？
6. 监理对施工承包人索赔处理的基本程序如何？

7. 何谓施工中遭遇的不利物质条件？监理如何处理承包人因不利物质条件提出的索赔？
8. 不可抗力的界限如何约定？不可抗力带来的损失与费用，合同甲乙双方如何分担？
9. 监理对施工单位提出的费用索赔处理包括哪些主要工作？
10. 监理对承包人提出的工期延期索赔处理包括哪些主要工作？
11. 对施工中出现的发包人和承包人的合同争议解决的方式有哪几种？
12. 因建设单位原因导致施工合同解除时，施工单位可提出哪些费用索赔？

第十一章 建设工程监理信息管理

第一节 建设工程监理信息管理工作流程与环节

一、建设工程信息

信息是对数据的解释，反映了事物的客观规律，为使用者提供决策和管理所需要的依据。信息来源于数据，又高于数据，信息是数据的灵魂，数据是信息的载体。

建设工程项目监理过程中涉及大量的信息，可按照不同的标准加以划分，例如：按照建设工程的目标和实务内容划分，建设工程的信息有投资控制信息、质量控制信息、进度控制信息、安全监督管理信息、环境保护监督管理信息和合同管理信息等；按照信息的层次划分，建设工程项目的信息有战略性信息、管理性信息和业务性信息，详见图 11-1；按照项目管理功能划分，建设工程项目的信息有组织类信息、管理类信息、经济类信息和技术类信息，详见图 11-2；按照收集信息的时间阶段划分，建设工程项目的信息有决策阶段的信息、设计阶段的信息、施工招标阶段的信息、施工阶段（含施工准备期、施工期、竣工保修期）的信息。

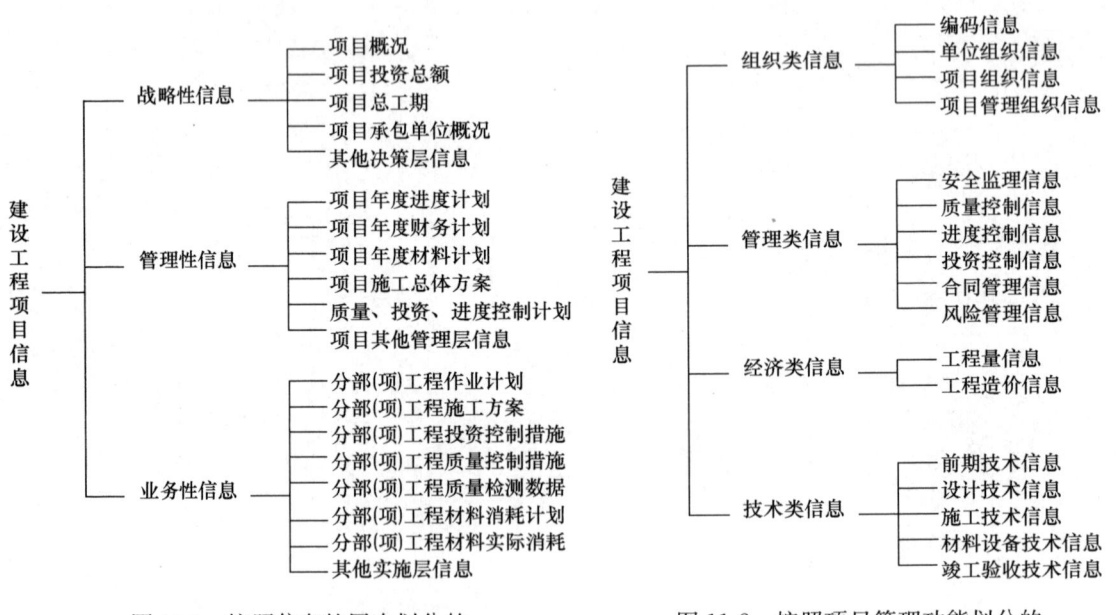

图 11-1 按照信息的层次划分的
建设工程项目信息图

图 11-2 按照项目管理功能划分的
建设工程项目信息图

二、项目监理机构的建设工程信息管理

信息管理是指对信息的收集、加工整理、储存、传递与应用等一系列工作的总称。信

息管理的目的就是通过有组织的信息流通，使决策者能及时、准确地获得相应的信息。

有效的工程项目管理需要更多地依靠信息系统的结构和维护。信息管理影响组织和整个项目管理系统的运行效率，是人们沟通的桥梁，项目监理机构应予以足够重视。项目监理机构应根据实际需要，配备熟悉工程管理业务、经过培训的人员担任信息管理工作。

1. 项目监理机构信息管理的要求

（1）有时效性和针对性；

（2）有必要的精度；

（3）综合考虑信息成本及信息收益，实现信息效益最大化。

2. 项目监理机构信息管理的程序

（1）确定项目信息管理目标；

（2）进行项目信息管理策划；

（3）项目信息收集；

（4）项目信息处理；

（5）项目信息运用；

（6）项目信息管理评价。

3. 项目监理机构信息管理的任务

（1）编制项目信息管理监理细则

项目信息管理监理细则的制定应以监理规划中的有关信息管理内容为依据。

项目信息管理监理细则应包括信息需求分析，信息编码系统，信息流程，信息管理制度以及信息的来源、内容、标准、时间要求、传递途径、反馈的范围、人员职责和工作程序等内容。信息需求分析应明确实施项目所必需的信息，包括信息的类型、格式、传递要求及复杂性等，并应进行信息价值分析。项目信息编码系统应有助于提高信息的结构化程度，方便使用，并且应与企业信息编码保持一致。信息流程应反映监理企业内部信息流和有关的外部信息流及各有关单位、部门和人员之间的关系，并有利于保持信息畅通。信息过程管理应包括信息的收集、加工、传输、存储、检索、输出和反馈等内容，宜使用计算机进行信息过程管理。

（2）实施项目信息管理监理细则

在监理工作过程中，按照项目实施、项目组织、项目管理工作过程建立项目管理信息系统流程，在实际工作中保证这个系统正常运行并控制信息流。应定期检查项目信息管理监理细则的实施效果并根据需要进行计划调整。在项目信息管理监理细则的实施中，应定期检查信息的有效性和信息成本，不断改进信息管理工作。

（3）工程文件档案管理工作

项目信息管理的对象应包括各类工程资料和工程实际进展信息。工程资料的档案管理应符合有关规定，宜采用计算机辅助管理。

（4）确保项目信息安全

项目信息管理工作应严格遵循国家的有关法律、法规和地方主管部门的有关管理规定。

项目信息管理工作应采取必要的安全保密措施，包括：信息的分级、分类管理方式。确保项目信息的安全、合理、有效使用。

项目监理机构应建立完善的信息管理制度和安全责任制度,坚持全过程管理的原则,并做到信息传递、利用和控制的不断改进。

三、建设工程监理信息流程

1. 建设工程信息流程

建设工程的信息流由建设各方各自的信息流组成,监理单位的信息系统作为建设工程系统的一个子系统,见图11-3所示。

2. 监理单位的信息流程

监理单位内部的信息流程更偏重于本单位的内部管理和对各个建设工程项目监理机构的宏观管理,见图11-4所示。

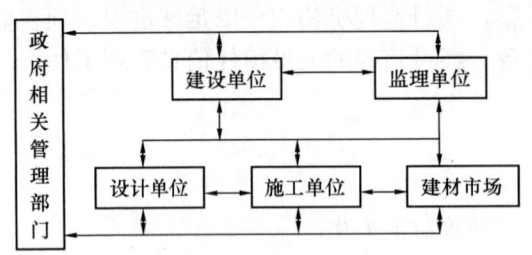

图11-3 建设工程参见各方信息流程图

3. 项目监理机构的信息流程

担任建设工程项目监理的项目监理机构也要组织必要的信息流程,加强建设工程项目数据和信息的微观管理,见图11-5所示。

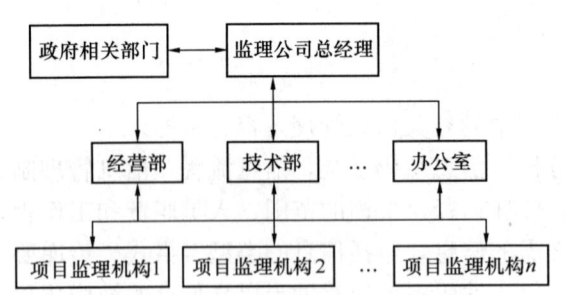

图11-4 监理单位信息流程图

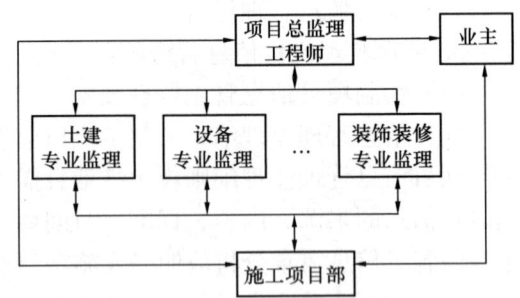

图11-5 项目监理机构信息流程图

四、建设工程监理信息管理的基本环节

建设工程监理信息管理贯穿建设工程全过程,衔接建设工程各个阶段、各个参建单位和各个方面,其基本环节有:信息的收集、传递、加工、整理、检索、分发、存储。

建设工程参建各方对数据和信息的收集是不同的,有不同的来源、不同的角度、不同的处理方法,但要求各方相同的数据和信息应该规范。从监理的角度,建设工程的信息收集由于介入阶段不同,决定收集的内容也不同。各不同阶段,与建设单位签订的监理合同内容也不尽相同,因此,收集信息要根据具体情况决定。施工阶段的信息收集,可从施工准备期、施工期、竣工保修期三个子阶段分别进行。

建设工程信息的加工、整理和存储是数据收集后的必要过程,收集的数据经过加工、整理后产生信息。信息的加工和整理主要是把建设各方得到的数据和信息进行鉴别、选择、核对、合并、排序、更新、计算、汇总、转储,生成不同形式的数据和信息,提供给不同需求的各类管理人员使用。

经过加工处理后产生的信息要及时提供给需要使用数据和信息的部门。信息和数据的分发要根据需要来分发,信息和数据的检索则要建立必要的分级管理制度。一般通过使用管理软件来保证实现数据和信息的分发和检索。

信息的存储需要建立统一的数据库，各类数据以文件的形式组织在一起，组织的方法一般应根据建设工程实际，由监理单位自行决定，但应考虑规范化。

第二节 建设工程文件档案资料与管理

一、建设工程文件档案资料

建设工程文件档案资料是反映建设工程质量和工作质量状况的重要依据，是评定工程质量等级的重要依据，也是工程项目在日后维修、扩建、改造、更新等的重要档案资料。

建设工程文件档案资料由建设工程文件和建设工程档案组成。

1. 建设工程文件

建设工程文件（简称工程文件）是指在工程建设工程中形成的各种形式的信息记录，包括：

（1）工程准备阶段文件，即工程开工前，在立项、审批、征地、勘察、设计、招标投标等工程准备阶段形成的文件；

（2）监理文件，即监理单位在工程设计、施工等阶段监理工作过程中形成的文件；

（3）施工文件，即施工单位在工程施工过程中形成的文件；

（4）竣工图，工程竣工验收后，真实反映建设工程项目施工结果的图纸等；

（5）竣工验收文件，即建设工程项目竣工验收活动中形成的文件。

工程文件的内容及其深度必须符合国家有关工程勘察、设计、施工、监理等方面的技术规范、标准和规程。

工程文件的内容必须真实、准确，与工程实际相符合。

2. 建设工程档案

建设工程档案（简称工程档案）是指在工程建设活动中直接形成的、具有归档保存价值的文字、图表、音像等各种形式的历史记录。

二、建设工程文件档案资料管理

1. 参建各方通用职责

（1）工程各参建单位填写的建设工程档案应以施工及验收规范、工程合同、设计文件、工程施工质量验收统一标准等为依据。

（2）工程档案资料应随工程进度及时收集、整理，并应按专业归类，认真书写，字迹清楚，项目齐全、准确、真实，无未了事项。表格应采用统一表格，特殊要求需增加的表格应统一归类。

（3）工程档案资料进行分级管理，建设工程项目各单位技术负责人负责本单位工程档案资料的全过程组织工作并负责审核，各相关单位档案管理员负责工程档案资料的收集、整理工作。

（4）对工程档案资料进行涂改、伪造、随意抽撤或损毁、丢失等，应按有关规定予以处罚，情节严重的，应依法追究法律责任。

2. 监理单位职责

（1）应设专人负责监理资料的收集、整理和归档工作，在项目监理部，监理资料的管理应由总监理工程师负责，并指定专人具体实施，监理资料应在各阶段监理工作结束后及时整理归档。

（2）监理资料必须及时整理、真实完整、分类有序。在设计阶段，对勘察、测绘、设计单位的工程文件的形成、积累和立卷归档进行监督、检查；在施工阶段，对施工单位的工程文件的形成、积累、立卷归档进行监督、检查。

（3）可以按照委托监理合同的约定，接受建设单位的委托，监督、检查工程文件的形成积累和立卷归档工作。

（4）编制的监理文件的套数、提交内容、提交时间，应按照现行《建设工程文件归档整理规范》和各地城建档案管理部门的要求，编制移交清单，双方签字、盖章后，及时移交建设单位，由建设单位收集和汇总。监理公司档案部门需要的监理档案，按照《建设工程监理规范》的要求，及时由项目监理部提供。

三、建设工程施工文件档案资料与管理

1. 施工单位在施工文件档案管理中的职责

（1）实行技术负责人负责制，逐级建立、健全施工文件管理岗位责任制。配备专职档案管理员，负责施工资料的管理工作。工程项目的施工文件应设专门的部门（专人）负责收集和整理。

（2）建设工程实行施工总承包的，由施工总承包里应负责收集、汇总各分包单位形成的工程档案，各分包单位应将本单位形成的工程文件整理、立卷后及时移交总施工单位。建设工程项目由几个单位承包的，各施工单位负责收集、整理、立卷其承包项目的工程文件，并应及时向建设单位移交，各施工单位应保证归档文件的完整、准确、系统，能够全面反映工程建设活动的全过程。

（3）可以按照施工合同的约定，接受建设单位的委托进行工程档案的组织和编制工作。

（4）按要求在竣工前将施工文件整理汇总完毕，再移交建设单位进行工程竣工验收。

（5）负责编制的施工文件的套数不得少于地方城建档案管理部门要求，但应有完整的施工文件移交建设单位及自行保存，保存期可根据工程性质以及地方城建档案管理部门有关要求确定。如建设单位对施工文件的编制套数有特殊要求的，可另行约定。

2. 施工单位施工阶段文件档案管理的内容

施工单位在工程施工阶段文件档案管理的内容主要包括施工文件和竣工图。其中，施工文件可进一步分为工程施工技术管理资料、工程质量控制资料、工程施工质量验收资料三部分。

（1）工程施工技术管理资料

工程施工技术管理资料是建设工程施工全过程中的真实记录，是施工各阶段客观产生的施工技术文件。主要内容如下：

①图纸会审记录文件。图纸会审记录是对已正式签署的设计文件进行交底、审查和会审，对提出的问题予以记录的文件。图纸会审记录属于正式设计文件，不得擅自在会审记录上涂改或变更其内容。

②工程开工报告相关资料。

③技术、安全交底记录文件。此文件是施工单位负责人把设计要求的施工措施、安全生产贯彻到基层乃至每个工人的一项技术管理方法。

④施工组织设计文件。施工组织设计施工单位在开工前为工程所做的施工组织、施工工艺、施工计划等方面的设计，用来指导拟建工程全过程中各项活动的技术、经济和组织的综合性文件。

⑤施工日志记录文件。施工日志是项目经理部的有关人员对工程项目施工过程中的有关技术管理和质量管理活动以及效果进行逐日连续完整的记录。要求对工程从开工到竣工的整个施工阶段进行全面记录，要求内容完整，并能真实、全面地反映工程相关情况。

⑥设计变更文件。设计变更是施工图的补充和修改的记载，要及时办理，内容要求明确具体，必要时附图，不得任意涂改和事后补办。按签发的日期先后顺序编号，要求责任明确，签章齐全。

⑦工程洽商记录文件。工程洽商是施工过程中一种协调建设单位与施工单位、施工单位和设计单位洽商行为的记录。工程洽商分为技术洽商和经济洽商两种，通常情况下由施工单位提出。

⑧工程测量记录文件。工程测量记录是在施工过程中形成的确保建设工程定位、尺寸、标高、位置和沉降量等满足设计要求和规范规定的资料统称。具体有：工程定位测量记录文件、施工测量放线报验表、基槽及各层测量放线记录文件、沉降观测记录文件等。

⑨施工记录文件。施工记录文件是在施工过程中形成的，确保工程质量和安全的各种检查、记录的统称。主要包括：工程定位测量检查记录、预检记录、施工检查记录、冬期混凝土搅拌称量及养护测温记录、交接检查记录、工程竣工测量记录等。

⑩工程质量事故记录文件。包括工程质量事故报告和工程质量事故处理记录。

⑪工程竣工文件。包括竣工验收申请报告、单位工程竣工验收证书、工程质量缺陷责任书等。

（2）工程质量控制资料

工程质量控制资料是建设工程施工全过程全面反映工程质量控制和保证的依据性证明资料。应包括：

①工程项目原材料、构配件、成品、半成品和设备的出厂合格证及进场检（试）验报告。

②施工试验记录和见证检测报告。

③隐蔽工程验收记录文件。

④交接检查记录。不同工程或施工单位之间工程交接，当前一专业工程施工质量对后续专业工程施工质量产生直接影响时，应进行交接检查，填写交接检查记录。

（3）工程施工质量验收资料

工程施工质量验收资料是建设工程施工全过程中按照国家现行工程质量检验标准，对工程项目进行单位工程、分部工程、分项工程及检验批的划分，再由检验批、分项工程、分部工程、单位工程逐级对工程质量做出综合评定的工程质量验收资料。由于各行业、各部门的专业特点不同，各类工程的检验评定均有相应的技术标准，因此，工程质量验收资料的建立均应按相关的技术标准办理。具体内容为：

①施工现场质量管理检查记录。为督促工程项目做好施工前准备工作，建设工程应按一个标段或一个单位（子单位）工程检查填报施工现场质量管理记录。按规定，在开工前施工单位现场负责人填写《施工现场质量管理检查记录》，报总监理工程师检查，并做出

检查结论。

②单位（子单位）工程质量竣工验收记录。在单位工程完成后，施工单位经自行组织人员进行检查验收，并经项目监理机构复查认定质量等级合格后，向建设单位提交竣工验收报告及相关资料，由建设单位组织单位工程验收的记录。

③分部（子分部）工程质量验收记录文件。分部（子分部）工程完成，施工单位自检合格后，由总监理工程师组织有关设计单位及施工单位项目负责人和技术、质量负责人等到场共同验收并签认。

④分项工程质量验收记录文件。分项工程完成（即分项工程所包含的检验批均已完工），施工单位自检合格后，由监理工程师组织施工单位专业技术负责人进行验收并签认。

⑤检验批质量验收记录文件。检验批施工完成，施工单位自检合格后，由监理工程师组织施工单位专职质量检查员等进行验收并签认。

(4) 竣工图

竣工图是指工程竣工验收后，真实反映建设工程项目施工结果的图纸。它是真实、准确、完整反映和记录各种地下和地上建筑物、构筑物等详细情况的技术文件，是工程竣工验收、投产或交付使用后进行维修、扩建、改建的依据，是生产（使用）单位必须长期妥善保存和进行备案的重要工程档案资料。竣工图的编制整理、审核盖章、交接验收按国家对竣工图的要求办理。施工单位应根据施工合同约定，提交合格的竣工图。

四、建设工程文件的立卷与归档

1. 建设工程文件的立卷

立卷是指按照一定的原则和方法，将有保存价值的文件分门别类整理成案卷，亦称组卷。案卷是指由互相有联系的若干文件组成的档案保管单位。

(1) 立卷的基本原则

建设工程文件的立卷应遵循工程文件产生的形成规律，保持卷内工程准备阶段文件、施工文件、监理文件、竣工图和竣工验收文件之间的有机联系，便于档案的保管和利用。

①一个建设工程由多个单位工程组成时，工程文件按单位工程立卷。

②工程文件应根据工程资料的分类和"专业工程分类编码参考表"进行立卷。

③卷内资料排列顺序要依据卷内的资料构成而定，一般顺序为封面、目录、文件部分、备考表、封底。组成的案卷力求美观、整齐。

④卷内资料若有多种资料时，同类资料按日期顺序排列，不同资料之间的排列顺序应按资料的编号顺序排列。

(2) 立卷的具体要求

①施工文件可按单位工程、分部工程、专业、阶段等组卷，竣工验收文件按单位工程、专业组卷。

②竣工图可按单位工程、专业等进行组卷。每一专业根据图纸多少组成一卷或多卷。

③案卷不宜过厚，一般不超过40mm。

④案卷内不应有重份文件，不同载体的文件一般应分别组卷。

(3) 卷内文件的排列

文字材料按事项、专业顺序排列。同一事项的请示与批复、同一文件的印本与定稿、主件与附件不能分开，并按批复在前、请示在后，印本在前、定稿在后，主件在前、附件在后的顺序排列。图纸按专业排列，同专业图纸按图号顺序排列。既有文字材料又有图纸的案卷，文字材料排前、图纸排后。

不同幅面的工程图纸应按《技术制图 复制图的折叠方法》GB/T 10609.3—2009统一折叠成A4幅面（297mm×210mm），图标栏外露在外面。

(4) 案卷的保管期限与密级

案卷的保管期限分为永久、长期、短期三种期限。各类文件的保管期限详见《建设工程文件归档整理规范》附录A的要求。

①永久是指工程档案需永久保存。

②长期是指工程档案的保存期限等于该工程的使用寿命。

③短期是指工程档案保存20年以下。

④同一案卷内有不同保管期限的文件。该案卷保管期限应从长。

案卷密级分为绝密、机密、秘密三种。同一案卷内有不同密级的文件，应以高密级为本卷密级。

2. 建设工程文件的归档

归档指建设工程文件形成单位完成其工作任务后，将形成的文件整理立卷后，按规定移交相关管理机构。

(1) 建设工程文件的归档范围

对与工程建设有关的重要活动、记载工程建设主要过程和现状、具有保存价值的各种载体文件，均应收集齐全，整理立卷后归档。具体归档范围详见《建设工程文件归档整理规范》的要求。

(2) 归档的含义和程序

建设工程文件档案资料的管理涉及建设单位、监理单位、施工单位等以及地方城建档案管理部门。对以一个建设工程而言，归档的含义和程序为：

建设、勘察、设计、施工、监理等单位将本单位项目部在工程建设过程中形成的文件向本单位档案管理机构移交；

勘察、设计、施工、监理等单位将本单位在工程建设过程中形成的文件向建设单位档案管理机构移交；

建设单位按照现行《建设工程文件归档规范》GB/T 50328—2014要求，将汇总的该建设工程文件档案向地方城建档案管理部门移交。

(3) 归档文件的质量要求

①归档的文件应为原件。

②工程文件的内容及其深度必须符合国家有关工程勘察、设计、施工、监理等方面的技术规范、标准和规程。

③工程文件的内容必须真实、准确，与工程实际相符合。

④工程文件应采用耐久性强的书写材料，如碳素墨水、蓝黑墨水，不得使用易褪色的书写材料，如：红色墨水、纯蓝墨水、圆珠笔、复写纸、铅笔等。

⑤工程文件应字迹清楚，图样清晰，图表整洁，签字盖章手续完备。

⑥工程文件文字材料幅面尺寸规格宜为A4幅面（297mm×210mm）。图纸宜采用国家标准图幅。

⑦工程文件的纸张应采用能够长期保存的韧力大、耐久性强的纸张。图纸一般采用蓝晒图。竣工图应是新蓝图。计算机出图必须清晰，不得使用计算机出图的复印件。

⑧所有竣工图均应加盖竣工图章。

⑨利用施工图改绘竣工图，必须标明变更修改依据。凡施工图结构、工艺、平面布置等有重大改变，或变更部分超过图面 1/3 的，应当重新绘制竣工图。

（4）工程文件归档的时间和相关要求

①根据建设程序和工程特点。归档可以分阶段分期进行，也可以在单位或分部工程通过竣工验收后进行。

②施工单位应当在工程竣工验收前，将形成的有关工程档案向建设单位归档。

③施工单位在收齐工程文件整理立卷后，建设单位、监理单位应根据城建档案管理机构的要求对档案文件完整、准确、系统情况和案卷质量进行审查。审查合格后向建设单位移交。

④工程档案一般不少于两套，一套由建设单位保管，一套（原件）移交当地城建档案馆。

⑤施工单位向建设单位移交档案时，应编制移交清单。双方签字、盖章后方可交接。

（五）建设工程档案的验收与移交

1. 验收

（1）列入城建档案管理部门档案接收范围的工程，建设单位在组织工程施工验收前，应提请城建档案管理部门对工程档案进行预验收，建设单位未取得城建档案管理部门出具的认可文件，不得组织工程竣工验收。

（2）工程档案由建设单位进行验收，属于向地方城建档案管理部门报送工程档案的工程项目还应会同地方城建档案管理部门共同验收。

（3）国家、省市重点工程项目或一些特大型、大型的工程项目的预验收和验收，必须有地方城建档案管理部门参加。

（4）为确保工程档案的质量，各编制单位、地方城建档案管理部门、建设行政管理部门等要对工程档案进行严格检查、验收，编制单位、制图人、审核人、技术负责人必须进行签字或盖章。对不符合技术要求的，一律退回编制单位进行改正、补齐，问题严重者可令其重做。不符合要求者，不能交工验收。

（5）凡报送的工程档案，如验收不合格将其退回建设单位，由建设单位责成责任者重新进行编制，待达到要求后重新报送，检查验收人员应对接收的档案负责。

（6）地方城建档案管理部门负责工程档案的最后验收，并对编制报送工程档案进行业务指导、督促和检查。

2. 移交

（1）列入城建档案管理部门接收范围的工程，建设单位在工程竣工验收后 3 个月内向城建档案管理部门移交一套符合规定的工程档案。

（2）停建、缓建工程的工程档案，暂由建设单位保管。

（3）对改建、扩建和维修工程，建设单位应当组织设计单位、监理单位、施工单位据实修改、补充和完善工程档案。对改变的部位，应当重新编写工程档案，并在工程竣工验收后 3 个月内向城建档案管理部门移交。

（4）建设单位向城建档案管理部门移交工程档案时，应办理移交手续，填写移交目录，双方签字、盖章后交接。

(5) 施工单位、监理单位等有关单位应在工程竣工验收前将工程档案按合同或协议规定的时间、套数移交给建设单位，办理移交手续。

第三节　建设工程监理文件档案资料与管理

一、建设工程监理文件档案资料管理

建设工程监理文件档案资料管理，是建设工程信息管理的一项重要工作，是监理工程师实施建设工程监理，进行安全监理、目标控制的基础性工作。在项目监理机构中必须配备专门的人员负责监理文件和档案的收发、管理、保存工作。

建设工程监理文件档案资料管理是指监理工程师受建设单位委托，在进行建设工程监理的工作期间，对建设工程实施过程中形成的与监理工作相关的文件和档案进行收集积累、加工整理、立卷归档和检索利用等一系列工作。建设工程监理文件档案资料管理的对象是监理文件档案资料，它们是建设工程监理信息的主要载体之一。

对监理文件档案资料进行科学管理，可以为建设工程监理工作的顺利开展创造良好的前提条件。对监理文件档案资料进行科学管理，可以极大地提高监理工作效率。对监理文件档案资料进行科学管理，可以为建设工程档案的归档提供可靠保证。

建设工程监理文件档案资料管理的主要内容是：监理文件档案资料收、发文与登记；监理文件档案资料传阅；监理文件档案资料分类存放；监理文件档案资料归档、借阅、更改与作废。

二、建设工程监理文件

按照现行《建设工程文件归档规范》GB/T 50328—2014，监理文件有 10 大类 27 项，要求在不同的单位归档保存。

1. 监理规划

(1) 监理规划（建设单位长期保存，监理单位短期保存，送城建档案管理部门保存）；

(2) 监理实施细则（建设单位长期保存，监理单位短期保存，送城建档案管理部门保存）；

(3) 监理部总控制计划等（建设单位长期保存，监理单位短期保存）。

2. 监理月报中的有关质量问题（建设单位长期保存，监理单位长期保存，送城建档案管理部门保存）

3. 监理会议纪要中的有关质量问题（建设单位长期保存，监理单位长期保存，送城建档案管理部门保存）

4. 进度控制

(1) 工程开工/复工审批表（建设单位长期保存，监理单位长期保存，送城建档案管理部门保存）；

(2) 工程开工/复工暂停令（建设单位长期保存，监理单位长期保存，送城建档案管理部门保存）。

5. 质量控制

(1) 不合格项目通知（建设单位长期保存，监理单位长期保存，送城建档案管理部门

保存）；

（2）质量事故报告及处理意见（建设单位长期保存，监理单位长期保存，送城建档案管理部门保存）。

6．造价控制

（1）预付款报审与支付（建设单位短期保存）；

（2）月付款报审与支付（建设单位短期保存）；

（3）设计变更、洽商费用报审与签认（建设单位长期保存）；

（4）工程竣工决算审核意见书（建设单位长期保存，送城建档案管理部门保存）。

7．分包资质

（1）分包单位资质材料（建设单位长期保存）；

（2）供货单位资质材料（建设单位长期保存）；

（3）试验等单位资质材料（建设单位长期保存）。

8．监理通知

（1）有关进度控制的监理通知（建设单位、监理单位长期保存）；

（2）有关质量控制的监理通知（建设单位、监理单位长期保存）；

（3）有关造价控制的监理通知（建设单位、监理单位长期保存）。

9．合同与其他事项管理

（1）工程延期报告及审批（建设单位永久保存，监理单位长期保存，送城建档案管理部门保存）；

（2）费用索赔报告及审批（建设单位、监理单位长期保存）；

（3）合同争议、违约报告及处理意见（建设单位永久保存，监理单位长期保存，送城建档案管理部门保存）；

（4）合同变更材料（建设单位、监理单位长期保存，送城建档案管理部门保存）。

10．监理工作总结

（1）专题总结（建设单位长期保存，监理单位短期保存）；

（2）月报总结（建设单位长期保存，监理单位短期保存）；

（3）工程竣工总结（建设单位、监理单位长期保存，送城建档案管理部门保存）；

（4）质量评估报告（建设单位、监理单位长期保存，送城建档案管理部门保存）。

三、建设工程监理资料

根据《建设工程监理规范》，施工阶段的监理资料包括以下28类：施工合同文件及委托监理合同；勘察设计文件；监理规划；监理实施细则；分包单位资格报审表；设计交底与图纸会审会议纪要；施工组织设计（方案）报审表；工程开工/复工报审表及工程暂停令；测量核验资料；工程进度计划；工程材料、构配件、设备的质量证明文件；检查试验资料；工程变更资料；隐蔽工程验收资料；工程计量单和工程款支付证书；监理工程师通知单；监理工作联系单；报验申请表；会议纪要；来往函件；监理日记；监理月报；质量缺陷与事故的处理文件；分部工程、单位工程等验收资料；索赔文件资料；竣工结算审核意见书；工程项目施工阶段质量评估报告等专题报告；监理工作总结。

1．监理日志

总监理工程师可以指定一名监理工程师对项目每天总的监理工作情况进行记录，即为监理日志。监理日志主要内容有：
（1）天气和施工环境情况；
（2）施工进展情况；
（3）监理工作情况（包括旁站、巡视、见证取样、平行检验等情况）；
（4）存在的问题及协调解决情况；
（5）其他有关事项。
总监理工程师应定期审阅监理日志，全面了解监理工作情况。

2. 监理例会会议纪要

监理例会是履约各方沟通情况、交流信息、协调处理、研究解决合同履行中存在的各方面问题的主要协调方式。会议纪要由项目监理机构根据会议记录整理，主要内容包括：
（1）会议地点及时间；
（2）会议主持人；
（3）与会人员姓名、单位、职务；
（4）会议主要内容、议决事项及其负责落实单位、负责人和时限要求；
（5）其他事项。

例会上意见不一致的重大问题，应将各方的主要观点，特别是相互对立的意见记入"其他事项"中。会议纪要的内容应准确如实，简明扼要，经总监理工程师审阅，与会各方代表会签，发至合同有关各方，并应有签收手续。

3. 监理月报

《建设工程监理规范》GB/T 50319—2013对监理月报有较明确的规定，对监理月报的内容、编制组织、签认人、报送对象、报送时间都有规定。监理月报由项目总监理工程师组织编写，由总监理工程师签字，报送建设单位和本监理单位，报送时间由监理单位和建设单位协商确定，一般在收到施工单位项目经理部报送来的工程进度，汇总了本月已完工程量和本月计划完成工程量的工程量表、工程款支付申请表等相关资料后，在最短的时间内提交，一般为5~7天。

监理月报的内容有七点，根据建设工程规模大小决定汇总内容的详细程度，具体为：
（1）本月工程实施情况：
①工程进展情况，实际进度与计划进度的比较，施工单位人、机、料进场及使用情况，本期在施部位的工程照片。
②工程质量情况，分部分项工程验收情况，工程材料、设备、构配件进场检验情况，主要施工试验情况，本月工程质量分析。
③施工单位安全生产管理工作评述。
④已完工程量与已付工程款的统计及说明。
（2）本月监理工作情况：
①工程进度控制方面的工作情况。
②工程质量控制方面的工作情况。
③安全生产管理方面的工作情况。
④工程计量与工程款支付方面的工作情况。
⑤合同其他事项的管理工作情况。

⑥监理工作统计及工作照片。

(3) 本月施工中存在的问题及处理情况：

①工程进度控制方面的主要问题分析及处理情况。

②工程质量控制方面的主要问题分析及处理情况。

③施工单位安全生产管理方面的主要问题分析及处理情况。

④工程计量与工程款支付方面的主要问题分析及处理情况。

⑤合同其他事项管理方面的主要问题分析及处理情况。

(4) 下月监理工作重点：

①在工程管理方面的监理工作重点。

②在项目经理价格内部管理方面的工作重点。

4. 监理工作总结

监理总结有工程竣工总结、专题总结、月报总结三类，按照《建设工程文件归档整理规范》的要求，三类总结在建设单位都属于要长期保存的归档文件，专题总结和月报总结在监理单位是短期保存的归档文件，而工程竣工总结属于要报送城建档案管理部门的监理归档文件。

工程竣工的监理总结内容主要有：

(1) 工程概况；

(2) 监理组织机构、监理人员和投入的监理设施；

(3) 监理合同履行情况；

(4) 监理工作成效；

(5) 施工过程中出现的问题及其处理情况和建议（该内容为总结的要点，主要内容有安全事故、质量问题、质量事故、合同争议、违约、费用索赔、工期索赔等处理情况）；

(6) 工程照片（有必要时）。

四、建设工程监理基本用表

根据《建设工程监理规范》GB/T 50319—2013，建设工程监理的基本用表有三类。

1. A类表

A表共8张表（表A.0.1～表A.0.8），为工程监理单位用表，是工程监理单位与施工单位之间的联系表，由工程监理单位填写，向施工单位发出的指令或批复。具体有：

(1) 表A.0.1 总监理工程师任命书

(2) 表A.0.2 工程开工令

(3) 表A.0.3 监理通知单

(4) 表A.0.4 监理报告

(5) 表A.0.5 工程暂停令

(6) 表A.0.6 旁站记录

(7) 表A.0.7 工程复工令

(8) 表A.0.8 工程款支付证书

2. B类表

B类表共14张表（表B.0.1～表B.0.14），为施工单位用表，是施工单位与监理单位之间的联系表，由施工单位填写，向监理单位提交申请或回复。具体有：

(1) 表 B.0.1 施工组织设计或（专项）施工方案报审表
(2) 表 B.0.2 工程开工报审表
(3) 表 B.0.3 工程复工报审表
(4) 表 B.0.4 分包单位资格报审表
(5) 表 B.0.5 施工控制测量成果报验表
(6) 表 B.0.6 工程材料、构配件或设备报审表
(7) 表 B.0.7 _____报审、报验表
(8) 表 B.0.8 分部工程报验表
(9) 表 B.0.9 监理通知回复单
(10) 表 B.0.10 单位工程竣工验收报审表
(11) 表 B.0.11 工程款支付报审表
(12) 表 B.0.12 施工进度计划报审表
(13) 表 B.0.13 费用索赔报审表
(14) 表 B.0.14 工程临时或最终延期报审表

3. C 类表

C 类表共 3 张表（表 C.0.1～表 C.0.3），为各方通用表，是工程监理单位、施工单位、建设单位等各有关单位之间的联系表。具体有：

(1) 表 C.0.1 工作联系单
(2) 表 C.0.2 工程变更单
(3) 表 C.0.3 索赔意向通知书

以上三类建设工程监理基本用表具体式样见附录 2，各张表格的具体应用详见各章节。

第四节 基于 BIM 的监理信息管理

一、BIM 概念及特征

1. BIM 概念及特征

BIM 是 Building Information Modeling 的缩写，直译为"建筑信息模型"。BIM 思想的萌芽可追溯到 1975 年美国佐治亚理工大学（Georgia Institute of Technology）的 Chunk Eastman 教授所研究的"建筑描述系统（Building Description System）"，由于该系统旨在运用计算机系统对建筑物开展智能模拟，故而被公认为是 BIM 思想的最初来源。随后，有学者对"建筑描述系统"进行了更加深入、全面的研究，提出"产品信息系统（Product Information Model）"的概念。1986 年，Robert Aish 提出了"Building Modeling"的概念。1992 年，"BIM（Building Information Modeling）"的概念由 G. Avan Nederveen 和 F. P. Tolman 正式提出，只是因为当时的计算机软硬件水平都不高，所以 BIM 技术并没有在实际生产中得到重视。直到 2002 年，Autodesk 公司发表了 BIM 白皮书并开发了相关产品，Bentky 公司和 Graphisoft 公司也陆续研发了相关 BIM 产品之后，BIM 技术受到越来越多的关注和认可，从单纯的理论思想逐步演变成了可以解决生产实践问题的工具和方法。

对于 BIM 概念及其内涵，Autodesk 公司在 2002 年定义为："BIM 是创新的建筑设

计、施工和管理方法，可即时、持续地提供高质、一致、可靠的项目规模、设计、成本和进程等信息。"美国建筑科学研究所（National Institute of Building Sciences）发布于2007年的《美国国家BIM标准第一版》中定义为："BIM是创建与管理设施（建设项目）物理与功能特性的数字化表达的过程，BIM是一个共享的知识资源，是一个分享有关这个设施的信息，为该设施从概念到拆除的全生命周期中的所有决策提供可靠依据的过程。"住房和城乡建设部于2016年颁布的《建筑信息模型应用统一标准》定义BIM为："全寿命期工程项目或其组成部分物理特征、功能特性及其管理要素的共享数字化表达"，并定义"BIM应用"为"BIM在工程项目中的各种应用及项目业务流程中信息管理的统称"。

BIM具有三大典型特征：

（1）对工程项目建筑物理和功能的数字化表达，主要包含建筑的几何尺寸、空间布置信息、构件的工程量信息；

（2）建筑信息能够实现跨专业、跨阶段的传递和共享；

（3）能够在工程项目的全生命周期（《建筑信息模型应用统一标准》划分为：策划与规划、勘察与设计、施工与监理、运行与维护、改造与拆除五个阶段）为管理决策提供完整、准确的信息。

2. BIM在国外的发展

相关统计数据显示，2012年BIM在北美地区的应用率接近70%，在欧洲的一些国家应用率也超过35%。美国Building SMART Alliance对BIM在美国建筑、设计、施工领域的应用进行了调查研究，总结了BIM已有的25种不同应用，即：

（1）决策阶段的应用主要有：现状建模、成本预算、阶段规划、规划文本编制、场地分析、主要BIM功能、次要BIM功能；

（2）设计阶段的应用主要有：规划方案论证、设计建模、能量分析、结构分析、光线分析、设备分析、其他分析、评估、规范验证；

（3）施工阶段的应用主要有：3D协调、场地使用规划、施工系统设计、数字化加工、三维控制和规划；

（4）运维阶段的应用主要有：记录模型、维护加固、建筑系统分析、资产管理、空间管理和追踪、灾害计划。

可见，在美国BIM的应用已经贯穿工程项目的全生命周期，包括决策、设计、施工及运营管理等多个阶段。另外，BIM应用根据功能特点的不同，有些应用会跨越多个阶段，如现状建模、成本预算、3D协调等，有些应用则只是针对特定的阶段，如规划方案论证、施工场地使用规划等。

BIM之所以在国外被广泛应用，是因为有以下三个主要原因：

（1）政府积极推动

2009年，美国部分州要求所有新建的公共建筑项目必须使用BIM技术。2010年，日本政府决定在全国范围内大力推广BIM技术，使BIM技术应用上升到政府推进的层面。2011年，英国正式发布了"政府建设战略（Government Construction Strategy）"文件，明确要求到2016年必须普遍使用三维BIM技术，同时实现所有的文件都借助信息化手段进行管理。

（2）形成了协同工作模式

BIM技术和IPD（Integrated Project Delivery的缩写，译为"一体化交付"）管理模式越来越表现出较强的相互融合的趋势。美国建筑师协会（American Institute of Architects，AIA）给出的IPD定义为："业主方、设计方、施工方等利益相关者在项目的前期就相互合作，共同对项目方案进行改进和完善，建立一个联盟，一起承担风险共享收益。" 2008年，AIA发表研究报告，称IPD模式在数据存储与交互方面得到了BIM技术的广泛支持。2010年，AIA进行了IPD模式的案例分析，美国卡斯特罗谷的萨特医疗中心项目在IPD模式下将BIM技术与精密制造相结合，实现了BIM与IPD完美融合，BIM为IPD提供了技术手段支持，IPD促进了BIM的应用。

（3）应用软件不断升级

BIM的主要功能（比如可视化表达、组织协调、仿真模拟、项目方案优化、设计出图等）都是通过借助各类计算机软件才能实现的，可以说BIM应用的核心就是基于BIM的一系列计算机应用软件。随着这些年来BIM的快速发展，工程项目各阶段的BIM应用软件也越来越丰富、成熟，逐渐形成应用体系。目前来看，设计阶段的BIM应用软件发展最为成熟，具有代表性的产品有Autodesk公司的Revit系列产品、Graphisoft公司的ArchiCAD系列产品。BIM系列软件的不断发展，为BIM的普遍应用提供了技术支持，在芬兰、挪威等一些国家，BIM软件的普及率已超过了60%。

3. BIM在我国的发展

2007年，BIM进入我国建筑设计领域。

2011年，住房城乡建设部发布《2011—2015建筑业信息化发展纲要》，明确了总体目标："十二五"期间，基本实现建筑企业信息系统的普及应用，加快建筑信息模型（BIM）、基于网络的协同工作等新技术在工程中的应用，推动信息化标准建设，促进具有自主知识产权软件的产业化，形成一批信息技术应用达到国际先进水平的建筑企业。

2012年，住房城乡建设部发布《关于印发2012年工程建设标准规范制定修订计划的通知》，宣告中国BIM标准制定工作正式启动。

2013年，中国建筑设计研究院及一些大型设计单位，相继开始编制企业级BIM实施标准和指南。2013年12月，住房城乡建设部立项的国家标准《建筑工程信息模型应用统一标准》完成征求意见稿。2013年12月，"中国铁路BIM联盟"在北京正式成立，为铁路工程BIM技术研究和应用提供了组织支撑。

2015年，住房城乡建设部发布《2016—2020建筑业信息化发展纲要》要求："十三五"期间，全面提高建筑业信息化水平，着力增强BIM、大数据、智能化、移动通信、云计算、物联网等信息技术集成应用能力，建筑业数字化、网络化、智能化取得突破性进展，初步建成一体化行业监管和服务平台，数据资源利用水平和信息服务能力明显提升，形成一批具有较强信息技术创新能力和信息化应用达到国际先进水平的建筑企业及具有关键自主知识产权的建筑业信息技术企业。

2016年12月，住房城乡建设部发布《建筑信息模型应用统一标准》GB/T 51212—2016，自2017年7月1日起实施。

二、基于BIM的监理信息管理现状与前景

1. 基于BIM的监理信息管理现状

BIM可帮助监理单位合理规划资源使用、跟踪项目进度、监控项目质量与风险，为

项目组织中各个管理层级提供全生命周期的精细化建设工程监理。在项目 BIM 应用启动之初，由项目的建设单位、监理单位、施工总承包单位作为甲方聘请软件公司作为 BIM 单位，负责建立和运行 BIM 管理平台（如图 11-6 和图 11-7 所示），实现 BIM 模型的建立、

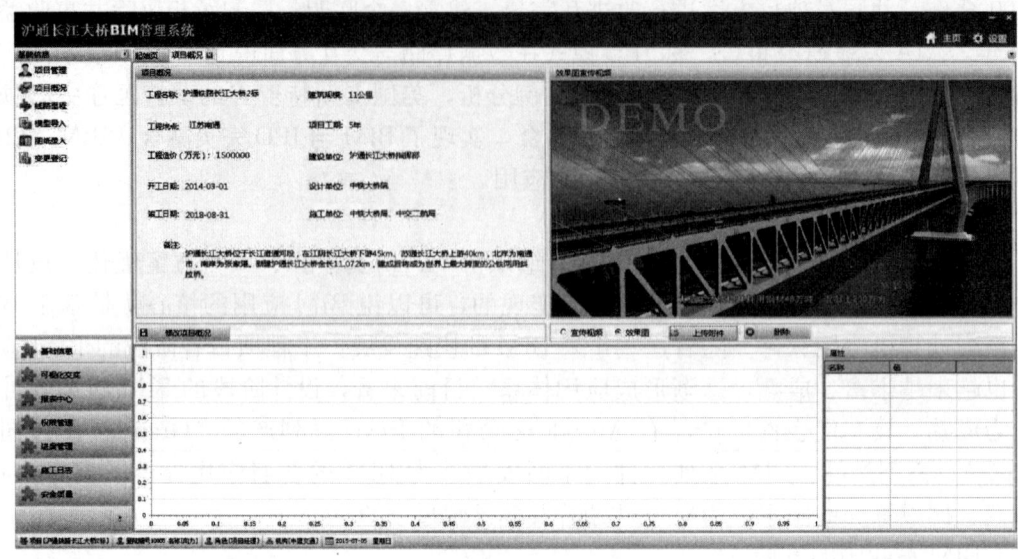

图 11-6 某工程 BIM 管理平台界面

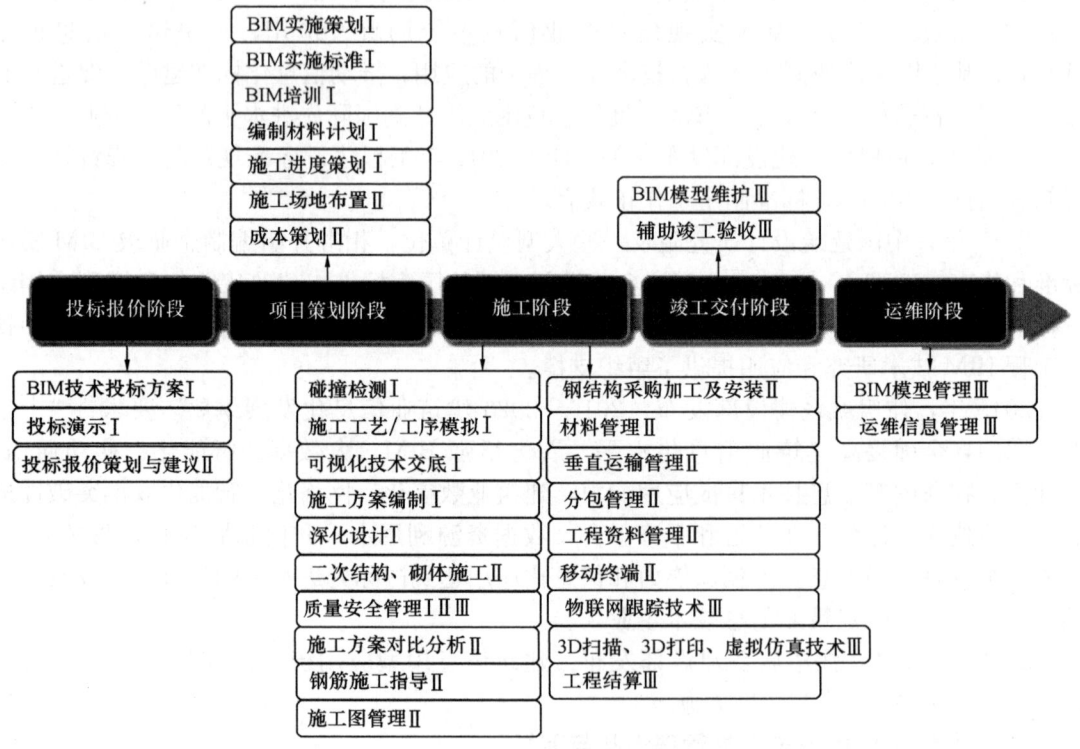

图 11-7 某工程 BIM 应用

项目协同管理、机电碰撞检查、管线综合排布、虚拟施工漫游、质量安全管理、文档资料管理及各单位人员的培训考核等工作。项目监理机构主动参与 BIM 应用，借助于 BIM 管理平台对工程信息进行管理，使监理工作效率得到显著提高。

BIM 管理平台给监理工作带来了三个主要优势：

（1）三维模型建模与展示

BIM 协作平台插入建模软件模块，通过登录平台即实现模型建立、展示、修改等功能，通过 3D 模型直观、形象、多角度地描述建设项目的各种数据信息。监理工程师登录平台后，根据工作需求和使用权限对图纸进行审核，并提取和使用模型其他信息，有异议或不符合要求之处，直接从平台将信息反馈至相应参与方，进行信息修改。例如：某工程 BIM 三维建模发现原设计拼接板角部以及螺栓和横梁腹板发生碰撞，即修改后为将拼接板做 100mm×100mm 的切角，并去掉一颗角部螺栓，如图 11-8 所示。

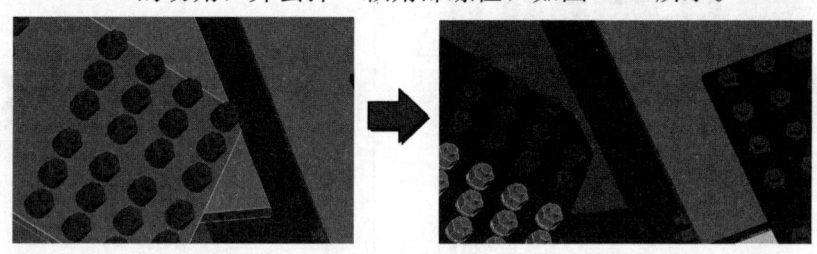

图 11-8　某工程 BIM 管理平台设计变更

（2）支持协同工作

BIM 技术涉及整个团队，各参与方的工程师很难长时间集中于一处进行办公，BIM 协作平台可通过网络将生成的文件传送给各方。因此 BIM 管理平台需采用 C/S、B/S 甚至是云模式，在服务器终端搭建一个模型数据库。监理工程师通过客户端从服务器获取相关参数，并在本地快速建模，然后将各方的工作结果及时反馈至服务器。例如：某工程施工可视化技术交底如图 11-9 所示。

（3）便捷数据采集、加工

在应用 BIM 过程中，模型是一个展示实体各参数、属性的窗口。所有模型的数据都要与实际施工情况同步、相符，通过不断采集现场施工数据，并加工转换成驱动模型的数据源，才能使模型真正地"活"起来，充分发挥 BIM 的各种优势。根据国家标准和行业规范规定，监理工程师主要在开工阶段、施工阶段、竣工验收阶段录入监理用表及其他相关信息，实现信息共享，有效避免信息重复录入时产生的错误，给监理信息管理带来极大的便利。例如：某工程进度管理如图 11-10 所示。

2. 基于 BIM 的监理信息管理前景

监理单位开展施工阶段监理业务，应积极参与 BIM 应用，尤其应协助以下专项信息技术应用：

（1）在施工阶段开展 BIM 技术的研究与应用，推进 BIM 技术从设计阶段向施工阶段的应用延伸，降低信息传递过程中的衰减。

（2）推广应用工程施工组织设计、施工过程变形监测、施工深化设计、大体积混凝土计算机测温等计算机应用系统。

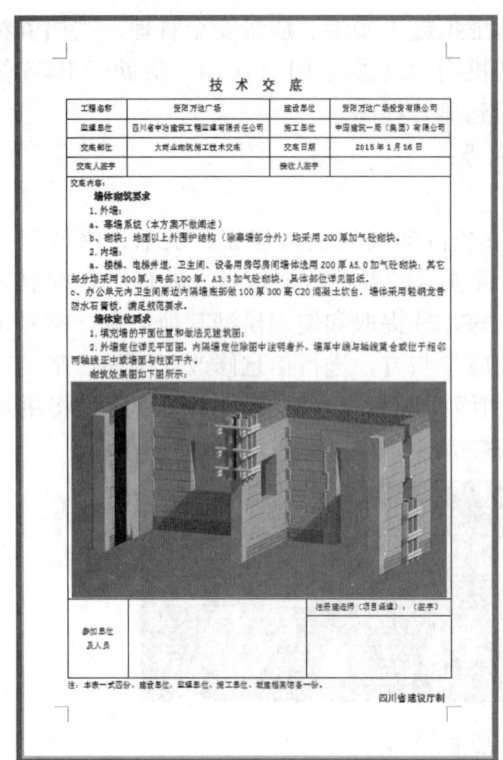 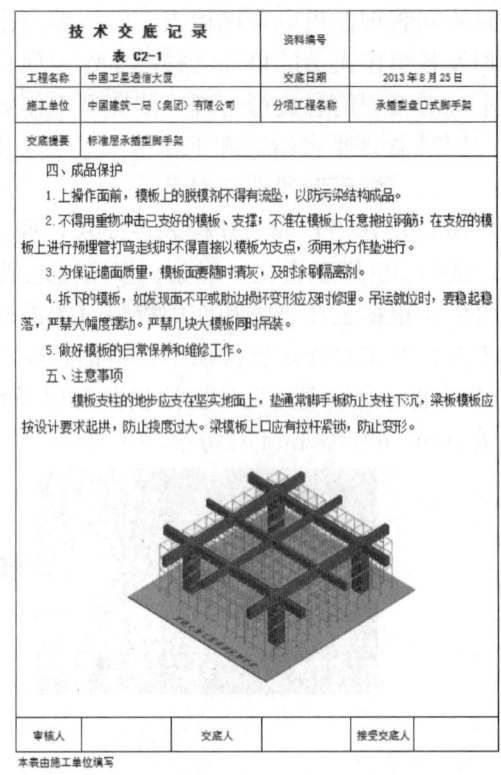

图 11-9 工程 BIM 管理平台技术交底记录示例

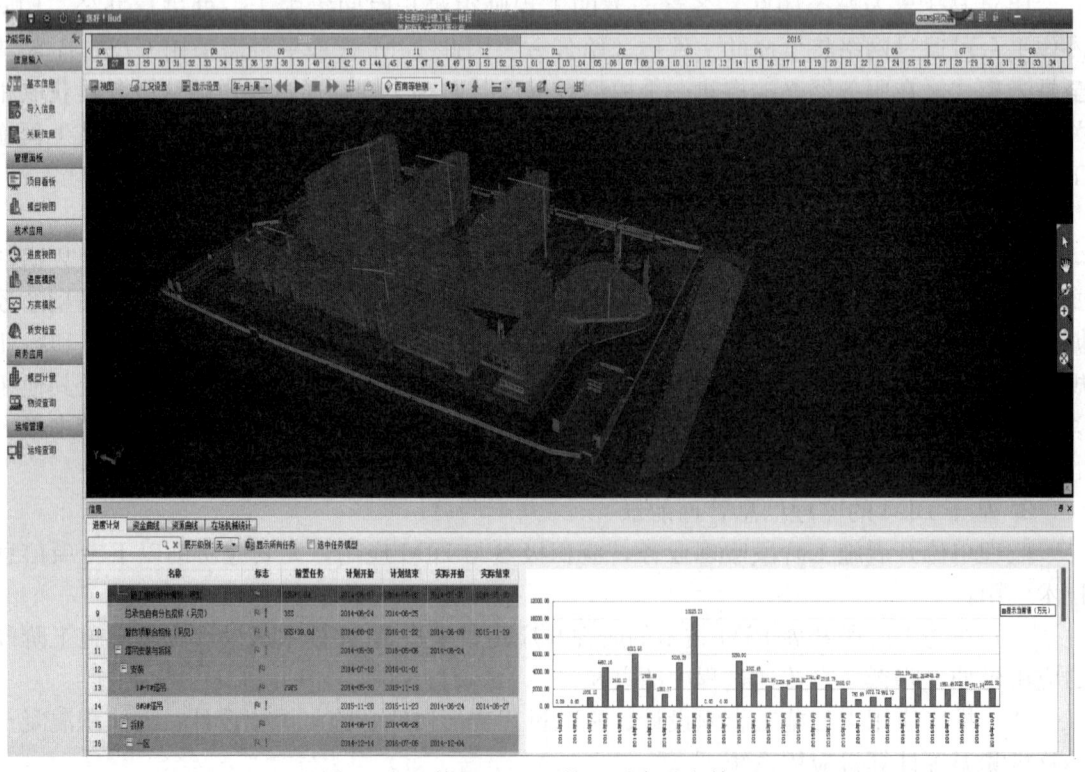

图 11-10 某工程 BIM 管理平台进度管理

(3) 推广应用虚拟现实和仿真模拟技术，辅助大型复杂工程施工过程管理和控制，实现事前控制和动态管理。

(4) 在工程项目现场管理中应用移动通信和射频技术，通过与工程项目管理信息系统结合，实现工程现场远程监控和管理。

(5) 研究基于 BIM 技术的 4D 项目管理信息系统在大型复杂工程施工过程中的应用，实现对建筑工程有效的可视化管理。

(6) 研究工程测量与定位信息技术在大型复杂超高建筑工程以及隧道、深基坑施工中的应用，实现对工程施工进度、质量、安全的有效控制。

(7) 研究工程结构健康监测技术在建筑及构筑物建造和使用过程中的应用。

监理单位作为工程建设监管方，应积极实施 BIM 应用：

(1) 建立完善数字化成果交付体系。建立设计成果数字化交付、审查及存档系统，推进基于二维图的、探索基于 BIM 的数字化成果交付、审查和存档管理。开展白图代蓝图和数字化审图试点、示范工作。完善工程竣工备案管理信息系统，探索基于 BIM 的工程竣工备案模式。

(2) 加强信息技术在工程质量安全管理中的应用。构建基于 BIM、大数据、智能化、移动通信、云计算等技术的工程质量、安全监管模式与机制。建立完善工程项目质量监管信息系统，对工程实体质量和工程建设、勘察、设计、施工、监理和质量检测单位的质量行为监管信息进行采集，实现工程竣工验收备案、建筑工程五方责任主体项目负责人等信息共享，保障数据可追溯，提高工程质量监管水平。建立完善建筑施工安全监管信息系统，对工程现场人员、机械设备、临时设施等安全信息进行采集和汇总分析，实现施工企业、人员、项目等安全监管信息互联共享，提高施工安全监管水平。

(3) 推进信息技术在工程现场环境、能耗监测和建筑垃圾管理中的应用。研究探索基于物联网、大数据等技术的环境、能耗监测模式，探索建立环境、能耗分析的动态监控系统，实现对工程现场空气、粉尘、用水、用电等的实时监测。建立建筑垃圾综合管理信息系统，实现项目建筑垃圾的申报、识别、计量、跟踪、结算等数据的实时监控，提升绿色建造水平。

思 考 题

1. 建设工程项目信息有哪些？
2. 建设工程文件具体由哪些文件组成？
3. 建设工程文件档案资料的归档有何含义？
4. 建设工程监理文件有哪些？
5. 建设工程监理基本用表有哪些？

第十二章　建设项目设备采购与设备监造

第一节　建设项目设备采购

一、设备采购概述

设备，通常指可供人们在生产中长期使用，并在反复使用中基本保持原有实物形态和功能的生产资料和物质资料的总称。现代设备通常是一组中大型的机具器材集合体，常需要有固定的装置，使用电源、燃油、燃气等作为动力方能运作。

设备有通用设备、专用设备。通用设备包括机械设备、电梯设备、电气设备、暖通设备、办公设备、仪器仪表、计算机及网络设备等。专用设备包括矿山专用设备、化工专用设备、航空航天专用设备、公安消防专用设备等。

设备按产品标准分类有两类：一类是具有国家产品标准的设备，称为标准设备；另一类是不具有国家产品标准的非标设备。

设备水平反映的是项目的功能水平，在工业项目建设中，设备投资又称为积极投资，通常宁可提高设备投资而将土建工程投资保持在维持基本功能水平，因为设备投资水平往往可直接提高项目产品性能水平，扩大市场占有率，提高投资回收率。建设项目设备投资占建设项目投资比例视项目性质和功能要求不同，变化范围在30%~70%。建设单位非常重视设备采购管理，期望能采购到技术性能好、运行安全可靠、节能环保、经济和适用的设备。

二、设备采购方式

设备采购方式一般分招标采购、邀请招标采购、询价比选采购和直接采购四种方式。

招标采购方式适用于标的数额较大、市场货源供应商较多的通用标准设备。招标采购方式是目前建设项目设备采购应用最广的方式。

邀请招标采购方式适用于所需采购设备来源生产厂家不多，如专用设备或非标设备，建设单位和工艺设计人员为保证达到工艺性能及质量要求，往往只能向特定的几家设备供应商发出招标采购邀请。

询价比选采购方式适用于市场货源供应商较多，利于比价择优的标准设备采购。

直接采购方式主要是用在设备抢修等特殊条件下，为了避免时间延误影响生产而向特定的设备供应商紧急采购的设备。

三、设备采购监理工作

（1）建设单位委托设备采购服务的，项目监理机构的主要工作内容是协助建设单位编制设备采购方案、择优选择设备供应单位和签订设备采购合同。

项目监理机构应根据建设工程监理合同约定的设备采购工作内容配备监理人员，并明确岗位职责。

总监理工程师应组织设备专业监理人员,依据建设工程监理合同制订设备采购工作的程序和措施。

(2) 采用招标方式进行设备采购时,项目监理机构应协助建设单位按有关规定组织设备采购招标。采用其他方式进行设备采购时,项目监理机构应协助建设单位进行询价。

(3) 项目监理机构应协助建设单位进行设备采购合同谈判,并应协助签订设备采购合同。

(4) 设备采购工作完成后,由总监理工程师按要求负责整理汇总设备采购文件资料,并提交建设单位和本单位归档。

设备采购文件资料应包括下列主要内容:
①建设工程监理合同及设备采购合同。
②设备采购招投标文件。
③工程设计文件和图纸。
④市场调查、考察报告。
⑤设备采购方案。
⑥设备采购工作总结。

第二节 设 备 监 造

一、设备监造概述

设备监造是指承担设备监造工作的工程监理单位受项目建设单位委托人的委托,按照设备供货合同的要求,坚持客观、公平、诚信和科学的原则,对工程项目所需设备在制造和生产过程中的工艺流程、制造质量及设备制造单位的质量体系进行监督,并对委托人负责的技术管理服务。

设备的制造质量由与委托人签订供货合同的设备制造单位全面负责。监理单位的设备监造并不减轻制造单位的质量责任,也不代替委托人对设备的最终质量验收。监理单位主要对被监造设备的制造质量承担监造责任,并应在委托监理合同中予以明确。

建设单位委托给谁进行设备监造的前提是被委托的监理单位具有对设备监造的管控能力,监理单位应建立完善的监造体系,包括完善的管理程序及监督导则、高效的监造管理信息平台以及经验丰富的监造人员队伍,特别是要有足够的相应设备制造专业技术的监理工程师。

二、监理在设备监造中的主要工作

(1) 熟悉监造设备的技术要求,编制设备监造计划和实施细则。主要包括:
①熟悉与被监造设备有关的法规、规范、标准、合同等资料文件;
②熟悉被监造设备的图纸和相关技术条件;
③熟悉被监造设备的加工、焊接、检查、试验、无损探伤等主要工艺方法及相应标准;
④熟悉制造厂的质量保证大纲、生产大纲及相应的程序;
⑤熟悉有关设备监造的管理程序;
⑥编制驻厂监理机构的设备监造计划和监造实施细则,并报经委托人审核认可。

（2）项目监理机构应对设备制造单位的质量管理体系和运行情况进行审查，并应审查设备制造单位报送的设备制造生产计划和工艺方案。审查合格并经总监理工程师批准后方可实施。

（3）项目监理机构应审查设备制造的检验计划和检验要求，并应确认各阶段的检验时间、内容、方法、标准，以及检测手段、检测设备和仪器。

（4）专业监理工程师应审查设备制造的原材料、外购配套件、元器件、标准件，以及坯料的质量证明文件及检验报告，并应审查设备制造单位提交的报验资料，符合规定时方可签认。

专业监理工程师审查设备制造单位质量证明文件及检验报告时，应包括：

①审查文件及报告的质量证明内容、日期和检验结果是否符合设计要求和合同约定；

②审查原材料进货、制造加工、组装、中间产品试验、强度试验、严密性试验、整机性能试验、包装直至完成出厂并具备装运条件的检验计划与检验要求；

③审查设备检验的内容、方法、标准以及检测手段、检测设备等是否能保证检验结果的可靠性。

（5）项目监理机构应对设备制造过程进行监督和检查，对主要及关键零部件的制造工序应进行抽检，检查应包括以下主要内容：

①零件制造是否按工艺规程的规定进行；

②零件制造是否经检验合格后才转入下一道工序；

③关键零件的材质和加工工序是否符合图纸、工艺的规定；

④零件制造的进度是否符合生产计划的要求等。

（6）项目监理机构应要求设备制造单位按批准的检验计划和检验要求进行设备制造过程的检验工作，并应做好检验记录。

项目监理机构应对检验结果进行审核，认为不符合质量要求时，应要求设备制造单位进行整改、返修或返工。当发生质量失控或重大质量事故时，应由总监理工程师签发暂停令，提出处理意见，并应及时报告建设单位。

总监理工程师签发暂停制造指令时，应同时提出如下处理意见：

①要求设备制造单位进行原因分析。

②要求设备制造单位提出整改措施并进行整改。

③确定复工条件。

（7）项目监理机构应检查和监督设备的装配过程。在设备装配过程中，专业监理工程师应检查配合面的配合质量、零部件的定位质量及连接质量、运动件的运动精度等装配质量是否符合设计及标准要求。

（8）在设备制造过程中如需要对设备的原设计进行变更时，项目监理机构应审查设计变更，并应协调处理因变更引起的费用和工期调整，同时应报建设单位批准。

在对原设计进行变更时，专业监理工程应进行审核，并督促办理相应的设计变更手续和移交修改函件或技术文件等。对可能引起的费用增减和制造工期的变化按设备制造合同约定协商确定。

（9）项目监理机构应参加设备整机性能检测、调试和出厂验收，符合要求后应予以签认。签认时应要求设备制造单位提供相应的设备整机性能检测报告、调试报告和出厂验收书面证明资料。

（10）在设备运往现场前，项目监理机构应检查设备制造单位对待运设备采取的防护和包装措施，并应检查是否符合运输、装卸、储存、安装的要求，以及随机文件、装箱单和附件是否齐全。

检查防护和包装措施应考虑运输、装卸、储存、安装的要求，主要应包括：防潮湿、防雨淋、防日晒、防振动、防高温、防低温、防泄漏、防锈蚀及放置形式等内容。

（11）设备运到现场后，项目监理机构应参加设备制造单位与接收单位的交接工作。设备交接工作一般包括开箱清点、设备和资料检查与验收、移交等内容。

（12）专业监理工程师可在制造单位备料阶段、加工阶段、完工交付阶段控制费用支出，或按设备制造合同的约定审核进度付款，由总监理工程师审核后报建设单位委托人审查，委托人同意后签发支付证书。

（13）专业监理工程师应审查设备制造单位提出的索赔文件，提出意见后报总监理工程师，并应由总监理工程师与建设单位、设备制造单位协商一致后签署意见。

（14）结算工作应依据设备制造合同的约定进行，专业监理工程师应审查设备制造单位报送的设备制造结算文件，提出审查意见，并应由总监理工程师签署意见后报建设单位。

（15）设备监造工作完成后，总监理工程师按要求负责整理汇总设备监造资料，并提交建设单位和本单位归档。设备监造文件资料应包括下列主要内容：

①建设工程监理合同及设备采购合同；
②设备监造工作计划；
③设备制造工艺方案报审资料；
④设备制造的检验计划和检验要求；
⑤分包单位资格报审资料；
⑥原材料、零配件的检验报告；
⑦工程暂停令、开工或复工报审资料；
⑧检验记录及试验报告；
⑨变更资料；
⑩会议纪要；
⑪来往函件；
⑫监理通知单与工作联系单；
⑬监理日志；
⑭监理月报；
⑮质量事故处理文件；
⑯索赔文件；
⑰设备验收文件；
⑱设备交接文件；
⑲支付证书和设备制造结算审核文件；
⑳设备监造工作总结。

思 考 题

1. 设备采购方式一般分哪几种方式？各适用于什么情况？
2. 项目监理机构接受建设单位委托进行设备采购监理服务的主要工作内容有哪些？
3. 设备采购文件资料应包括哪些内容？
4. 何谓设备监造？
5. 项目监理机构编制设备监造计划和实施细则应包括哪些主要内容？
6. 专业监理工程师审查设备制造单位质量证明文件及检验报告时，应包括哪些方面内容？
7. 设备监造工作完成后，监理机构应整理并提交的设备监造文件资料应包括哪些内容？

第十三章 建设工程监理的相关服务

第一节 工程勘察设计阶段服务

当前工程监理企业主要业务是在工程施工阶段开展监理工作，随着社会对建设工程监理重要作用认识的提高，建设单位委托监理单位开展工程监理相关服务工作也逐步增多。

工程监理当前的相关服务范围可包括工程勘察、设计和保修阶段的工程管理服务工作。建设单位可委托其中一项、多项或全部服务，并支付相应的服务费用。

工程监理单位应根据建设工程监理合同约定的相关服务范围，编制开展监理相关服务工作的计划，包括相关服务工作的内容、程序、措施、制度等。

一、协助签订工程勘察设计合同

工程监理单位应协助建设单位编制工程勘察设计任务书和选择工程勘察设计单位，并应协助签订工程勘察设计合同。

1. 协助建设单位选择工程勘察设计单位

选择工程勘察设计单位时，应审查工程勘察设计单位的资质等级、勘察设计人员的资格以及工程勘察设计质量保证体系。

2. 协助建设单位编写设计要求大纲

监理首先要与建设单位充分沟通，详细了解建设单位对设计项目的使用功能的总体要求、建筑造型美学要求、设备标准及功能水平要求、工艺技术要求、工程建设进度安排及设计进度要求、项目总投资及分配要求等，以明晰对项目设计各方面的主要内容及要求。

监理单位应协助建设单位编写设计大纲，作为制定设计任务书和质量控制目标的主要依据，并作为设计合同的附件。

设计大纲编写涉及建设单位对项目期望的要求及建筑设计众多专业技术要求的统一和协调，设计单位本身技术专业人才云集，对进行设计阶段监理人员的专业素质要求很高。下面以一般公共建筑、民用建筑项目设计大纲为例作简要介绍，供学习参考。

一般公共建筑、民用建筑项目的设计大纲应包含以下方面内容：

（1）编制的依据。可行性研究报告，批准的设计任务书、工程地质报告、环境影响评价报告要求等。

（2）技术经济指标。总投资控制数及分配、建筑物总面积及分配、单位面积造价控制要求等。

（3）城市规划要求。如红线范围，建筑高度、层数、建筑体型、景观、占地系数、绿化系数、容积率、防火间距、消防通道、出入口与城市道路关系，环保要求，对市政、燃气、给水排水、电力、电信等管线布置要求等。

（4）建筑造型及平立面构图要求。如建筑的风格特色、平立面构图比例、尺度、外装修材料质感与色彩要求等。

(5) 使用空间设计要求。平剖面形状、组成，使用空间尺度、导向、围透要求等。

(6) 平面布局的要求。各使用功能区组成面积比例及要求，各使用功能区的联系与分隔，水平与垂直交通布置，出入口、防火、防烟及安全疏散通道布置，辅助用房要求等。

(7) 建筑剖面要求。标准层高，特殊层层高、建筑地上、地下高度满足规划与防火要求。

(8) 室内装修设计要求。如一般用房、重点公共用房，有特殊要求用房的装修要求等。

(9) 结构设计主要参数的要求。主体结构体系选择、基础设计、抗震结构设计、人防和特种结构设计要求等。

(10) 设备设计要求。如给水及排水系统、空调系统、电气系统、电视电话系统、安全监控系统、信息网络系统、燃气管网系统等要求。

(11) 消防设计要求。包括消防等级、消防指挥中心、火灾自动报警系统、防火及防烟分区、安全疏散口数量、位置、距离、时间、防火材料、设备、器材要求等。

2. 协助建设单位签订设计合同文件

设计合同应采用国家或行业部门颁布的设计合同示范文本。

监理作为专业技术人员应参与设计合同谈判，可以更好地与设计人员沟通，在项目的功能质量关键部分充分反映建设单位要求，根据国家标准和技术规范提出具体的要求。同时监理通过参与谈判，也可以了解设计方的想法，谈判中有争议并勉强达成协议的地方往往是今后合同履行中最难控制的地方。所以，监理工程师，特别是总监理工程师参与设计合同谈判十分必要。

对正式签订的设计合同条款，监理应从投资、质量、进度、安全和环保控制的角度进行分析，分析合同执行过程中可能出现的风险，研究风险防范对策。

二、工程勘察阶段的监理主要工作

1. 工程监理单位应审查勘察单位提交的勘察方案，提出审查意见，并应报建设单位。变更勘察方案时，应按原程序重新审查。

2. 工程监理单位应检查勘察现场和室内试验主要岗位操作人员的资格，以及所使用设备、仪器计量的检定情况。主要岗位操作人员是指钻探设备操作人员、记录人员和室内实验的数据签字和审核人员。

3. 工程监理单位应检查勘察进度计划执行情况，督促勘察单位完成勘察合同约定的工作内容，审核勘察单位提交的勘察费用支付申请表，以及签发勘察费用支付证书，并应报建设单位。

4. 工程监理单位应检查勘察单位执行勘察方案的情况，对重要勘察点位的勘探与测试应进行现场检查。重要点位是指勘察方案中工程勘察所需要的控制点、作为持力层的关键层和一些重要层的变化处。对重要勘察点位的勘探与测试可实施旁站监理。

5. 工程监理单位应审查勘察单位提交的勘察成果报告，并应向建设单位提交勘察成果评估报告，同时应参与勘察成果验收。

勘察成果评估报告应包括下列内容：

(1) 勘察工作概况；

(2) 勘察报告编制深度、与勘察标准的符合情况；
(3) 勘察任务书的完成情况；
(4) 存在问题及建议；
(5) 评估结论。

三、工程设计阶段的监理工作

在设计合同执行期间，监理应对设计工作全程进行了解和控制。但设计单位本身是智力密集型团体，设计师们并不愿意面对监理工程师不时地指手画脚，也绝无必要。对设计工作全程监理主要是里程碑式的设计成果控制，就是根据设计进度的安排，在设计全过程的某些关键时点设立控制的里程碑，设计应拿出此时应完成的设计成果，监理对其进行检查审核，全面了解设计的质量、进度情况，如发现问题则及时提出整改要求。这样依次进行逐个里程碑式的控制，使设计全过程处于监理控制之中。里程碑如何设立，建设单位、监理单位应与设计单位商定，最好是在订立设计合同时形成协议，作为合同附件。

监理在设计阶段的具体业务工作包括：

1. 工程监理单位应依据设计合同及项目总体计划要求审查各专业、各阶段设计进度计划。

2. 工程监理单位应检查设计进度计划执行情况，督促设计单位完成设计合同约定的工作内容，审核设计单位提交的设计费用支付申请表，以及签认设计费用支付证书，并应报建设单位。

3. 工程监理单位应审查设计单位在设计中提出的使用新材料、新工艺、新技术、新设备有关情况，了解其是否经过评审或鉴定并在相关部门备案。对目前尚未经过国家、地方、行业组织评审、鉴定的新材料、新工艺、新技术、新设备，必要时应协助建设单位组织专家评审。

4. 工程监理单位应审查设计单位提出的设计概算、施工图预算，提出审查意见，并应报建设单位。

5. 工程监理单位应分析可能发生索赔的原因，并应制定防范对策。

设计合同中明确规定了发包人和设计人双方应履行的责任及义务，任何一方违约都可能引起对方的索赔。如发包人未能按合同约定时间向设计人及时提交有关资料及文件、支付设计费用等时，设计人可能向发包人索赔。由于设计自身原因，延误了规定的设计图纸的交付时间，或由于设计文件出现的遗漏或错误带来损失，监理应协助发包人向设计提出索赔。

在设计合同执行期间，监理如发现原合同存在疏漏之处，应及时向发包人报告，建议对合同进行修改，签订补充协议，以防止出现更大的问题。譬如审查基础工程设计时，因建筑场地的地质情况比较复杂，监理工程师担心今后施工时可能出现未能探明的地质情况，届时需要重新对地基进行处理和修改基础设计，但原合同条款没有涉及这种情况，此时监理可向业主建议，订立补充协议，说明当出现这种情况时设计的修改义务和业主应增加设计费的计算办法，使合同文件更为完善。

6. 工程监理单位应审查设计单位提交的设计成果，审查设计成果主要审查方案设计是否符合规划设计要点；初步设计是否符合方案设计要求；施工图设计是否符合初步设计要求，施工图是否存在"错、漏、碰、缺"等问题，特别应注意审查设计深度能否满足实际施工要求。

监理审查后应提出评估报告,根据工程规模和复杂程度,在取得建设单位同意后,对设计工作成果的评估可不区分方案设计、初步设计和施工图设计,只出具一份报告即可。

评估报告应包括下列主要内容:
(1) 设计工作概况;
(2) 设计深度、与设计标准的符合情况;
(3) 设计任务书的完成情况;
(4) 有关部门审查意见的落实情况;
(5) 存在的问题及建议。

7. 工程监理单位应协助建设单位组织专家对设计成果进行评审。

8. 工程监理单位可协助建设单位向政府有关部门报审有关工程设计文件,并应根据审批意见,督促设计单位予以完善。

9. 工程监理单位应根据勘察设计合同,协调处理勘察设计延期、费用索赔等事宜。

10. 工程监理单位应按规定汇总整理、分类归档勘察设计监理工作的文件资料。

第二节 设计阶段监理对投资的控制

设计阶段的投资控制是项目实施阶段投资控制的重点,设计优劣对投资的影响程度远高于施工阶段。

一、设计阶段监理对投资进行控制的内容

1. 根据项目设计方案审核项目总投资估算

在项目设计方案完成后,监理应协助业主审核项目设计方案的总投资估算,对设计方案提出投资评价建议。如设计方案的总投资估算超出设计任务书总投资控制额,应要求设计进行调整。

2. 审核项目设计概算,并提出评价报告和建议

初步设计完成后,设计单位应编制设计概算,监理应对设计概算进行审核,并对设计概算提出评价报告和建议。这项工作应在设计概算上报主管部门审批之前完成,因为设计概算上报主管部门批准之后,如需调整设计概算,需重新上报主管部门审批。同时在设计深化过程中要严格控制项目投资在设计概算所确定的投资计划值之中。

3. 编制设计限额指标

根据设计概算,要求设计单位编制项目各分部工程或各专业工程设计的投资分配限额,作为施工图设计限额指标,以体现控制投资的主动性,必要时可对设计限额指标分配提出调整建议。

4. 对设计方案提出投资评价建议

设计方案从大局上确定了项目的总体平面布置、立面布置、剖面布置、结构选型、设备及工艺方案等,其合理性、适用性及经济性需要认真审查。从投资控制角度,监理应审查方案的经济合理性,对设计方案提出投资评价建议。例如,设计方案中有大跨度的屋面结构,它可以选择复合桁架结构、预应力混凝土屋面梁结构、平面网架结构、空间网架结构等形式,但它们的造价不同,由于施工难度不同而带来的建筑安装费用也不同,因此选

择何种大跨屋面结构必须进行选型技术经济比较评价，选出既适用又经济的大跨度的屋面结构方案。所以投资评价建议必须建立在方案优化基础上进行。

5. 对设计有关内容进行市场调查分析和技术经济比较论证

从设计、施工、材料和设备等多方面做必要的市场调查分析和技术经济比较论证，并提出咨询报告，如发现设计可能突破投资目标，则可提出解决办法建议，供建设单位和设计人员参考。

6. 考虑优化设计，进一步挖掘节约投资的潜力

如采用价值工程方法，在充分满足项目功能的条件下考虑进一步挖掘节约投资的潜力。

7. 审核施工图预算

施工图完成后，设计应编制施工图预算，监理应审核施工图预算，并控制不超出经批准的设计概算。

二、设计阶段监理控制投资的参考方法

设计阶段控制投资的方法很多，以下介绍几种常用的方法供设计阶段监理工作参考。

（一）推行设计招标或方案竞赛

推行设计招标或方案竞赛的目的是想通过竞争的方式优选设计方案，确保项目设计满足建设单位所需功能使用价值，同时，又控制投资在合理的额度内。

大型建设项目设计方案，习惯上多采用设计方案竞赛的方式。设计竞赛的第一名往往是设计任务的承担者。但业主有时可能并不完全中意于某一方案，而希望综合有关方案特色，此时可把几种方案的优点综合起来，作为确定设计方案的基础，再以一定的方式委托设计，商签设计合同。此时对于被部分采用的方案设计者应给予一定的补偿。

在设计方案的优选及审查中要注意运用价值工程原理，正确处理功能与费用成本的关系。如某大城市电视塔设计，塔高415.2m高，若仅作发射塔用，每年维修更新费上百万元。后利用价值工程原理，以增加少量投资扩大使用功能，以塔养塔，以塔创收。在274m处增加综合利用机房，为气象、环保、消防、通信服务。在253m、257m处增加瞭望、旋转餐厅可供观景游览，工程投资虽由此增加 1000 多万元，但建成后年综合收入近千万元，为今后的维修更新提供了充分的保障，增加了经济收益。

（二）认真监督履行勘测设计合同

业主与勘测设计单位为完成一定的勘测设计任务商签的合同，若不能认真履行，必然带来工期、质量及经济上的损失，因此，监理单位应监督双方认真履行合同。委托方或承托方违反合同规定时，应承担违约的责任。

1. 因勘察设计质量低劣引起返工或未按期提交勘察设计文件拖延工期造成损失，由勘察设计单位继续完善勘察、设计任务，勘察设计单位应视造成的损失浪费大小减收或免收勘察设计费。对于因勘察设计错误而造成工程重大质量事故者，除应免收损失部分的勘察、设计费外，还应交付与直接受损失部分勘察、设计费用相等的赔偿金。

2. 由于变更计划，提供的资料不准确，未按期提供勘察、设计必需的资料或工作条件而造成勘察、设计的返工、停工、窝工或修改设计，发包方应按承包方实际消耗的工作量增付费用。因发包方责任而造成重大返工或重作设计，应另行增加费用。监理应协助发包方防止此类费用发生。

3. 发包方超过合同规定的日期付费时，应偿付逾期的违约金。偿付办法与金额，由双方按照国家的有关规定协商，在合同中订明。业主方不履行合同的，无权要求返还定金；承包方不履行合同的，应当双倍偿还定金（一般勘察定金为勘测费30%，设计定金为设计费20%）。

4. 建设单位与勘察设计单位在执行合同过程中发生争议，监理工程师应负责调解。

（三）推行限额设计

采用限额设计是控制项目投资的有力措施，监理应在设计监理中充分运用这一措施控制投资。

1. 要求按照批准的设计任务书的投资估算额控制设计概算，以批准的设计概算控制各专业技术设计及施工图设计。

2. 要求各专业设计按照分配的限额指标进行设计，即"算着画"。改变目前设计过程不明细算账，设计完了"概算、预算见分晓"的现象。

3. 要求设计单位完善各专业限额设计考核制度。设计开始前，按照设计过程的估算、概算、预算的不同阶段，将工程投资按专业进行分配，并分段考核。下段指标不得突破上段指标。问题发生在哪一阶段，就消灭在哪一阶段。哪一个专业突破控制投资限额指标时，应首先分析突破的原因，用修改设计的方法解决。

4. 对设计单位出现下列情况之一导致的投资失控，监理可建议业主按有关规定或合同约定，扣减一定的设计费：

（1）设计单位未经建设项目审批单位同意擅自提高建设标准、设备标准、增设初设范围以外工程项目等造成投资增加；

（2）由于设计深度不够或设计标准选用不当，导致设计或下一步设计仍有较大变动导致投资增加。

但设计单位对以下情况造成的投资增加不承担责任：

（1）国家政策变动导致设计调整；

（2）工资、物价调动后的价差；

（3）由原审批部门同意，重大设计变动和项目增加引起投资增加；

（5）其他单位强行干预改变设计或不合理摊派等造成投资增加等。

5. 对设计单位原因导致的投资超支的处罚规定：

原国家计委曾规定因设计错误、漏项或扩大规模和提高标准而导致工程静态投资超支，可按以下规定扣减设计费：

累计超原批准概算2%～3%的，扣全部设计费的3%；

累计超原批准概算3%～5%的，扣全部设计费的5%；

累计超原批准概算5%～10%的，扣全部设计费的10%；

累计超原批准概算10%以上的，扣全部设计费的20%。

设计导致投资超支属于合同违约行为，因此具体的扣减设计费的比例应在合同专用条款中约定。

限额设计是控制设计投资超支的重要手段，但如运用不当，各专业投资分配不合理，或统筹调整不够灵活，过分强调限额，有可能使某些专业设计特色不能表现出来。

（四）标准设计的应用

标准设计,也称定型设计或通用设计,是工程设计标准化的组成部分,各类工程设计中的构件、配件、零部件、通用的建筑物、构筑物、公用设施等,有条件时都应编制标准设计,推广使用。

标准设计一般较为成熟,经过实践考验。推广标准设计有助于降低工程造价,节约设计费用,加快设计速度。如天津市曾统计使用标准构件建安造价可降16%左右,上海市调查可降低10%~15%。

第三节　工程保修阶段服务

一、工程质量保修概述

（一）工程质量保修的期限

我国《建筑法》第六十二条规定:"建筑工程实行质量保修制度。建筑工程的保修范围包括地基基础工程、主体结构工程、屋面防水工程和其他土建工程,以及电气管线、上下水管线的安装工程,供热、供冷系统等项目;保修的期限应当按照保证建筑物合理寿命年限内正常使用,维护使用者合法权益的原则确定。具体的保修范围和最低保修期限由国务院规定。"

2000年国务院第279号令《建筑工程质量管理条例》第四十条规定,在正常使用条件下,建设工程的最低保修期限为:

(1) 基础设施工程、房屋建筑的地基基础工程和主体结构工程,为设计文件规定的该工程的合理使用年限;

(2) 屋面防水工程、有防水要求的卫生间、房间和外墙面的防渗漏,为5年;

(3) 供热与供冷系统,为2个采暖期、供冷期;

(4) 电气管线、给排水管道、设备安装和装修工程,为2年。

其他项目的保修期限由发包方与承包方约定。

建设工程的保修期,自竣工验收合格之日起计算。

（二）工程质量保修书

为更好地对工程进行保修,也便于监理在保修阶段更好地开展服务,在工程进行竣工验收前,由施工合同发包人、承包人双方共同签订工程质量保修书。

2000年8月,建设部和国家工商行政管理局对于房屋建筑工程质量保修,专门发布了《**房屋建筑工程质量保修书**》(示范文本),以更好地规范工程质量保修行为。

以下为《房屋建筑工程质量保修书(示范文本)》全文,供学习参考。

附件:

房屋建筑工程质量保修书（示范文本）

发包人（全称）：_____。

承包人（全称）：_____。

发包人、承包人根据《中华人民共和国建筑法》、《建设工程质量管理条例》和《房屋建筑工程质量保修办法》,经协商一致,对_____（工程全称）签订工程质量保修书。

1. 工程质量保修范围和内容

承包人在质量保修期内，按照有关法律、法规、规章的管理规定和双方约定，承担本工程质量保修责任。

质量保修范围包括地基基础工程、主体结构工程，屋面防水工程、有防水要求的卫生间、房间和外墙面的防渗漏、供热与供冷系统、电气管线、给排水管道、设备安装和装修工程，以及双方约定的其他项目。具体保修的内容，双方约定如下：

_____

_____

_____。

2．质量保修期

双方根据《建设工程质量管理条例》及有关规定，约定本工程的质量保修期如下：

（1）地基基础工程和主体结构工程为设计文件规定的该工程合理使用年限；

（2）屋面防水工程、有防水要求的卫生间、房间和外墙面的防渗漏为_____年；

（3）装修工程为_____年；

（4）电气管线、给排水管道、设备安装工程为_____年；

（5）供热与供冷系统为_____个采暖期、供冷期；

（6）住宅小区内的给排水设施、道路等配套工程为_____年；

（7）其他项目保修期限约定如下：

_____

_____。

质量保修期自工程竣工验收合格之日起计算。

3．质量保修责任

（1）属于保修范围、内容的项目，承包人应当在接到保修通知之日起 7 天内派人保修。承包人不在约定期限内派人保修的，发包人可以委托他人修理。

（2）发生紧急抢修事故的，承包人在接到事故通知后，应当立即到达事故现场抢修。

（3）对于涉及结构安全的质量问题，应当按照《房屋建筑工程质量保修办法》的规定，立即向当地建设行政主管部门报告，采取安全防范措施；由原设计单位或者具有相应资质等级的设计单位提出保修方案，承包人实施保修。

（4）质量保修完成后，由发包人组织验收。

4．保修费用

保修费用由造成质量缺陷的责任方承担。

5．其他

双方约定的其他工程质量保修事项：_____

_____。

本工程质量保修书，由施工合同发包人、承包人双方在竣工验收前共同签署，作为施工合同附件，其有效期限至保修期满。

发　包　人（公章）：　　　　　　承　包　人（公章）：

法定代表人（签字）：　　　　　　法定代表人（签字）：

　　年　　月　　日　　　　　　　　年　　月　　日

（三）工程质量保修的费用处理

在《建设工程施工合同（示范文本）》GF—2013—0201 通用合同条款第 15.1 款中明确了工程保修的原则："在工程移交发包人后，因承包人原因产生的质量缺陷，承包人应承担质量缺陷责任和保修义务。缺陷责任期届满，承包人仍应按合同约定的工程各部位保修年限承担保修义务"。由此条可知，"缺陷责任期"和"保修年限"不是同一概念。

保修年限即上面所述由《建筑工程质量管理条例》所规定的保修期限。

缺陷是指建设工程质量不符合工程建设强制性标准、设计文件以及承包合同的约定，需要进行修复。缺陷责任期是指承包人按照合同约定应承担缺陷修复义务的期限，且是发包人预留质量保证金的期限。缺陷责任期一般为 6 个月、12 个月或 24 个月，具体可由发、承包双方在合同中约定。很显然，缺陷责任期远小于保修年限。

缺陷责任期内，由承包人原因造成的缺陷，承包人应负责维修，并承担鉴定及维修费用。如承包人不维修也不承担费用，发包人可按合同约定扣除工程质量保证金，并由承包人承担违约责任。

工程质量保证金，又称工程保修金，随每月工程价款结算时扣留。全部或者部分使用政府投资的建设项目，按工程价款结算总额 5% 左右的比例扣留保证金。社会投资项目采用预留保证金方式的，扣留保证金的比例可参照执行。

缺陷责任期内，由非承包人原因造成的缺陷，发包人负责组织维修，承包人不承担费用，且发包人不得从保证金中扣除费用。

缺陷责任期内，承包人认真履行合同约定的责任，到期后，承包人向发包人申请返还保证金。发包人应当在核实后 14 日内将保证金返还给承包人，逾期支付的，从逾期之日起，按照同期银行贷款利率计付利息，并承担违约责任。

保修期内，修复的费用应由造成工程缺陷、损坏的责任方来承担：

（1）保修期内，因承包人原因造成工程的缺陷、损坏，承包人应负责修复，并承担修复的费用以及因工程的缺陷、损坏造成的人身伤害和财产损失；

（2）保修期内，因发包人使用不当造成工程的缺陷、损坏，可以委托承包人修复，但发包人应承担修复的费用，并支付承包人合理利润；

（3）因其他原因造成工程的缺陷、损坏，可以委托承包人修复，发包人应承担修复的费用，并支付承包人合理的利润，因工程的缺陷、损坏造成的人身伤害和财产损失由责任方承担。

二、工程保修阶段监理的主要工作

建设单位需将工程保修阶段服务工作委托专业机构承担时，考虑到工作的可延续性，一般会委托承担施工阶段进行监理的工程监理单位承担。保修阶段服务工作的内容及期限，应在建设工程监理合同中明确。

监理单位承担工程保修阶段的服务工作时，主要监理业务工作如下：

（1）工程监理单位应定期回访。定期回访使用单位，及时了解发现工程质量缺陷，并报告建设单位，以便通知工程承包人进行保修。特别是当工程某部分临近缺陷责任期终止前，应对其进行专门回访及检查，发现需修复的工程缺陷可在缺陷责任期终止前通知施工单位保修。

（2）对建设单位或使用单位提出的工程质量缺陷，工程监理单位应安排监理人员进行检查和记录，并应要求施工单位予以修复，同时应监督实施，合格后应予以签认。

工程监理单位宜在施工阶段监理人员中保留必要的专业监理工程师，他们对质量缺陷部位的施工过程更了解，对修复措施的有效性更有判断力，可更好地对工程修复部位进行验收和签认。

（3）工程监理单位应对工程质量缺陷原因进行调查，并应与建设单位、施工单位协商确定责任归属。对非施工单位原因造成的工程质量缺陷，应核实施工单位申报的修复工程费用，并由总监理工程师或其授权人签认工程款支付证书，同时应报建设单位。

思 考 题

1. 当前工程监理的相关服务范围可包括哪些方面？
2. 当建设单位委托监理单位提供工程勘察阶段的相关服务时，监理主要工作包括哪些内容？
3. 何谓对工程设计阶段全程监理的里程碑式控制？
4. 监理在设计阶段的具体业务工作包括哪些？
5. 监理审查设计单位提交的设计成果后应提出评估报告，评估报告应包括哪些主要内容？
6. 何谓限额设计？监理在设计投资控制中应如何运用？
7. 何谓工程质量保修期？建设工程的最低保修期限有何规定？
8. 何谓工程质量缺陷责任期？与质量保修期有何区别？缺陷责任期如何确定？

第十四章 建设项目施工期工程环境监理

第一节 建设项目环境保护概述

一、环境与环境质量

1. 环境的概念

我国环境保护法指出:"本法所称环境是指影响人类生存和发展的各种天然的和经过人工改造的自然因素的总体,包括大气、水、海洋、土地、矿藏、森林、草原、野生动物、自然遗迹、人文遗迹、自然保护区、风景名胜区、城市和乡村等"。

这种定义是从实际工作需要出发,把环境中应予保护的要素和对象界定为环境,以确保法律的准确实施。

从哲学角度来看,环境是一个对立统一的概念,即它是一个相对于主体存在的客体。主体与客体既是相互独立,又是相互依存的,在一定条件下可相互转化。相对某一主体的周围客体因时空分布,相互联系而构成的系统,就是相对于该主体的环境。主体内容变化了,环境内容也会随之改变。因此明确主体是正确把握环境概念及其实质的前提。

2. 环境质量

环境质量是指环境系统内在结构和外部表现的状态对人类及生物界的生存和繁衍的适应性。

例如水体的质量是由水以及水体中有机物、溶解氧、无机的磷、氮、悬浮固体物、酸性物质、碱性物质等组成。水中有机物含量增大,其生存及繁殖所需的氧增多,导致水中溶解氧减少,水中生物就无法生存;水中氮、磷等元素增加导致水体富营养化,为大量低等植物(如浮萍、绿藻、蓝藻)的滋生提供了生存条件,只要气温、水流等条件适宜就会大量繁殖,导致大面积绿潮、赤潮发生。

空气质量是由氮氧和稀有气体以一定含量构成的恒定组分,加上二氧化碳、水蒸气、尘埃、硫化物、氮氧化物、臭氧等不恒定组分混合而成的,表现出无色、无味、透明、流动性好的状态。空气的这种结构和状态很适合人类和其他生物的生存和衍生。然而一旦空气的结构被局部破坏,例如氧气含量降低,或一氧化碳、硫氧化物浓度增高就会使人中毒,甚至死亡。空气中二氧化碳浓度增高,导致全球气候变暖。

描述环境质量可用定性和定量两种指标,如:

空气质量:定量指标为 CO_2、总悬浮颗粒 TSP(直径$\leqslant 100\mu m$)、可吸入颗粒 PM10(直径$\leqslant 10\mu m$)、$NH_3\text{-}N$、SO_2、CO、光化学氧化剂(O_3)等在空气中的具体含量;其定性指标为优、良好、中等、差等。

水体质量:定量指标为 CODcr(化学需氧量,$\leqslant 15mg/L$ 为优)、BOD(生化需氧量,$\leqslant 3mg/L$ 为优)、DO(溶解氧)、pH 等;定性指标为一类水、二类水、三类水、四类水、五类水等。

二、可持续发展与环境保护

可持续发展是既满足当代人的要求，又不对后代人满足其需求的能力构成危害的发展。近百年以来，发达国家在实现工业现代化的过程中，曾走了一条只考虑当前利益而忽视后代利益、先污染后治理、先开发后保护的道路，对地球生态环境造成了一定程度的污染。伴随着市场化和经济全球化的发展，当今发达国家的生产方式和消费模式在全球扩散，以消耗资源为主的制造业被发达国家大量转移到发展中国家，发展中国家更难以摆脱以牺牲资源和环境为代价换取经济增长的现实。当前发展中国家面临着资源被过度消耗，环境被进一步破坏的严峻局面。

面对追求经济发展与保护环境的冲突，我国提出了树立全面协调可持续发展的科学发展观，统筹人与自然和谐发展，人与人的和谐发展，走符合中国国情、可持续发展的"和谐社会"道路，以实现全面建设小康社会的宏伟目标。

为保护和改善生活环境与生态环境，防治污染和其他公害，保障人体健康，促进社会主义现代化建设的发展，1989年12月我国制定了《中华人民共和国环境保护法》（以下简称《环保法》）。

《环保法》要求环境保护行政主管部门制定环境质量标准、污染物排放标准、加强对环境的监督管理。对具有代表性的各种类型的自然生态系统区域，珍稀、濒危的野生动物自然分布区域，重要的水源涵养区域，具有重大科学文化价值的地质构造，著名的溶洞和化石分布区、冰川、火山、温泉等自然遗迹，以及人文遗迹、古树名木，应当采取措施加以保护，严禁破坏。

《环保法》要求制定城市规划，应当确定保护和改善环境的目标和任务。城乡建设应当结合当地自然环境的特点，保护植被、水域和自然景观，加强城市园林、绿地和风景名胜区的建设。

《环保法》中特别明确了工程项目建设，必须遵守国家有关建设项目环境保护管理的规定。建设项目可行性研究中必须编制项目环境影响报告文件，并经环保行政主管部门审批，在施工图设计文件中落实有关环保工程的设计及其环保投资。在施工阶段建设单位会同施工单位做好环保工程设施的施工建设，落实环保部门对施工阶段的环保要求，包括保护施工现场周围的环境，防止对自然环境造成不应有的破坏；防止和减轻粉尘、噪声、震动等对周围生活居住区的污染和危害，项目竣工后应当修整和恢复在建设过程中受到破坏的环境等。

《环保法》明确提出了建设项目中防治污染的措施，必须与主体工程同时设计、同时施工、同时投产使用的"三同时"规定。

经济的发展往往伴随固定资产的扩大再生产，建设规模增加，大兴土木即成必然，影响环境生态的风险增大。加强项目建设中的环境保护必须牢固树立可持续发展观，必须从建设项目全生命周期的角度，全面、深远地审视建设活动对生态与环境的影响，采取综合措施，实现建设业的可持续发展。

三、工程建设对环境及生态的影响

建设工程项目一般规模大，占地广，消耗资源多，工期长，对环境与生态影响较大。特别许多大型工程项目和有些工业生产项目，不仅在施工期对环境有影响，在其投入使用后的废气、废水、废渣等排放更是对环境与生态可能会造成长期、严重影响。为保护和改善生活环境与生态环境，防治污染和其他公害，保障人体健康，促进社会主义现代化建设的发展，认真做好项目建设中的环境保护意义重大。

工程项目建设涉及社会经济发展需求与环境生态保护要求间的协调，实质也就是人类追求经济发展期望与自然环境生态容纳力及可自行恢复力之间的关系平衡，建设中人的不当行为如果破坏了自然生态平衡，并超出了环境容纳力及可恢复力，则不平衡的自然生态最终必然会影响人类的生存与发展。下面我们通过两个工程案例来了解工程建设对环境及生态的影响。

【案例14-1】世界闻名的20世纪70年代初竣工的埃及阿斯旺水坝，给埃及人民带来了廉价的电力，控制了水旱灾害，灌溉了农田，当初赞誉声遍及全球。然而，由于建设前期项目可行性研究论证不充分，过多地看到其造福兴利的一面，对项目建设可能破坏尼罗河流域生态平衡的风险影响缺乏认识，随后几十年遭到不平衡的自然生态回报给人类的一系列的严重影响：

（1）由于大坝截流，上游尼罗河的泥沙和丰富的有机质沉积到水库底部，水库上部清水发电后泄入下游，使下游尼罗河两岸原有的绿洲失去了肥源，土壤日趋盐渍化、贫瘠化，破坏了农牧业自然生态，给农牧业经济发展带来巨大损失；

（2）由于大坝上游泥沙沉积库底，使尼罗河入海的河口供沙不足，河口三角洲平原从原向地中海延伸变化为朝陆地退缩，使河口三角洲上的工厂、港口、国防工事有沉入地中海的危险；

（3）由于缺乏来自陆上的盐分和有机质，致使尼罗河在地中海入海口处沙丁鱼生态环境破坏，原河口地中海海域盛产沙丁鱼的渔场遭到毁灭；

（4）由于大坝阻隔，水库蓄水，使水库范围内的活水变成了相对静止的"湖泊"，为血吸虫和疟蚊的繁殖提供了生存条件，而又没有采取有效的控制措施，致使水库一带居民的血吸虫发病率达到80%以上。

上述一切对埃及尼罗河流域环境生态及社会经济发展带来严重影响，当引以为戒。

【案例14-2】我国1957年4月13日正式开工建设的三门峡工程，初期因未能正确处理方案之争，合理处置水库泥沙淤积问题，1960年6月坝高340m，9月关闸蓄水拦沙，到1961年11月，水库拦沙163亿t，94%的泥沙淤积在从潼关到三门峡河道中。不仅三门峡到潼关的峡谷全淤了，而且在潼关以上渭河与北洛河的河水入黄河口处也淤积了"拦门沙"，导致渭河的水位上涨，渭河两岸不得不筑起防洪大堤。1964年底，周恩来总理主持召开治黄会议，在三门峡水库左岸增设两条泄流隧洞，并将原用于发电引水的4条钢管改为泄流排沙管，打开原施工时导流用的1～8号8个底孔，将电站发电机组的进水口底槛高程由海拔300m下降至287m，实行低水头发电。1990年之后，又陆续打开了9～12号底孔。随着改建增建的进行，水库运用方式也由"蓄水拦沙"改为"滞洪排沙"控制运用，问题虽有所缓解，但渭河两岸防洪问题并未根除。潼关渭水的堤防多年来已加高了6m之多，渭河变成高于堤后地面的"悬河"，堤防如有溃口河水将一泻千里。

三门峡水库上游陕西地区强烈要求水库汛期不蓄水、不发电，借淌泄的水冲力带走泥沙，以降低潼关河床逐年升高的风险。但水库下游的三门峡市不同意，不蓄水发电每年要损失几亿元的发电收入，同时三门峡水库建成后，蓄水灌溉已使下游地区形成了新的生态平衡系统，不蓄水将造成新的生态平衡破坏，影响到下游1亿多人口的利益，而上游渭河流域受影响的只有几十万人。中央也难以平衡各方意见。

2003年10月，水利部先后在郑州、北京召集相关省市专家学者，会同中国工程院，就"潼关高程控制及三门峡水库运作方式专题"进行研究，"对三门峡水库的运行方式进行调整"的方案在会上被认为是解决问题最重要的方法，提出三门峡水库的防洪、防凌、供水等功能可由下游新建小浪底水库承担。也有工程院院士呼吁：三门峡水库应该尽快停止蓄水和发电。

三门峡水库建成后虽在防洪、防凌、供水、发电等方面取得了较大效益，但这是以牺牲库区和渭河流域的利益为代价的，历时50多年的三门峡水电工程问题的解决仍待观察。

大型工程对社会、对生态平衡的影响，不仅要进行充分的项目环境影响评价，而且要对环境影响在时间历程上的风险变化进行充分的评估，上述二例应引以为鉴。

四、环境系统及基本特性

1. 环境系统

环境系统是由自然环境系统和人类社会经济环境系统这两大互相联系和互相作用的系统组成的整体。

环境系统是由诸多的环境要素组成的，环境要素同时又是相互联系且相对独立的，环境系统则是各种环境要素及其相互关系的总和。

环境要素又分为生物要素和非生物要素。生物要素是指有生命体，如动物、植物、微生物等，人类社会是一个特定的基本的环境要素，也是生物要素的一个子要素。非生物要素也称物理要素或物理－化学要素，如大气、水体、土壤、岩石、城市建筑物、基础设施等。

所有的环境要素之间既相互联系，又相互作用，例如人们开采煤、石油作为燃料，在燃烧过程中会有大量 SO_2 和 NO_2 排入大气，而在大气扩散迁移过程中又形成 H_2SO_4 和 HNO_3，并以酸雨形式降到地面和水体中，使水体pH值降低，降落到地面的酸雨又通过渗滤作用流入水体，在渗滤过程中溶解了土壤中大量铝离子等，引起水和土壤污染，使水生、土生动植物的生长繁殖受到影响，并通过食物链最后影响人类。这里的水、土、气是非生物要素，而水生动植物、土生动植物及人类是生物要素，它们既相互联系又相互作用。

2. 环境系统的基本特性

环境系统的特性从不同角度可以有不同的描述。其中，与环境影响评价有密切关系的环境系统特性可归纳为如下三方面。

（1）整体性与区域性

环境系统的整体性是指各环境要素或环境系统各组成部分之间有相互确定的数量和空间关系，并以特定的相互作用而构成的具有特定结构和功能的系统。

环境系统的功能是指各环境要素通过一定联系方式所形成结构及呈现状态完成的功能特性。水、气、土、生物和阳光是构成环境系统的五个主要部分，作为独立的要素，它们对人类社会生存和发展各有其独特功能，这些功能不会因时空不同而改变，但在构成某特定环境时，这五个部分因结构方式、组织程度、物质能量流的途径与规模不同而具有不同的功能。

整体性是环境系统最基本的一个特性，在研究和解决大大小小、形形色色的环境问题时必须从整体出发，充分考虑各种环境要素内部、各子系统之间、各环境要素之间、环境要素与环境系统整体之间的关系及其相互作用。

如果将各环境要素单独作用叠加之和作为环境影响评价的依据，就会得出片面甚至错误的结论。因此，环境影响评价的指标体系不是单因素作用的简单之和，而是各因素相互作用（权重）和各因素作用（权值）综合的体系。

区域性是指环境系统特性的区域差异。这种差异是由于地理位置不同或空间范围的不同而产生的。在研究和解决各种环境问题时，必须综合考虑该区域的社会、经济、文化、历史的特点。因此在建立环境评价体系时要充分考虑环境系统的区域性。

（2）变动性和稳定性

环境系统处于自然的、人类行为的或两者共同的作用下，环境系统的内部结构和状态始终处于不断变动中。这种变动既可能是确定的，也可能是随机的，既可能是有利的，也可能是有害的。

另一方面环境系统具有自我调节能力，在发生的变化不超过一定限度时，其对于内部和外界的影响能够进行一定的自我调节和自行修复，使环境系统结构和状态趋于恢复变化前的状态。然而当自然界、人类行为或两者共同作用超过环境系统结构和状态承载力时，系统的状态与结构便会发生显著变化，这表明环境的承载力是有限的，所以人类的社会行为必须在环境系统所能承受范围之内。

（3）资源性与价值性

环境系统是人类和生物赖以生存和发展的物质源泉，是环境资源的总和，而环境资源不是无穷无尽的天授之物。人类社会的生存与发展要求环境系统有所付出，环境是人类社会生存发展必不可少的投入，可为人类社会的生存与发展提供必要的条件，这就是环境系统的资源性。

环境系统的资源性包括物质性和非物质性两个方面，物质性资源又可分为可再生资源和不可再生资源。不可再生资源如煤炭、石油、矿藏等，可再生资源如生物资源、水力资源、森林资源等，非物质资源如社会、人文资源等。

环境系统的资源性决定其也具有价值性，随着市场经济的发展其价值性愈来愈显著。离开环境系统，人类社会就不可能生存与发展，环境系统具有不可估量的价值性。

环境系统的价值性也遵循价值规律。例如地下水资源，长期以来人们认为是取之不尽、用之不竭之物，因此任意开采地下水，随意用水，乱排污水，严重地违背了价值规律，结果导致局部地面下陷，地下水资源匮乏，人畜用水困难等。

环境系统的经济价值常被在环境影响评价中用作环境的损益分析。

环境系统的社会价值，例如自然景观、自然生态、物种、植被、生物链等，一旦被破坏其损失是无法用金钱计算的，因而，认识环境系统的价值性对开展环境影响评价有重要的意义。

五、环境影响与环境容量

1. 环境影响

环境影响是指人类经济活动、政治活动和社会活动导致的有益或有害的环境变化，以及由此产生的对人类社会的效应。它包括人类活动对环境的作用和环境对人类社会的反作用两个层次，而这两个层次的作用可能是有益的，也可能是有害的。

在做环境影响评价时必须全面、客观、公正。既要认识和评价人类活动使环境发生了的或将要发生的变化，又要注意这些变化会或将会对人类社会产生的反作用；既要看到环境的不利变化，又要找出对环境有益的变化，否则得出的结论将是片面的甚至是错误的。

环境影响可分为直接影响、间接影响和累积影响。

直接影响是人类活动的结果对人类社会和环境的直接作用，而这种直接作用诱发的其他后续结果则为间接影响。累积影响是指当一次活动与其他过去、现在及可以合理预见的将来的活动结合在一起时，因影响增加而产生的对环境的影响。直接影响与人类活动在时间和空间上同时同地；而间接影响在时间上推迟，在空间上较远，但仍在可合理预见范围内。如空气污染造成人体呼吸道疾病，这是直接影响，而有疾病导致工作效率下降，收入减少，这就是间接影响。

直接影响一般比较容易分析和测定，而间接影响一般不太容易，因此，间接影响的时空范围的确定、影响结果的量化是环境影响评价中比较困难的工作。确定直接影响和间接影响并对之进行分析和评价，可以有效地认识所评价的规划、项目的影响途径、范围、状态等，对于缓解不良影响和采用替代方案有重要意义。

累积影响实质上是单项活动的叠加和扩大。例如向水体排放含磷洗衣粉的洗衣弃水、农田过量施用化肥，只有累积到一定程度才使水体富营养化。一般来讲，一个项目的环境影响与另一个项目的环境影响以叠加方式结合，或当若干个项目对环境影响在时间上过于频繁、在空间上过于密集，以至于各个项目的环境影响得不到及时消解时，就会产生累积影响。

在进行大型工程环境影响评价时尤其要注意累积影响的评价。

有些环境影响是可以恢复的影响，有些是不可以恢复的影响。可恢复的影响是指那些能使环境的某些特性改变或某些价值丧失后，仍可逐渐恢复到以前的特性或价值的影响。如油轮泄油后大面积海域被污染，经过人为努力及水的自净作用，假以时日是可能恢复到污染前状态的，这是可恢复影响。但如将自然风景区域开发成工业区，造成其自然生态环境等价值完全丧失，这就是不可恢复影响。一般来讲，在环境容量范围内对环境造成的影响大都是可以恢复的，而超出环境容量范围的影响则很难恢复。

2. 环境容量

环境容量是指区域内自然环境或环境要素（如水体、空气、土壤和生物等）对污染物的容许承受量或负荷。它包括静态容量和动态容量两个组成部分。

静态容量是指一定环境质量指标下，一个区域内各环境要素所能容纳某种污染物的最大量（最大负荷量），即拟定的环境标准减去环境本底值后所得的值。

动态容量是指该区域内各环境要素在某一确定时段内对该种污染物的动态自净能力。

由于自然环境本身和各种影响因素的变化以及相互作用非常复杂，因此确切判断环境容量比较困难。

六、环境影响评价法

为了实施可持续发展战略，预防因规划和建设项目实施后对环境造成不良影响，促进经济、社会和环境的协调发展，中华人民共和国第九届全国人民代表大会常务委员会第三十次会议于 2002 年 10 月 28 日通过并公布了《中华人民共和国环境影响评价法》（以下简称《环评法》），自 2003 年 9 月 1 日起施行。

《环评法》所称环境影响评价，是指对拟规划建设的项目实施后可能造成的环境影响进行分析、预测和评估，提出预防或者减轻不良环境影响的对策和措施，进行跟踪监测的方法与制度。

《环评法》按评价对象可将环境影响评价分为规划环境影响评价和建设项目环境影响评价两类。

（1）规划环境影响评价。又分为区域规划和专项规划。规划的环境影响评价侧重于对区域、流域、海域的建设开发规划及工业、农业、畜牧业、林业、能源、水利、交通、城市建设、旅游、自然资源开发的有关专项规划编制过程中进行环境影响评价，应当对规划实施后可能造成的环境影响作出分析、预测和评估，提出预防或者减轻不良环境影响的对策和措施，作为规划草案的组成部分一并报送规划审批机关。

对环境有重大影响的规划实施后，编制机关应当及时组织环境影响的跟踪评价，并将评价结果报告审批机关；发现有明显不良环境影响的，应当及时提出改进措施。

（2）建设项目环境影响评价。按照环境影响程度又分为重大环境影响、轻度环境影响和环境影响很小三类，具体分类可见图 14-1。本章内容主要限于其中的建设项目环境影响评价。

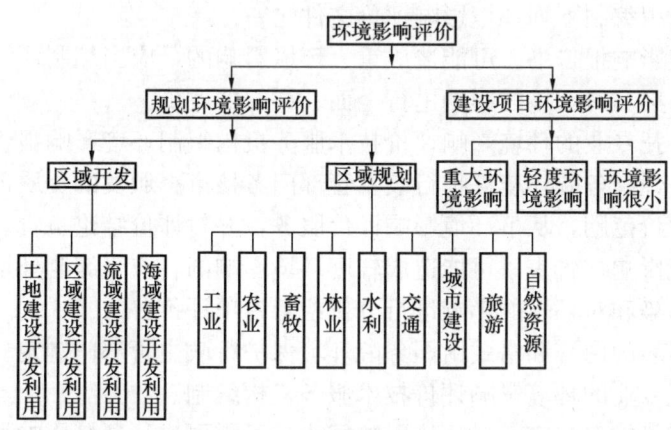

图 14-1　建设项目环境影响评价分类图

七、建设项目环境影响评价

1. 重大环境影响程度的判断

在建设项目环境影响评价中，首先是要正确确定项目建设是否对环境具有重大影响。目前，对项目环境影响程度大小的判断多采用定性判别方法来确定，是一种价值判断。可能造成重大环境影响的行为是指由全部的原发性效应和继发性影响累积起来的，将显著地或潜在地改变环境质量，限制人类优化使用环境资源，进而妨碍可持续发展长远目标的实现。

在环境影响评价的实践过程中，下列情况通常对环境有重大影响：

（1）在环境问题上会造成重大争议的行为。例如征用大量土地、改变土地使用方式需要动迁许多居民，会引起争议。

（2）会使空气、水体、土壤、植被和野生动植物受到显著或潜在污染的开发行为，例如新建石油化工厂、制浆造纸厂、燃煤发电厂、大幅度增加城区汽车数量等。

（3）对国家、省、市或地方有重要价值的自然、生态、文化或景观资源可能造成重大不良影响的行为，例如修建索道、拆毁文物、在景观区建设有碍观瞻的永久性建筑等。

（4）对国家和地方的野生生物保护区、自然保护区、名胜和古迹区有重大影响的行为，例如修建公路、铁路、工业开发区、众多宾馆、度假村等。

（5）会产生噪声、振动、电磁辐射、光辐射，从而干扰居民正常生活和生产的行为，例如大型建筑物施工、大型幕墙安装、建设电视发射塔等。

（6）分解或破坏一个已建成地区的整体性的行为，例如修建一条高速公路，将居住区与商业区和休闲娱乐区分开的行为等。

（7）对社区人群的安全和健康有不良影响的行为，或是在已知有自然灾害的地区（如地震区、易产生山体滑坡地区）进行开发的行为，例如在江河堤岸稳定范围内开发修建项目等。

（8）扰乱动物栖息和植物生长的生态平衡，使稀有和濒危动植物灭绝，使野生生物的生活方式发生重大改变，或扰乱野生生物的重要繁殖地、栖息地的行为。

2. 建设项目环境影响评价文件

环境影响评价实行分类管理，建设单位应当根据《环评法》规定，按照建设项目对环境的影响程度，组织编制下列环境影响评价文件之一：

（1）编制环境影响报告书。可能造成重大环境影响的，应当编制环境影响报告书，对建设项目产生的污染和对环境的影响进行全面、详细的评价。

建设单位应委托专业的环境影响评价技术服务机构编制环境影响报告书。接受委托的环评机构，应具备经国务院环境保护行政主管部门考核审查颁发的资质证书，按照资质证书规定的等级和评价范围，从事环境影响评价服务，并对评价结论负责。

（2）编制环境影响报告表。可能造成轻度环境影响的，应当编制环境影响报告表，对建设项目产生的污染和对环境的影响进行分析或者专项评价。

环境影响报告表的内容和格式由国务院环境保护行政主管部门制定。环境影响报告表的编制同样应委托专业的环境影响评价技术服务机构编制。

（3）填报环境影响登记表。对环境影响很小、不需要进行环境影响评价的，应当填报环境影响登记表。

环境影响登记表的内容和格式由国务院环境保护行政主管部门制定，建设单位应按规定内容和格式如实填写和报环境保护行政主管部门备案。

3. 建设项目的环境影响报告书内容

建设项目的环境影响报告书一般应当包括下列内容：

（1）建设项目概况；

（2）建设项目周围环境现状；

（3）建设项目对环境可能造成影响的分析、预测和评估；

（4）建设项目环境保护措施及其技术、经济论证；

（5）建设项目对环境影响的经济损益分析；

（6）对建设项目实施环境监测的建议；

（7）环境影响评价的结论。

涉及水土保持的建设项目，还必须有经水行政主管部门审查同意的水土保持方案。

除国家规定需要保密的情形外，环境影响报告书应征求有关单位、专家和公众的意见。建设单位应当在报批建设项目环境影响报告书前，举行论证会、听证会，或者采取其他形式，征求有关单位、专家和公众的意见。建设单位报批的环境影响报告书应当附具对有关单位、专家和公众的意见采纳或者不采纳的说明。

4. 建设项目环境影响评价文件的审批

建设项目的环境影响评价文件的审批，分三个层次：

（1）环境影响报告书，经建设项目行业主管部门预审后，报有审批权的环境保护行政主管部门审批。

（2）环境影响报告表，经建设项目行业主管部门预审后，报有审批权的环境保护行政主管部门审批。

（3）环境影响登记表，不需审批，只需如实填写后，报环境保护行政主管部门备案。

建设项目的环境影响评价文件经批准后，建设项目的性质、规模、地点、采用的生产工艺或者防治污染、防止生态破坏的措施发生重大变动的，建设单位应当重新报批建设项目的环境影响评价文件。

建设项目的环境影响评价文件自批准之日起超过五年，方决定该项目开工建设的，其环境影响评价文件应当报原审批部门重新审核。

建设项目的环境影响评价文件未经法律规定的审批部门审查或者审查后未予批准的，该项目审批部门不得批准其建设，建设单位不得开工建设。

5. 建设项目环境影响评价文件的实施与检查

建设项目建设过程中，建设单位应当同时实施环评文件审批部门审批意见中提出的环境保护对策措施。

在项目建设、运行过程中产生不符合经审批的环境影响评价文件的情形的，建设单位应当组织环境影响的后评价，采取改进措施，并报原环境影响评价文件审批部门和建设项目审批部门备案；原环境影响评价文件审批部门也可以责成建设单位进行环境影响的后评价，采取改进措施。

环境保护行政主管部门应当对建设项目投入生产或者使用后所产生的环境影响进行跟踪检查，对造成严重环境污染或者生态破坏的，应当查清原因、查明责任。

八、建设项目的环境影响报告书案例

为便于学习和了解环境影响评价报告书编制的实务，下面提供一份由湖北省环境科学研究院编制的环境影响评价报告书实例，供学习参考。

【案例 14-3】

咸宁核电厂大件专用码头环境影响评价报告书（公示简本）

发布日期：2014—07—17

1. 工程概况

咸宁核电厂大件专用码头是咸宁核电厂建设所需的配套工程，主要用于大件设备的起驳上岸。规划建设的码头工程位于长江中游嘉鱼县潘家湾港区汉金关水道右岸，处于长江新螺段白鱀豚国家级自然保护区的实验区范围内，水路距武汉约107km。

咸宁核电厂大件专用码头工程建设规模为：重件码头1座，停靠1500t级兼顾3000t级驳船泊位1个，吞吐量2万t/年。

2. 政策与规划符合性

（1）产业政策符合性

工程的建设符合《产业结构调整指导目录》（2011年本）（2013年修订）的鼓励类中，包括"深水泊位（沿海万吨级、内河千吨级）建设、大型港口装卸自动化工程"。

（2）岸线、航道、海事、水产部门、堤防、水利部门意见

交通运输部以交函规划〔2014〕210号文《交通运输部关于嘉鱼港潘家湾港区咸宁核电厂重件码头工程使用港口岸线的批复》对码头占用岸线进行了批复，同意拟建项目占用岸线建设。

长江武汉航道局以汉道行函〔2010〕26号文《关于咸宁核电厂大件专用码头工程涉及航道有关问题的函》同意拟建项目建设。

武汉海事局以《海事行政许可决定书》（编号201008），同意拟建码头工程通航水域岸线安全使用要求。

湖北水产局以鄂渔函〔2010〕81号文《关于咸宁核电厂大件占用码头工程对新螺段白鳍豚保护区影响专题报告的意见》同意项目在实验区的建设。

嘉鱼县潘家湾堤防管理段《用地意见书》，同意拟建码头工程使用该处土地。

嘉鱼县水利局《关于同意湖北核电有限公司核电站大件专用工程建设的函》，认为拟建码头项目选址审慎，符合相关规定的要求，同意项目的建设。

（3）环境功能区划

根据嘉鱼县环境功能区划：项目区域环境空气执行《环境空气质量标准》二级标准，嘉鱼长江段执行《地表水环境质量标准》Ⅱ类标准，环境噪声执行《声环境质量标准》2类标准。

本项目施工期和运行期产生的废水、废气、噪声经治理后达到相应功能区要求。

3. 环境质量现状

环境空气：评价区内各监测点的SO_2和NO_2小时平均浓度及日平均浓度均满足《环境空气质量标准》GB 3095—1996中二级标准，TSP和PM10日平均浓度满足《环境空气质量标准》GB 3095—1996中二级标准。

声环境：监测点的昼夜间等效声级值均满足区域环境功能区划要求。区域声环境质量较好。

地表水：各监测断面的pH值、COD、BOD5、高锰酸盐指数、氨氮等各项指标均满足《地表水环境质量标准》GB 3838—2002Ⅱ类水质标准。

4. 环境影响预测与评价

（1）施工期

①废气

施工过程的大气污染物主要是扬尘和机械车辆尾气。

据资料显示，施工作业场地近地面粉尘浓度可达1.5～30mg/m³，已超过《环境空气质量标准》GB 3095—2012中标准浓度限值，将对施工现场环境产生一定影响。考虑到施

工期间产生的粉尘颗粒粒径较大,受其自然沉降作用,其污染范围一般仅限于施工现场及道路两旁附近的区域。这类粉尘落地后在风力作用下易再次扬起,造成二次污染,为控制施工期的粉尘污染,应加强施工现场的合理布置,科学管理。

施工期汽车尾气排放的 NO_2、SO_2 在道路两旁最大浓度值分别为 $0.013mg/m^3$、$0.001mg/m^3$,均低于《环境空气质量标准》GB 3095—2012 中一级标准浓度限值,对周围环境的影响不大。

②废水

施工污水包括生产污水和生活污水两部分。其中施工生产污水主要含泥沙、少量石油类等污染物,经沉淀处理后回用不外排,不会对周边水环境质量产生明显影响;施工人员生活污水发酵后用于肥田。施工期生活污水对地表水环境影响不大。

③噪声

施工噪声源点分散,移动频率不等,强度波动大。经估算,距固定声源 350m 范围以外,白天可达标,500m 以外夜间可达标;交通干线两侧区域 50m 以外可达标。

工程陆域施工区附近没有集中居民点,为减少施工噪声对区域声环境的影响,各种打桩机、振捣棒等高噪声设备夜间禁止施工。

④固体废物

主要为施工产生的弃渣以及施工人员产生的生活垃圾。施工废渣和生活垃圾,经环卫部门及时清运后不会对周边环境带来不良影响。

(2)营运期

①地表水

本项目正常工况下陆域和港区废水不排入港区水域。码头面冲洗污水及初期雨水经码头排水沟收集排入集水箱,由潜水泵及污水管道送至污水处理站统一处理达标后排放。不会影响江段水质。

②环境空气

预测计算表明,无组织面源下风向 10m 处的地面浓度为 $0.43mg/m^3$,满足环境空气二级标准限值,满足居住区大气中有害物质的最高容许飘尘浓度 $0.5mg/m^3$。依据《制定地方大气污染物排放标准的技术方法》GB/T 3840—91,不需设置大气环境防护距离。

③噪声

由于码头区运营期高噪声设备较少,对周围声环境的贡献值较小,厂界、居民点声环境均能够满足相应标准限值。

运输车辆全部集中在昼间运输可保持夜间原有声环境质量,减少对周围声环境质量的影响。

④固废

固体废物及时清运处理,不会对周围环境造成影响。

⑤生态

码头陆地工程主要是引桥和现浇承台的下部基础设施的钢筋混凝土钻孔灌柱桩,占用陆地面积很小。根据现场考查,拟建码头区域没有珍稀保护植物;不会侵占耕地和野生动物栖息地,工程对陆域生态环境影响极小。

本码头工程的建设和运行对保护区水生生态影响较小,主要的影响是增加保护区内珍稀保护动物和鱼类被螺旋桨误伤的概率,码头的运行影响上游产卵场卵苗漂流发育过程中的成活率。

5. 对白鳍豚保护区的评价结论

(1) 对保护区结构的影响

本码头工程位于保护区的实验区内,工程占用保护区水域面积较小,对保护区整体结构不致产生明显影响。工程水下部分建设将造成局部水域的微生境结构的简单化,并导致局部流场改变,进而影响水生生物的分布与资源数量,但总体而言仍处于较为微观的尺度。工程运行过程中突发事故造成的油污泄漏相对影响范围更广,但由于该江段水体流速较大,影响持续时间相对较短。在防治措施到位,事故应急处理及时的前提下,工程本身并不会对保护区结构产生较大的影响。

(2) 对主要保护对象的影响

保护区主要保护对象为包括白鳖豚、长江江豚、中华鲟、胭脂鱼等多种珍稀水生野生动物与青草鲢鳙等重要经济鱼类资源。工程建设运行对主要保护对象的影响形式包括施工阶段的生产生活污水排放,运营阶段的船舶噪声、螺旋桨误伤以及突发事件是油污泄漏等。工程建设阶段通过严格的防治与管理措施,能够将建设阶段的不利影响降至最低。与工程建设前比较,工程运行后增加的运量较低,因而增加对主要保护对象的误伤概率较低,采取有力监管措施与突发应急救护措施后,可以进一步降低船舶事故导致的突发事件的影响。

根据现状调查结果,目前该江段鱼类资源面临较大的捕捞压力,种群数量较低。通过加强保护区管理投入可以在一定程度上保护区域鱼类资源量,有利于保护区水域生态系统的稳定与水生生物资源的增殖。补偿措施中建议的监测与研究工作将为工程后评价及相关物种的保护提供有利条件。保护措施的贯彻落实可以将工程对主要保护对象的不利影响降低到最低程度。

6. 污染防治措施及评价

(1) 施工期污染防治措施

① 大气污染防治措施

为减轻施工过程的大气环境影响,建议建设方在施工过程中采取如下措施:

a. 在施工场地定期洒水,防止扬尘污染环境,对来不及清运的渣土要经常洒水,装车过程也要对渣土进行洒水,盖苫布遮盖以防撒落地面;

b. 施工现场周转按规定修筑防护墙、防护网,实行封闭式施工;

c. 施工现场禁止焚烧废弃物;

d. 采用商品混凝土,不在现场进行混凝土搅拌,减轻施工现场粉尘污染;

e. 加强物料转运与使用的管理,合理装卸、规范操作;运输建筑材料和清运施工渣土等建筑垃圾应用专用车辆,加盖防护罩,限制车速,出场车辆要冲洗,不得带渣出场;

f. 作业区施工建设时,运送土石料、水泥的车辆不得超载,土石料装料高度不得高于车厢边缘高度,以防止土石料泄漏;

g. 运输土方的汽车必须全封闭。

② 水污染防治措施

为减轻施工过程的地表水环境影响,施工现场应修筑沉淀池,施工废水和雨期的初期雨水须经沉淀池沉淀后,排入厂区排水设施。

③ 噪声污染防治措施

a. 选用效率高、噪声低的施工机械设备和运输车辆。

b. 合理安排施工机械作业时间，运输车辆尽量在昼间工作，并限制运输车进出场地随意鸣笛，以避免进出港道路附近居民夜间受交通噪声的干扰；高噪声作业尽量不安排在夜间时间进行。

c. 高噪声施工机械设备尽量布置在施工区中间，远离场界。

④ 固体废物防治措施

施工阶段产生的废建筑碎块、多余土方、渣土垃圾及生活垃圾应集中堆放，并及时与当地环卫部门联系将建筑垃圾清运出场或运往指定的场所堆放。

(2) 营运期污染防治措施

① 废水

码头面冲洗污水及初期雨水经码头排水沟收集排入集水箱，由潜水泵及污水管道送至后方污水处理站统一处理达标后排放。到港船舶舱底油污水和生活污水均不在本码头水域排放，分别采取相应处理措施后排入管理部门指定水域。

② 废气

道路扬尘：路面及时清扫，配备洒水车定时对作业区道路洒水降尘。

船舶及汽车尾气：对流动机械进行保养和维护，保持其良好的运行状态，确保尾气达标。

③ 噪声

尽可能选取噪声低的设备；合理进行总体布局，利用建构筑物阻隔噪声。

④ 固废

生活垃圾及时清运处理，由环卫部门统一收集处理。

(3) 白鱀豚保护区保护措施

上述各环境要素的保护措施同时是白鱀豚保护区的生态保护措施，此外，应在码头施工期间，在施工场所建立保护区宣传牌，负责向码头建设及管理人员宣传保护白鱀豚、江豚的重要性，提供白鱀豚、江豚以及其他重要水生动物的图片。提高管理人员及船员的保护意识。

咸宁核电厂一期工程大件专用码头工程建设和运营对新螺保护区的主要影响因素是船舶增加、噪声增强、临时性水污染以及增加永久性水下建筑物。上述影响可能会导致部分豚类部分栖息地被占用，豚类健康受到威胁甚至可能会直接伤害豚类个体。主要保护措施是加强宣传力度，加强渔业管理，加强航运监管，开展水生动物相关研究和水质监测。由于工程施工期较短、水下工程量小、到码头的船舶数量有限，并且项目委托方已经采取了相应的保护措施并且制定了事故处理应急预案，在采取合适的安全防范措施和执行生态补偿措施的前提下，该项目建设和运营对长江豚类、鱼类以及早期资源、水生生物以及保护区结构和功能不会造成显著影响。

(4) 环境风险

码头风险事故发生的主要环节是船舶搁浅、碰撞或码头桥桩碰撞等突发性事故而导致的漏油、火灾、爆炸等对环境产生的影响。

本码头前沿一旦发生事故溢油，应及时将贮存于码头前沿的吸油毡抛向油膜，可最大限度地控制油膜向下游的漂移，最大限度地减少溢油对下游的污染影响。

为保护长江水质，必须通过严格的环境管理，尽量杜绝此类事故的发生。并通过建立有关制度，完善设备，提高人员素质和制定溢油应急计划，采取适当的控制溢油事故措施，以控制溢油事故的污染。码头一旦发生风险事故，应立即启动溢油应急计划，采取事故应急措施，降低溢油事故对环境的影响。

(5) 清洁生产及总量控制

① 清洁生产

项目装卸工艺成熟可靠，具有操作灵活性好、效率高、投资省等优点，能耗指标基本与其他同类型港区能耗水平相当，生产过程中控制了废水、废气排放，其物耗、能耗及产污水平相对较低，其清洁生产水平属于国内先进水平。

② 总量控制

根据核算本项目主要污染物为生活污水，生活污水经过二级生化处理后用于周边的农田灌溉，不外排，实行零排放，因此不需要申请总量。

7. 环境管理及监测计划

项目建设过程中，企业必须认真贯彻执行"三同时"方针，同时应按照国家和地方环境保护规定，及时向当地环境保护部门进行污染物排放申报登记。

项目试生产及竣工验收按国家有关规定严格执行，企业应积极配合当地环境监测部门进行污染源监测。

8. 评价结论

咸宁核电厂一期工程大件专用码头工程的建设，充分利用湖北省长江黄金航道，发挥内河航运优势，将对咸宁核电厂的建设和运营起到巨大的推动作用，是优化湖北能源结构，促进中部地区崛起，发展鄂东南地方经济的需要。

咸宁核电厂一期工程大件专用码头工程建设和运营对新螺保护区的主要影响因素是船舶增加、噪声增强、临时性水污染以及增加永久性水下建筑物。上述影响可能会导致部分豚类部分栖息地被占用，豚类健康受到威胁甚至可能会直接伤害豚类个体。主要保护措施是加强宣传力度，加强渔业管理，加强航运监管，开展水生动物相关研究和水质监测。由于工程施工期较短、水下工程量小、到码头的船舶数量有限，并且项目委托方已经采取了相应保护措施并且制定了事故处理应急预案，在采取合适的安全防范措施和执行生态补偿措施的前提下，该项目建设和运营对长江豚类、鱼类以及早期资源、水生生物以及保护区结构和功能不会造成显著影响。从环境保护角度评价，总体上可行。

第二节　建设项目工程环境监理

根据《环保法》，加强环境保护管理不仅是国家各级环境保护主管部门的行政职责，也是各行各业各个领域每个单位及个人应尽的法律责任，各行各业各个单位及个人应自觉遵守环境保护法规。对违反环境保护法规行为的监督管理，既需要各级环境保护主管部门加强环境执法监督管理，更需要各行各业各个领域专业化、社会化服务性质的环境守法监督管理。本节主要介绍工程建设领域专业化、社会化服务性质的"建设项目工程环境监理"（以下简称"工程环境监理"）。

建设项目的"工程环境监理"与环境保护部门的"环境监理"在执业性质、执业范围和执业深度等方面都有很大不同,以下分别作专门介绍。

一、环境监理

1. 环境监理含义及目的

根据 1999 年国家环境保护总局发布的《关于进一步加强环境监理工作若干意见的通知》(环发〔1999〕141 号,以下简称《通知》)中的含义,环境监理是指环境监理机构依据主管环境保护部门的委托,依法对辖区内一切单位和个人履行环保法律、法规,执行环境保护各项政策及标准的情况进行现场监督、检查、处理的环境执法工作。

环境监理的目的是为全面推进环境保护工作,加大环境执法力度,提高现场执法水平,保障国家环境保护法律、法规的贯彻实施和环境保护目标的实现。

2. 组织机构及人员管理

《通知》中规定各省、市、县环境保护局设立的环境监理机构名称分别统一为环境监理总队、支队、大队。各省、市、县环境保护局可以在行政机构内分别设立环境监理处、科、股,并与环境监理总队、支队、大队实行一个机构,两块牌子。

《通知》要求各级环境监理人员应符合国家公务员的基本条件,熟悉环境监理业务,掌握环境法律法规知识,具有一定的组织和独立分析处理问题的能力。环境监理人员应具有中专或高中以上学历。

各级环境保护部门要按照人事部《关于同意国家环境保护系统环境监理人员依照国家公务员制度进行管理的批复》(人法函〔1995〕158 号)的要求,对环境监理人员依照公务员制度管理。环境监理人员的录用必须严格按照公开、公正、公平和择优录用的原则,实行公开招考,未经公开招考的以及公开招考不合格的一律不得进入环境监理队伍。要坚持持证上岗制度,新进入环境监理队伍的人员必须通过培训,取得培训合格证书。在职的环境监理人员每 5 年应接受一次培训。环境监理人员培训由国家和省级环境保护部门分别组织,县及县级以上环境监理机构主要负责人和省级环境监理机构人员由国家环境保护总局统一组织培训,其他环境监理人员由各省、自治区、直辖市环境保护部门组织培训。未取得环境监理培训合格证书的,不得颁给环境监理证件,不得独立执行现场监督管理公务。

3. 环境监理主要职能

《通知》要求各级环境监理机构要大力加强环境保护现场执法监督,密切配合环境保护中心工作,努力完成各级环境保护局下达的环境监理任务。加强污染防治工作的现场监督管理,扎扎实实地做好污染防治设施运转情况、污染物排放情况、建设项目"三同时"执行情况、限期治理项目完成情况及核安全设施的现场监督检查。要认真贯彻生态保护与污染防治并重的原则,逐步开展自然生态保护的环境监理工作,加强对资源开发和非污染性建设项目、自然保护区、风景名胜区、森林公园环境管理、海岸和海洋生态系统环境保护管理的现场监督检查。要切实做好排污费征收工作,保证排污费的依法、全面、足额征收。

二、建设项目工程环境监理

1. 建设项目工程环境监理产生的背景

长期以来,我国在建设项目环境保护管理工作中,比较重视工程前期的环境影响评价工作和工程的竣工环境保护设施的验收工作，对工程施工期所带来的生态环境、水土流失、景观影响及环境污染等问题，管理上相对薄弱。而已推行实施多年的建设工程监理制度主要职能是对项目的投资、质量、进度和安全进行监理，在环保方面仅是配合环保监管部门工作，因此项目施工阶段的环境污染和生态破坏很难得到有效控制及监管。

20世纪90年代以来，特别是国家实施西部大开发战略之后，我国资源开发基础设施建设项目投资力度加大。这些项目在施工阶段造成的环境污染和生态破坏问题表现突出，引起了各级环境保护部门的重视以及社会各界的广泛关注。如何强化建设项目环境管理，探索一条既符合建设项目环保设施与工程设施同设计、同施工、同时投入使用的"三同时"制度精神，同时又符合市场经济运行法则的管理模式和工作制度，成为环境保护的一个重要课题。在这一时期，世界银行、亚洲开发银行等国际金融组织的贷款项目把施工期必须进行工程环境监理作为贷款的基本条件之一。如由世界银行在其贷款的黄河小浪底水库工程项目中首先引入了工程环境监理，并取得了成功经验。

2002年10月13日，国家环保总局、铁道部、交通部、水利部、国家电力公司、中国石油天然气集团公司六部委联合发出《关于在重点建设项目中开展工程环境监理试点的通知》（国家环保总局环发〔2002〕141号文，以下简称《试点通知》），明确提出：为贯彻《建设项目环境保护管理条例》，落实国务院第五次全国环境保护会议的精神，严格执行环境保护"三同时"制度，进一步加强建设项目设计和施工阶段的环境管理，控制施工阶段的环境污染和生态破坏，逐步推行施工期工程环境监理制度，决定在生态环境影响突出的国家13个重点建设项目中开展工程环境监理试点。试点工程包括青藏铁路格尔木至拉萨段、西气东输管道工程、云南澜沧江小湾水电站工程、黄河公伯峡水电站工程、四川岷江紫坪铺水利枢纽工程、重庆芙蓉江江口水电站工程、广西右江百色水利枢纽工程、尼尔基水利枢纽工程、上海国际航运中心洋山深水港区一期工程、上海至瑞丽国道主干线（贵州境）清镇至镇宁段高速公路、上海至瑞丽国道主干线湖南省邵阳至怀化、怀化至新晃高速公路、青岛至银川国道主干线银川至古窑子高速公路共13项国家重点工程。

首次进行工程环境监理试点的13项国家重点工程建设规模大、施工周期长，项目所在地区的环境敏感程度非常高，并在国际国内有一定的影响。如青藏铁路项目穿越资源丰富的高寒地带生态系统，有极具保护价值的珍稀濒危野生动物藏羚羊、藏野驴、野牦牛、白唇鹿等；小湾水电站工程是涉及众多生物种群（清香木、白背桐和甜根子草等生物群落被淹没）保护的项目；渝怀铁路项目是涉及穿越地形、地质条件复杂、水土流失严重的项目；西气东输工程是涉及穿越各类保护区、湿地、珍稀动物栖息地、跨黄河、穿长江的大型工程项目；上海洋山深水港工程是涉及海洋水生生物、水环境保护的项目；四川岷江紫坪铺水利工程是涉及国家级保护文物、联合国世界文化遗产及风景名胜区有关的项目。13个国家重点工程几乎包含了各种生态影响项目，具有很强的代表意义。

对生态环境影响较大的建设项目进行施工期工程环境监理，是我国环境保护监管工作在工程建设领域的深入，开启了工程环境监理的新阶段，也是建设工程监理业务向工程环保领域的扩大。

2. 建设项目工程环境监理

建设项目环境监理是指建设项目环境监理单位受建设单位委托，依据有关环保法律法规、建设项目环评报告及其批复文件、环境监理合同等，对建设项目实施专业化的环境保护咨询和技术服务，监督施工过程中污染防治及环境保护设施和措施的落实，协助和指导建设单位全面落实建设项目各项环保措施。

从上述建设项目工程环境监理的含义可以看出，它与环境保护管理部门的环境监理在执业的性质、执业的范围、执业的深度等方面均存在很大的不同。

（1）执业的性质不同。环境监理是受主管环境保护部门的委托，依法对单位和个人履行环保法规、标准的情况进行现场监督、检查、处理的环境执法工作，其执业具有执法的性质。工程环境监理是受项目建设单位委托，对建设项目施工期间的环境保护行为实行的监督管理，其执业属于社会第三方服务性质，从法理角度其执业的性质属于环境守法监督管理，不具备环境执法的处罚权利。对于施工单位违反环境保护法规的行为只能依据合同规定，责令其改正。拒不改正或违规行为严重的，可向环保行政主管部门报告，由环保执法部门处理。

（2）执业的范围不同。环境监理范围是面对整个社会的单位和个人违反环保法规，标准的情况进行现场监督、检查、处理，执业的范围很大。而建设项目工程环境监理执业的范围仅限于项目建设相关方在项目建设过程中违反环保法规、标准的情况进行现场监督，执业的范围相对较小。

（3）执业的深度不同。受主管环境保护部门委托的环境监理因其执业的范围很大，而且侧重在项目环保设施与措施的审批和工程竣工环境保护验收环节，很难在项目建设的具体施工过程中深入监管。而工程环境监理是受项目建设单位委托，监理合同就明确规定工程环境监理机构必须在项目施工期间的环保行为实行全过程的深入监督管理。也正是这样二者互为补充，既有主管环境保护部门委托的具有执法性质的环境监理，又有社会中介服务性质的全过程深入的工程环境监理，才能共同担当项目建设、特别是大型项目建设环境及生态保护的艰难重任。

3. 工程环境监理的目的

工程环境监理的主要目的可归纳为：

（1）具体落实经环保主管部门审批的建设项目环境影响评价文件的要求，实现工程建设项目环保目标。

（2）对建设项目可能产生环境影响的污染防治设施和生态保护措施实施现场监管，减少建设项目对环境产生的不利影响。对未按有关环境保护要求施工的，应责令施工及有关单位限期改正；对已造成生态破坏的，应责令采取补救措施或予以恢复。

（3）通过加强项目环保设施"三同时"监理，提交工程环境监理的文档资料及总结报告，满足工程竣工环境保护验收的要求。

4. 推行建设项目环境监理的意义

目前，我国对建设项目实行的是项目建设前进行环境影响评价，制定项目施工中防治污染和保护环境的措施及设施建设的要求，项目建成后再按照环评及批复的要求进行环境保护措施及设施的竣工验收，而项目施工期间主要依靠环境保护行政主管部门执法人员进行监管。实践证明，以当前有限的环保行政执法人员的监管力度远远不够，建设过程中环保违法行为依然屡禁不止。推行工程环境监理，有利于实现由单一环保行政监管向行政监管与社会环境监理单位监管相结合的转变。

建设单位委托工程环境监理机构对项目施工全过程进行环境监理，使环境监管工作变被动环境管理为主动环境管理，使环境监管由竣工事后管理向施工过程监管转变，有效预防和减少了施工过程中的环境污染和生态破坏。因此，推行社会化工程环境监理，有利于加大对项目建设施工期环保监管力度，促进建设项目全面落实环境评价报告提出的各项环保措施要求。

开展建设项目工程环境监理以来，在实际工作中也取得了很好的效果。如辽宁省是我国最早开展环境监理的省份之一，从2004年就开始开展建设项目环境监理的工作，2007年发布了《辽宁省建设项目环境监理管理暂行办法》和《辽宁省环保专项资金项目工程监理暂行办法》，对从事环境工程监理的队伍进行了明确规定。截至2014年，辽宁省经审核和环境监理培训，公布了可从事工程环境监理的四批共27家环境监理机构，已经开展省级及以上的环境监理项目有500多个，合同额达2亿多元，年收入超过百万的环境监理单位有10多家，培育了一批有实力的社会化环境监理公司。

5. 工程环境监理企业资质

由于工程环境监理是建设项目环境与生态监督管理新的手段，目前除水利部监理资质管理规定中曾设立工程环境监理专业外，住房城乡建设部《工程监理企业资质管理规定》中，尚无设立工程环境监理专业的规定。按照2002年国家环保总局等六部委《关于在重点建设项目中开展工程环境监理试点的通知》要求，工程环境监理机构必须具备以下两个基本条件：

（1）具有国家工程监理行政主管部门审核认可的工程监理企业资质；

（2）经环境保护业务培训。主要是指经环境保护主管部门认可的培训机构的培训。

有关工程环境监理机构从业资质的认定，环保部在《关于进一步推进建设项目环境监理试点工作的通知》（环办〔2012〕5号）中要求："省级环境保护行政主管部门应根据本地区建设项目环境管理需求和环境监理工作开展经验，建立健全管理体系，明确建设项目环境监理工作范围、工作程序、工作内容、工作方法和要求；确定建设项目环境监理单位准入条件，加强对环境监理单位的监督与考核；所有从事建设项目环境监理技术人员应持有相关业务上岗证书或培训合格证书，并定期参加环境监理业务培训。"目前许多省市都开展了建设项目工程环境监理，制定了工程环境监理企业从业资质认定的条件，有的省市还编制了建设项目环境监理规范地方标准。目前，这些工作都是在省市环境保护行政主管部门或环境保护产业协会组织下进行的。将来，建设项目工程环境监理与建设工程监理如何更好地结合，尚有待进一步发展。

三、工程环境监理工作主要内容

（一）开展环境监理的建设项目类型及工作范围

按照环境保护要求，要求开展建设项目环境监理的主要是：

（1）涉及饮用水源、自然保护区、风景名胜区等环境敏感区的建设项目；

（2）环境风险高或污染较重的建设项目，包括石化、化工、火力发电、农药、医药、危险废物（含医疗废物）集中处置、生活垃圾集中处置、水泥、造纸、电镀、印染、钢铁、有色及其他涉及重金属污染物排放的建设项目；

(3) 施工期环境影响较大的建设项目，包括水利水电、煤矿、矿山开发、石油天然气开采及集输管网、铁路、公路、城市轨道交通、码头、港口等建设项目；

(4) 各省级环境保护行政主管部门认为需开展环境监理的其他建设项目。

工程环境监理工作范围包括工程建设区域、生活服务区以及环境影响区域。

（二）工程环境监理工作范围及方案

1. 环境监理工作范围

工程环境监理工作范围包括工程建设区域、生活服务区以及环境影响区域。

2. 工程环境监理工作方案

工程环境监理机构接受委托并签订委托环境监理合同后，应根据国家和地方有关环境保护法律法规、技术规范、环境影响评价文件和批复，结合项目具体情况和项目特点，制定的建设项目工程环境监理工作目标、工作范围、工作程序、工作内容、工作方法、工作制度、工作要点、组织机构和人员配置、突发事件处理方法等的具体方案，是工程环境监理机构全面开展工程环境监理工作的指导性文件。

（三）工程环境监理主要工作内容

工程环境监理工作是伴随项目实体施工过程进度展开的，施工不同阶段环境监理工作的内容也不相同。

1. 施工准备阶段

(1) 参与施工图会审，参加设计单位的技术交底，重点检查设计文件是否落实了经批准的环境影响评价报告书中要求的环境污染防治措施和生态保护措施。

(2) 审查施工单位提交的施工方案中的环保措施是否满足设计文件要求。

(3) 根据业主授权参加工程施工合同的拟订、协商、修改、审批等，重点对合同条款中环境保护措施的落实及环保设施"三同时"内容的审查。

(4) 应根据环境影响评价报告书要求及设计文件具体要求，制定项目工程环境监理规划、监理实施细则。

2. 施工阶段

(1) 按照工程环境监理规划、监理实施细则制定项目环境监理的人员安排、工作流程、工作制度等实施计划。

(2) 按照污染源分废水、废气、固废、噪声详细列出施工过程中动态监控的内容、方法、检测时间及控制标准。

(3) 结合项目环境生态状况及保护要求，详细制定生态环境保护监控内容。

(4) 加强现场巡视、旁站监理日常环境监督检查工作，发现环境问题及时要求施工单位整改。

(5) 定期和不定期的现场污染源排放数据监测、环境质量监测，以及施工中突发环境污染事件的应急监测。

(6) 及时将施工过程中环境监理有关资料整理、归档。

3. 竣工验收阶段

(1) 督促、检查施工单位及时整理污染防治和生态保护竣工资料。

(2) 编写和提交项目工程环境监理总结报告。

(3) 参加建设单位组织的工程竣工验收和环境保护主管部门组织的环保监测验收。

(四)建设项目环境监理重点关注内容

建设项目环境监理应对以下内容予以高度关注：

(1) 建设项目设计和施工过程中，项目的性质、规模、选址、平面布置、工艺及环保措施是否发生重大变动；

(2) 主要环保设施与主体工程建设的同步性；

(3) 环境风险防范与事故应急设施与措施的落实，如事故池等；

(4) 与环保相关的重要隐蔽工程，如防腐防渗工程等；

(6) 项目建成后难以或不可补救的环保措施和设施，如过鱼通道；

(7) 项目建设和运行过程中可能产生不可逆转的环境影响的防范措施和要求，如施工作业对野生动植物的保护措施；

(8) 项目建设和运行过程中与公众环境权益密切相关、社会关注度高的环保措施和要求，如防护距离内居民搬迁等。

第三节 建设项目工程环境监理案例

青藏铁路格尔木至拉萨段是2002年国家环境保护总局、铁道部、交通部、水利部、国家电力公司、中国石油天然气集团公司联合发出《关于在重点建设项目中开展工程环境监理试点的通知》中13项试行开展工程环境监理项目之一，在工程建设环境保护方面取得了很好的效果，是我国大型项目建设进行工程环境监理和生态环境保护的范例，也是学习的典型案例，特将主要情况简要介绍，供学习参考。

【案例14-4】 青藏铁路（格尔木至拉萨段）建设项目环境保护与工程环境监理

（一）青藏铁路工程概况

青藏铁路起自青海省西宁市，终抵西藏自治区首府拉萨市，全长1956km。其中西宁至格尔木段长814km，已于1979年铺通，1984年投入运营。现建设的是青藏铁路二期工程，格尔木至拉萨段，全长1142km，总投资334.8亿元人民币，环保投资15.4亿元，占总投资4.6%。

铁路沿线在海拔4000m以上的路段有960km，建在常年冻土层上的路段有547km，是世界上海拔最高、线路最长、穿越冻土里程最长的高原铁路。青藏铁路格尔木至拉萨段全线共计架设桥梁280余座，7000多孔道，除传统的跨江河桥和跨公路桥外，青藏铁路还增加了环保、冻土通道、野生动物通道及穿越湿地沼泽等各种功用不同的桥梁，总计近160km延长米。

（二）地理位置及生态环境

青藏高原位于东经74°~103°，北纬27°~37°，属于北半球热带、温带气候过渡带。年平均气温为$-3 \sim 5°C$，年降水量为260~470mm。它是世界上面积最大、海拔最高的高原，西起帕米尔高原，东到川西、滇北的横断山脉；北起昆仑山，南到喜马拉雅山，总面积超过200万km^2，平均海拔在4000m以上，世界上海拔8000m以上的雪峰几乎全部集中于青藏高原。

青藏高原是世界上最年轻、海拔最高、对生态环境影响最大的高原，是全球相对特殊的地理单元和区域，素有"世界屋脊"之称。青藏高原也是中国和南亚地区的"江河源"、

"生态源",是亚洲气候变化的"起搏器"。黄河、长江、澜沧江(湄公河)、怒江(萨尔温江)、雅鲁藏布江(恒河)、印度河等发源于青藏雪域高原。

青藏高原分布有广袤的高原冻土区、高寒草甸区、高寒荒漠区及高原沼泽湿地等典型的高寒自然生态系统。该区域冰川、雪峰、草原、湿地较为发育,尤其是位于青藏高原北部的藏北高原内陆水系,河流、湖泊众多,高原植被良好,是著名的高原草原。

青藏高原的高寒生态系统对气候有巨大的调节功能,对东亚、东南亚、南亚等世界上人口最密集的地区的十几亿人民的繁衍生息与发展,有着不可低估的作用。

青藏高原高寒生态环境十分脆弱,为保护高原独特的高原高寒生态系统,我国建立了可可西里、三江源等国家级自然保护区。这里有特有高原哺乳动物种数11种,特有高原鸟类科7种,特有两栖爬行动物80多种,鱼类100多种。地表植被生长缓慢,一旦破坏极难恢复。

科学家认为,它的每一种生态环境指示的变化,必然会对全球气候、环境产生重大影响。

(三)青藏铁路建设的环保目标

项目可行性研究期间及项目开工之前,铁道部会同国家环保总局委托环评机构高品质地编制了"环境影响报告书"及"水土保持方案",为青藏铁路建设的环保设计和施工提供了科学依据。

高寒、干旱、原始和极其脆弱是这一区域生态环境的显著特征。而野生动物保护、高原植被恢复以及湿地、湖泊环境保护和冻土环境保护也是铁路建设面临的环保难题。

青藏铁路建设环境保护的总目标是将青藏铁路建设成具有高原特色的生态环保型铁路,具体要求做到:

① 环保设施与主体工程同时设计、同时施工、同时投产;

② 确保多年冻土环境得到有效保护;

③ 江河水质不受污染;

④ 野生动物迁徙不受影响;

⑤ 铁路两侧自然景观不受破坏。

(四)青藏铁路建设环境生态保护措施

1. 多年冻土保护措施

青藏高原的冻土具有热稳定性差,厚层地下冰和高含冰量冻土比重大,对气候变暖和太阳辐射量极为敏感等特征。

工程建设中如使高原冻土受到较大影响,无疑将破坏高原地貌构造及生态环境系统。多年冻土病害主要表现为冷冻胀和热融沉等典型现象,其中冷冻胀,又表现为冰锥、冻胀丘等地表现象;而热融沉又分为热融滑塌、热融湖塘、热融冲沟等地表现象。经过科研人员的积极探索,确立了正确的主动降温、冷却地基、保护冻土设计思想,针对不同冻土地质条件,采用多种切实可行的工程措施解决冻土难题。具体工程措施分为:

(1)片石气冷措施

其工作机理是片石层上下界面间存在温度梯度,引起片石层内空气对流;负积温量值大于正积温量值;起到冷却作用,降低地温,可有效保护冻土路基稳定。在多年冻土地段采用片石气冷路基累计达120km。主要适应于高温极不稳定和不稳定冻土区。

(2) 片石、碎石护坡或护道措施

其工作机理是，孔隙内空气在温度梯度的作用下产生对流，暖季空气交换弱，产生热屏蔽，减少传热；寒季对流交换热作用强，有利于地层散热。主要用于解决多年冻土路基不均匀变形问题。

(3) 以桥代路措施

以桥代路措施可有效抵抗未来几十年路基温度升高的影响，最为安全可靠。多年冻土段已采取以桥代路达130多千米，全线桥梁总长近160km，约为初步设计的一倍。虽然增加了投资，但却既提高了线路的可靠性，又保护了自然环境。

(4) 通风管措施

其工作机理是空气在管内产生强对流作用，加大路堤与空气的接触面，增加路基及地基的冷量，以保护地基冻土层。

施工场地基本上设在青藏公路两侧的多年冻土区中的融区或少冻土区，临时工程都采用架空通风基础设置，减少热干扰。

对高含冰量冻土区的生活营地，采用架空通风的房屋基础、大于最小设计高度的填土厚度，减少对冻土的热干扰。

(5) 热棒措施

其工作机理是气液两相对流换热，降低棒周围的地温，无能耗，高效率。在32km线路上采用热棒。热棒是一种内装氨水的7m长钢管，气温变化时氨水可以上下流动，热棒在路基下还埋有5m，整个棒体是中空的，里面灌有液氨。当大气温度低于路基内部温度时，热棒下端管内液氨相当于受热发生气化，气化的氨上升到热棒的上端，通过散热片将热量传导给空气，气态氨由此冷却变成了液态氨，靠重力作用又沉入了棒底。而热棒最独特的性能是单向传热，热量只能从地下向上端传输，反向则不能传热。热棒就相当于一个天然制冷机，而且还不需动力。

(6) 遮光板散热措施

在路基周围铺设遮光板，阻挡并反射阳光带来的热量，防止路基温度升高。

(7) 隧道温控措施

主要是控制开挖温度，采用合理衬砌，设置隔热保温层，铺设防水层。

(8) 合理路基高度措施

路基填筑高度2.5~5.0m，太高的路基不利于冻土稳定。

(9) 路堤隔热保温措施

其工作机理是减少地温波动，减轻周期性冻胀变形。隔热保温是被动保护冻土，夏季隔热，保护冻土作用明显，但寒季隔冷，则对保护冻土不利。主要适用低路堤和部分路堑上。

2. 高原生态环境保护措施

青藏高原生态系统类型多种多样，生物种群丰富多彩，有特有的、极具保护价值的珍稀濒危野生动植物物种资源，是世界山地生物物种一个重要的起源和分化中心。青藏高原原始生态环境在全球占有特殊的地位，是世界上仅有的独特的高原生态环境系统。但生态环境十分脆弱，一旦遭到破坏则不可逆转，有的植被恢复需要上百年的时间。青藏铁路环境保护的基本措施有：

(1) 保护冻土环境，保护高原植被措施

对临时用地的选址进行严格优化，控制占地面积，尽量减少在有植被的地方盖房修路，并限制施工人员、机械车辆的活动范围；进行植被移植和表土保存，也就是在施工中把草皮或表土先铲下来存放在一个地方，待工程完工后铺回原处，促进植被恢复或为植被恢复奠定基础。

施工场地基本上设在青藏公路两侧的多年冻土区中的融区或少冻土区，临时工程都采用架空通风基础设置，减少热干扰。对高含冰量冻土区的生活营地，采用架空通风的房屋基础，大于最小设计高度的填土厚度，减少对冻土的热干扰。

(2) 保护野生动物措施

① 设置野生动物迁徙通道

每年 6～7 月份藏羚羊都要前往气温凉爽、水草丰美的卓乃湖、太阳湖产羔，8 月携仔回迁。为了不阻断野生动物的活动路线，铁道部组织国内专家调查青藏铁路沿线野生动物分布状况、生活习性和迁徙规律，在野生动物传统迁徙线路上，充分利用铁路通过区域的地形、地貌，设计建成了路基缓坡、桥梁下方和隧道上方通道 3 种形式的野生动物通道，共 33 处，长度总计 59.84km。施工中，每逢藏羚羊迁徙季节，主动停工让道。

根据现场监测报告，2004 年仅从可可西里五北大桥这一处动物通道经过的藏羚羊就有 4000 多只，证明野生动物通道可行有效。建设如此规模及难度的野生动物通道在国内外铁路建设史上都是首次。

② 重视对野生动物生存环境的保护

不得在野生动物栖息地及通道附近取、弃土，避免因地形、地貌改变而引起动物识别错误。施工营地、材料场、机械停放场地及临时用地等距离野生动物通道不小于 1km，避免惊扰、影响动物觅食、交配、迁徙等活动。

③ 坚决禁止偷猎、恐吓、袭击野生动物

在动物通道起讫位置设置宣传牌，加大对野生动物保护的宣传。

3. 保护湿地、水资源环境措施

(1) 为保证江河源区生态功能不受影响，有效保护湿地生态环境，湿地地段的线路，选择了逢沟设桥涵、增加小桥涵密度、大量采用以桥代路、路基填筑渗水材料等措施，保证了地表径流对湿地水资源的补充，防止湿地萎缩，确保了水源涵养功能不受影响。湿地地区建成总长 10.56km 的 20 座代路桥，抛填片石和换填渗水土 7.2 万 m^3，保持地下水连通。

(2) 对沿江河湖路段，制定了专项生态环保施工组织设计方案，禁止垃圾、施工废料等有害物质堆放在河流和沟渠道水体附近。生产废水、生活污水经集中沉淀处理后，用于绿化或降尘，严禁排入江河水体。有效防止了对水资源及湿地的污染。

(3) 严禁樵采挖药，防止采伐薪柴、挖药、搂菜等不合理活动造成植被破坏，引起草原退化。

(4) 对生产、生活垃圾的处理。对沿线垃圾进行可降解和不可降解的分类处理，可降解的就地填埋，不可降解的垃圾及含石油类固体废弃物集中运至山下垃圾场进行处理。

(5) 水土流失的防治。严格控制对地表的扰动面积；取弃土场、施工便道、营地等临时工程全部进行地表植被恢复。弃土弃渣遵循先挡后弃的原则，主体工程与防护工程同时施工。

(五) 青藏铁路建设工程环境监理

在铁路建设史中,首次引入工程环境监理制度,由建设总指挥部委托独立第三方铁道科学研究院对全线施工期工程环境保护进行监理,构建了由青藏铁路总指统一领导、施工单位具体落实并承担责任、工程建设监理单位负责施工过程环保的日常监管,工程环保监理实施环保达标全面监控的"四位一体"环保管理体系,使环保监督检查融入了青藏铁路工程建设的全过程。

青藏铁路工程环境监理的基本内容包括两方面:

(1) 做好污染防治。主要包括水污染、垃圾污染和大气污染的防治。青藏铁路穿过长江、黄河、澜沧江三江源头,水污染防治责任尤其重大。

(2) 搞好生态保护。污染防治环境保护的侧重点则放在生态保护尤其是野生动物、植被、湿地系统、水源、自然保护区和自然景观的保护上。

工程环境监理单位依据经批复的"环境影响报告书"、"水土保持方案"及研究制定的污染防治和生态保护措施要求,铁路全线共检查工点3900个次,对139个达不到环保要求的工点下达了整改通知单,直到满足环保要求。

(六) 青藏铁路建设项目环评报告执行情况核查

2005年6月,青藏铁路建设项目工程竣工验收前,铁道部会同国家环保总局对项目环评报告执行情况进行了核查,认定在六个方面基本"达标"。同时,环评报告也认为,青藏铁路所跨越的青藏高原地区,是世界上海拔最高、生态环境最为脆弱的地区,也是目前世界上受人类活动影响最小的地区之一。青藏铁路的建设将不可避免地对沿线高寒生态系统造成一定的影响。

六项环评要求基本达标情况如下:

(1) 野生动物保护

从格尔木到拉萨,按野生动物的分布范围,环评报告规划设置了33处野生动物通道。按照野生动物习惯,33处通道又有桥梁下方、隧道上方及路基缓坡3种形式。至2005年6月底,已全部建成,达到了环评报告提出的技术要求。

(2) 植被、景观保护和水土保持

环评报告要求实施护坡、挡土墙、冲刷防护、风沙防护、隧道弃渣挡护等工程;对取弃土场、砂石料场、施工便道和营地场地等临时工程,在站前工程完工后除留作站后工程施工和运营期继续使用外,都需进行地表、植被恢复。

至2005年6月底,全线实施完工的相关防护设施工程基本都在环评报告要求长度的两倍以上,弃渣挡护率达到了100%。

(3) 冻土保护

根据"主动降温、冷却路基、保护冻土"的设计思路,环评报告要求采取以桥代路、安置热棒和铺设片石等措施。据2001~2004年中国科学院寒区旱区环境与工程研究所和中铁西北科学研究院对两个冻土工程试验段的观测分析,所采用的相关措施有效降低了路基基底土层温度,使路基下方土体的"多年冻土上限"明显抬升,起到了保护冻土的作用。

(4) 湿地保护

青藏铁路穿越湿地的线路总长度为 65.49km。环评报告要求对必须通过的重要敏感湿地路段采取以桥代路、抛填片石和换填渗水土等措施。至 2005 年 6 月底，全线建成了总长 10.56km 的 20 座代路桥，抛填片石和换填渗水土达 7.2 万 m^3。环评报告要求采取的湿地保护措施全部完成，保持了湿地地下水的连通。

(5) 污染防治

环评报告要求对施工期的废污水、固体废物等进行污染防治。从调查结果看，基本实现了环评报告提出的集中收集、外运或处理污染物的要求。

青藏铁路跨越的河流和邻近的湖泊水质与铁路建设前相比均无明显变化，符合环评报告要求的水环境质量标准。

(6) 环保监督管理及宣传教育

建设指挥部坚持对施工人员不断进行专业培训，编印了《青藏铁路施工期管理人员环保手册》、《青藏铁路施工期施工人员环保手册》等资料，对进场的施工人员进行了不同层次的培训，为施工中具体落实环保措施奠定了坚实基础。

环评报告要求开展的水环境、冻土、水土保持等监测监控以及环境监督管理和宣传教育等工作，至 2005 年 6 月底都已落实。全线建立了环境保护管理组织体系，实行了环境管理责任制和生态环境保护考核制，对各级管理人员和施工人员进行了分层次环保培训。

(七) 青藏铁路建设环保工程验收

2007 年 5 月 30 日至 6 月 1 日，在临近青藏铁路运行一周年时，国家环保总局和铁道部组织有国内著名的生态、植物、环境等专家构成的上百人国家验收组，正式对青藏铁路建设进行环保工程验收。

验收路线北起青海省格尔木市，经过昆仑山，翻越唐古拉山，穿越可可西里自然保护区，经过措那湖和古露湿地，最后到拉萨。对关注度比较高的施工场地和植被生态恢复、冻土保护措施、藏羚羊迁徙、长江水源保护情况、站区污染防治等情况进行实地检查和验收。

在此次正式验收前，国家环保总局已经委托国家环保总局环境工程评估中心，会同铁道科学院、中国科学院生态中心组成调查人员。从 2006 年 5 月份开始，历时 1 年已进行了验收前的实地踏勘，完成了《青藏线格尔木至拉萨段工程竣工环保验收调查报告》。以此报告为基础，百人验收组实地考察后，6 月 1 日在西藏拉萨召开验收大会，宣布青藏线通过了环保验收。

青藏铁路环保国家验收组对青藏铁路建设和运营期间，采取的 10 点环保措施及经验给予肯定：

(1) 设计阶段就以生态保护为标准，并在实施阶段不断优化设计。如对穿越可可西里和三江源自然保护区的线路方案进行了优化，绕避了林周澎波黑颈鹤自然保护区，选择羊八井方案。

(2) 青藏铁路建设施工期委托第三方独立的工程环境监理，形成了建设、设计、施工和环境监理"四位一体"的环保管理体系，是青藏铁路施工期环境保护管理创新之处，对今后项目工程建设具有示范意义。

(3) 通过青藏铁路建设前后的遥感卫星影像对比分析可知，最大限度地减少了工程对自然保护区的影响。

（4）铁路沿线建设了 33 个野生动物通道，对沿线野生动物的迁徙和种群交流起到了积极的作用，藏羚羊正逐步熟悉利用野生动物通道迁徙。工程运营后，为了保证列车运行和野生动物"双安全"，2006 年 9 月起对 7 处缓坡通道进行了暂时性封闭。观测结果表明，缓坡通道的封闭未对藏羚羊的迁徙产生大的影响，藏羚羊、藏野驴正在逐渐适应从桥梁下方通过。

（5）工程施工严格控制了用地面积，取土过程保存表层土壤用于后期植被恢复已初见成效。在海拔 4300～4700m 进行了高寒植被恢复与再造实验研究，唐古拉山南段以人工恢复为主的再造植被生长良好。

（6）采用的片石气冷路基、热棒路基、通风管路基、铺设隔热层路基、片石护道和碎石护坡路基等高原冻土保护措施，验收调查结果表明能有效降低基底地温，增加基底的冷储量，最大限度地保护了沿线的冻土环境。

（7）工程采取了避让、以桥代路、设置加筋挡墙和增加涵洞等一系列措施，使湿地生态系统得到最大限度的保护。

（8）在修建期间采取了各种可能造成高原水土流失的防治措施，如挡土墙、石方格工程固沙等措施，验收调查结果表明：工程扰动土地治理率 94.6%，水土流失治理度 94.1%，拦渣率为 100%。

（9）工程建设对高原景观的扰动程度控制在可接受水平之内，主要景观敏感区域得到较好保护，高原独特的自然景观未因修建铁路而遭破坏。

（10）验收报告指出，青藏铁路在建设和运营期间，在大气、水、噪声、固体废物等污染防治方面，措施得当，达到相关标准要求。

青藏铁路环保国家验收组同时还指出，青藏铁路生态环保措施效果还有待进一步的长期观察。尽管青藏铁路设计和修建过程中，史无前例地把保护高原自然生态环境放在第一位，投入了大量的环保资金，并严格落实了各项环保要求，但在"世界屋脊"这么一个特殊自然地理环境下修建和运行铁路，世界上尚未有先例。青藏铁路一年的运行中已经出现了一些新的问题。如原设计的野生动物通道之一，路基缓坡通道出现了设计者们预想不到的情况。在工程试运行后，发生了大型野生动物，如棕熊和野牦牛与列车相撞的事件。2006 年 6～9 月，青藏铁路全线封闭了路基缓坡动物通道 7 处。缓坡通道的封闭会对野生动物的迁徙带来多大的影响，还要进一步的观察和研究。

此外，一些当初并不认为是最重要的问题，在运行期间也逐渐暴露。如风沙对铁路运行的影响，现在局部地方已经出现沙尘覆盖铁路路基的现象，如果过多设置挡风板，对高原生态可能会有一定影响，高原风沙对铁路修建的影响还要进一步研究。

青藏高原的很多科学问题现在仍不十分清楚，而现有环保措施的作用也需要进行更长的观察，各种环保设备也面临着高寒缺氧的考验。

因此，验收组专家们认为，青藏铁路竣工环保验收完成，代表着青藏铁路生态环境保护刚刚拉开帷幕，应该尽快建立长效的监测预测体系和环保监管体系。

思 考 题

1. 何谓环境及环境质量？
2. 什么是环境静态容量和动态容量？

3. 通常对建设项目环境有重大影响的主要情况包括哪些?
4. 建设项目环境影响评价文件分哪几类? 依据是什么? 各类审批权限有何规定?
5. 环境监理的含义是什么? 工程环境监理的含义是什么? 二者主要区别是什么?
6. 工程环境监理的主要目的是什么?
7. 要求开展建设项目环境监理的主要是哪些类项目?
8. 在施工不同阶段环境监理的工作内容包含哪些?

附录1：建设工程监理合同（示范文本）
(GF—2012—0202)

第一部分 协　议　书

委托人（全称）：
监理人（全称）：
根据《中华人民共和国合同法》、《中华人民共和国建筑法》及其他有关法律、法规，遵循平等、自愿、公平和诚信的原则，双方就下述工程委托监理与相关服务事项协商一致，订立本合同。

一、工程概况
1. 工程名称：_____；
2. 工程地点：_____；
3. 工程规模：_____；
4. 工程概算投资额或建筑安装工程费：_____。

二、词语限定
协议书中相关词语的含义与通用条件中的定义与解释相同。

三、组成本合同的文件
1. 协议书；
2. 中标通知书（适用于招标工程）或委托书（适用于非招标工程）；
3. 投标文件（适用于招标工程）或监理与相关服务建议书（适用于非招标工程）；
4. 专用条件；
5. 通用条件；
6. 附录，即：

附录A　相关服务的范围和内容
附录B　委托人派遣的人员和提供的房屋、资料、设备
本合同签订后，双方依法签订的补充协议也是本合同文件的组成部分。

四、总监理工程师
总监理工程师姓名：_____，身份证号码：_____，注册号：_____。

五、签约酬金
签约酬金（大写）：_____（¥_____）。
包括：
1. 监理酬金：_____。
2. 相关服务酬金：_____。
其中：

（1）勘察阶段服务酬金：＿＿＿＿＿＿＿＿＿＿＿＿＿＿＿＿。
（2）设计阶段服务酬金：＿＿＿＿＿＿＿＿＿＿＿＿＿＿＿＿。
（3）保修阶段服务酬金：＿＿＿＿＿＿＿＿＿＿＿＿＿＿＿＿。
（4）其他相关服务酬金：＿＿＿＿＿＿＿＿＿＿＿＿＿＿＿＿。

六、期限

1. 监理期限：

自＿＿＿＿＿年＿＿＿月＿＿＿日始，至＿＿＿＿＿＿年＿＿＿月＿＿＿日止。

2. 相关服务期限：

（1）勘察阶段服务期限自＿＿＿＿＿＿年＿＿＿月＿＿＿日始，至＿＿＿＿＿＿年＿＿＿月日止。
（2）设计阶段服务期限自＿＿＿＿＿＿年＿＿＿月＿＿＿日始，至＿＿＿＿＿＿年＿＿＿月日止。
（3）保修阶段服务期限自＿＿＿＿＿＿年＿＿＿月＿＿＿日始，至＿＿＿＿＿＿年＿＿＿月日止。
（4）其他相关服务期限自＿＿＿＿＿＿年＿＿＿月＿＿＿日始，至＿＿＿＿＿＿年＿＿＿月日止。

七、双方承诺

1. 监理人向委托人承诺，按照本合同约定提供监理与相关服务。

2. 委托人向监理人承诺，按照本合同约定派遣相应的人员，提供房屋、资料、设备，并按本合同约定支付酬金。

八、合同订立

1. 订立时间：＿＿＿＿＿＿年＿＿＿月＿＿＿日。
2. 订立地点：＿＿＿＿＿＿＿＿＿＿＿＿＿＿＿＿。
3. 本合同一式＿＿＿＿＿＿份，具有同等法律效力，双方各执＿＿＿＿＿＿份。

委托人：＿＿＿＿＿＿（盖章）　　　监理人：＿＿＿＿＿＿（盖章）

住所：＿＿＿＿＿＿＿＿＿＿＿＿　　住所：＿＿＿＿＿＿＿＿＿＿＿＿

邮政编码：＿＿＿＿＿＿＿＿＿＿　　邮政编码：＿＿＿＿＿＿＿＿＿＿

法定代表人或其授权　　　　　　　　法定代表人或其授权

的代理人：＿＿＿＿＿（签字）　　　的代理人：＿＿＿＿＿（签字）

开户银行：＿＿＿＿＿＿＿＿＿＿　　开户银行：＿＿＿＿＿＿＿＿＿＿

账号：＿＿＿＿＿＿＿＿＿＿＿＿　　账号：＿＿＿＿＿＿＿＿＿＿＿＿

电话：＿＿＿＿＿＿＿＿＿＿＿＿　　电话：＿＿＿＿＿＿＿＿＿＿＿＿

传真：＿＿＿＿＿＿＿＿＿＿＿＿　　传真：＿＿＿＿＿＿＿＿＿＿＿＿

电子邮箱：＿＿＿＿＿＿＿＿＿＿　　电子邮箱：＿＿＿＿＿＿＿＿＿＿

第二部分　通　用　条　件

1. 定义与解释

1.1　定义

除根据上下文另有其意义外，组成本合同的全部文件中的下列名词和用语应具有本款所赋予的含义：

1.1.1　"工程"是指按照本合同约定实施监理与相关服务的建设工程。

1.1.2　"委托人"是指本合同中委托监理与相关服务的一方，及其合法的继承人或受让人。

1.1.3 "监理人"是指本合同中提供监理与相关服务的一方，及其合法的继承人。

1.1.4 "承包人"是指在工程范围内与委托人签订勘察、设计、施工等有关合同的当事人，及其合法的继承人。

1.1.5 "监理"是指监理人受委托人的委托，依照法律法规、工程建设标准、勘察设计文件及合同，在施工阶段对建设工程质量、进度、造价进行控制，对合同、信息进行管理，对工程建设相关方的关系进行协调，并履行建设工程安全生产管理法定职责的服务活动。

1.1.6 "相关服务"是指监理人受委托人的委托，按照本合同约定，在勘察、设计、保修等阶段提供的服务活动。

1.1.7 "正常工作"指本合同订立时通用条件和专用条件中约定的监理人的工作。

1.1.8 "附加工作"是指本合同约定的正常工作以外监理人的工作。

1.1.9 "项目监理机构"是指监理人派驻工程负责履行本合同的组织机构。

1.1.10 "总监理工程师"是指由监理人的法定代表人书面授权，全面负责履行本合同、主持项目监理机构工作的注册监理工程师。

1.1.11 "酬金"是指监理人履行本合同义务，委托人按照本合同约定给付监理人的金额。

1.1.12 "正常工作酬金"是指监理人完成正常工作，委托人应给付监理人并在协议书中载明的签约酬金额。

1.1.13 "附加工作酬金"是指监理人完成附加工作，委托人应给付监理人的金额。

1.1.14 "一方"是指委托人或监理人；"双方"是指委托人和监理人；"第三方"是指除委托人和监理人以外的有关方。

1.1.15 "书面形式"是指合同书、信件和数据电文（包括电报、电传、传真、电子数据交换和电子邮件）等可以有形地表现所载内容的形式。

1.1.16 "天"是指第一天零时至第二天零时的时间。

1.1.17 "月"是指按公历从一个月中任何一天开始的一个公历月时间。

1.1.18 "不可抗力"是指委托人和监理人在订立本合同时不可预见，在工程施工过程中不可避免发生并不能克服的自然灾害和社会性突发事件，如地震、海啸、瘟疫、水灾、骚乱、暴动、战争和专用条件约定的其他情形。

1.2 解释

1.2.1 本合同使用中文书写、解释和说明。如专用条件约定使用两种及以上语言文字时，应以中文为准。

1.2.2 组成本合同的下列文件彼此应能相互解释、互为说明。除专用条件另有约定外，本合同文件的解释顺序如下：

（1）协议书；

（2）中标通知书（适用于招标工程）或委托书（适用于非招标工程）；

（3）专用条件及附录A、附录B；

（4）通用条件；

（5）投标文件（适用于招标工程）或监理与相关服务建议书（适用于非招标工程）。

双方签订的补充协议与其他文件发生矛盾或歧义时,属于同一类内容的文件,应以最新签署的为准。

2. 监理人的义务

2.1 监理的范围和工作内容

2.1.1 监理范围在专用条件中约定。

2.1.2 除专用条件另有约定外,监理工作内容包括:

(1) 收到工程设计文件后编制监理规划,并在第一次工地会议7天前报委托人,根据有关规定和监理工作需要,编制监理实施细则;

(2) 熟悉工程设计文件,并参加由委托人主持的图纸会审和设计交底会议;

(3) 参加由委托人主持的第一次工地会议;主持监理例会并根据工程需要主持或参加专题会议;

(4) 审查施工承包人提交的施工组织设计,重点审查其中的质量安全技术措施、专项施工方案与工程建设强制性标准的符合性;

(5) 检查施工承包人工程质量、安全生产管理制度及组织机构和人员资格;

(6) 检查施工承包人专职安全生产管理人员的配备情况;

(7) 审查施工承包人提交的施工进度计划,核查承包人对施工进度计划的调整;

(8) 检查施工承包人的试验室;

(9) 审核施工分包人资质条件;

(10) 查验施工承包人的施工测量放线成果;

(11) 审查工程开工条件,对条件具备的签发开工令;

(12) 审查施工承包人报送的工程材料、构配件、设备质量证明文件的有效性和符合性,并按规定对用于工程的材料采取平行检验或见证取样方式进行抽检;

(13) 审核施工承包人提交的工程款支付申请,签发或出具工程款支付证书,并报委托人审核、批准;

(14) 在巡视、旁站和检验过程中,发现工程质量、施工安全存在事故隐患的,要求施工承包人整改并报委托人;

(15) 经委托人同意,签发工程暂停令和复工令;

(16) 审查施工承包人提交的采用新材料、新工艺、新技术、新设备的论证材料及相关验收标准;

(17) 验收隐蔽工程、分部分项工程;

(18) 审查施工承包人提交的工程变更申请,协调处理施工进度调整、费用索赔、合同争议等事项;

(19) 审查施工承包人提交的竣工验收申请,编写工程质量评估报告;

(20) 参加工程竣工验收,签署竣工验收意见;

(21) 审查施工承包人提交的竣工结算申请并报委托人;

(22) 编制、整理工程监理归档文件并报委托人。

2.1.3 相关服务的范围和内容在附录A中约定。

2.2 监理与相关服务依据

2.2.1 监理依据包括:

（1）适用的法律、行政法规及部门规章；

（2）与工程有关的标准；

（3）工程设计及有关文件；

（4）本合同及委托人与第三方签订的与实施工程有关的其他合同。

双方根据工程的行业和地域特点，在专用条件中具体约定监理依据。

2.2.2 相关服务依据在专用条件中约定。

2.3 项目监理机构和人员

2.3.1 监理人应组建满足工作需要的项目监理机构，配备必要的检测设备。项目监理机构的主要人员应具有相应的资格条件。

2.3.2 本合同履行过程中，总监理工程师及重要岗位监理人员应保持相对稳定，以保证监理工作正常进行。

2.3.3 监理人可根据工程进展和工作需要调整项目监理机构人员。监理人更换总监理工程师时，应提前7天向委托人书面报告，经委托人同意后方可更换；监理人更换项目监理机构其他监理人员，应以相当资格与能力的人员替换，并通知委托人。

2.3.4 监理人应及时更换有下列情形之一的监理人员：

（1）严重过失行为的；

（2）有违法行为不能履行职责的；

（3）涉嫌犯罪的；

（4）不能胜任岗位职责的；

（5）严重违反职业道德的；

（6）专用条件约定的其他情形。

2.3.5 委托人可要求监理人更换不能胜任本职工作的项目监理机构人员。

2.4 履行职责

监理人应遵循职业道德准则和行为规范，严格按照法律法规、工程建设有关标准及本合同履行职责。

2.4.1 在监理与相关服务范围内，委托人和承包人提出的意见和要求，监理人应及时提出处置意见。当委托人与承包人之间发生合同争议时，监理人应协助委托人、承包人协商解决。

2.4.2 当委托人与承包人之间的合同争议提交仲裁机构仲裁或人民法院审理时，监理人应提供必要的证明资料。

2.4.3 监理人应在专用条件约定的授权范围内，处理委托人与承包人所签订合同的变更事宜。如果变更超过授权范围，应以书面形式报委托人批准。

在紧急情况下，为了保护财产和人身安全，监理人所发出的指令未能事先报委托人批准时，应在发出指令后的24小时内以书面形式报委托人。

2.4.4 除专用条件另有约定外，监理人发现承包人的人员不能胜任本职工作的，有权要求承包人予以调换。

2.5 提交报告

监理人应按专用条件约定的种类、时间和份数向委托人提交监理与相关服务的报告。

2.6 文件资料

在本合同履行期内，监理人应在现场保留工作所用的图纸、报告及记录监理工作的相关文件。工程竣工后，应当按照档案管理规定将监理有关文件归档。

2.7 使用委托人的财产

监理人无偿使用附录B中由委托人派遣的人员和提供的房屋、资料、设备。除专用条件另有约定外，委托人提供的房屋、设备属于委托人的财产，监理人应妥善使用和保管，在本合同终止时将这些房屋、设备的清单提交委托人，并按专用条件约定的时间和方式移交。

3. 委托人的义务

3.1 告知

委托人应在委托人与承包人签订的合同中明确监理人、总监理工程师和授予项目监理机构的权限。如有变更，应及时通知承包人。

3.2 提供资料

委托人应按照附录B约定，无偿向监理人提供工程有关的资料。在本合同履行过程中，委托人应及时向监理人提供最新的与工程有关的资料。

3.3 提供工作条件

委托人应为监理人完成监理与相关服务提供必要的条件。

3.3.1 委托人应按照附录B约定，派遣相应的人员，提供房屋、设备，供监理人无偿使用。

3.3.2 委托人应负责协调工程建设中所有外部关系，为监理人履行本合同提供必要的外部条件。

3.4 委托人代表

委托人应授权一名熟悉工程情况的代表，负责与监理人联系。委托人应在双方签订本合同后7天内，将委托人代表的姓名和职责书面告知监理人。当委托人更换委托人代表时，应提前7天通知监理人。

3.5 委托人意见或要求

在本合同约定的监理与相关服务工作范围内，委托人对承包人的任何意见或要求应通知监理人，由监理人向承包人发出相应指令。

3.6 答复

委托人应在专用条件约定的时间内，对监理人以书面形式提交并要求作出决定的事宜，给予书面答复。逾期未答复的，视为委托人认可。

3.7 支付

委托人应按本合同约定，向监理人支付酬金。

4. 违约责任

4.1 监理人的违约责任

监理人未履行本合同义务的，应承担相应的责任。

4.1.1 因监理人违反本合同约定给委托人造成损失的，监理人应当赔偿委托人损失。赔偿金额的确定方法在专用条件中约定。监理人承担部分赔偿责任的，其承担赔偿金额由双方协商确定。

4.1.2 监理人向委托人的索赔不成立时，监理人应赔偿委托人由此发生的费用。

4.2 委托人的违约责任

委托人未履行本合同义务的，应承担相应的责任。

4.2.1 委托人违反本合同约定造成监理人损失的，委托人应予以赔偿。

4.2.2 委托人向监理人的索赔不成立时，应赔偿监理人由此引起的费用。

4.2.3 委托人未能按期支付酬金超过28天，应按专用条件约定支付逾期付款利息。

4.3 除外责任

因非监理人的原因，且监理人无过错，发生工程质量事故、安全事故、工期延误等造成的损失，监理人不承担赔偿责任。

因不可抗力导致本合同全部或部分不能履行时，双方各自承担其因此而造成的损失、损害。

5. 支付

5.1 支付货币

除专用条件另有约定外，酬金均以人民币支付。涉及外币支付的，所采用的货币种类、比例和汇率在专用条件中约定。

5.2 支付申请

监理人应在本合同约定的每次应付款时间的7天前，向委托人提交支付申请书。支付申请书应当说明当期应付款总额，并列出当期应支付的款项及其金额。

5.3 支付酬金

支付的酬金包括正常工作酬金、附加工作酬金、合理化建议奖励金额及费用。

5.4 有争议部分的付款

委托人对监理人提交的支付申请书有异议时，应当在收到监理人提交的支付申请书后7天内，以书面形式向监理人发出异议通知。无异议部分的款项应按期支付，有异议部分的款项按第7条约定办理。

6. 合同生效、变更、暂停、解除与终止

6.1 生效

除法律另有规定或者专用条件另有约定外，委托人和监理人的法定代表人或其授权代理人在协议书上签字并盖单位章后本合同生效。

6.2 变更

6.2.1 任何一方提出变更请求时，双方经协商一致后可进行变更。

6.2.2 除不可抗力外，因非监理人原因导致监理人履行合同期限延长、内容增加时，监理人应当将此情况与可能产生的影响及时通知委托人。增加的监理工作时间、工作内容应视为附加工作。附加工作酬金的确定方法在专用条件中约定。

6.2.3 合同生效后，如果实际情况发生变化使得监理人不能完成全部或部分工作时，监理人应立即通知委托人。除不可抗力外，其善后工作以及恢复服务的准备工作应为附加工作，附加工作酬金的确定方法在专用条件中约定。监理人用于恢复服务的准备时间不应超过28天。

6.2.4 合同签订后，遇有与工程相关的法律法规、标准颁布或修订的，双方应遵照执行。由此引起监理与相关服务的范围、时间、酬金变化的，双方应通过协商进行相应调整。

6.2.5 因非监理人原因造成工程概算投资额或建筑安装工程费增加时，正常工作酬金应作相应调整。调整方法在专用条件中约定。

6.2.6 因工程规模、监理范围的变化导致监理人的正常工作量减少时，正常工作酬金应作相应调整。调整方法在专用条件中约定。

6.3 暂停与解除

除双方协商一致可以解除本合同外，当一方无正当理由未履行本合同约定的义务时，另一方可以根据本合同约定暂停履行本合同直至解除本合同。

6.3.1 在本合同有效期内，由于双方无法预见和控制的原因导致本合同全部或部分无法继续履行或继续履行已无意义，经双方协商一致，可以解除本合同或监理人的部分义务。在解除之前，监理人应做出合理安排，使开支减至最小。

因解除本合同或解除监理人的部分义务导致监理人遭受的损失，除依法可以免除责任的情况外，应由委托人予以补偿，补偿金额由双方协商确定。

解除本合同的协议必须采取书面形式，协议未达成之前，本合同仍然有效。

6.3.2 在本合同有效期内，因非监理人的原因导致工程施工全部或部分暂停，委托人可通知监理人要求暂停全部或部分工作。监理人应立即安排停止工作，并将开支减至最小。除不可抗力外，由此导致监理人遭受的损失应由委托人予以补偿。

暂停部分监理与相关服务时间超过 182 天，监理人可发出解除本合同约定的该部分义务的通知；暂停全部工作时间超过 182 天，监理人可发出解除本合同的通知，本合同自通知到达委托人时解除。委托人应将监理与相关服务的酬金支付至本合同解除日，且应承担第 4.2 款约定的责任。

6.3.3 当监理人无正当理由未履行本合同约定的义务时，委托人应通知监理人限期改正。若委托人在监理人接到通知后的 7 天内未收到监理人书面形式的合理解释，则可在 7 天内发出解除本合同的通知，自通知到达监理人时本合同解除。委托人应将监理与相关服务的酬金支付至限期改正通知到达监理人之日，但监理人应承担第 4.1 款约定的责任。

6.3.4 监理人在专用条件 5.3 中约定的支付之日起 28 天后仍未收到委托人按本合同约定应付的款项，可向委托人发出催付通知。委托人接到通知 14 天后仍未支付或未提出监理人可以接受的延期支付安排，监理人可向委托人发出暂停工作的通知并可自行暂停全部或部分工作。暂停工作后 14 天内监理人仍未获得委托人应付酬金或委托人的合理答复，监理人可向委托人发出解除本合同的通知，自通知到达委托人时本合同解除。委托人应承担第 4.2.3 款约定的责任。

6.3.5 因不可抗力致使本合同部分或全部不能履行时，一方应立即通知另一方，可暂停或解除本合同。

6.3.6 本合同解除后，本合同约定的有关结算、清理、争议解决方式的条件仍然有效。

6.4 终止

以下条件全部满足时，本合同即告终止：
（1）监理人完成本合同约定的全部工作；
（2）委托人与监理人结清并支付全部酬金。

7. 争议解决

7.1 协商

双方应本着诚信原则协商解决彼此间的争议。

7.2 调解

如果双方不能在14天内或双方商定的其他时间内解决本合同争议,可以将其提交给专用条件约定的或事后达成协议的调解人进行调解。

7.3 仲裁或诉讼

双方均有权不经调解直接向专用条件约定的仲裁机构申请仲裁或向有管辖权的人民法院提起诉讼。

8. 其他

8.1 外出考察费用

经委托人同意,监理人员外出考察发生的费用由委托人审核后支付。

8.2 检测费用

委托人要求监理人进行的材料和设备检测所发生的费用,由委托人支付,支付时间在专用条件中约定。

8.3 咨询费用

经委托人同意,根据工程需要由监理人组织的相关咨询论证会以及聘请相关专家等发生的费用由委托人支付,支付时间在专用条件中约定。

8.4 奖励

监理人在服务过程中提出的合理化建议,使委托人获得经济效益的,双方在专用条件中约定奖励金额的确定方法。奖励金额在合理化建议被采纳后,与最近一期的正常工作酬金同期支付。

8.5 守法诚信

监理人及其工作人员不得从与实施工程有关的第三方处获得任何经济利益。

8.6 保密

双方不得泄露对方申明的保密资料,亦不得泄露与实施工程有关的第三方所提供的保密资料,保密事项在专用条件中约定。

8.7 通知

本合同涉及的通知均应当采用书面形式,并在送达对方时生效,收件人应书面签收。

8.8 著作权

监理人对其编制的文件拥有著作权。

监理人可单独或与他人联合出版有关监理与相关服务的资料。除专用条件另有约定外,如果监理人在本合同履行期间及本合同终止后两年内出版涉及本工程的有关监理与相关服务的资料,应当征得委托人的同意。

第三部分 专 用 条 件

1. 定义与解释

1.2 解释

1.2.1 本合同文件除使用中文外，还可用_____。
1.2.2 约定本合同文件的解释顺序为：_____。
2. 监理人义务
2.1 监理的范围和内容
2.1.1 监理范围包括：_____
_____。
2.1.2 监理工作内容还包括：_____
_____。
2.2 监理与相关服务依据
2.2.1 监理依据包括：_____
_____。
2.2.2 相关服务依据包括：_____。
2.3 项目监理机构和人员
2.3.4 更换监理人员的其他形：_____。
2.4 履行职责
2.4.3 对监理人的授权范围：_____
_____。
在涉及工程延期_____天内和（或）金额_____万元内的变更，监理人不需请示委托人即可向承包人发布变更通知。
2.4.4 监理人有权要求承包人调换其人员的限制条件：_____。
2.5 提交报告
监理人应提交报告的种类（包括监理规划、监理月报及约定的专项报告）、时间和份数：_____
_____。
2.7 使用委托人的财产
附录B中由委托人无偿提供的房屋、设备的所有权属于：_____。
监理人应在本合同终止后_____天内移交委托人无偿提供的房屋、设备，移交的时间和方式为：_____。
3. 委托人义务
3.4 委托人代表
委托人代表为：_____。
3.6 答复
委托人同意在_____天内，对监理人书面提交并要求做出决定的事宜给予书面答复。
4. 违约责任
4.1 监理人的违约责任
4.1.1 监理人赔偿金额按下列方法确定：
赔偿金＝直接经济损失×正常工作酬金÷工程概算投资额（或建筑安装工程费）
4.2 委托人的违约责任

4.2.3 委托人逾期付款利息按下列方法确定：

逾期付款利息＝当期应付款总额×银行同期贷款利率×拖延支付天数

5. 支付

5.1 支付货币

币种为：_____，比例为：_____，汇率为：_____。

5.3 支付酬金

正常工作酬金的支付：_____

支付次数	支付时间	支付比例	支付金额（万元）
首付款	本合同签订后7天内		
第二次付款			
第三次付款			
……			
最后付款	监理与相关服务期届满14天内		

6. 合同生效、变更、暂停、解除与终止

6.1 生效

本合同生效条件：_____。

6.2 变更

6.2.2 除不可抗力外，因非监理人原因导致本合同期限延长时，附加工作酬金按下列方法确定：

附加工作酬金＝本合同期限延长时间（天）×正常工作酬金÷协议书约定的监理与相关服务期限（天）

6.2.3 附加工作酬金按下列方法确定：

附加工作酬金＝善后工作及恢复服务的准备工作时间（天）×正常工作酬金÷协议书约定的监理与相关服务期限（天）

6.2.5 正常工作酬金增加额按下列方法确定：

正常工作酬金增加额＝工程投资额或建筑安装工程费增加额×正常工作酬金÷工程概算投资额（或建筑安装工程费）

6.2.6 因工程规模、监理范围的变化导致监理人的正常工作量减少时，按减少工作量的比例从协议书约定的正常工作酬金中扣减相同比例的酬金。

7. 争议解决

7.2 调解

本合同争议进行调解时，可提交_____进行调解。

7.3 仲裁或诉讼

合同争议的最终解决方式为下列第_____种方式：

（1）提请_____仲裁委员会进行仲裁。

（2）向_____人民法院提起诉讼。

8. 其他

8.2 检测费用

委托人应在检测工作完成后_____天内支付检测费用。

8.3 咨询费用

委托人应在咨询工作完成后_____天内支付咨询费用。

8.4 奖励

合理化建议的奖励金额按下列方法确定为：

奖励金额＝工程投资节省额×奖励金额的比率；

奖励金额的比率为_____％。

8.6 保密

委托人申明的保密事项和期限：_____。

监理人申明的保密事项和期限：_____。

第三方申明的保密事项和期限：_____。

8.8 著作权

监理人在本合同履行期间及本合同终止后两年内出版涉及本工程的有关监理与相关服务的资料的限制条件：_____
_____。

9. 补充条款_____
_____。

附录A 相关服务的范围和内容

A-1 勘察阶段：_____
_____。

A-2 设计阶段：_____
_____。

A-3 保修阶段：_____
_____。

A-4 其他（专业技术咨询、外部协调工作等）：_____
_____。

附录B 委托人派遣的人员和提供的房屋、资料、设备

委托人派遣的人员　　　　　　　　　　　　　　表 B-1

名称	数量	工作要求	提供时间
1. 工程技术人员			
2. 辅助工作人员			
3. 其他人员			

委托人提供的房屋　　　　　　　　　　　　　　　　　　　　　　　　　表 B-2

名称	数量	面积	提供时间
1. 办公用房			
2. 生活用房			
3. 试验用房			
4. 样品用房			
用餐及其他生活条件			

委托人提供的资料　　　　　　　　　　　　　　　　　　　　　　　　　表 B-3

名称	份数	提供时间	备注
1. 工程立项文件			
2. 工程勘察文件			
3. 工程设计及施工图纸			
4. 工程承包合同及其他相关合同			
5. 施工许可文件			
6. 其他文件			

委托人提供的设备　　　　　　　　　　　　　　　　　　　　　　　　　表 B-4

名称	数量	型号与规格	提供时间
1. 通信设备			
2. 办公设备			
3. 交通工具			
4. 检测和试验设备			

附录2：建设工程监理规范用表

附录A 工程监理单位用表

总监理工程师任命书　　　　　　　　　　　表 A.0.1

工程名称：　　　　　　　　　　　　　　　　　　编号：

致：_____（建设单位）

兹任命_____（注册监理工程师注册号：_____）为我单位_____项目总监理工程师。负责履行建设工程监理合同、主持项目监理机构工作。

工程监理单位（盖章）

法定代表人（签字）

年　　月　　日

注：本表一式三份，项目监理机构、建设单位、施工单位各一份。

工程开工令　　　　　　　　　　　　　表 A.0.2

工程名称：　　　　　　　　　　　　　　　　　　　编号：

致：＿＿＿＿＿＿＿＿＿＿＿＿＿＿＿＿（施工单位）

经审查，本工程已具备施工合同约定的开工条件，现同意你方开始施工，开工日期为：＿＿＿＿＿＿年＿＿＿月＿＿＿日。

附件：开工报审表

项目监理机构（盖章）
总监理工程师（签字、加盖执业印章）

年　月　日

注：本表一式三份，项目监理机构、建设单位、施工单位各一份。

监 理 通 知 单　　　　　　　　表 A.0.3

工程名称：　　　　　　　　　　　　　　　　编号：

致：_____（施工项目经理部）

事由：_____
_____
_____
_____

内容：_____
_____
_____
_____

项目监理机构（盖章）
总监理工程师（签字）
年　月　日

注：本表一式三份，项目监理机构、建设单位、施工单位各一份。

监 理 报 告 表A.0.4

工程名称：＿＿＿＿＿＿＿＿＿＿＿＿＿＿＿＿＿　　编号：＿＿＿＿＿＿

致：＿＿＿＿＿＿＿＿＿＿＿＿＿＿＿＿＿（主管部门）

　　由＿＿＿＿＿＿＿＿＿＿＿＿＿＿＿＿＿（施工单位）施工的＿＿＿＿＿＿＿＿＿＿＿＿＿＿＿＿＿＿＿＿＿＿＿＿＿＿＿（工程部位），存在安全事故隐患。我方已于＿＿＿＿＿＿年＿＿月＿＿日发出编号为：＿＿＿＿＿＿的《监理通知单》或《工程暂停令》，但施工单位未整改/停工。

特此通告。

附件：□监理通知单
　　　□工程暂停令
　　　□其他：

项目监理机构（盖章）
总监理工程师（签字）
年　月　日

注：本表一式四份，主管部门、项目监理机构、建设单位、施工单位各一份。

工 程 暂 停 令　　　　　　表 A.0.5

工程名称：　　　　　　　　　　　　　　　　　　编号：

致：_____（施工项目经理部）

由于_____原因，现通知你方于_____年___月___日___时起，暂停_____部位（工序）施工，并按下述要求做好后续工作。

要求：

项目监理机构（盖章）
总监理工程师（签字、加盖执业印章）
年　月　日

注：本表一式三份，项目监理机构、建设单位、施工单位各一份。

旁 站 记 录　　　　　　　　　　　　　表 A.0.6

工程名称：　　　　　　　　　　　　　　　　　　　　编号：

旁站关键部位、关键工序		施工单位	
旁站开始时间	年 月 日 时 分	旁站结束时间	年 月 日 时 分
旁站的关键部位、关键工序的施工情况：			
发现的问题及处理情况：			

旁站监理人员（签字）

年　月　日

注：本表一式一份，项目监理机构留存。

工 程 复 工 令　　　　　　　　表 A.0.7

工程名称：　　　　　　　　　　　　　　　　　　编号：

致：_____（施工项目经理部）
　　我方发出的编号为 _____《工程暂停令》，要求暂停施工的_____部位（工序），经查已具备复工条件。经建设单位同意，现通知你方于_____年___月___日___时起恢复施工。

附件：复工报审表

项目监理机构（盖章）
总监理工程师（签字、加盖执业印章）
　　　　年　　月　　日

注：本表一式三份，项目监理机构、建设单位、施工单位各一份。

工程款支付证书　　　　　　　　　　　　　　表 A.0.8

工程名称：　　　　　　　　　　　　　　　　　　　　编号：

致：_____（施工单位）

根据施工合同约定，经审核编号为_____工程支付报审表，扣除有关款项后，同意支付该款项共计（大写）

_____（小写：_____）。

其中：
1. 施工单位申报款为：
2. 经审核施工单位应得款为：
3. 本期应扣款为：
4. 本期应付款为：

附件：工程款支付报审表及附件

项目监理机构（盖章）
总监理工程师（签字、加盖执业印章）
　　　　　　　　　　年　月　日

注：本表一式三份，项目监理机构、建设单位、施工单位各一份。

附录 B 施工单位报审、报验用表

施工组织设计/（专项）施工方案报审表　　　　表 B.0.1

工程名称：　　　　　　　　　　　　　　　　　　　编号：

致：_____（项目监理机构）

我方已完成_____工程施工组织设计/（专项）施工方案的编制和审批，请予以审查。

附：□施工组织设计
　　□专项施工方案
　　□施工方案

　　　　　　　　　　　　　　　　　　施工项目经理部（盖章）
　　　　　　　　　　　　　　　　　　项目经理（签字）
　　　　　　　　　　　　　　　　　　　　　年　　月　　日

审查意见：

　　　　　　　　　　　　　　　　　　专业监理工程师（签字）
　　　　　　　　　　　　　　　　　　　　　年　　月　　日

审核意见：

　　　　　　　　　　　　　　　　　　项目监理机构（盖章）
　　　　　　　　　　　　　　　　　　总监理工程师（签字、加盖执业印章）
　　　　　　　　　　　　　　　　　　　　　年　　月　　日

审批意见（仅对超一定规模的危险性较大分部分项工程专项方案）：

　　　　　　　　　　　　　　　　　　建设单位（盖章）
　　　　　　　　　　　　　　　　　　建设单位代表（签字）
　　　　　　　　　　　　　　　　　　　　　年　　月　　日

注：本表一式三份，项目监理机构、建设单位、施工单位各一份。

工程开工报审表　　　　　　　　　　　　　　　表 B.0.2

工程名称：　　　　　　　　　　　　　　　　　　　　编号：

致：_____（建设单位）
　　_____（项目监理机构）

　　我方承担的_____工程，已完成相关准备工作，具备开工条件，特申请于　　　　年　　月　　日开工，请予以审批。

　　附件：证明文件资料

施工单位（盖章）
项目经理（签字）
年　　月　　日

审核意见：

项目监理机构（盖章）
总监理工程师（签字、加盖执业印章）
年　　月　　日

审批意见：

建设单位（盖章）
建设单位代表（签字）
年　　月　　日

注：本表一式三份，项目监理机构、建设单位、施工单位各一份。

工程复工报审表　　　　　　　　　　　表 B.0.3

工程名称：　　　　　　　　　　　　　　　　　　　　编号：

致：＿＿＿＿＿＿＿＿＿＿＿＿＿＿＿＿（项目监理机构）

编号为＿＿＿＿＿＿＿＿《工程暂停令》所停工的＿＿＿＿＿＿＿＿＿＿部位（工序）已满足复工条件，我方申请于＿＿＿＿年＿＿月＿＿日复工，请予以批准。

附证明文件资料：

　　　　　　　　　　　　　　　　　　　　施工项目经理部（盖章）
　　　　　　　　　　　　　　　　　　　　项目经理（签字）
　　　　　　　　　　　　　　　　　　　　　　年　月　日

审核意见：

　　　　　　　　　　　　　　　　　　　　项目监理机构（盖章）
　　　　　　　　　　　　　　　　　　　　总监理工程师（签字）
　　　　　　　　　　　　　　　　　　　　　　年　月　日

审批意见：

　　　　　　　　　　　　　　　　　　　　建设单位（盖章）
　　　　　　　　　　　　　　　　　　　　建设单位代表（签字）
　　　　　　　　　　　　　　　　　　　　　　年　月　日

注：本表一式三份，项目监理机构、建设单位、施工单位各一份。

分包单位资格报审表　　　　表 B.0.4

工程名称：　　　　　　　　　　　　　　　　　　　编号：

致：_____（项目监理机构）

　　经考察，我方认为拟选择的_____（分包单位）具有承担下列工程的施工或安装资质和能力，可以保证本工程按施工合同第_____条款的约定进行施工或安装。请予以审查。

分包工程名称（部位）	分部工程量	分部工程合同额
合计		

附：1. 分包单位资质材料
　　2. 分包单位业绩材料
　　3. 分包单位专职管理人员和特种作业人员的资质证书
　　4. 施工单位对分包单位的管理制度

施工项目经理部（盖章）

项目经理（签字）

年　月　日

审核意见：

专业监理工程师（签字）

年　月　日

审批意见：

项目监理机构（盖章）

总监理工程师（签字）

年　月　日

注：本表一式三份，项目监理机构、建设单位、施工单位各一份。

施工控制测量成果报验表

表 B.0.5

工程名称： 　　　　　　　　　　　　　　　　编号：

致：_____（项目监理机构）

我方已完成_____的施工控制测量，经自检合格，请予以查验。

附件：1. 施工控制测量成果表；
　　　2. 施工控制测量依据资料：

施工项目监理部（盖章）

项目技术负责人（签字）

年　月　日

审核意见：

项目监理机构（盖章）

专业监理工程师（签字）

年　月　日

注：本表一式三份，项目监理机构、建设单位、施工单位各一份。

工程材料、构配件或设备报验表　　　　　表 B.0.6

工程名称：　　　　　　　　　　　　　　　　　　　　　　　编号：

致：_____（项目监理机构）
　　于_____年___月___日进场的拟用于工程_____部位的_____，经我方检验合格，现将相关资料报上，请予以审查。

　　附件：1. 工程材料、构配件或设备清单：
　　　　　2. 质量证明文件：
　　　　　3. 自检结果：

　　　　　　　　　　　　　　　　　　　　　　　　　　　施工项目监理部（盖章）
　　　　　　　　　　　　　　　　　　　　　　　　　　　项目经理（签字）
　　　　　　　　　　　　　　　　　　　　　　　　　　　　　　年　　月　　日

审核意见：

　　　　　　　　　　　　　　　　　　　　　　　　　　　项目监理机构（盖章）
　　　　　　　　　　　　　　　　　　　　　　　　　　　专业监理工程师（签字）
　　　　　　　　　　　　　　　　　　　　　　　　　　　　　　年　　月　　日

注：本表一式三份，项目监理机构、建设单位、施工单位各一份。

_____ 报审、报验表　　　　　表 B.0.7

工程名称：　　　　　　　　　　　　　　　　　　　　编号：

致：_____（项目监理机构）

我方已完成_____工作，经自检合格，请予以审查或验收。

附件：□隐蔽工程质量检验资料
　　　□检验批质量检验资料
　　　□分项工程质量检验资料
　　　□施工试验室证明资料
　　　□其他

施工项目经理部（盖章）
项目经理或项目技术负责人（签字）
　　　　　　　年　月　日

审查或验收意见：

项目监理机构（盖章）
专业监理工程师（签字）
　　　　　　年　月　日

注：本表一式二份，项目监理机构、施工单位各一份。

分部工程报验表 表 B.0.8

工程名称： 编号：

致：_____（项目监理机构）

我方已完成_____（分部工程），经自检合格，请予以验收。

附件：分部工程质量资料

施工项目经理部（盖章）
项目技术负责人（签字）
年 月 日

验收意见：

专业监理工程师（签字）
年 月 日

验收意见：

项目监理机构（盖章）
总监理工程师（签字）
年 月 日

注：本表一式三份，项目监理机构、建设单位、施工单位各一份。

监理通知回复　　　　　　　　　　　　　　　　　　表 B.0.9

工程名称：　　　　　　　　　　　　　　　　　　　编号：

致：_____（项目监理机构）

我方接到编号为_____的监理通知单后，已按要求完成相关工作，请予以复查。

附：需要说明的情况

施工项目监理部（盖章）

项目经理（签字）

年　　月　　日

审核意见：

项目监理机构（盖章）

总监理工程师/专业监理工程师（签字）

年　　月　　日

注：本表一式三份，项目监理机构、建设单位、施工单位各一份。

单位工程竣工验收报审表　　　　　表 B.0.10

工程名称：　　　　　　　　　　　　　　　　　　　　　　编号：

致：_____（项目监理机构）

我方已按施工合同要求完成_____工程，经自检合格，现将有关资料报上，请予以验收。

附件：1. 工程质量验收报告
　　　2. 工程功能检验资料

施工单位（盖章）
项目经理（签字）
　　　年　　月　　日

审核意见：

经预验收，该工程合格/不合格，可以/不可以组织正式验收。

项目监理机构（盖章）
总监理工程师（签字、加盖执业印章）
　　　年　　月　　日

注：本表一式三份，项目监理机构、建设单位、施工单位各一份。

工程款支付报审表 表B.0.11

工程名称： 编号：

致：_____（项目监理机构）

根据施工合同约定，我方已完成_____工作，建设单位应在_____年___月___日前该项工程款（大写）_____（小写：_____），请予以审核。

附件：
☐ 已完成工程量报表
☐ 工程竣工结算证明资料
☐ 相应的支持性证明文件

施工项目经理部（盖章）

项目经理（签字）

年 月 日

审查意见：
1. 施工单位应得款：
2. 本期应扣款：
3. 本期应付款：

附件：相应支持性材料

专业监理工程师（签字）

年 月 日

审核意见：

项目监理机构（盖章）

总监理工程师（签字、加盖执业印章）

年 月 日

审批意见：

建设单位（盖章）

建设单位代表（签字）

年 月 日

注：本表一式三份，项目监理机构、建设单位、施工单位各一份；工程竣工结算报审时本表一式四份，项目监理机构、建设单位各一份、施工单位二份。

施工进度计划报审表 　　　　　　表 B.0.12

工程名称：　　　　　　　　　　　　　　　　　　　　编号：

致：_____（项目监理机构）
　　我方根据施工合同的相关规定，已完成_____工程施工进度计划的编制和批准，请予以审查。
　　附件：
　　　□施工总进度计划
　　　□阶段性进度计划

　　　　　　　　　　　　　　　　　　　　施工项目经理部（盖章）
　　　　　　　　　　　　　　　　　　　　项目经理（签字）
　　　　　　　　　　　　　　　　　　　　　　年　　月　　日

审查意见：

　　　　　　　　　　　　　　　　　　　　专业监理工程师（签字）
　　　　　　　　　　　　　　　　　　　　　　年　　月　　日

审核意见：

　　　　　　　　　　　　　　　　　　　　项目监理机构（盖章）
　　　　　　　　　　　　　　　　　　　　总监理工程师（签字）
　　　　　　　　　　　　　　　　　　　　　　年　　月　　日

　　注：本表一式三份，项目监理机构、建设单位、施工单位各一份。

费用索赔报审表

表 B.0.13

工程名称：   编号：

致：＿＿＿＿＿＿＿＿＿＿＿＿＿＿＿＿＿（项目监理机构）
　　根据施工合同＿＿＿＿＿＿＿＿＿＿＿＿＿＿＿条款，由于＿＿＿＿＿＿＿＿＿＿＿＿＿＿＿＿＿＿
＿＿＿＿＿＿的原因，我方申请索赔金额（大写）＿＿＿＿＿＿＿＿＿＿＿＿＿＿＿＿＿＿＿＿＿＿请予
以批准。

索赔理由：＿＿＿
＿＿＿
＿＿＿

附件：□索赔金额计算
　　　□证明材料

　　　　　　　　　　　　　　　　　　　　　　　　施工项目经理部（盖章）
　　　　　　　　　　　　　　　　　　　　　　　　项目经理（签字）
　　　　　　　　　　　　　　　　　　　　　　　　　　　年　　月　　日

审查意见：
　　□不同意此项索赔
　　□同意此项索赔，索赔金额为（大写）＿＿＿＿＿＿＿＿＿＿＿＿＿＿＿＿。
　　同意/不同意索赔的理由：＿＿＿＿＿＿＿＿＿＿＿＿＿＿＿＿＿＿＿＿＿＿＿＿＿＿＿＿＿＿＿＿
＿＿＿
＿＿＿

附件：□索赔审查报告

　　　　　　　　　　　　　　　　　　　　　　　　项目监理机构（盖章）
　　　　　　　　　　　　　　　　　　　　　　　　总监理工程师（签字、加盖执业印章）
　　　　　　　　　　　　　　　　　　　　　　　　　　　年　　月　　日

审核意见：

　　　　　　　　　　　　　　　　　　　　　　　　建设单位（盖章）
　　　　　　　　　　　　　　　　　　　　　　　　建设单位代表（签字）
　　　　　　　　　　　　　　　　　　　　　　　　　　　年　　月　　日

注：本表一式三份，项目监理机构、建设单位、施工单位各一份。

工程临时/最终延期报审表　　　　　　表 B.0.14

工程名称：　　　　　　　　　　　　　　　　　　　　　编号：

致：＿＿＿＿＿＿＿＿＿＿＿＿＿＿＿＿（项目监理机构）

根据施工合同＿＿＿＿＿＿＿＿＿＿＿＿＿＿（条款），由于＿＿＿＿＿＿＿＿＿＿＿＿＿＿＿＿＿＿＿＿＿＿原因，我方申请工程临时/最终延期＿＿＿＿＿＿（日历天），请予以批准。

附件
1. 工程延期依据及工期计算：
2. 证明材料：

施工项目经理部（盖章）

项目经理（签字）

年　　月　　日

审查意见：

☐同意工程临时/最终延期＿＿＿＿＿＿＿＿＿＿＿＿＿＿＿＿（日历天）。工程竣工日期从施工合同约定的＿＿＿＿年＿＿月＿＿日延长至＿＿＿＿年＿＿月＿＿日。

☐不同延长工期，请按约定竣工日期组织施工。

项目监理机构（盖章）

总监理工程师（签字加盖执业印章）

年　　月　　日

审核意见：

建设单位（盖章）

建设单位代表（签字）

年　　月　　日

注：本表一式三份，项目监理机构、建设单位、施工单位各一份。

附录 C 通用表

工作联系单　　　　　　　　表 C.0.1

工程名称：　　　　　　　　　　　　编号：

致：＿＿＿＿＿＿＿＿＿＿＿＿＿＿＿＿

发文单位
负责人（签字）
　年　月　日

工 作 变 更 单　　　　　　　　　表 C.0.2

工程名称：　　　　　　　　　　　　　　　　　　编号：

致：_____

由于_____原因，兹提出_____工程变更，请予以批准。

附件：
☐变更内容
☐变更设计图
☐相关会议纪要
☐其他

变更提出单位：
负责人：
年　月　日

工程数量增/减	
费用增/减	
工期变化	

施工项目经理部（盖章） 项目经理（签字）	设计单位（盖章） 设计负责人
项目监理机构（盖章） 总监理工程师（签字）	建设单位（盖章） 负责人（签字）

注：本表一式四份，建设单位、项目监理机构、设计单位、施工单位各一份。

索赔意向通知书 表C.0.3

工程名称： 编号：

致：_____

根据施工合同_____（条款）约定，由于发生了_____ _____事件，且该事件的发生非我方原因所致。为此，我方向_____（单位）提出索赔要求。

附件：索赔事件资料

提出单位（盖章）

负责人（签字）

年　　月　　日

附录3 安全生产管理的监理工作用表(参考用表)

安全生产管理的监理工作巡视检查记录　　　　　　　　表 D-A1

工程名称　　　　　　　　　　　　　　　　　编号

巡视检查项目:
① 抽查总包单位组织的安全生产检查　　　　　　　　　　　☐
② 项目监理机构组织的安全生产检查　　　　　　　　　　　☐
③ 检查施工单位安全生产管理制度落实情况　　　　　　　　☐
④ 抽查施工现场特种作业人员持证上岗情况　　　　　　　　☐
⑤ 检查施工单位安全防护、文明施工措施费用使用情况　　　☐
⑥ 检查总包单位向分包单位支付安全防护、文明施工措施费用情况　☐
⑦ 其他

巡视检查记录:

存在问题:

处理意见:

项目监理机构_____
监理人员_____
日　　期_____

危险性较大的分部分项工程巡视检查记录　　　表 D-A2

工程名称		编号	

危险性较大工程名称及巡视检查项目：

巡视检查情况：
① 执行工程建设强制性标准条文　　　　　　　　　　　□
② 按专项施工方案实施施工　　　　　　　　　　　　　□
③ 施工单位专职安全生产管理人员到岗工作　　　　　　□
其他：

存在问题：

处理意见：

项目监理机构＿＿＿＿＿＿
监理人员＿＿＿＿＿＿
日　　期＿＿＿＿＿＿

大型起重机械和自升式架设设施检查记录　　　　表 D-A3

工程名称			编号	
总包单位		使用部位		
设备名称		型号/编号		
安装单位		拆除单位		

	检查内容：
安装前	①产品合格证：有□无□　　产品使用说明书：有□无□ ②设备监管卡：有□无□　　上海市建设机械编号牌：有□无□ ③专项施工方案：监理已审批□监理未审批□ ④进场设备与专项施工方案相符性：符合□不符合□ ⑤分包单位资格报审：监理已审批□监理未审批□　特种作业操作证：齐□缺□ ⑥设备基础与专项施工方案相符性：符合□不符合□ ⑦安全技术交底：已□未□
加节、升降前	检查内容： ①专项施工方案：监理已审批□监理未审批□ ②设备附着点位置、强度与专项施工方案相符性：符合□不符合□ ③特种作业操作证：齐□缺□ ④安全技术交底：已□未□
拆除前	检查内容： ①专项施工方案：监理已审批□监理未审批□ ②分包单位资格报审：监理已审批□监理未审批□特种作业人员操作证：齐□缺□ ③安全技术交底：已□未□ ④施工单位检查记录：有□无□

存在问题和处理意见：

项目监理机构_____
监理人员_____
日　　期_____

施工总包单位资格报审表　　　　　表 D-B1

工程名称　　　　　　　　　　　　　　　　　　编号

致_____（监理单位）

现将我单位的企业资质和人员资格资料上报，请予以审查。如企业资质和人员资格发生变化，另将补报调整资料。

注册资本	资质类别和等级	安全生产许可证有效期

项目经理姓名	专职安全生产管理人员姓名	岗位证书	安全生产考核合格证书编号

附：①上海市建设工程施工中标通知书　　□
　　②企业营业执照、资质证书、安全生产许可证　□
　　③项目经理岗位证书、安全生产考核合格证书　□
　　④专职安全生产管理人员安全生产考核合格证书　□
　　⑤其他：

　　　　　　　　　　　　　　　　施工单位_____
　　　　　　　　　　　　　　　　项目经理_____
　　　　　　　　　　　　　　　　日　　期_____

审查意见：

　　　　　　　　　　　　　　　　安全监理人员_____
　　　　　　　　　　　　　　　　日　　期_____

审核意见：

　　　　　　　　　　　　　　　　项目监理机构_____
　　　　　　　　　　　　　　　　总监理工程师_____
　　　　　　　　　　　　　　　　日　　期_____

特种作业人员报审表　　　　　　表 D-B2

工程名称　　　　　　　　　　　　　　　　　　　编号

致：_____（监理单位）

经我单位审查，下列特种作业人员的特种作业操作证齐全有效，请予以审核。

姓名	工种	操作证号	有效期限	工作单位

附：①特种作业操作证____/____份
　　②特种作业人员身份证____/____份

施工单位_____
项目经理_____
日　　期_____

审核意见：

项目监理机构_____
安全监理人员_____
总监理工程师_____
日　　期_____

_____备案登记表　　　　　　　　　表 D-B3

工程名称　　　　　　　　　　　　　　编号

致_____（监理单位）

　现将_____报送，请予以备案。

　附：①安全生产管理制度　　　　　　　　　　　　　　☐
　　　②安保体系认证证书　　　　　　　　　　　　　　☐
　　　③施工单位与建设单位签订的安全生产协议书　　　☐
　　　④施工总包单位与施工分包单位签订的安全生产协议书　☐
　　　⑤其他

　　　　　　　　　　　　　　　　　　施工单位_____
　　　　　　　　　　　　　　　　　　项目经理_____
　　　　　　　　　　　　　　　　　　日　　期_____

备案意见：

　　　　　　　　　　　　　　　　　　项目监理机构_____
　　　　　　　　　　　　　　　　　　安全监理人员_____
　　　　　　　　　　　　　　　　　　总监理工程师_____
　　　　　　　　　　　　　　　　　　日　　期_____

危险性较大工程确认报审表

表 D-B4

工程名称　　　　　　　　　　　　　　　　　　　　编号

致＿＿＿＿＿＿＿＿＿＿＿＿＿＿＿（监理单位）

根据设计文件和施工组织设计（方案），现将我单位确认的下列危险性较大工程和需经专家组论证审查的危险性较大工程上报，请予以审查。如实际情况发生变化，另将补报调整的危险性较大工程清单。

危险性较大工程名称	工程规模/数量	部位	计划施工日期	是否需要专家组论证审查
				是□否□
				是□否□
				是□否□
				是□否□
				是□否□

施工单位＿＿＿＿＿＿＿

项目经理＿＿＿＿＿＿＿

日　　期＿＿＿＿＿＿＿

审查意见：

项目监理机构＿＿＿＿＿＿＿

安全监理人员＿＿＿＿＿＿＿

总监理工程师＿＿＿＿＿＿＿

日　　期＿＿＿＿＿＿＿

大型起重机械和自升式架设设施确认报审表 表 D-B5

工程名称_____ 编号_____

致_____（监理单位）

根据施工组织设计（方案），现将我单位确认的下列大型起重机械和自升式架设设施上报，请予以审查。如实际情况或条件发生变化，另将补报调整的大型起重机械和自升式架设设施清单。

大型起重机械和自升式架设设施名称/型号	工程规模/数量	使用号房/部位	计划施工日期	自管或租赁

施工单位_____
项目经理_____
日　　期_____

审查意见：

项目监理机构_____
安全监理人员_____
总监理工程师_____
日　　期_____

大型起重机械和自升式架设设施验收核查表

表 D-B6

| 工程名称 | | 编号 | |

致＿＿＿＿＿＿＿＿＿＿＿＿＿＿＿＿＿＿（监理单位）

　　根据专项施工方案，用于＿＿＿＿＿＿＿＿＿＿号房/部位的＿＿＿＿＿＿＿＿＿＿＿＿＿＿（大型起重机械/自升式架设设施）已检测合格，验收手续齐全，请予以核查。

　　附：①产品合格证　☐
　　　　②设备监管卡和上海市建设机械编号牌　☐
　　　　③上海市建设工程施工现场机械安装验收合格证　☐
　　　　④建筑机械安装质量检测报告　☐
　　　　⑤建筑机械安装质量检测报告中不合格项的整改合格资料　☐
　　　　⑥其他

施工单位＿＿＿＿＿＿＿＿＿＿
项目经理＿＿＿＿＿＿＿＿＿＿
日　　期＿＿＿＿＿＿＿＿＿＿

审查意见：

安全监理人员＿＿＿＿＿＿＿＿＿＿
日　　期＿＿＿＿＿＿＿＿＿＿

审核意见：

项目监理机构＿＿＿＿＿＿＿＿＿＿
总监理工程师＿＿＿＿＿＿＿＿＿＿
日　　期＿＿＿＿＿＿＿＿＿＿

安全防护、文明施工措施费用使用计划报审表   表 D-B7

工程名称＿＿＿＿＿＿＿＿＿＿＿＿＿＿＿＿＿ 编号＿＿＿＿＿＿＿＿＿＿

致＿＿＿＿＿＿＿＿＿＿＿＿＿＿＿＿（监理单位）
现将我单位安全防护、文明施工措施费用使用计划上报，请予以审核。
附：安全防护、文明施工措施费用使用计划

施工单位＿＿＿＿＿＿＿＿
项目经理＿＿＿＿＿＿＿＿
日　　期＿＿＿＿＿＿＿＿

审查意见：

安全监理人员＿＿＿＿＿＿＿＿
专业工程师＿＿＿＿＿＿＿＿
日　　期＿＿＿＿＿＿＿＿

审核意见：

项目监理机构＿＿＿＿＿＿＿＿
总监理工程师＿＿＿＿＿＿＿＿
日　　期＿＿＿＿＿＿＿＿

安全防护、文明施工措施费用支付申请表　　　　表 D-B8

工程名称		编号	

致＿＿＿＿＿＿＿＿＿＿＿＿＿＿＿＿（监理单位）

　　我单位已按照安全防护、文明施工措施费用使用计划，完成了＿＿＿＿＿＿＿＿＿＿安全防护、文明施工措施，按照施工合同规定，建设单位应在＿＿＿＿年＿＿月＿＿日支付该措施费用共计人民币＿＿＿＿＿＿万元，请予以审查。

　　附：①安全防护、文明施工措施费用使用明细单　　　　　□
　　　　②安全防护、文明施工措施费用支付、使用和管理记录　　□

施工单位＿＿＿＿＿＿
项目经理＿＿＿＿＿＿
日　　期＿＿＿＿＿＿

审查意见：

安全监理人员＿＿＿＿＿＿
专业工程师＿＿＿＿＿＿
日　　期＿＿＿＿＿＿

审核意见：

项目监理机构＿＿＿＿＿＿
总监理工程师＿＿＿＿＿＿
日　　期＿＿＿＿＿＿

参 考 文 献

[1] 中华人民共和国标准. 建设工程监理规范 GB/T 50319—2013. 北京：中国建筑工业出版社，2013.
[2] 中国建设监理协会组织编写. 建设工程监理概论. 北京：中国建筑工业出版社，2017.
[3] 中国建设监理协会组织编写. 建设工程监理相关法规文件汇编. 北京：中国建筑工业出版社，2017.
[4] 中国建设监理协会组织编写. 建设工程质量控制. 北京：中国建筑工业出版社，2014.
[5] 中国建设监理协会组织编写. 建设工程投资控制. 北京：中国建筑工业出版社，2014.
[6] 李惠强. 建设工程成本计划与控制. 上海：复旦大学出版社，2009.
[7] 中国建设监理协会组织编写. 建设工程进度控制. 北京：中国建筑工业出版社，2014.
[8] 中华人民共和国住房和城乡建设部. 建筑安装工程工期定额 TY01—89—2016. 北京：中国计划出版社，2016.
[9] 中国建设监理协会组织编写. 建设工程合同管理. 北京：中国建筑工业出版社，2017.
[10] 中华人民共和国国家标准. 建设工程项目管理规范 GB/T 50326—2006. 北京：中国建筑工业出版社，2006.
[11] 中华人民共和国国家标准. 建筑施工安全检查标准 JGJ 59—2011. 北京：中国建筑工业出版社，2012.
[12] 中华人民共和国国家标准. 建筑施工升降机安装、使用、拆卸安全技术规程 JGJ 215—2010. 北京：中国建筑工业出版社，2010.
[13] 唐菁菁，张宇，赵挺生. 由"9·13事故"思考对施工升降机的安全监理. 施工技术. 2013(18)：109-113.
[14] 李惠强. 高层建筑施工技术. 北京：中国机械工业出版社，2005.
[15] 中华人民共和国国家标准. 建筑信息模型应用统一标准 GB/T 51212—2016. 北京：中国建筑工业出版社，2016.
[16] 上海市工程建设规范. 建设工程施工安全监理规程 DG/T J08—2035—2008. http：//www.doc88.com/p-8052233607952.html.
[17] 中华人民共和国国家标准. 建设工程施工质量验收统一标准 GB 50300—2013. 北京：中国建筑工业出版社，2013.
[18] 中华人民共和国国家标准. 混凝土结构工程施工质量验收规范 GB 50204—2015. 北京：中国建筑工业出版社，2014.
[19] 中华人民共和国国家标准. 混凝土结构工程施工规范 GB 50666—2011. 北京：中国建筑工业出版社，2011.
[20] 王少星. 基于BIM技术的工程项目信息管理研究[硕士学位论文]. 北京：北方工业大学，2016.
[21] 李红兵，汪运冰. 基于BIM的工程监理管理系统. 土木工程与管理学报，2016，33(6)：78-82.
[22] 唐强达. 工程监理BIM技术应用方法和实践. 建设监理，2016(5)：14-16.